ERDE

WAS TUN?

Fakten, Analysen und Lösungsansätze zum Zustand unseres Planeten in über 1000 Grafiken

DK

DK London
Lektorat Jonathan Metcalf, Liz Wheeler,
Angeles Gavira Guerrero, Janet Mohun,
Kaiya Shang, Jamie Ambrose, Ruth O'Rourke, Cathy Meusse
Gestaltung und Bildredaktion Clare Joyce,
Mandy Earey, Karen Self, Michael Duffy, Duncan Turner
Umschlaggestaltung Sophia MTT, Akiko Kato
Mark Cavanagh, Claire Gell

Herstellung Mary Slater, Gillian Reid

Für die deutsche Ausgabe:
Programmleitung Monika Schlitzer
Redaktionsleitung Caren Hummel, Dr. Kerstin Schlieker
Projektbetreuung Sabine Pröschel, Carola Wiese, Ute Heek
Herstellungsleitung Dorothee Whittaker
Herstellungskoordination Ksenia Lebedeva, Bettina Bähnsch
Herstellung Christine Rühmer, Evely Xie

Titel der englischen Originalausgabe:
THE SCIENCE OF OUR CHANGING PLANET

Übersetzung Gerd Hintermaier-Erhard, Michael Kokoscha
Lektorat Dr. Stephan Matthiesen

ISBN 978-3-8310-4442-9

Druck und Bindung Livonia Print, Lettland

MIX
Papier aus verantwortungsvollen Quellen
FSC® C018179
www.fsc.org

www.dk-verlag.de

Hinweis
Die Informationen und Ratschläge in diesem Buch sind von den Autoren und vom Verlag sorgfältig erwogen und geprüft, dennoch kann eine Garantie nicht übernommen werden. Eine Haftung der Autoren bzw. des Verlags und seiner Beauftragten für Personen-, Sach- und Vermögensschäden ist ausgeschlossen.

ERDE

WAS TUN?

Fakten, Analysen und Lösungsansätze zum Zustand unseres Planeten in über 1000 Grafiken

DK

1 Triebkräfte des Wandels

2 Folgen des Wandels

3 Den Trend brechen

ÜBER DEN AUTOR

Der Umweltschützer Tony Juniper, CBE, ist Vorsitzender der öffentlichen Körperschaft für Naturschutz-Beratung Natural England und Fellow des Institute for Sustainability Leadership der University of Cambridge. Er ist ehemaliger Direktor von Friends of the Earth, Exekutivdirektor des WWF GB, Präsident der Royal Society of Wildlife Trusts und Umweltberater von HRH the Prince of Wales. Außerdem hat er viele internationale Unternehmen beraten.

CLARENCE HOUSE

Unsere Welt wandelt sich schneller als je zuvor in der Menschheitsgeschichte, allein wegen unseres Handelns. Um die rasch und nicht nachhaltig wachsende Weltbevölkerung mitsamt ihren Volkswirtschaften zu versorgen, verbrauchen wir immer größere Mengen natürlicher Ressourcen und verändern gleichzeitig die Erde in einem solchen Ausmaß, wie es noch vor einigen Generationen undenkbar gewesen wäre. Natürlich gibt es auch viele positive Erfolge, denken wir an die Zurückdrängung der weltweiten Armut. Andererseits sehen wir gleichzeitig viele Dinge, die ernsthaft Anlass zu Sorge geben, etwa den Verlust und Niedergang der natürlichen Umwelt sowie den Klimawandel.

Wir haben nur diesen einen Planeten, der unsere Existenz sichert, und deshalb kann es kaum Wichtigeres geben, als über gute Informationen zu verfügen, wie es mit den reellen Folgen menschlicher Eingriffe in unsere lebenswichtigen Systeme bestellt ist. Nur mit dem Bewusstsein, was wirklich los ist, können wir gute Entscheidungen treffen, ob als Einzelner oder als Gesellschaft, zudem, was zu machen ist, um unser Überleben und unser Wohlergehen sicherzustellen.

Wir wissen, dass das menschliche Tun, wenn auch unbeabsichtigt, einen beispiellosen Druck auf Natursysteme ausübt und eine beängstigende Liste an ökologischen und sozialen Problemen verursacht. Die vielerorts steigende Nachfrage nach Nahrung, Energie und Wasser führt zu Entwaldung, Plünderungen des marinen Lebensraums, Verschmutzung, Wüstenbildung und Artenschwund in großem Maßstab.

Ich denke, dass viele Menschen tief in ihrem Herzen wissen, dass das nicht richtig oder nachhaltig sein kann, aber die Fakten, die dahinterstecken, und eine Fülle anderer wichtiger Trends, welche unsere Existenz beeinflussen, sind schwer zu finden. Debatten zwischen festgefahrenen eigennützigen Positionen erzeugen mehr Hitze als Licht und machen es schwer, sich ein unvoreingenommenes Bild zu machen.

Tatsächlich gibt es eine Menge an Daten und Ergebnissen, viel mehr als jemals zuvor. Sie sind von Wissenschaftlern und Experten zwar zusammengetragen und stets auch aktualisiert worden, aber oft verstecken sie sich entweder in technischen Berichten, oder sie werden in einer Spezialistensprache, in Akronymen oder zusammenhanglosen Statistiken präsentiert – was für die meisten von uns schwer verständlich ist.

Ich glaube, dass wir alle diese Information sehen und verstehen sollten. Dazu zählen auch junge Menschen, die noch zur Schule gehen, Führungskräfte in Unternehmen und sogar Experten in bestimmten Gebieten, die manchmal keine Zeit haben, Zusammenfassungen ihrer Kollegen zu lesen, die in anderen Sparten arbeiten. Außerdem müssen wir die Beziehungen zwischen augenscheinlich zusammenhanglosen Trends besser verstehen, etwa die Auswirkungen der Entwaldung auf die Niederschläge oder die Folgen zunehmenden Plastikmülls in den Ozeanen.

Dies ist der Grund, weshalb ich »Erde - was tun?« für ein so wichtiges und aktuelles Buch halte, da es so viele ergiebige und zuverlässige Informationsquellen in sich vereint und auf eine Weise präsentiert, die jeder Mensch versteht. Tony Juniper ist ein hervorragender Kommunikator, der sein Thema wirklich beherrscht und seinen Wissensschatz in einer erfrischend geradlinigen Art darlegt. Und so wie er die Probleme beleuchtet, so zeigt er auch einige der sich abzeichnenden Lösungen auf, die übernommen werden sollten, während noch Zeit ist, darunter auch den Schritt hin zur Kreislaufwirtschaft, in der nichts verschwendet wird.

Ich hoffe, dass dieses Buch eine breite Leserschaft findet. Die in ihm präsentierte Fülle an Informationen ist essenziell, um eine positive Zukunft der Menschheit und für alle anderen Lebewesen dieser Erde zu gestalten. Information verleiht, wie man sagt, Stärke und Kraft. Dieses leicht lesbare Buch wird auf eine Weise Kraft geben, die uns, wie ich hoffe, zum gemeinschaftlichen Engagement inspiriert – bevor alles zu spät ist und wir nur noch fassungslos zusehen können, wie wir mit ausufernden Katastrophen aus allen Richtungen konfrontiert werden.

Einführung

In den letzten Jahrzehnten haben Tempo, Ausmaß und Umfang der Kräfte, die den Planeten Erde verändern, rapide zugenommen. Bevölkerungs- und Wirtschaftswachstum sowie steigende Ressourcennachfragen und die dadurch verursachten Umweltauswirkungen verändern unsere Welt in rasantem Tempo. Wir müssen uns daher dringend mit einigen äußerst wichtigen Fragen befassen.

Das Verständnis des Ausmaßes und der Tragweite der Veränderungen, die unsere Zukunft prägen, ist von entscheidender Bedeutung, wenn wir unsere moderne Welt verstehen wollen. Der beispiellose Wandel, der sich um uns herum vollzieht, berührt alle Bereiche der Gesellschaft, von der Geschäfts- und Finanzwelt über Politik und Wirtschaft bis hin zu Wissenschaft und Technologie, Verhalten und Kultur.

Triebfedern des Wandels

Der rasche Anstieg der Bevölkerungszahl ist ein wichtiger Faktor. 1950 lebten 2,5 Milliarden Menschen auf der Erde. Heute sind es mehr als dreimal so viele, und bis 2050 werden es voraussichtlich über 9 Milliarden sein. Der Einfluss der Menschen hängt jedoch nicht nur von ihrer Anzahl, sondern auch von ihrem Lebensstandard ab. Das rasche Wachstum der Weltwirtschaft ist ein bedeutender Faktor. Es ermöglicht mehr Menschen, mit einem höheren Einkommen mehr zu konsumieren.

Das Wirtschaftswachstum und der steigende Lebensstandard sind zum Teil durch die Verstädterung und den Umzug der Menschen vom Land in die Städte angeheizt worden. In den letzten 50 Jahren hat sich

BEVÖLKERUNGSEXPLOSION

ZUNEHMENDE URBANISATION

dieser Prozess, der im 18. Jahrhundert mit der industriellen Revolution in England begann, weltweit fortgesetzt. 2007 lebte zum ersten Mal in der Geschichte mehr als die Hälfte der Menschen auf der Erde in städtischen Gebieten. Bis zum Jahr 2050 wird sich der Anteil der in Städten lebenden Menschen auf fast zwei Drittel belaufen. Stadtbewohner verbrauchen mehr Ressourcen als Menschen in ländlichen Gebieten, mehr Energie und Rohstoffe. Sie erzeugen auch mehr Abfall. Bevölkerungswachstum, wirtschaftliche Entwicklung und Verstädterung sind die wichtigsten Triebkräfte des Wandels. Sie führen zu einem raschen Anstieg der Nachfrage nach wichtigen Ressourcen wie Energie, Trinkwasser, Lebensmitteln, Holz und Mineralien.

Seit den 1950er-Jahren hat sich der Energiebedarf verfünffacht.

ZUNAHME DES VERBRAUCHS FOSSILER BRENNSTOFFE

Der Süßwasserverbrauch hat sich verfünffacht.

ZUNEHMENDER SÜSSWASSERVERBRAUCH

Seit 1950 hat sich die Getreideproduktion vervierfacht.

STEIGENDER NAHRUNGSBEDARF

Die Weltwirtschaft ist seit 1950 um das Zehnfache gewachsen.

ZUNEHMENDES WIRTSCHAFTSWACHSTUM

Fortschritt …
Obwohl es nicht selbstverständlich ist, dass wir in der Lage sind, das Angebot an Konsumgütern so zu steigern, dass es mit der Nachfrage Schritt hält, waren wir damit bisher weitgehend erfolgreich. Im Lauf der Zeit haben sich die meisten sozialen Verhältnisse verbessert. So haben beispielsweise Milliarden von Menschen eine sichere Wasserversorgung und Zugang zu Elektrizität, die Zahl der Analphabeten ist gesunken und die Zahl derer, die in bitterer Armut leben, zurückgegangen. Verschiedene Gesundheitsindikatoren, wie die Kindersterblichkeit und (trotz der Auswirkungen von COVID-19) die Verbreitung ansteckender Krankheiten, zeigen zunehmend bessere Verhältnisse an. Außerdem sind wir global vernetzt: Milliarden von Menschen haben Zugang zum Internet und zu sozialen Medien. Sie können Konsumgüter über Lieferketten beziehen, die sich über den ganzen Planeten erstrecken.

… und Probleme
Neben diesen Fortschritten gibt es eine Reihe negativer Folgen des Wachstums. Die Atmosphäre der Erde weist jetzt eine höhere Konzentration von Treibhausgasen als zu jedem anderen Zeitpunkt seit mindestens 800 000 Jahren auf. Das führt zu einem Klimawandel, zu Extremwetterereignissen, höheren wirtschaftlichen Kosten und erheblichen humanitären Folgen. Die Nutzung fossiler Brennstoffe sowie häufig auftretende Waldbrände sind nicht nur wichtige Auslöser des Klimawandels, sondern sie führen auch zu einer Luftverschmutzung, die in jedem Jahr Millionen von Menschen tötet.

Darüber hinaus führt die Erschöpfung einer Reihe von Ressourcen, die für das menschliche Wohlbefinden wichtig sind, zu wirtschaftlichen und sozialen Spannungen. Süßwasser- und Meeresfischbestände sind einem größeren Druck ausgesetzt. Die Schädigung der Böden ist ein weltweites Problem, ebenso wie Entwaldung und der Rückgang der Artenvielfalt. Die Auswirkungen auf die Ökosysteme führen zu einem zunehmenden Massenaussterben von Tieren und Pflanzen. Dies könnte bald den größten Artenverlust seit dem Aussterben der Dinosaurier vor 66 Millionen Jahren auslösen. All diese Umweltveränderungen und viele andere werden sich zunehmend auf das wirtschaftliche Wachstum und die Entwicklung auswirken und letztlich die Gefahr bergen, viele soziale Errungenschaften rückgängig zu machen.

Den Planeten retten
Trotz vieler Bemühungen, Lösungen für diese Probleme zu finden, geht der Wandel zu langsam voran. Das liegt daran, dass viele Menschen davon ausgehen, dass die Umwelt geopfert werden muss, um weiterhin

Der Fischfang hat um mehr als das Vierfache zugenommen.

FISCHENTNAHME AUS DEM MEER

Das Internet hat die globale Integration beschleunigt.

ZUNEHMENDE GLOBALISIERUNG

soziale Fortschritte und wirtschaftliches Wachstum zu erreichen. Außerdem gibt es Widerstände durch Eigeninteressen, kurzsichtige politische Entscheidungen und Korruption. Die Notwendigkeit, diese Hindernisse zu überwinden, wird daher von Tag zu Tag dringlicher.

Um einen Wandel herbeizuführen, bedarf es der Vermittlung von belastbaren Informationen und Fakten. Genau darum geht es in diesem Buch. Auf den folgenden Seiten stütze ich mich auf die umfangreichen Daten, die von Fachgremien und wissenschaftlichen Einrichtungen gesammelt worden sind, um ein Bild unserer Welt im ersten Viertel des 21. Jahrhunderts zu zeichnen. Das Verständnis des gesamten Spektrums an Entwicklungen ist eine wichtige Voraussetzung für die Gestaltung der kritischen Entscheidungen, die wir alle treffen müssen, ob als Einzelpersonen, als Unternehmen oder als Regierung. Ich hoffe, dass sich die Leser sowohl inspiriert als auch befähigt fühlen, in Anbetracht dieser Herausforderungen auf bestmögliche Weise zu handeln.

DR. TONY JUNIPER, CBE

Der Verbrauch der natürlichen Ressourcen hat um mehr als das Zehnfache zugenommen.

STEIGENDER RESSOURCENVERBRAUCH

Die Treibhausgaskonzentration in der Atmosphäre hat extrem zugenommen.

AUSUFERNDE KOHLENDIOXIDEMISSIONEN

Der Verbrauch der erneuerbaren Ressourcen hat sich verdoppelt.

STEIGENDER LANDBEDARF

Das Massenaussterben von Tieren und Pflanzen beschleunigt sich.

AUSSTERBEN VON ARTEN

»Die **großen Herausforderungen unserer Zeit,** wie der Klimawandel und der unablässige Appetit der **rasch wachsenden Weltbevölkerung** auf sauberes Wasser und Energie, erfordern **neben wissenschaftlichen und technischen Lösungen auch politische.«**

PROFESSOR BRIAN COX, BRITISCHER PHYSIKER UND TV-WISSENSCHAFTSMODERATOR

- **Bevölkerungsexplosion**
- **Wirtschaftswachstum**
- **Planet der Städte**
- **Energiequellen**
- **Ungezügelter Appetit**
- **Durstige Welt**
- **Lust auf Konsum**

1 TRIEBKRÄFTE DES WANDELS

Die raschen Veränderungen werden durch eine Reihe von starken und miteinander vernetzten Entwicklungen angetrieben. Zusammen transformieren sie den menschlichen Einfluss auf die Systeme der Natur, die das Leben ermöglichen.

Bevölkerungs-explosion

Von allen Entwicklungen, die Einfluss auf die sich wandelnde Welt nehmen, ist die rasche Zunahme der Weltbevölkerung wohl die wichtigste. Immer mehr Menschen brauchen Nahrung, Energie, Wasser und andere Ressourcen, was immer mehr Druck auf Umwelt und Natur ausübt. Wenngleich sich die Bevölkerungszunahme jetzt etwas verlangsamt hat, fand doch im 20. Jahrhundert eine wahre Explosion statt. Immerhin wächst die Bevölkerung um 200 000 Menschen pro Tag bzw. 80 Mio. im Jahr – entsprechend der Einwohnerzahl Deutschlands.

Weltweites Wachstum

Das gegenwärtige Bevölkerungswachstum begann um 1750 und ging mit verbesserter Nahrungsproduktion und -verteilung einher, was die Sterblichkeit im 18. Jahrhundert senkte. Das 19. Jahrhundert brachte verbesserte Hygiene und andere Entwicklungen, die die Volksgesundheit förderten. Das 20. Jahrhundert trieb die Wachstumsrate in unbekannte Höhen. Für 2023 rechnet man mit 8 Mrd. Erdbewohnern, 2050 bereits mit 9 Mrd.

Die große Beschleunigung
Tausende Jahre lang verharrte die Anzahl der Menschen auf sehr niedrigem und tragfähigem Niveau. Ab dem 18. Jahrhundert jedoch änderte sich die Situation auf dramatische Weise, als ihre Anzahl massiv zunahm – wie die Kurve zeigt.

»Das Bevölkerungswachstum strapaziert die Ressourcen der Erde bis zur **Belastungsgrenze.«**

AL GORE, EHEMALIGER VIZEPRÄSIDENT DER USA UND UMWELTAKTIVIST

EINE ZUNEHMEND BEVÖLKERTE WELT

In den Anfangsjahren des 19. Jahrhunderts erreichte die Weltbevölkerung erstmals eine Milliarde Individuen. Schon 1959 überschritt sie die dritte Milliarde und 15 Jahre später die vierte Milliarde. Im Jahr 1987 lebten 5 Mrd. Menschen, 1999 bereits 6 Mrd. und 2011 war die Bevölkerung auf 7 Mrd. gestiegen. Im Jahr 2020 beherbergten nur 5 Länder über 3,6 Mrd. Menschen, also fast die Hälfte der Weltbevölkerung und das Dreifache der Bevölkerung des 19. Jahrhunderts.

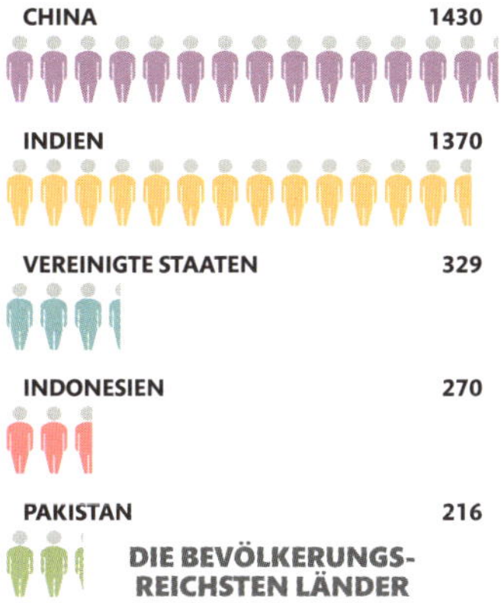

DIE BEVÖLKERUNGSREICHSTEN LÄNDER (MIO., 2020)

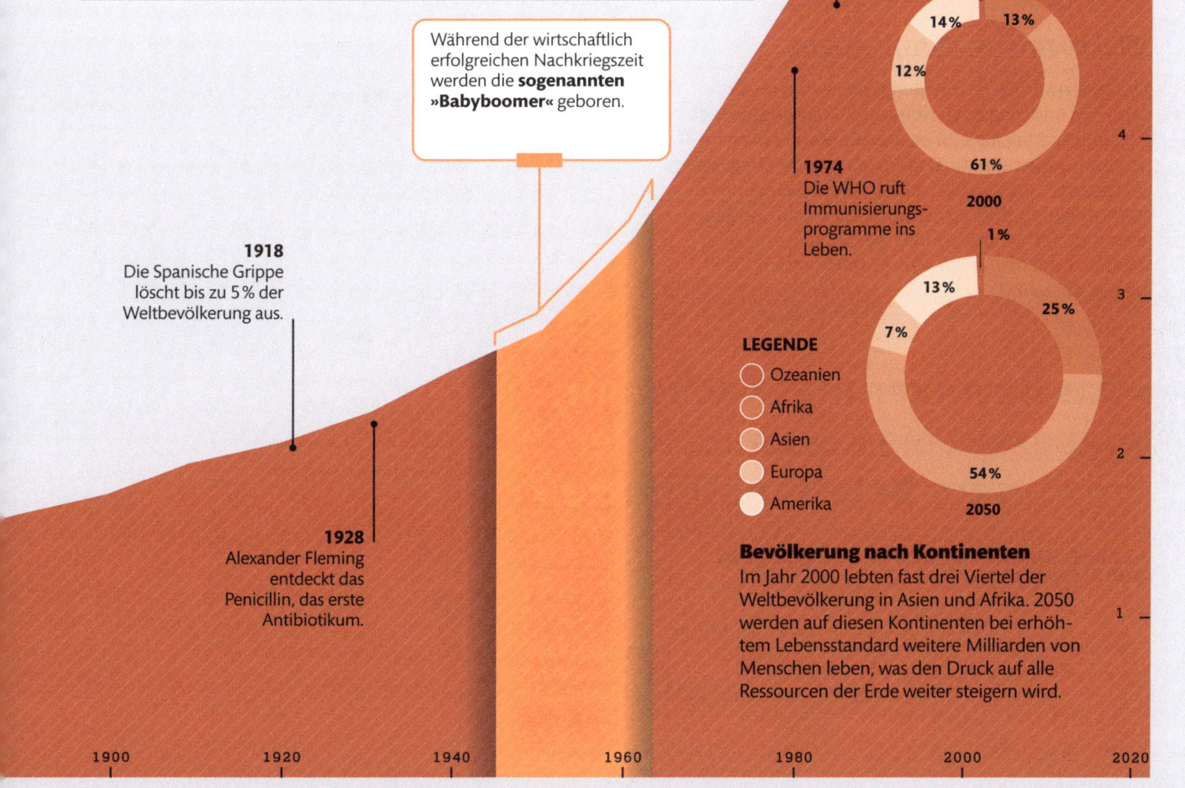

Bevölkerung nach Kontinenten
Im Jahr 2000 lebten fast drei Viertel der Weltbevölkerung in Asien und Afrika. 2050 werden auf diesen Kontinenten bei erhöhtem Lebensstandard weitere Milliarden von Menschen leben, was den Druck auf alle Ressourcen der Erde weiter steigern wird.

Bevölkerungswandel

Seit 1800 wuchs die Bevölkerung weltweit. In reicheren Ländern verlangsamte sich das Wachstum seit den 1950er- und 1960er-Jahren, weil Wohlstand, Gesundheit und Bildung die Geburtenrate sinken ließen – in den Entwicklungsländern dagegen hielt das Wachstum an.

Hohe Geburtenraten, verbesserte Gesundheitsfürsorge und der Einfluss der Arbeitsmigration trugen weltweit zu den steigenden Bevölkerungszahlen bei. Während der letzten fünf Jahre waren die größten Zuwächse im Nahen Osten zu verzeichnen, wo das Versprechen auf Jobs, aber auch Konflikte in Nachbarländern zu Steigerungsraten von mehr als 6 % (Oman, Katar) führten. Die 6 % mögen vielleicht harmlos klingen, doch werden sich die Bevölkerungen dieser beiden Länder in 10 Jahren verdoppeln.

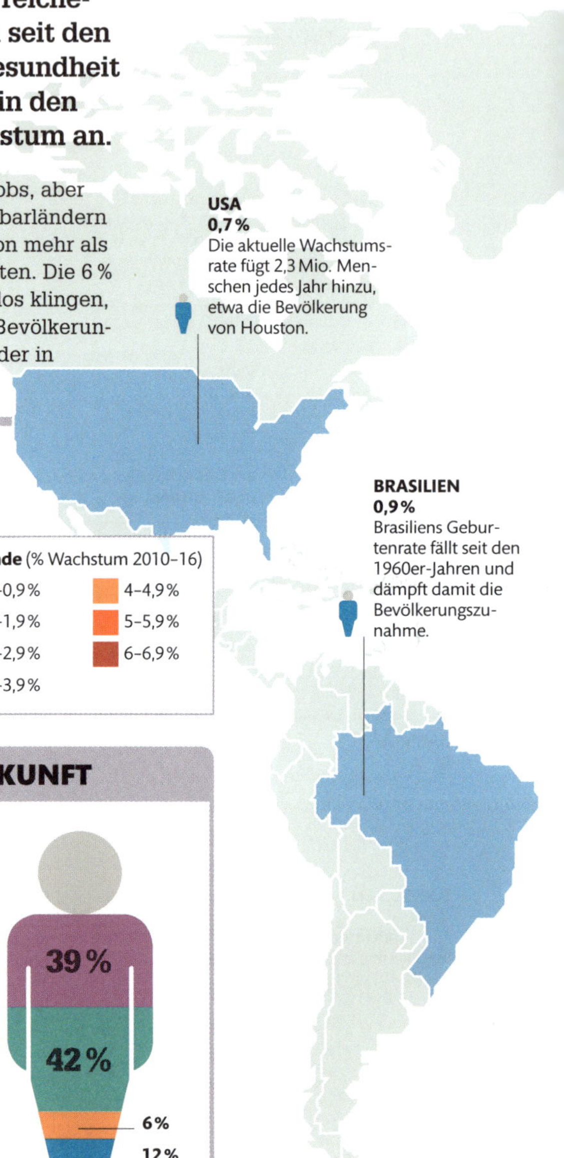

Bevölkerungen im Wandel

In den meisten entwickelten Ländern sind die Bevölkerungen stabil oder leicht zunehmend, vor allem infolge Zuwanderung. Die höchsten Zuwächse ereignen sich gegenwärtig in Afrika, denn deren Bevölkerungen, die heute etwa 1,2 Mrd. Menschen umfassen, werden sich in 2100 auf 4 Mrd. verdreifacht haben. Im Jahr 2050 werden ca. 90 % der Weltbevölkerung in Ländern leben, die heute (noch) als Entwicklungsländer gelten (sie machen heute ca. 80 % aus).

Legende (% Wachstum 2010–16)

- 0–0,9 %
- 1–1,9 %
- 2–2,9 %
- 3–3,9 %
- 4–4,9 %
- 5–5,9 %
- 6–6,9 %

WER LEBT WO? VERGANGENHEIT UND ZUKUNFT

In den 1950er-Jahren lebten mehr als 20 % der Weltbevölkerung in Europa. Zum Ende dieses Jahrhunderts werden es nur noch 6 % sein. Eine größere, entgegengesetzte Entwicklung ist für Afrika zu erwarten, wo im Jahr 2100 rund 40 % der Menschheit leben dürften. Wie es früher in den heute entwickelten Ländern der Fall war, wird die sinkende Sterberate auch dort der Hauptfaktor für das Bevölkerungswachstum sein.

LEGENDE

Anteile (%) Weltbevölkerung

- Afrika
- Europa
- Ozeanien
- Asien
- Amerika

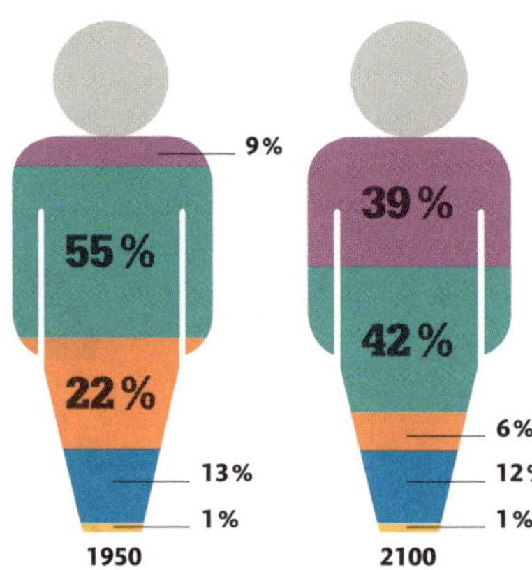

Zentrum der Welt

Mehr als die Hälfte der Menschheit lebt innerhalb dieses Kreises. China und Indien sind die Länder mit den meisten Bewohnern mit 1,4 bzw. 1,3 Mrd. Menschen. Mehr als 260 Mio. Bewohner hat Indonesien, über 90 Mio. Vietnam und fast 70 Mio. leben in Thailand.

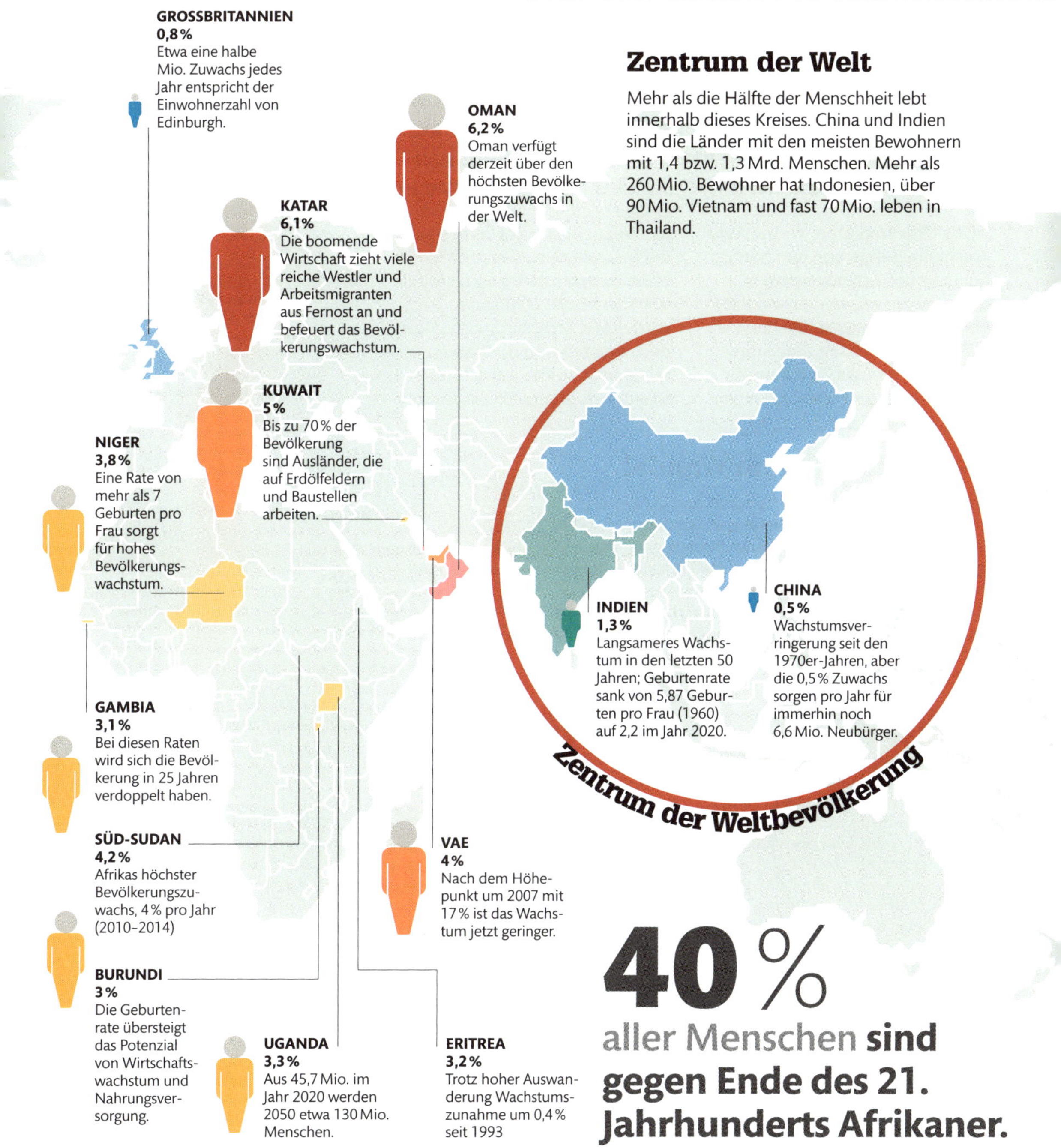

40 %

aller Menschen sind gegen Ende des 21. Jahrhunderts Afrikaner.

Längeres Leben

Seit dem Beginn geschichtlicher Aufzeichnungen gab es stets mehr Junge als Alte – zumindest bis vor Kurzem. Heute gibt es mehr Menschen auf der Erde, die älter als 65 Jahre sind, als solche, die unter 5 Jahre alt sind.

Da sowohl die durchschnittliche Lebenserwartung als auch der Anteil alter Menschen an der Weltbevölkerung zugenommen haben, ist eine noch nie da gewesene Situation entstanden, die viele Fragen aufwirft. Ist in höherem Alter noch mit längeren Perioden guter Gesundheit zu rechnen? Wird es für Alte neue Rollen und Chancen in der Gesellschaft geben? Wie geht die Gesellschaft mit dem zunehmenden Anteil alter Menschen um, von denen viele wohl keine Einkommensteuer zahlen werden?

Durch sinkende Geburtenraten und steigende Lebenserwartung wird die Gesellschaft zwangsläufig noch schneller altern. Während die arbeitende Bevölkerung heute zwischen etwa 20 und 65 Jahre alt ist, werden in Zukunft mehr gesunde Menschen bis ins hohe Alter arbeiten und dabei auch mit jüngeren um Arbeitsplätze konkurrieren.

SIEHE AUCH …

- **Langsamerer Anstieg** (22–23)
- **Ein besseres Leben …** (96–97)
- **Bessere Gesundheit** (102–103)

Lebenserwartung zur Zeit der Geburt

Die gestiegene Lebenserwartung der letzten 100 Jahre reflektiert einen Wandel der Todesursachen. Anfang des 20. Jahrhunderts waren Infektionen und Parasiten die häufigste Todesursache. Verbesserte Ernährung, Gesundheitsfürsorge und revolutionäre medizinische Methoden wie Antibiotika und Impfstoffe veränderten dies grundlegend. Heute sterben die Menschen viel häufiger an nicht übertragbaren Krankheiten wie Krebs oder Herz-Kreislauf-Problemen.

LEGENDE
Lebenserwartung (Jahre)

- Weltdurchschnitt
- Nordamerika
- Lateinamerika und Karibik
- Europa
- Ozeanien
- Asien
- Afrika

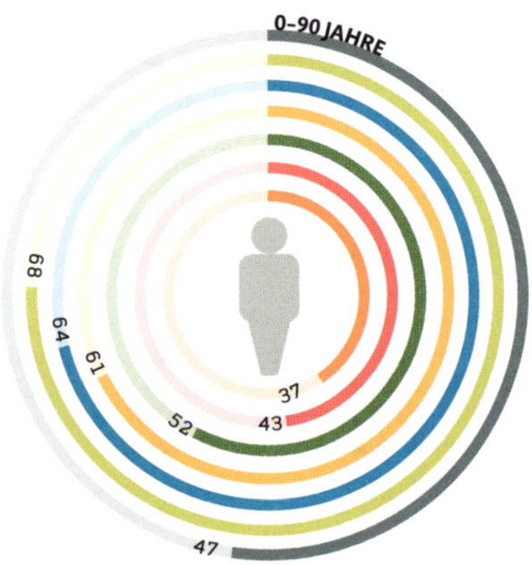

1950–1955
Nordamerika und Europa übertreffen die mittlere globale Lebenserwartung von 47 Jahren am stärksten. Krieg, Krankheit und Mangelernährung tragen zur Verkürzung der Lebenserwartung bei.

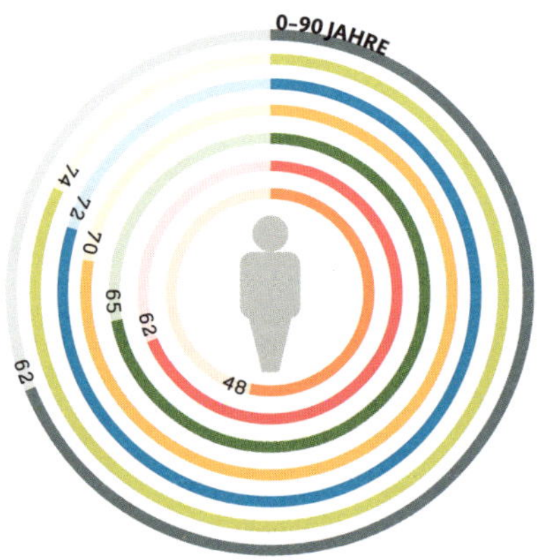

1980–1985
Zunehmender Wohlstand in den Industrienationen, erhöhte Lebensmittelsicherheit und besserer Zugang zu effizienter Medizin hoben die Lebenserwartung in den meisten Weltgegenden.

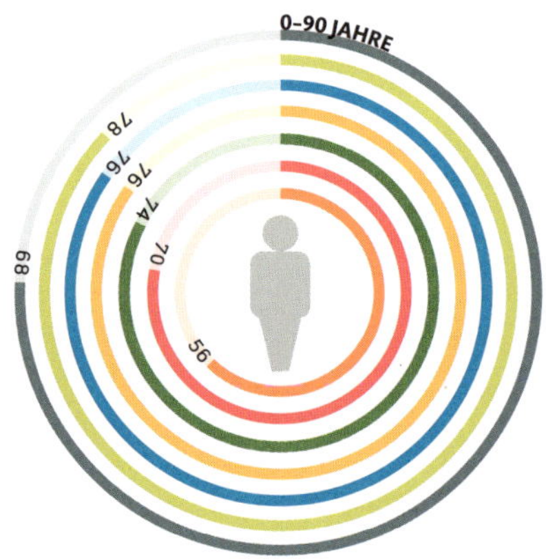

2005–2010
Wirtschaftswachstum, bessere Ernährung und Krankheitsbekämpfung hoben die Lebenserwartung weltweit. Afrika hat immer noch die geringste Lebenserwartung, auch aufgrund gefährlicher Krankheiten wie z. B. HIV (Aids).

Weltbevölkerung in Pyramiden

Das Altersprofil der Weltbevölkerung, dargestellt als Pyramide, ändert sich schnell. Der steigende Anteil an älteren Menschen über 60 Jahre ließ die Pyramide nicht nur höher, sondern auch im oberen Teil breiter werden. Verglichen mit dem Jahr 2000 wird sich im Jahr 2050 der Anteil der über 60-Jährigen mehr als verdoppelt haben, d. h. auf 21 %. Im Jahr 2100 ist mit einer Verdreifachung der Alten zu rechnen.

2047
wird es mehr 60-Jährige
als Kinder geben.

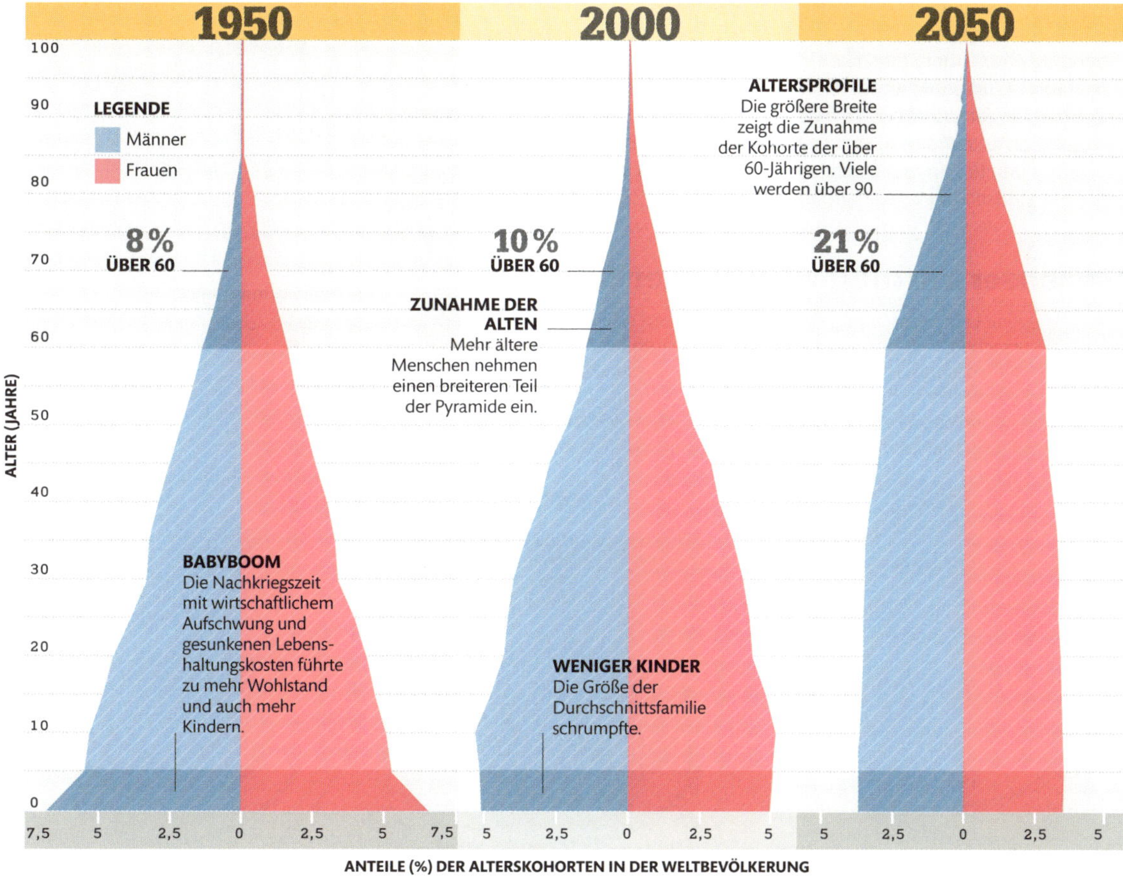

1950
Die Wachstumskurve der Weltbevölkerung war steil. Mit einem Anstieg von 19 % im Verlauf der 50er-Jahre blieb die hohe Wachstumsrate bis in die 60er- und 70er-Jahre erhalten.

2000
In den 50 Jahren bis zum Jahr 2000 nahm der Anteil der über 60-Jährigen um 2 Prozentpunkte zu. Sinkende Geburten- und Sterbeziffern kündigten einen rasanten Wandel an.

2050
Eine weitere demografische Bombe geht hoch. Diesmal ist es nicht nur die Zunahme der gesamten Bevölkerung, sondern gleichzeitig die Verdoppelung der Zahl der Menschen über 60 seit 2000.

Langsamerer Anstieg

Die Frage, wie das Bevölkerungswachstum am besten zu steuern wäre, ist eine der meistdiskutierten und umstrittensten der letzten Zeit. Was wird unternommen, um diesen Anstieg zu verringern?

Der rasante Anstieg der Weltbevölkerung im 20. Jahrhundert führte zu alarmierenden Vorhersagen über die Auswirkungen auf Umwelt, Ressourcen und Ernährungssicherheit. Während die von einigen erwartete humanitäre Katastrophe ausblieb, gibt es gute Argumente, den Bevölkerungsanstieg zu bremsen.

Verschiedene Versuche zur Reduktion wurden unternommen, unter anderem eine Sterilisierungskampagne in Indien, ein leichterer Zugang zu Verhütungsmitteln (in Afrika) und die 1-Kind-Verfügung in China *(siehe Kasten rechts)*. Weniger konfliktreich und letztlich erfolgreicher waren der verbesserte Zugang zur Bildung, besonders für Mädchen und junge Frauen.

Frauenförderung und Geburtenraten

Grob gesprochen gilt, dass gebildete Frauen zwei Kinder bekommen, während Analphabetinnen oft sechs oder mehr Kinder haben. Dieser Umstand verstärkt sich selbst, da die Kinder von Analphabeten wiederum oft weniger Bildung erhalten.

Mit höherer Bildung kommen noch weitere Vorteile zum Tragen. So haben Familien mit gebildeten Frauen im Allgemeinen bessere Lebensbedingungen, Kleidung, Einkommen, Wasser und Hygiene. Besserer Zugang zu Bildung gilt daher als Schlüssel für Investitionen zum Erreichen wirtschaftlicher, sozialer und – letztlich auch – umweltfreundlicher Verbesserungen.

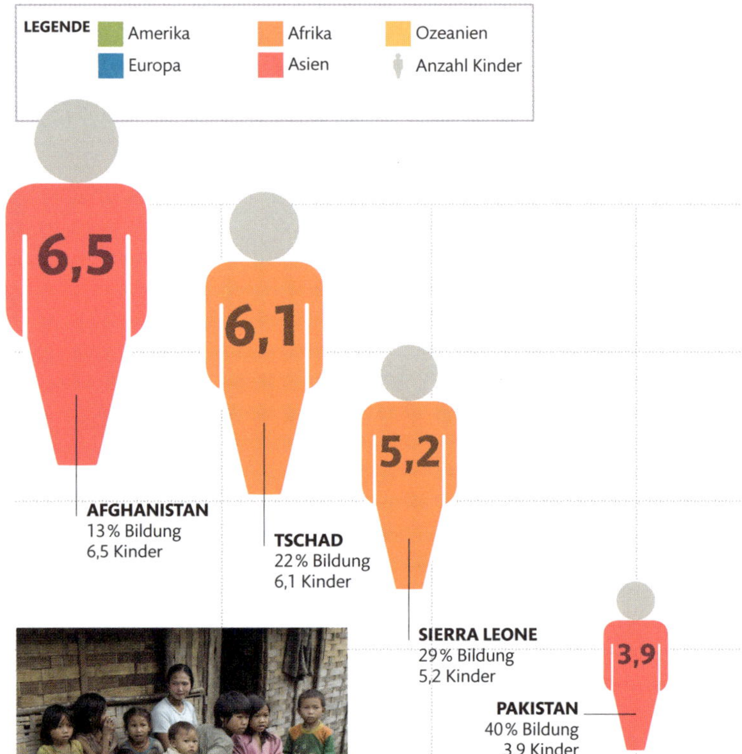

Immer mehr hungrige Mäuler
Die hohe Kinderzahl hält viele arme, bildungsferne Familien in der Armut gefangen, weil sie sich die ohnehin kargen Ressourcen sparsam einteilen müssen.

Bildung und Bevölkerungswachstum
Im Durchschnitt bekommen lese- und schreibkundige Frauen weniger Kinder. Wo die allgemeine Analphabetenrate niedrig ist, aber die Kinderzahl hoch, geht dies oft auf Geschlechterungleichheit zurück – mit höher gebildeten Männern im Vergleich zu ihren Frauen.

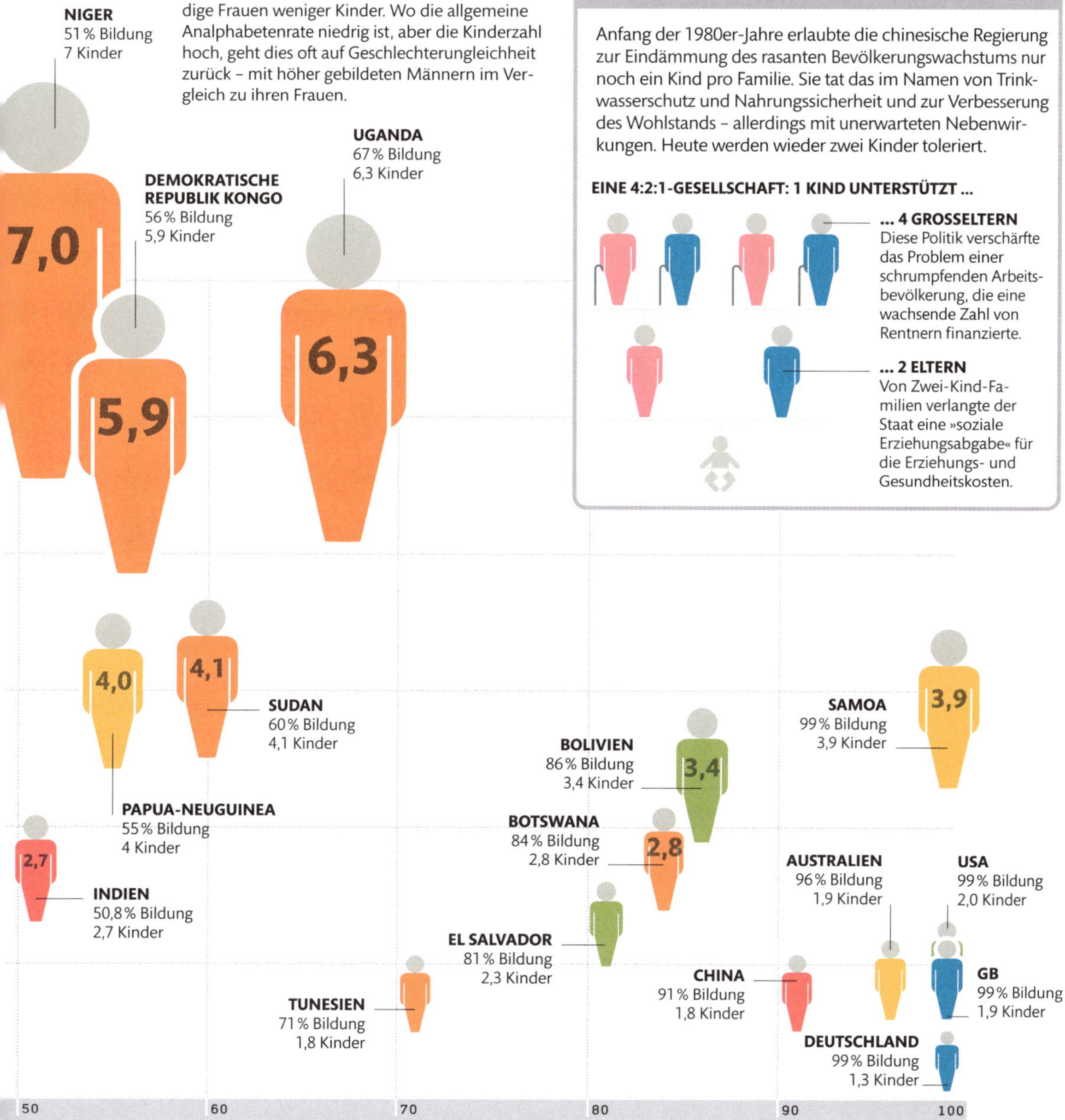

CHINAS EIN-KIND-POLITIK

Anfang der 1980er-Jahre erlaubte die chinesische Regierung zur Eindämmung des rasanten Bevölkerungswachstums nur noch ein Kind pro Familie. Sie tat das im Namen von Trinkwasserschutz und Nahrungssicherheit und zur Verbesserung des Wohlstands – allerdings mit unerwarteten Nebenwirkungen. Heute werden wieder zwei Kinder toleriert.

EINE 4:2:1-GESELLSCHAFT: 1 KIND UNTERSTÜTZT …

… 4 GROSSELTERN
Diese Politik verschärfte das Problem einer schrumpfenden Arbeitsbevölkerung, die eine wachsende Zahl von Rentnern finanzierte.

… 2 ELTERN
Von Zwei-Kind-Familien verlangte der Staat eine »soziale Erziehungsabgabe« für die Erziehungs- und Gesundheitskosten.

Wirtschaftswachstum

Seit dem Beginn der industriellen Revolution gegen Ende des 18. Jahrhunderts erlebte die Welt ein Zeitalter enormen ökonomischen Wachstums. Neue Produktionsmethoden und Innovationen der letzten 200 Jahre erlaubten eine effizientere Nutzung von Arbeit und Ressourcen und steigerten die Produktivität jedes Einzelnen. Damit verbunden waren höhere Einkommen, steigender Lebensstandard und eine weltweite Bekämpfung der Armut. Mit der zunehmenden Industrialisierung Asiens, Südamerikas und Afrikas ist die globale Wirtschaft weiterhin auf Wachstumskurs.

Eine produktivere Welt

Die gesamte Wirtschaftsleistung der Welt, ausgedrückt als Bruttoinlandsprodukt (BIP), ist stetig gewachsen, vor allem seit den 1950er-Jahren. Hauptantriebskräfte sind steigende Weltbevölkerung, wodurch mehr Arbeiter und Angestellte zur Verfügung stehen, billige Energiequellen und weiter entwickelte Technologien, sodass effektiver gearbeitet werden kann. Im Jahr 2015 betrug die Wirtschaftsleistung der Welt etwa das Zehnfache der Leistung von 1950. Und obwohl sich das Wachstum infolge der Finanzkrise der Jahre 2008 und 2009 verlangsamte, erreichte die Wirtschaftsleistung im folgenden Jahrzehnt neue Spitzenwerte.

> »Wir haben zugelassen, dass die **Interessen des Kapitals über denen der Menschen und unserer Erde stehen.**«

ERZBISCHOF DESMOND TUTU, SÜDAFRIKANISCHER MENSCHENRECHTSAKTIVIST

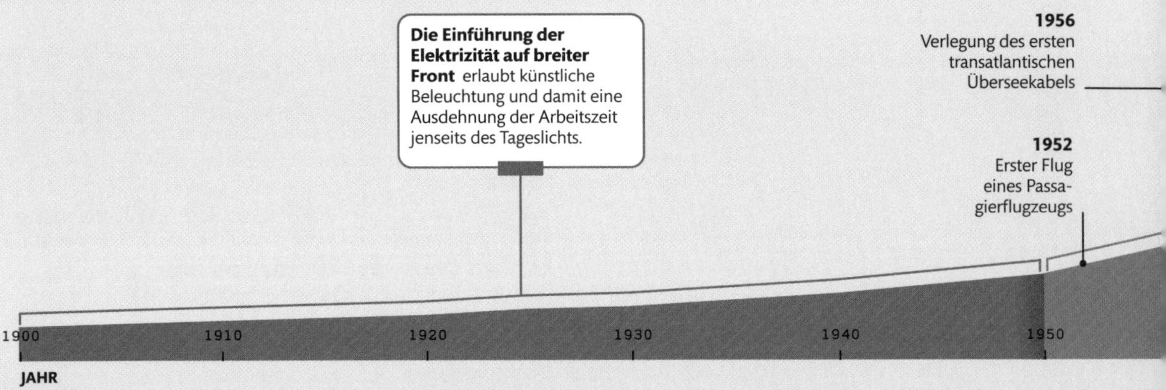

PERSÖNLICHE WOHLSTANDSENTWICKLUNG

Zunehmende Bevölkerungen sind einer der Antriebe für Wirtschaftswachstum, weil steigender Bedarf an Waren und Dienstleistungen zu mehr Nachfrage führt. Jedoch hat auch das BIP pro Kopf zugenommen, was bedeutet, dass auch Produktivität und Wohlstand gewachsen sind. In den 55 Jahren zwischen 1960 und 2015 hat sich die Geldmenge in der Wirtschaft pro Person vervierfacht. Doch diese Zunahme ist ungleich verteilt (*siehe S. 104–105*).

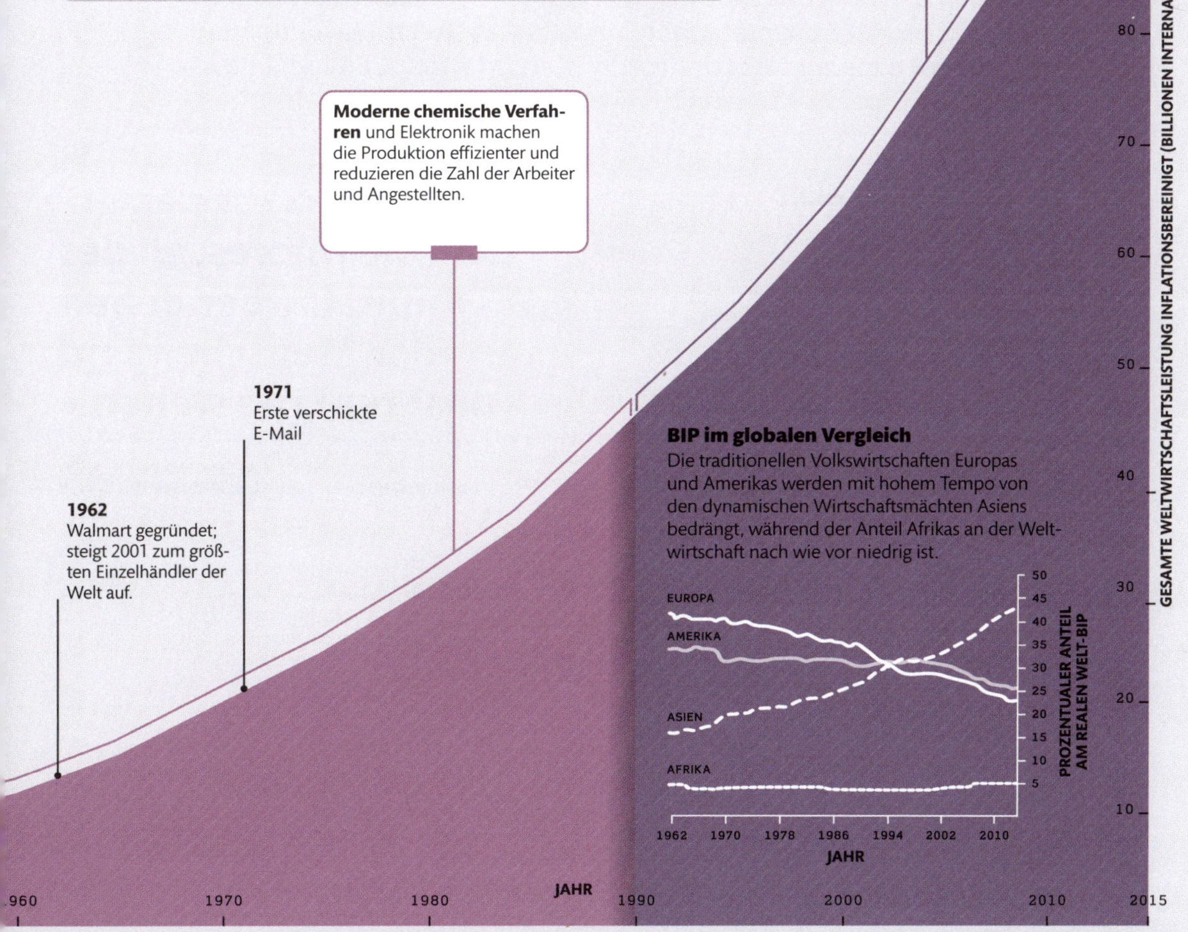

Was ist BIP?

Das Bruttoinlandsprodukt, kurz BIP, ist ein Maß für den Ausstoß einer Volkswirtschaft, definiert als Gesamtwert aller Güter und Dienstleistungen pro Zeiteinheit, gewöhnlich eines Jahres. Es ist ein Vergleichswert verschiedener Wirtschaftskräfte untereinander und dient der Einschätzung der Wirtschaftsentwicklung im Laufe der Zeit. Ökonomen haben verschiedene Instrumente, das BIP zu bestimmen, hier z. B. nach der Ausgabenmethode. Danach werden die Ausgaben des Staates, der Bürger, Unternehmen und Organisatoren zusammengezählt.

LEGENDE

- **(K) Konsumausgaben** Der Gesamtwert aller Güter und Dienstleistungen, die von Bürgern und Haushalten gekauft werden.
- **(I) Investitionen** Geld, das von Unternehmen für Produktionsmittel ausgegeben wird, um Waren und Dienstleistungen sowie neue Fabrikstandorte zu finanzieren.
- **(S) Staatsausgaben** Alles, was der Staat an öffentlichen Dienstleistungen und Infrastruktur zur Verfügung stellt.
- **(X) Exportüberschuss** Wert aller Waren und Dienstleistungen, die das Land produziert und für den Verkauf in andere Länder exportiert, abzüglich aller importierten Güter.

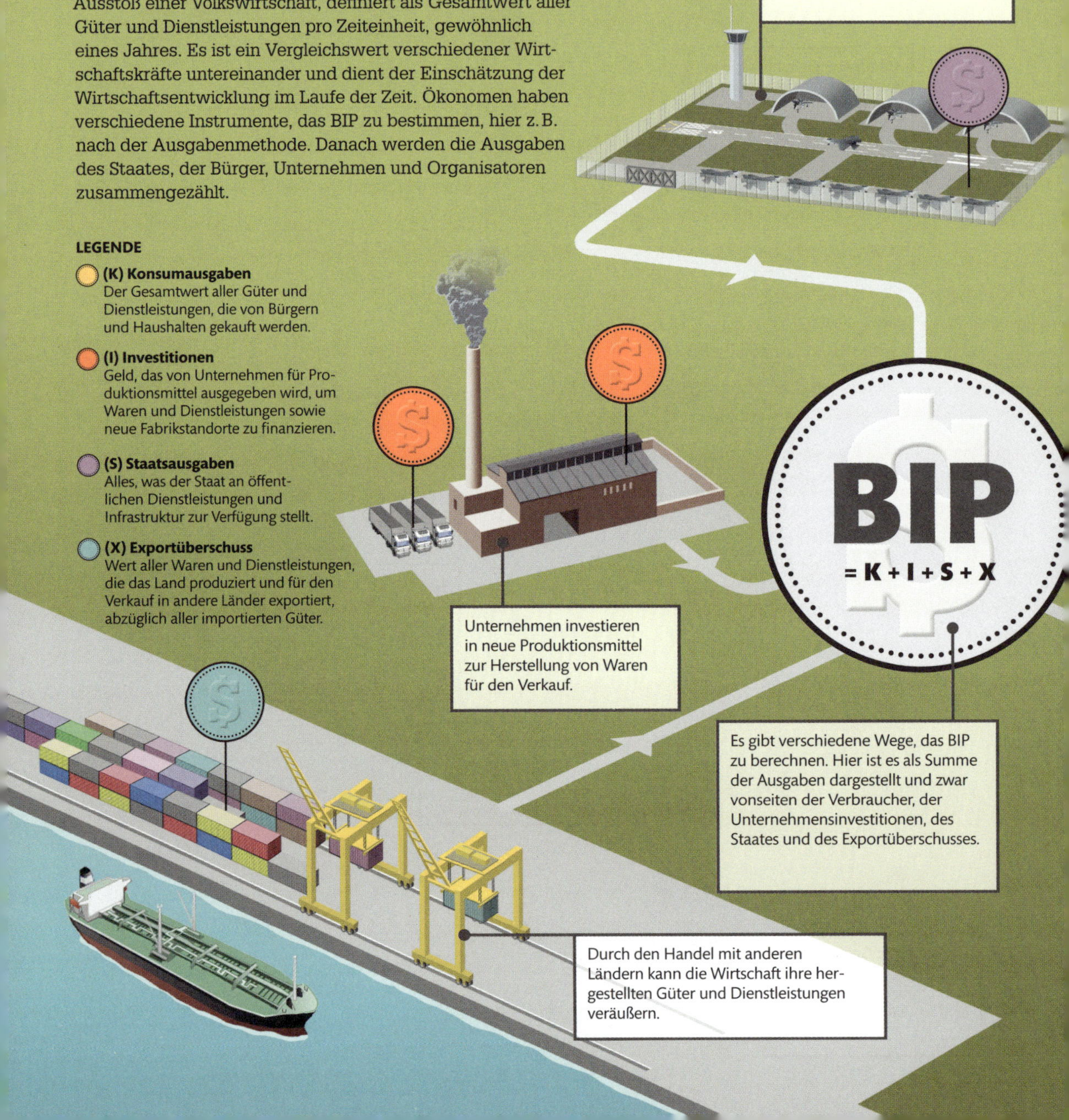

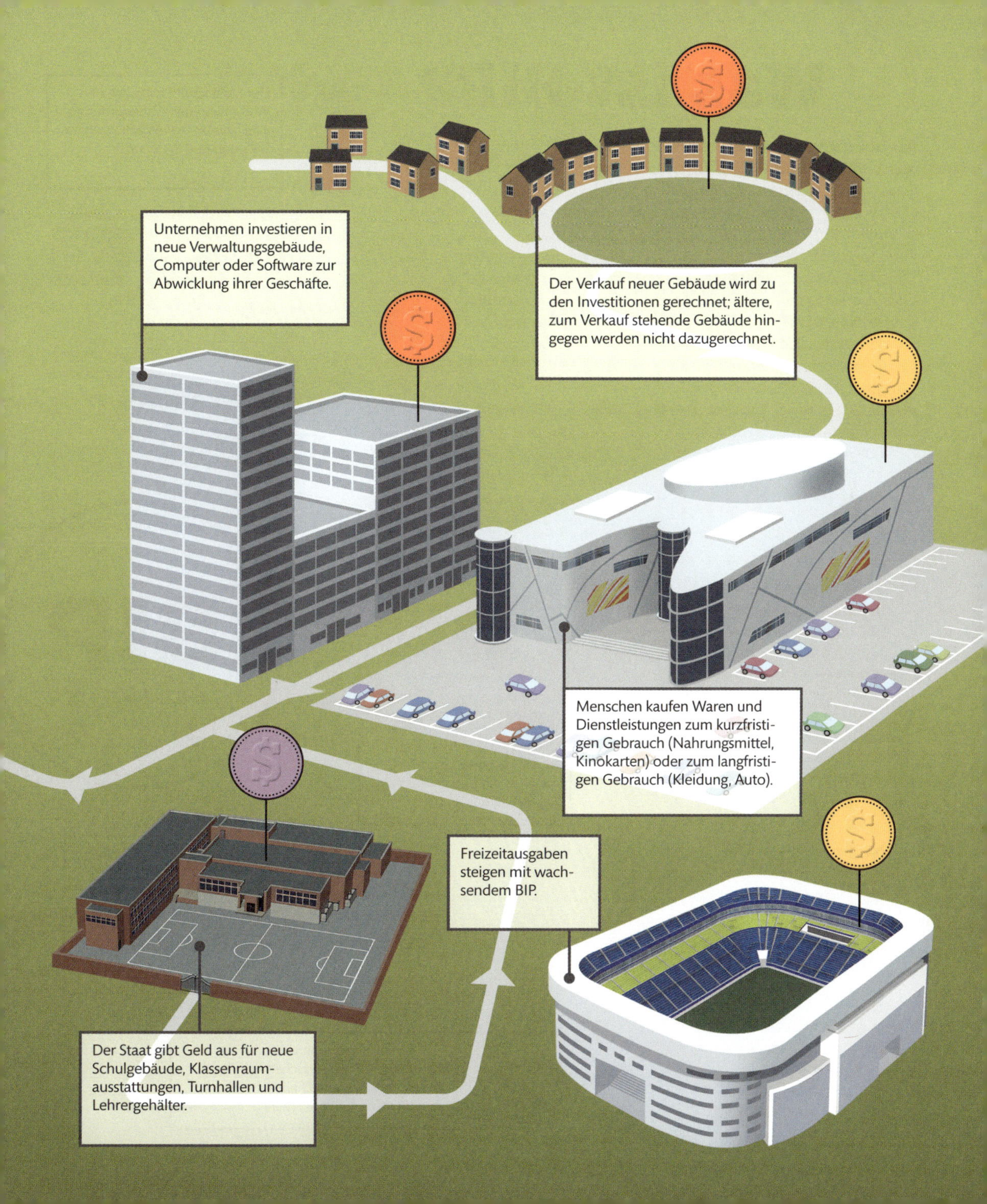

Unternehmen investieren in neue Verwaltungsgebäude, Computer oder Software zur Abwicklung ihrer Geschäfte.
Der Verkauf neuer Gebäude wird zu den Investitionen gerechnet; ältere, zum Verkauf stehende Gebäude hingegen werden nicht dazugerechnet.
Menschen kaufen Waren und Dienstleistungen zum kurzfristigen Gebrauch (Nahrungsmittel, Kinokarten) oder zum langfristigen Gebrauch (Kleidung, Auto).
Freizeitausgaben steigen mit wachsendem BIP.
Der Staat gibt Geld aus für neue Schulgebäude, Klassenraumausstattungen, Turnhallen und Lehrergehälter.

Mehr Wohlstand

In der ganzen Welt wird mehr verdient und der Lebensstandard steigt, dennoch wird die Einkommenslücke zwischen den Reichsten und den Ärmsten unter uns immer größer.

Einen brauchbaren Weg, um den Einfluss des wirtschaftlichen Erfolgs oder Niedergangs auf den Lebensstandard in verschiedenen Ländern zu messen, liefert das Bruttoinlandsprodukt *(siehe S. 26–27)* pro Kopf: der jährliche wirtschaftliche Ausstoß eines Landes, geteilt durch die Zahl der Bevölkerung. Das BIP pro Kopf gibt eine Vorstellung des mittleren Einkommens der Bürger dieses Landes und ihres Lebensstandards, sodass man über längere Zeit hinweg vergleichen kann, ob Bürger besser oder eher schlechter gestellt sind. Weltweit entwickelte sich das Pro-Kopf-BIP seit 1990 von 4271 $ auf 11 443 $ in 2019, d. h. das Haushaltseinkommen ist gestiegen. Vor allem in Schwellenländern wie Brasilien, Russland, Indien und China und auch in einigen sehr armen Ländern ging die Armut deutlich zurück. Dennoch hat vor allem das Wachstum der reichsten Volkswirtschaften den stärksten Einfluss auf das globale BIP. Entwickelte Länder wie die USA und Deutschland wachsen zwar langsam, haben aber ein wesentlich höheres BIP pro Kopf.

SIEHE AUCH ...

- **Machtzentren ...** (30–31)
- **Wachsender Konsum** (80–81)
- **Mehr Ungleichheit** (104–105)

Globales Ungleichgewicht

Obwohl das globale BIP pro Kopf zunimmt und nur wenige Länder negative Wachstumszahlen aufweisen, wächst die Lücke zwischen reichen und armen Ländern. Im Zeitraum von 1990–2019 hatten die drei Länder China, Vietnam und Katar die höchsten Wachstumsraten. Das Pro-Kopf-BIP Vietnams wuchs auf mehr als das Zwanzigfache, Chinas BIP stieg sogar erheblich mehr. Das sind bedeutende Erfolge, die aber in absoluten Zahlen von wirtschaftlich sehr viel stabileren Ländern wie USA und Norwegen in den Schatten gestellt werden.

LEGENDE
Prozentuales Wachstum des BIP pro Kopf (1990–2019)

BIP pro Kopf 1990 (US$) — BIP pro Kopf 2019 (US$)

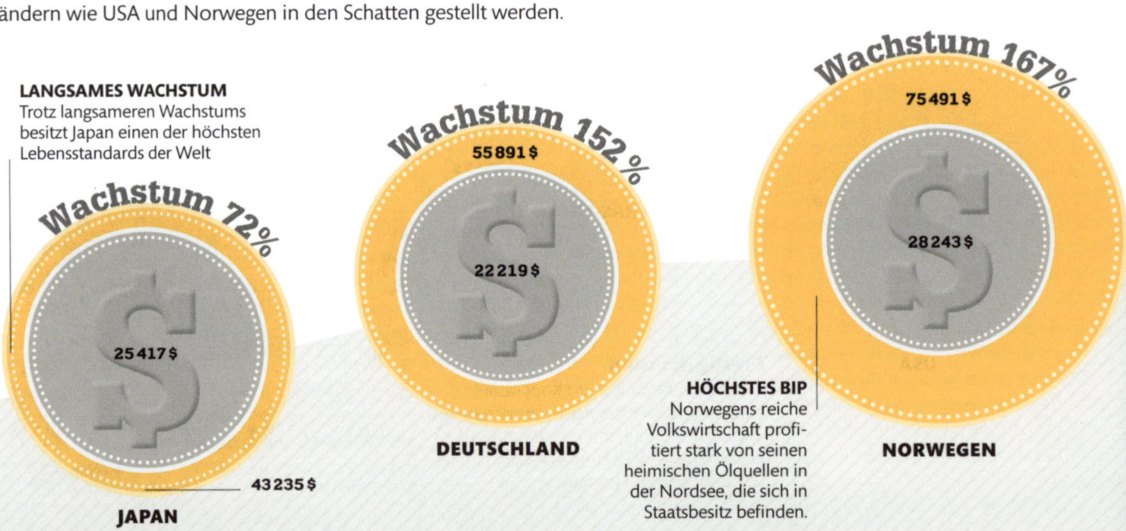

DER GLOBALE MITTELSTAND

Der globale Mittelstand mit täglichen Ausgaben zwischen 10 und 100 $ nimmt zu. Etwa 1,8 Mrd. Menschen zählten 2009 zu dieser Kategorie, die 2030 wohl auf 4,9 Mrd. ansteigen wird. Der Einfluss dieser Gesellschaftsschicht in den Entwicklungs- und Schwellenländern wächst ebenfalls. Im Jahr 2030 schätzt man, dass rund 35 % der globalen Mittelschicht-Verbraucher aus China und Indien kommen werden.

LEGENDE: EU, USA, Japan, China, Indien, Andere

GLOBALER KONSUM DER MITTELSCHICHT (0 % – 100 %)

Jahr	EU	USA	Japan	China	Indien	Andere
1965	34	37	5		1	23
2011	26	20	8	4	2	40
2030	14	10	4	17	18	37

Wachstum 3147 %

HÖCHSTES WACHSTUM
China ist in den letzten 20 Jahren ein globaler Wirtschaftsriese geworden, aber die Ungleichheit zwischen arm und reich ist ein großes Problem.

10 261 $
318 $
CHINA

2715 $
95 $
Wachstum 2670 %
VIETNAM

2099 $
1710 $
Wachstum 460 %
INDIEN

Wachstum 302 %
62 088 $
15 449 $
KATAR

HOHES BIP
Dieser Golfstaat besitzt zwar reichlich Fonds, viele Bewohner sind aber arm.

Wachstum 173 %
65 297 $
23 954 $
USA

Wachstum 182 %
3093 $
8717 $
BRASILIEN

Prestigekonsum
Während Chinas BIP pro Kopf rasant zunahm, hat sich die Schere zwischen arm und reich weiter geöffnet. Nur eine sehr kleine Oberschicht kann sich Luxusartikel wie diesen Ferrari leisten.

Machtzentren im Wandel

In den letzten 40 Jahren galten 7 Länder (die »G7«) als unangefochtene Wirtschaftsnationen an der Spitze. Einige Schwellenländer sind jedoch dabei, sie zu überholen.

Seit dem ausgehenden 19. Jahrhundert sind die USA unangefochten die stärkste Wirtschaftsnation, führend in Güterproduktion und Innovationsfreude. Andere traditionelle Volkswirtschaften stießen in den 1970er-Jahren dazu und bildeten die Gruppe der G7. Die Gruppe der seit 2006 formierten E7-Staaten (»emerging 7«) bestehen aus den wichtigsten Schwellenländern.

Wachstum in den E7

Im Jahr 2050 werden die alten G7-Staaten wohl großteils von den E7-Staaten überholt werden. In China führte die reformierte sozialistische Wirtschaftspolitik zu einer enormen Entwicklung der Produktionskapazitäten und damit Wirtschaftsexpansion, die weiter anhalten dürfte. In 2050 wird auch Indien die USA-Wirtschaft überflügeln und zur zweitgrößten Volkswirtschaft aufsteigen. Die G7-Länder werden zwar auch weiterwachsen, aber deutlich langsamer als die E7 der jetzigen Schwellenländer.

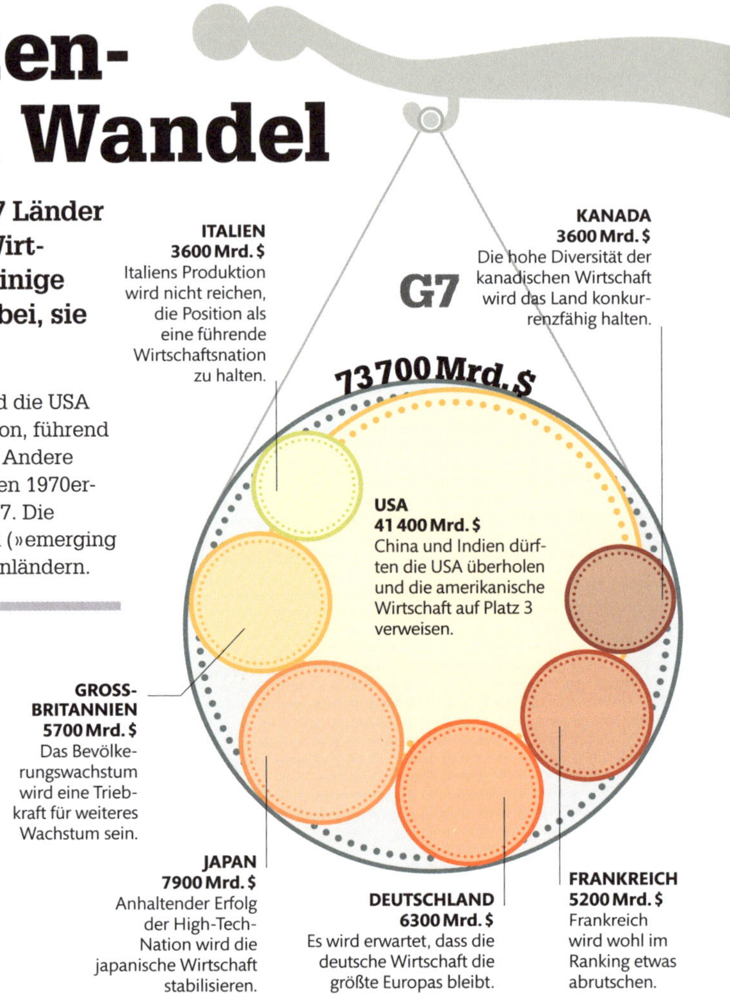

DIE 50 REICHSTEN STÄDTE DER WELT

Der wirtschaftliche Aufstieg des Fernen Ostens drückt sich schon dadurch aus, dass dort bald die reichsten Städte der Welt sein werden. In 2007 lagen acht der 50 reichsten Städte bereits in Asien. 2025 werden es 20 sein. Mehr als die Hälfte von Europas 50 reichsten Städten werden aus der Liste herausfallen, ebenso drei in Nordamerika, und zur Neuordnung urbaner Machtzentren beitragen.

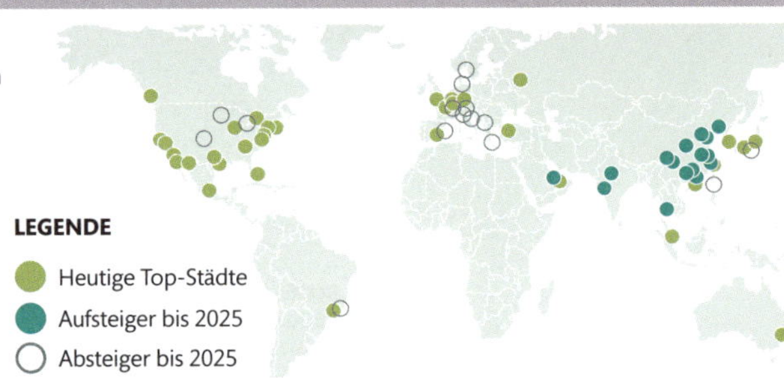

Der Anteil des BIP der EU und der USA am weltweiten BIP wird von heute 33 % auf 25 % im Jahr 2050 fallen.

Am Kipp-Punkt
Wirtschaftliche Machtverschiebungen weg von den bisherigen Machtzentren Nordamerikas, Europas und Japans, hin zu den E7-Ländern, werden anhalten. Bis 2050 wird das BIP der E7 sich gegenüber dem der G7 verdoppelt haben.

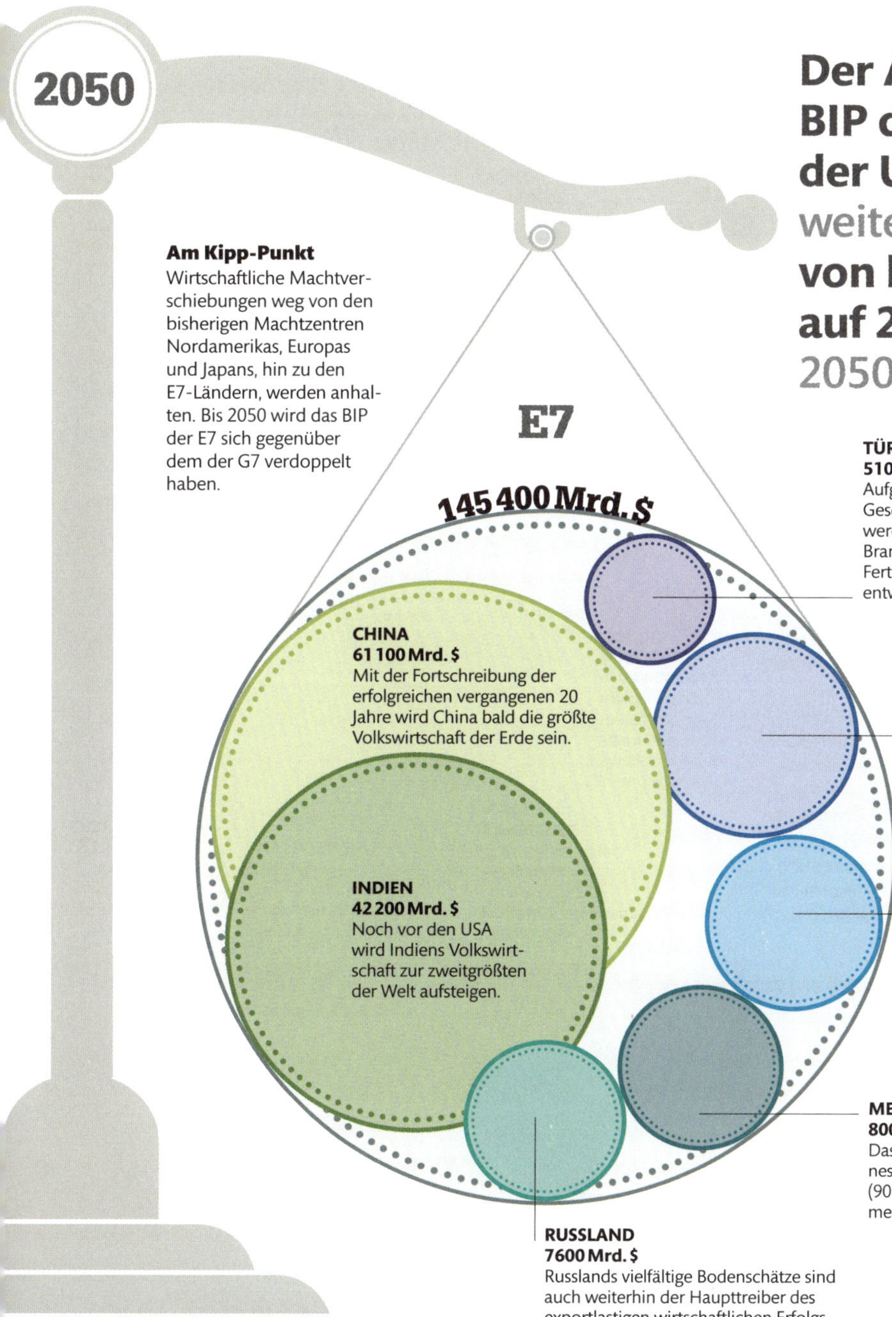

TÜRKEI
5100 Mrd. $
Aufgrund der positiven Geschäfte mit der EU werden sich die großen Branchen Textilindustrie und Fertigung auch weiterhin gut entwickeln.

INDONESIEN
12 200 Mrd. $
Es wird geschätzt, dass das Land um 2050 den Platz gleich nach den USA einnehmen wird.

BRASILIEN
9200 Mrd. $
Mit steigendem Ausbau der Infrastruktur werden neue Bodenschätze erschlossen, deren Förderung die Wirtschaft voranbringen wird.

MEXIKO
8000 Mrd. $
Das Land wird als »Zulieferer« seines nordamerikanischen Nachbarn (90 % seines Exports) die Einkommensseite weiterhin stärken.

RUSSLAND
7600 Mrd. $
Russlands vielfältige Bodenschätze sind auch weiterhin der Haupttreiber des exportlastigen wirtschaftlichen Erfolgs.

Nützlicher Handel

Handel war schon immer mächtiger Antrieb für Wirtschaftswachstum, weltweit und für viele Länder. Länder mit starken Handelsbeziehungen haben stärkere Volkswirtschaften als solche mit schwachen.

Handel ermöglicht den Ländern, ihre sozialen und natürlichen Ressourcen so gut wie möglich zu nutzen. Moderne Transportkapazitäten sind so effizient, dass selbst vergängliche Lebensmittel und Blumen aus Südafrika innerhalb von Tagen auf europäischen Märkten verkauft werden. Das Internet als Kommunikationsplattform erlaubt selbst Dienstleistungen im überregionalen Stil. Diese technische Revolution führte zu einem Boom internationaler Handelsbeziehungen.

Welthandel

Den Großteil des internationalen Handels (als Gesamtexport betrachtet) bestreiten die reichen Länder. Sie profitieren von der guten Infrastruktur und vielen Handelsabkommen, und sie erzeugen zahlreiche hochwertige Waren. Der problemlose Handel und Transport bedeutet, dass heute praktisch alle Güter und Dienstleistungen weltweit verfügbar sind.

HANDEL KONTRA HILFE

Experten glauben, dass Entwicklungshilfe zugunsten des Handels zurückgefahren werden sollte, um die Entwicklung ärmerer Länder zu fördern.

Handel

- Stellt eher eine Partnerschaft dar als eine einseitige Abhängigkeit von »Almosen«.
- Fördert Entwicklung in Industrie und Infrastruktur der ärmeren Länder.
- Kann Länder stark von mächtigen ausländischen Nationen abhängig machen.

Hilfe

- Entlastung und Unterstützung in Krisen.
- Kann genutzt werden, um gezielt Politik der nachhaltigen Entwicklung zu fördern.
- Kann die örtliche Wirtschaftsentwicklung stören und Länder abhängig machen.

Ärmste Entwicklungsländer

In den 48 sogenannten »LDCs« (*Least Developed Countries*) leidet der Handel an fehlender Infrastruktur und schwachen Regierungen. Waren und Dienstleistungen geringen Werts bestimmen den Handel.

IMPORTE
Fehlende Produktionskapazitäten in vielen armen Ländern behindern ihre Teilnahme an Schlüsselmärkten des Welthandels. Diese Länder müssen höherwertige Güter wie Maschinen und Medikamente importieren.

EXPORTE
Die wichtigsten Exportgüter der wenig entwickelten Länder sind häufig unveredelte Rohstoffe (Erz) und Landwirtschaftsprodukte. Mit dem Tourismus als Servicebranche kommen begehrte Devisen ins Land.

ARBEIT
Länder, die vor allem Rohstoffe verkaufen, leiden häufig an der sogenannten »Holländischen Krankheit«: Rohstoff-Exportüberschüsse, welche die Währung verteuern und andere Industrien im Land ersticken (hohe Arbeitslosigkeit).

Wenig entwickelte Länder (»LDCs«): 236 Mrd. $

90 % des Welthandels werden mit **Schiffen abgewickelt.**

Entwickelte Länder

Handelsverträge und offene Grenzen begünstigen den Handel unter den reicheren Ländern. Eine gute Infrastruktur und vernetzte Kommunikation erleichtern die Geschäfte.

IMPORTE
Lebensmittel, Rohstoffe und Maschinen werden zur Herstellung höherwertiger Güter importiert. Reiche Länder können es sich leisten, diese Güter und Dienstleistungen zu importieren und sich auf High-Tech-Industrie zu spezialisieren.

EXPORTE
Die höchstwertigen Exporte aus vielen Industrienationen sind elektronische Konsumprodukte und Fahrzeuge. Zu den exportierten Dienstleistungen zählen Finanzprodukte und Reisen sowie die Tourismusbranche.

ARBEIT
Viele große Volkswirtschaften, wie z. B. China und die USA, produzieren riesige Mengen an Konsum- und Investitionsgütern für den Export. Sie sichern dort Millionen Arbeitnehmern ihre gut bezahlten Jobs.

Handel mit den USA

Die USA sind der weltgrößte Handelspartner mit einem Volumen von über 3900 Mrd. $ (2014). Im Nordamerikanischen Freihandelsabkommen (NAFTA) ist Kanada der größte Partner. Ein Drittel der Exporte liefern die USA nach Kanada und Mexiko.

LEGENDE
Importe
Exporte

KANADA
Der Handel mit Kanada nutzt beiden Volkswirtschaften. Keine andere Handelsbeziehung der Welt hat einen so hohen Wert.

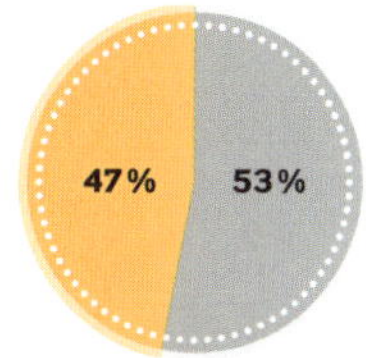

660 MRD. $

CHINA
Die meisten Importwaren beziehen die USA aus China. Auch die Exporte wachsen rasch und machen China zum drittgrößten Abnehmer von US-Waren und -Dienstleistungen.

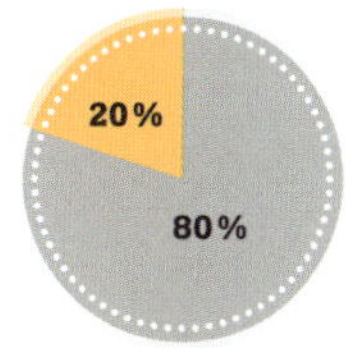

590 MRD. $

MEXIKO
Als drittes NAFTA-Mitglied hat Mexiko sehr niedrige Lohn- und Produktionskosten. Viele Konsumgüter für die USA kommen aus diesem Land.

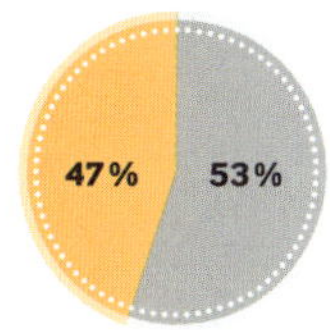

534 MRD. $

JAPAN
Importe aus Japan sind fast ausschließlich gehobene Konsumgüter, vor allem Autos, Motorräder und elektronische Geräte.

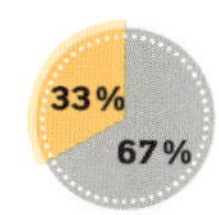

201 MRD. $

DEUTSCHLAND
Der größte US-Handelspartner in der EU ist Deutschland. Das Land exportiert Konsumgüter und Maschinen von höchster Qualität.

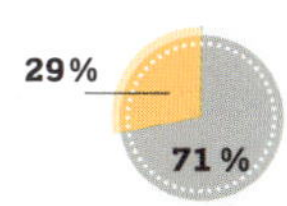

173 MRD. $

Planet der Städte

Die ersten organisierten städtischen Zentren wurden vor über 10 000 Jahren gegründet. Sie entstanden zu der Zeit, als Bauern die ersten Überschüsse produzierten und Stadtbewohner versorgen konnten. Mit der industriellen Revolution nahm die Verstädterung Fahrt auf. Später kam die grüne Revolution mit einer erheblichen Zunahme der Nahrungsproduktion. Der Run auf die Städte hält an, aber auch die Sorge um die Nachhaltigkeit. Bis 2050 werden städtische Kapazitäten von der 175-fachen Größe Londons benötigt, um den erwarteten Bedarf zu decken.

VERSTÄDTERUNG

Um 1800 lebten erst 2 % der Menschen weltweit in Städten. Seitdem sind viele Millionen Landbewohner auf der Suche nach Arbeit oder einem besseren Leben in die Städte gezogen. Im Jahr 2007 lebten erstmals über die Hälfte aller Menschen in Städten. Bis 2050 dürften Stadtregionen aufgrund des Bevölkerungswachstums und der anhaltenden Urbanisierung und Landflucht um bis zu 2,5 Mrd. weitere Menschen anwachsen. Das sind 180 000 Menschen jeden Tag, vor allem in den rasch wachsenden Schwellen- und Entwicklungsländern. Im Jahr 2019 betrug die globale urbane Bevölkerung fast 4,3 Milliarden.

> **»In vielen Städten** wird der Druck auf Infrastruktur (Hausbau, Wasser, Abwasser, Transport, Elektrizität, Versorgung) und **die Lebensqualität untragbar.«**
>
> **GEORGE MONBIOT, BRITISCHER SCHRIFTSTELLER UND AKTIVIST**

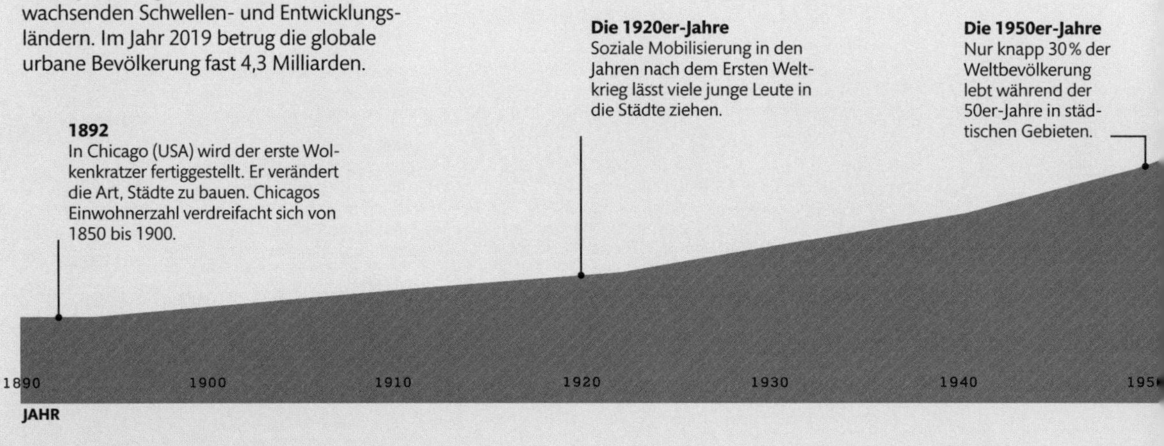

UNGLEICHE VERSTÄDTERUNG

In einigen Ländern erfolgt das städtische Wachstum nahezu doppelt so schnell wie in der allgemeinen Bevölkerung, vor allem in Städten der Entwicklungs- und Schwellenländer. Europa, Nordamerika und Ozeanien wiesen in den letzten 15 Jahren ein langsames, aber stabiles Städtewachstum auf. In Südamerika wachsen die Städte langsamer als früher. Dagegen ist die Urbanisierungsrate in Afrika und Asien hoch und dominiert den Durchschnitt der Entwicklungsländer – gerade Afrika wird 2020–2050 die sich am schnellsten urbanisierende Region sein.

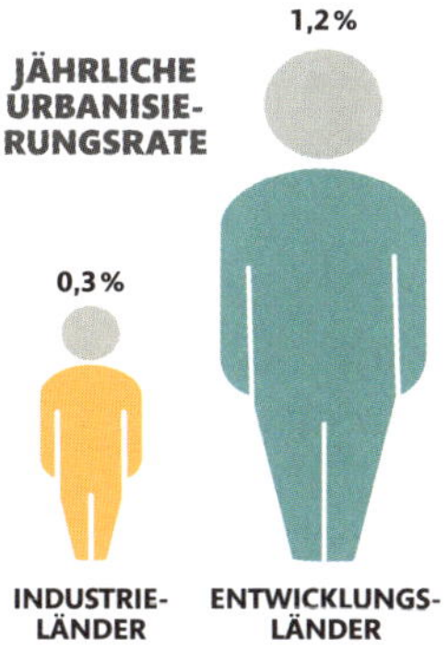

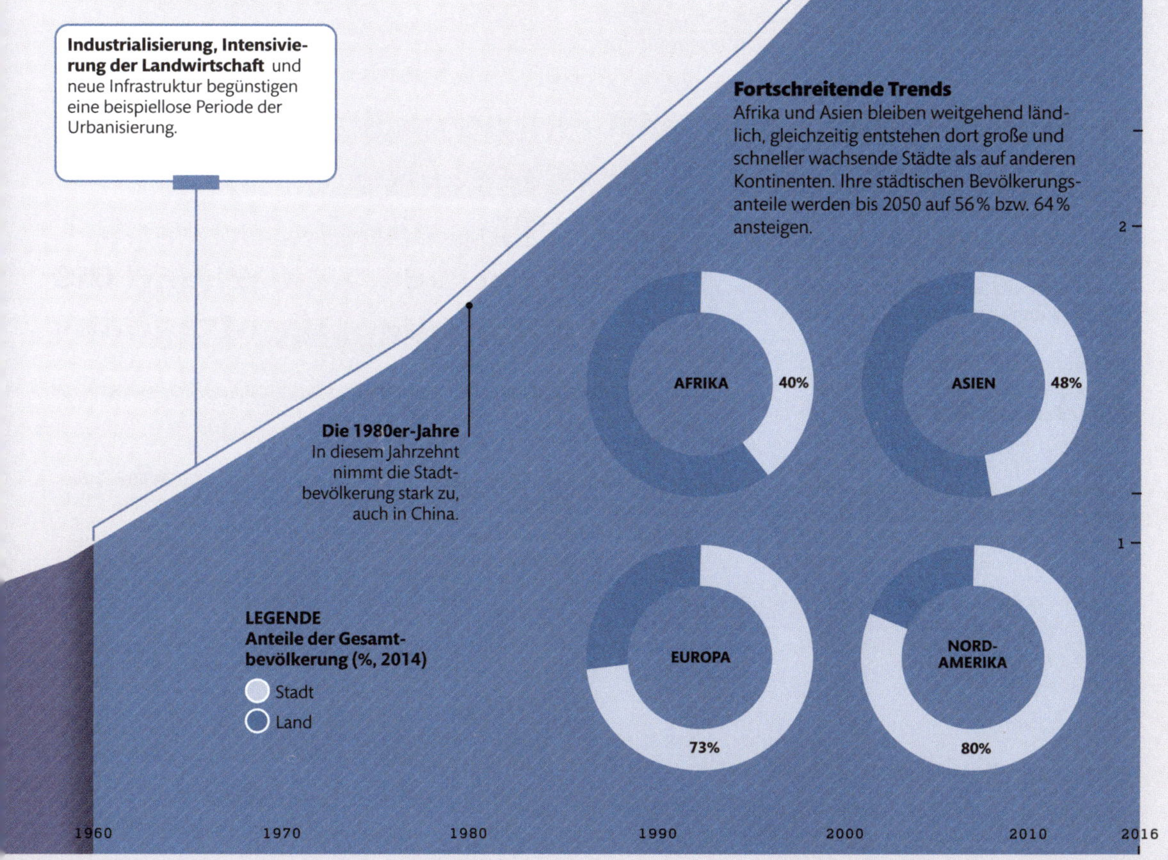

Aufstieg der Megastädte

Die letzten 25 Jahre sah die Welt einen grandiosen Aufstieg der Megastädte – Städte mit über 10 Mio. Einwohnern. 1950 gab es nur eine einzige: New York City. 1990 waren es schon zehn. Und heute sind es 28, also fast dreimal so viele.

Während der letzten Jahrzehnte hat sich die Verstädterung von den Industrienationen Nordamerikas, Europas und Japans hin zu den Entwicklungsländern Asiens, Afrikas und Südamerikas verschoben. Diese Verlagerung deckt sich mit der Vorhersage der Vereinten Nationen, dass 2030 in Asien, Afrika und Südamerika 13 weitere Megastädte entstehen würden, neun davon in Asien: Seoul, Lima, Bangalore, Chennai (Madras), Bogotá, Johannesburg, Bangkok, Lahore, Hyderabad, Chengdu, Ahmedabad, Ho-Chi-Minh-Stadt und Luanda.

Afrika sieht der wohl dynamischsten Verstädterung entgegen. Kinshasa (Demokratische Republik Kongo) wird sich von 200 000 im Jahr 1950 über 11 Mio. (2015) bis geschätzte 20 Mio. Einwohner im Jahr 2030 entwickeln. Einige Megastädte werden auf dieses rasante Wachstum kaum vorbereitet sein und große Probleme mit natürlichen Ressourcen, Nahrungsversorgung und Verkehr bekommen.

SIEHE AUCH ...

- **Machtzentren ...** (32–33)
- **Wachsender Konsum** (86–87)
- **Mehr Ungleichheit** (110–111)

Die 10 größten Städte im Wandel

Asien steckt mitten in einem rasanten Wachstum, und neun von seinen 28 Städten, allein in China und Indien, übersteigen bereits 10 Mio. Einwohner. Das gilt aber nicht für ganz Asien. Steigende Lebenserwartung und eine geringe Geburtenrate haben in Japan große Auswirkungen. So ist Tokio zurzeit die größte Megastadt und bleibt es auch bis 2030, aber Delhi holt auf.

1990 gab es **10 Städte mit mehr als 10 Mio. Einwohnern.** Bis heute hat sich die Zahl **fast verdreifacht.**

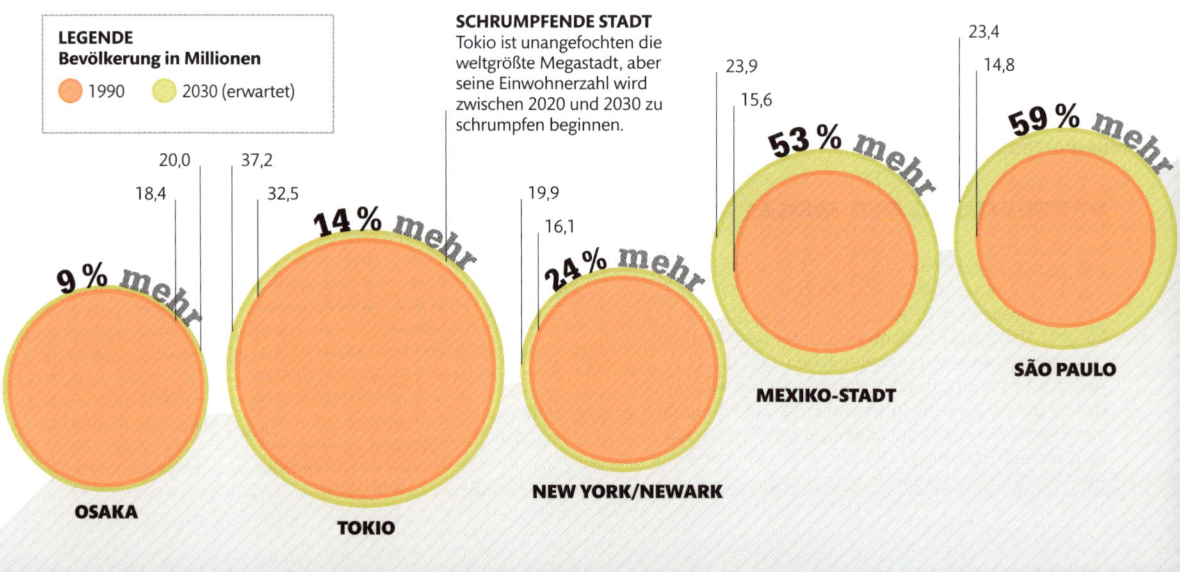

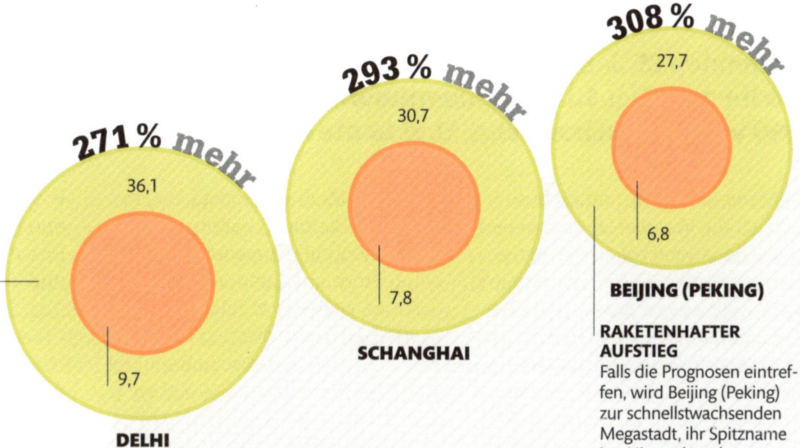

NEUE HERAUSFORDERER
Delhis Einwohnerzahl wird sich vervierfachen und Tokio als größte Megastadt herausfordern.

RAKETENHAFTER AUFSTIEG
Falls die Prognosen eintreffen, wird Beijing (Peking) zur schnellstwachsenden Megastadt, ihr Spitzname ist »Himmelsstadt«.

AUF PLATZ 2 VERDRÄNGT
Mumbais (Bombays) Einwohnerzahl hat sich zwar verdoppelt, sie ist aber nicht mehr Indiens größte Stadt.

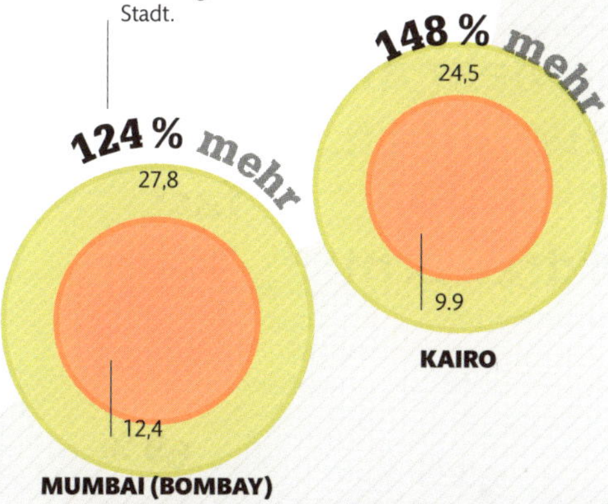

Mehrere Megastädte

Diese Aufzählung zeigt Länder mit mehreren Städten von über 5 bzw. über 10 Mio. Einwohnern (Stand: 2014). Da viele dieser Städte weiterhin wachsen, bekommen sie allmählich die Bedeutung wie ihre Länder.

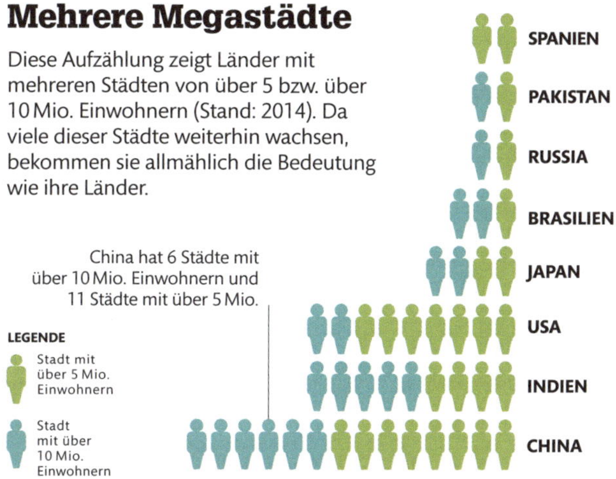

VERBREITUNG DER MEGASTÄDTE

Die gegenwärtige weltweite Verbreitung aller 28 Megastädte hat ihren eindeutigen Schwerpunkt in Asien. Es sind dort insgesamt 16, jeweils 3 sind es in Südamerika, Europa, Afrika und Nordamerika. Unter der Annahme, dass 48 % der Asiaten in Städten leben, und dieser Anteil auf 64 % im Jahr 2050 steigen wird, so wird die Anzahl der Megastädte in diesem Erdteil unvermindert zunehmen. Der Druck auf alle endlichen Ressourcen wird ohnegleichen sein.

Städtischer Verbrauch

Bewohner einer Stadt verbrauchen mehr Energie, Wasser und Nahrung als solche auf dem Land. Stadtbewohner sind verantwortlich für rund drei Viertel allen Verbrauchs und die Hälfte allen Abfalls.

Städte sind wirtschaftliche Maschinen. Angetrieben von natürlichen Ressourcen finden in ihnen die Aktivitäten statt, die zu Wachstum und Wohlstand führen. Dies zieht Menschen aus ländlichen Regionen an, in die Städte abzuwandern, was nicht nur Vorteile hat. Die zusätzlich zugewanderten Stadtbewohner erfordern mehr Lebensmittel, Wasser und Energie. Die Nutzung öffentlicher und privater Verkehrsmittel nimmt zu und produziert mehr Abgase. Häufig passen sich die früheren Landbewohner an den neuen, aufwendigeren Lebensstil an und treiben damit den Ressourcenverbrauch an. Alle diese Faktoren belasten die Umwelt und bedrohen die natürlichen Habitate infolge steigenden Konsums.

STÄDTISCHE VERDICHTUNG

Die Bevölkerungsdichte von Städten ist sehr unterschiedlich. Zur Veranschaulichung kann man berechnen, welche Fläche eine Stadt bräuchte, um alle 7,3 Mrd. Menschen der Erde mit der jeweiligen Bevölkerungsdichte unterzubringen. New York bräuchte aufgrund seiner Bewohnerdichte eine Fläche von Texas (USA), das sind 648 540 km², während Houston mit seiner geringen Bevölkerungsdichte fast die gesamte Fläche der USA (4 581 910 km²) einnähme. Die Bewohnerdichte von Paris ist viermal so hoch wie die von London.

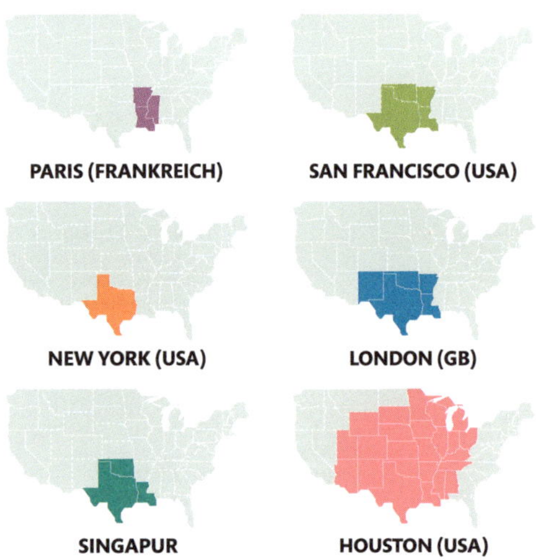

Ökologischer Fußabdruck

Jede Person, Aktivität, Firma und jedes Land hat einen ökologischen Fußabdruck. Er misst die Auswirkung der Aktivitäten auf die Umwelt in »globalen Hektar«, die der Land- und Wasserfläche entsprechen, die bei global gemittelter biologischer Produktivität nötig wäre, um die verbrauchten Ressourcen zu erzeugen bzw. den Müll aufzunehmen. Londons ökologischer Fußabdruck wurde 2002 analysiert als Teil eines Reports namens »City Limits«. Darin sind auch Maßnahmen beschrieben, um London nachhaltiger zu machen.

2 %

der weltweiten Landoberfläche nehmen Städte ein, aber sie verbrauchen **75 % der globalen Ressourcen.**

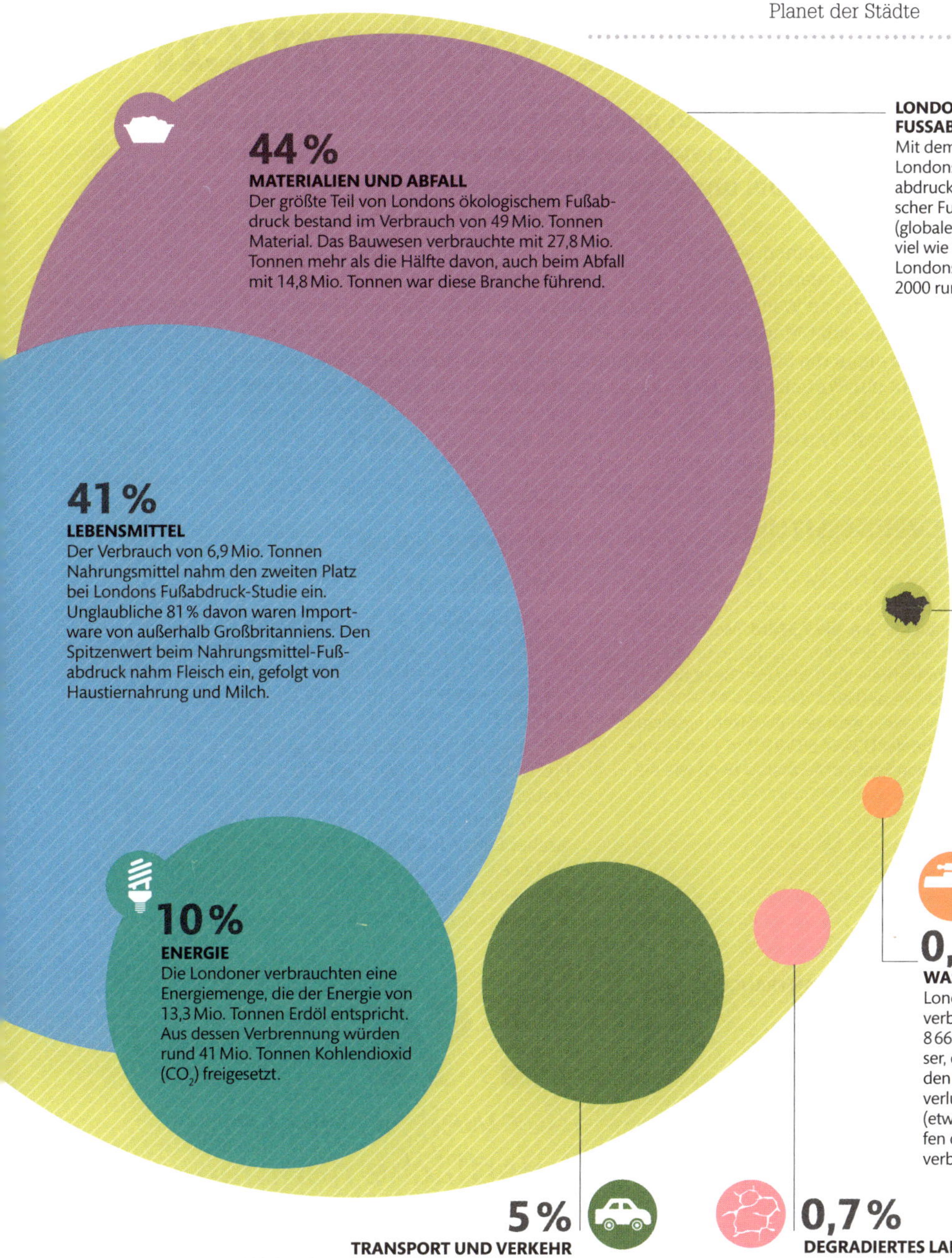

LONDONS ÖKOLOGISCHER FUSSABDRUCK (2000)
Mit dem 293-fachen Wert von Londons geografischem Fußabdruck nimmt sein ökologischer Fußabdruck 49 Mio. gha (globale Hektar) ein – also so viel wie Spaniens Landfläche. Londons Bevölkerung betrug 2000 rund 7,4 Mio. Menschen.

44 %
MATERIALIEN UND ABFALL
Der größte Teil von Londons ökologischem Fußabdruck bestand im Verbrauch von 49 Mio. Tonnen Material. Das Bauwesen verbrauchte mit 27,8 Mio. Tonnen mehr als die Hälfte davon, auch beim Abfall mit 14,8 Mio. Tonnen war diese Branche führend.

41 %
LEBENSMITTEL
Der Verbrauch von 6,9 Mio. Tonnen Nahrungsmittel nahm den zweiten Platz bei Londons Fußabdruck-Studie ein. Unglaubliche 81 % davon waren Importware von außerhalb Großbritanniens. Den Spitzenwert beim Nahrungsmittel-Fußabdruck nahm Fleisch ein, gefolgt von Haustiernahrung und Milch.

LONDONS GEOGRAFISCHER FUSSABDRUCK
Die Landfläche der Stadt London beträgt 170 680 ha oder 1707 km².

10 %
ENERGIE
Die Londoner verbrauchten eine Energiemenge, die der Energie von 13,3 Mio. Tonnen Erdöl entspricht. Aus dessen Verbrennung würden rund 41 Mio. Tonnen Kohlendioxid (CO_2) freigesetzt.

0,3 %
WASSER
Londons Bewohner verbrauchten 2002 etwa 8 660 000 Hektoliter Wasser, davon die Hälfte in den Haushalten. Wasserverluste durch Leckagen (etwa ein Viertel) übertrafen die von Unternehmen verbrauchten Mengen.

5 %
TRANSPORT UND VERKEHR
Die Londoner fuhren 2002 über 64 Mrd. Personenkilometer, davon 44 Mrd. im Auto oder Lieferwagen. Der Verkehr erzeugte Emissionen von 8,9 Mio. Tonnen CO_2.

0,7 %
DEGRADIERTES LAND
Das ist Land, dessen biologische Produktivität durch Bodenerosion, Bodenverseuchung oder Überbauung (Verkehr, Gebäude) reduziert ist.

Energiequellen

Seit unsere Vorfahren das erste Feuer entzündeten, ist die Menschheit unablässig auf der Suche nach neuen und besseren Energiequellen. Jahrhundertelang beruhte der wirtschaftliche Fortschritt auf der Energie von Tieren, Holz, Wind und Wasser. Heute beziehen die Menschen einen Großteil der Energie aus fossilen Rohstoffen wie Erdöl, Erdgas und Kohle. Sie dienen zur Elektrizitätsgewinnung und treiben Produktion, industrielle Landwirtschaft, Handel und Verkehr an und ermöglichen unseren heutigen, von hohem Konsum geprägten Lebensstil.

Die Energie-Revolution

Im 20. Jahrhundert setzte eine massive Nachfrage nach Energie ein, die bis heute unvermindert anhält, unter anderem durch den Aufstieg der Schwellenländer China, Indien, Brasilien und Südafrika. Mittlerweile hat sich der Kreis der Energiequellen erweitert, auf Wasserkraft, Nuklearenergie und erneuerbare Energie aus Windkraft, Solarzellen und Biogasanlagen. Den steigenden Bedarf in Zukunft zu decken bringt eine Reihe von Herausforderungen wie die Finanzierbarkeit und die Reduktion von klimaschädlichen und luftverschmutzenden Emissionen mit sich.

»Wir können **nicht länger nur unserer Sucht nach fossilen Energieträgern nachgehen,** denn diese sind endlich. **Es gibt kein Morgen danach.«**

ERZBISCHOF DESMOND TUTU, SÜDAFRIKANISCHER MENSCHENRECHTLER

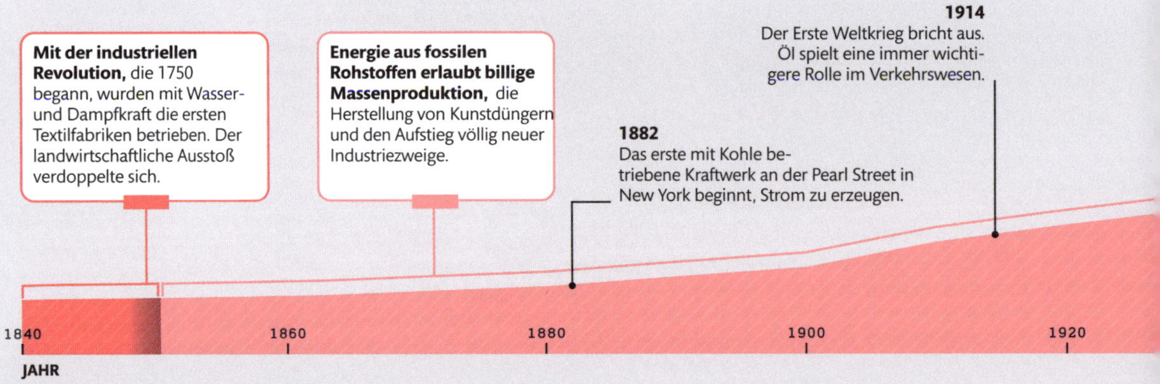

KRISE IN CHINA: MEHR KOHLE WIRD VERFEUERT

In den letzten 50 Jahren hat der Energiebedarf Chinas drastisch zugenommen. Die private Nachfrage und die exportorientierte Industrie haben zu einer zunehmenden Verfeuerung der reichlich vorhandenen billigen Kohle geführt. Dies hat zu klimaschädlichen Emissionen und Gesundheitsproblemen der Bevölkerung durch die Luftverschmutzung geführt. Im Jahr 1978 verbrauchte China noch weniger als ein Fünftel der gesamten globalen Kohleproduktion. 2019 hat sich die globale Produktion mehr als verdoppelt, und China verbraucht fast die Hälfte davon.

LEGENDE
Anteil der chinesischen Kohleförderung (Mio. Tonnen)

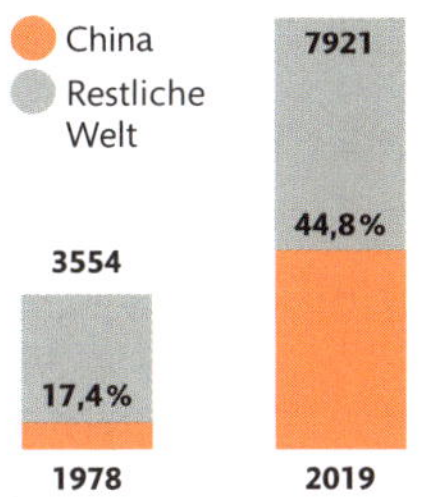

LEGENDE

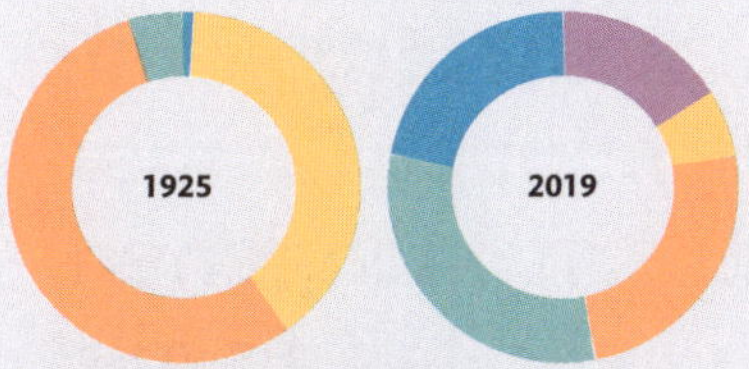

Der Energiemix verändert sich

Der globale Gebrauch von Energieträgern wandelt sich beständig, wie an der Verschiebung von den biogenen (Holz, Pflanzensubstrat, Mist) zu den fossilen Energieträgern wie Erdöl und Erdgas ab Mitte des 20. Jahrhunderts bis heute zu sehen ist.

Im digitalen Zeitalter breiteten sich die digitalen Technologien aus, was auch mit dem kontinuierlichen Zugang zu Elektrizität zu tun hat.

In Massen produzierte Elektrogeräte, wie Fernseher, Waschmaschinen, Kühlschränke, Geschirrspüler, Tiefkühlgeräte usw., treiben den Stromverbrauch in die Höhe.

1991
Der Zusammenbruch der Sowjetunion verursachte eine Verlangsamung des Wachstums beim weltweiten Energieverbrauch.

1954
Das erste wirtschaftliche genutzte Kernkraftwerk der Welt nimmt seinen Betrieb in Obninsk (Russland, damals UdSSR) auf.

1941
Eine amerikanische 1-Megawatt-Windturbine ist die erste Anlage dieser Art, die Strom ins Netz einspeist.

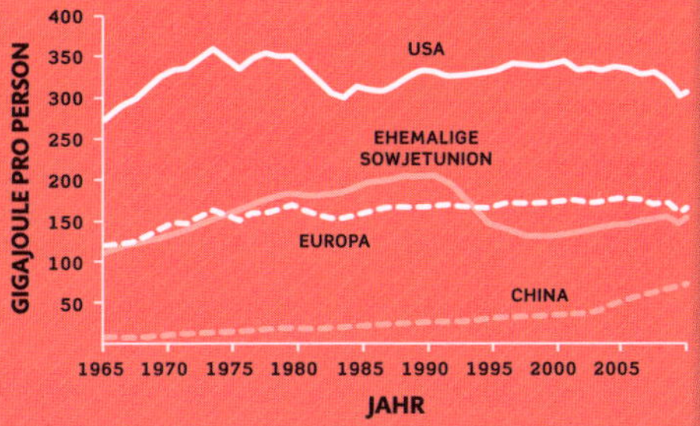

GLOBALER ENERGIEBEDARF IN TERAWATTSTUNDEN (TWH)
180 000
160 000
140 000
120 000
100 000
80 000
60 000
40 000
20 000
1940
1960
1980
2000
2020

Steigende Nachfrage

Wirtschaftswachstum hängt eng zusammen mit dem Angebot an preisgünstiger Energie, um Elektrizität, Wärme und Mobilität zu garantieren. Fortschreitende Entwicklung und Verstädterung werden die Nachfrage weiter befeuern.

Geht man von heutigen Zahlen aus, wird sich viel des projizierten Anstiegs vorwiegend in den aufstrebenden Volkswirtschaften Asiens und Afrikas abspielen. Man nimmt an, dass auch weiterhin fossile Energieträger den Löwenanteil an der steigenden Energienachfrage einnehmen werden.

In der ferneren Vergangenheit griff die Welt vor allem auf erneuerbare Energieträger in Form von Holz, Wasser, Wind und tierischer Körperkraft zurück. Seit der Industrialisierung gewannen fossile Brennstoffe immer mehr an Bedeutung und später dann die Kernkraft. Der vermehrte Einsatz von Erdgas in der Stromerzeugung (auf Kosten der Kohle) hilft, Luftverschmutzung und Treibhausgasemissionen zu verringern.

Klar ist aber: Wenn wir die globale Erwärmung auf unter 1,5 °C Differenz gegenüber vorindustriellen Temperaturen beschränken wollen, müssen wir unsere Abhängigkeit von fossilen Energieträgern erheblich reduzieren und erneuerbare Energien viel schneller und massiver ausbauen.

SIEHE AUCH …

- **Welt am Scheideweg** (130–131)
- **Erneuerbare Energie** (46–47)
- **Luftbelastung** (136–137)

Energienutzung heute

Die Nachfrage nach Energie steigt weiterhin weltweit. Bis 2030 wird die Energiemenge sich gegenüber der von 1990 verdoppelt haben und ein Drittel größer sein als 2015. Heute versuchen zwar einige Länder schon, wirtschaftliches Wachstum ohne steigende Emissionen zu generieren, aber die weltweite Nachfrage für alle Energiearten wird dennoch zunehmen.

LEGENDE

ERNEUERBARE ENERGIE
Diese Kategorie umfasst Wind, Solar, Wellen, Gezeiten und Geothermie. Ihr Anteil ist klein, einige Quellen wachsen aber schnell.

BIOENERGIE
Dazu gehören Holz, Zuckerrohr, Mais und Pflanzenreste als Energieträger für Verkehr, Strom- und Wärmeerzeugung.

WASSERKRAFT
Gestaute Flüsse produzieren erhebliche Mengen an CO_2-armem Strom; weiterer Ausbau ist wegen Naturschutzbedenken begrenzt.

KERNENERGIE (ATOMKRAFT)
Diese Technik ist CO_2-arm, aber relativ teuer, und die Technik, Sicherheit und Abfallbehandlung stellen Herausforderungen dar.

ERDGAS
Obschon sauberer als Kohle, fügt sich diese fossile Energiequelle nicht in das Bild einer klimaneutralen Energiegewinnung ein.

ERDÖL
Hauptenergieträger im Straßen-, See- und Luftverkehr. Mehr Effizienz und Elektromobilität können die Nachfrage künftig verringern.

KOHLE
Die bei Weitem schmutzigste Art der Energiegewinnung. Ungebrochen Hauptenergieträger in Entwicklungs- und Schwellenländern.

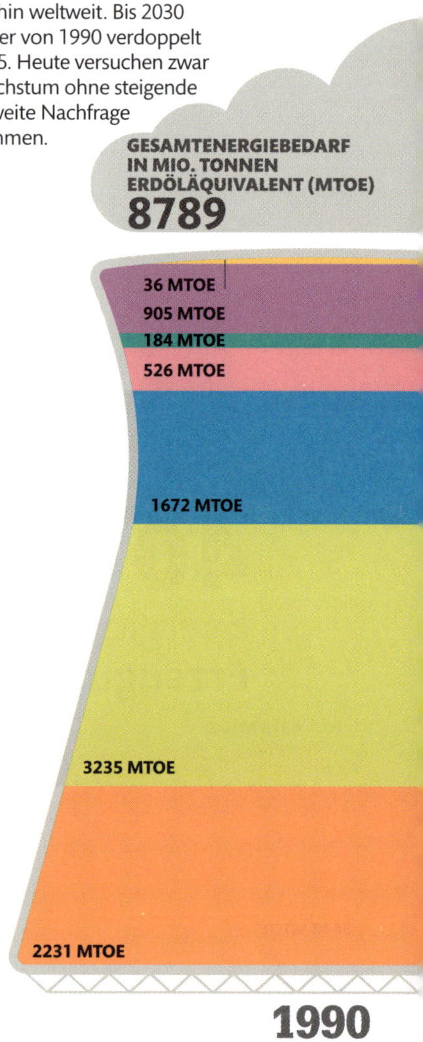

Zukunft der Energie

Prognosen zeigen, dass die erneuerbaren Energien weiter zunehmen und ihren Anteil erweitern, die »schmutzigen« Energieträger Öl und Kohle aber weiterhin wichtig sein werden. Gleichwohl stehen die erneuerbaren vor verschiedenen Herausforderungen. So werden Wasserkraftwerke aufgrund des Klimawandels mancherorts Wassermangel bekommen, während Stromspeicher noch entwickelt und verbessert werden müssen, um die unstetige Produktion zu glätten.

Was können wir tun?

- **Regierungen und internationale Agenturen** sollten die Politik dazu bringen, saubere Energie schneller umzusetzen, während die Unternehmen dazu motiviert werden sollten, als Großverbraucher Energie effizienter einzusetzen.
- **Regierungen** können Subventionen von den fossilen Energien hin zu saubereren erneuerbaren Energieträgern umleiten.

Was kann ich tun?

- **Strom von** Unternehmen kaufen, die erneuerbare Energieträger einsetzen.
- **Energieverbrauch senken:** Heizung drosseln, Klimaanlage ausschalten, Stand-by-Betrieb vom Netz nehmen, unbenötigte Stromverbraucher ausschalten. Rad fahren, zu Fuß gehen statt Auto fahren.

Kohlenstoff-Fußabdruck

Fast alle unsere Aktivitäten haben einen Kohlenstoff- oder C-Fußabdruck. Er beschreibt die Emissionsmenge an Kohlendioxid (CO_2), die bei der Herstellung des Produkts, bei der Dienstleistung oder bei der Aktivität entsteht.

Kohlenstoff-Fußabdrücke schwanken stark. So ist derjenige eines normalen Amerikaners hundertmal größer als eines armen Bewohners im Subsahara-Afrika. Manche Aktivitäten, etwa ein Flug, haben einen großen kurzfristig wirkenden Fußabdruck, während andere Entscheidungen, wie ein Autokauf, über Jahre wirken und davon abhängen, wie häufig der Wagen gefahren wird. Die Berechnung des C-Fußabdrucks ist schwierig, liefert aber einen Anhaltspunkt, welche Aktivitäten die größten Auswirkungen haben. Dies hilft Menschen, Unternehmen und Regierungen, Emissionen wirksam zu verringern.

Der eigene C-Fußabdruck

Der durchschnittliche C-Fußabdruck in Großbritannien liegt bei rund 10 Tonnen Emissionen pro Person und Jahr. Die Abbildung zeigt die mittlere CO_2-Menge, die ein Mensch in Großbritannien im Jahr 2005 durch seine Aktivitäten und konsumierten Produkte erzeugt hat – ohne anderere Treibhausgas-Emissionen und CO_2-Emissionen, die nicht aus der Energieerzeugung stammen.

LEGENDE

Kohlendioxid (in Tonnen) setzt sich zusammen aus:

CO_2 Menge an emittiertem CO_2 durch die beschriebene Aktivität und
CO_2e CO_2-Äquivalent – emittiertes Kohlendioxid plus weitere Treibhausgase, umgerechnet auf CO_2-Einheiten

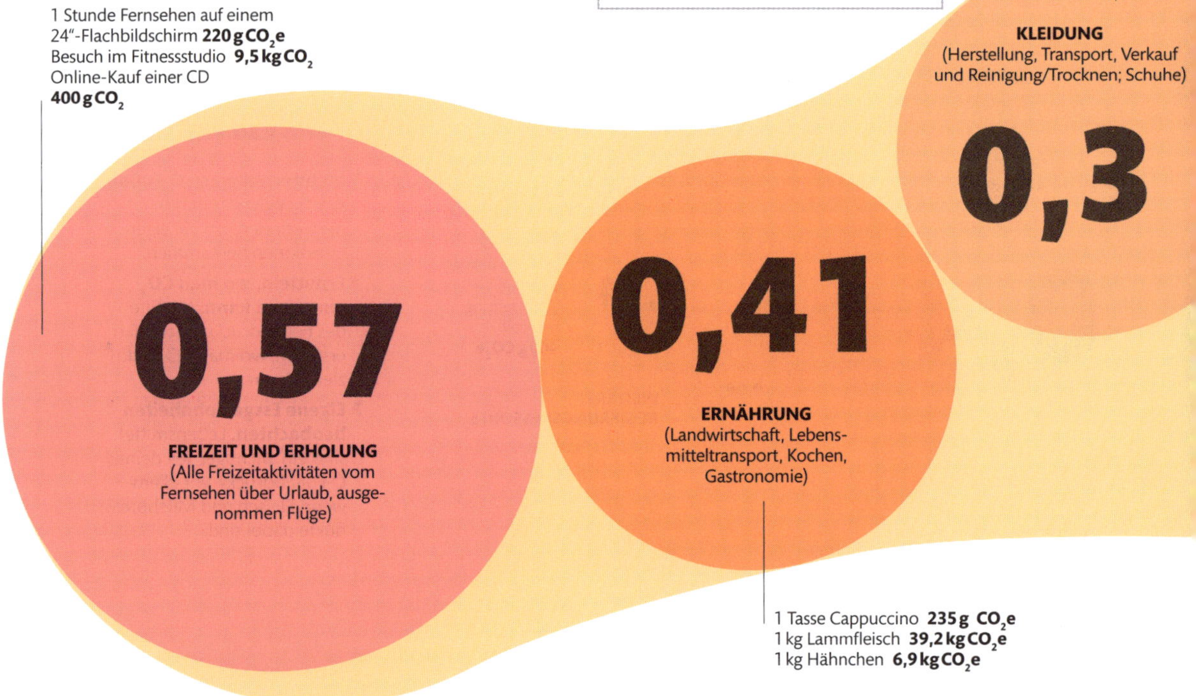

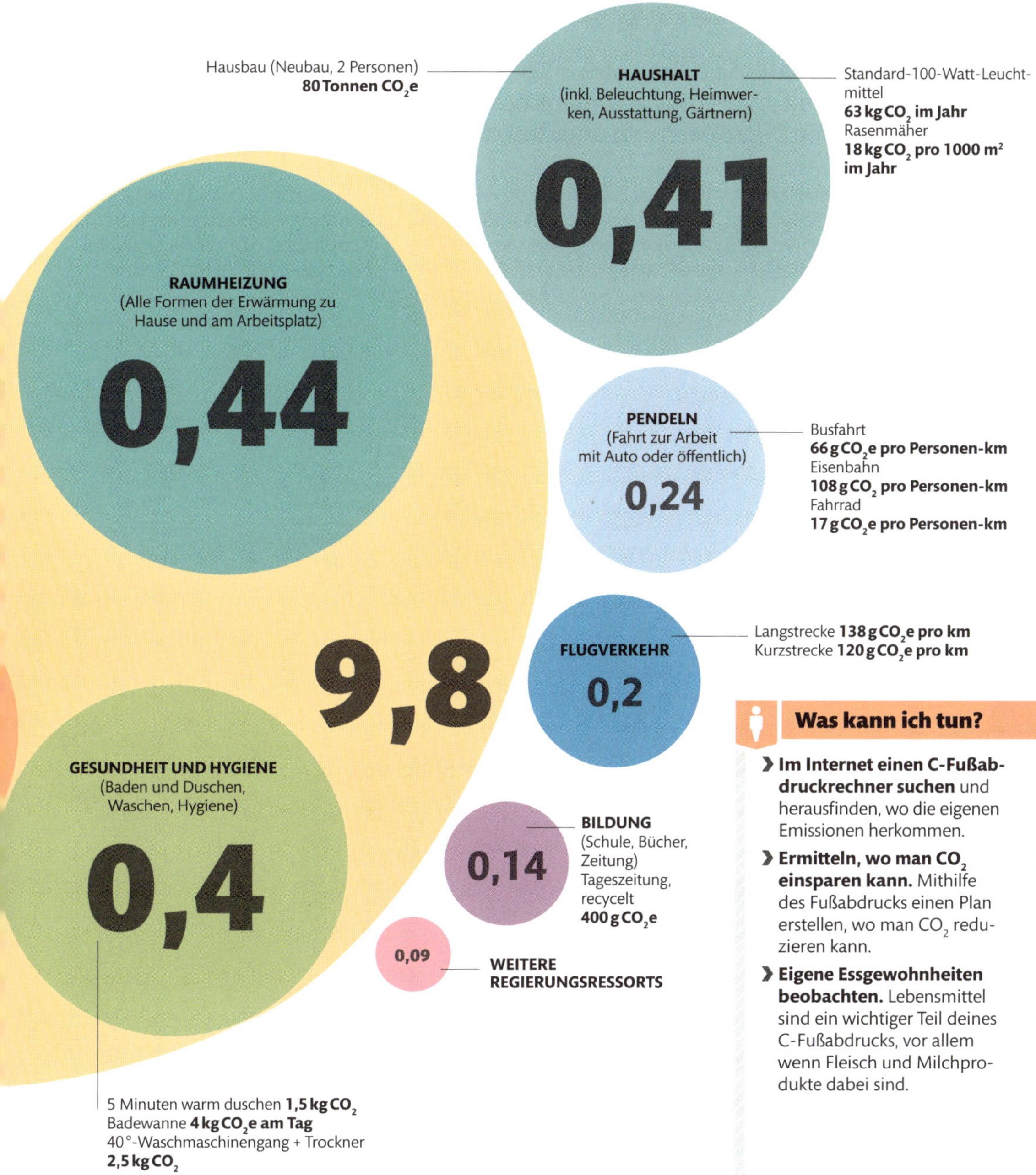

Was kann ich tun?

- **Im Internet einen C-Fußabdruckrechner suchen** und herausfinden, wo die eigenen Emissionen herkommen.
- **Ermitteln, wo man CO_2 einsparen kann.** Mithilfe des Fußabdrucks einen Plan erstellen, wo man CO_2 reduzieren kann.
- **Eigene Essgewohnheiten beobachten.** Lebensmittel sind ein wichtiger Teil deines C-Fußabdrucks, vor allem wenn Fleisch und Milchprodukte dabei sind.

Erneuerbare Energie

Erneuerbare Energieträger breiten sich rasant aus, vor allem Solartechnik und Windkraft. Zusammen mit anderen sauberen Energiequellen helfen sie, den Energiebedarf zu stillen und den Klimawandel zu bekämpfen.

Erneuerbare Energiequellen haben den großen Vorteil, dass sie praktisch unbegrenzt zur Verfügung stehen, ohne begrenzte Rohstoffe zu erschöpfen. Die Erneuerbaren liefern Strom und Wärme sowie Treibstoffe für Verkehrsmittel.

Gegenwärtig sind stromerzeugende Windkraft- und Solaranlagen die am schnellsten wachsenden erneuerbaren Energieträger.

Biogas ist von ähnlicher Zusammensetzung wie fossiles Erdgas, wird aber aus organischem Material wie Küchenabfall, Gülle, Mais und Holz gewonnen. Es dient zur Stromerzeugung oder zum Heizen. Flüssige Biotreibstoffe sind ein erneuerbarer Ersatz für Diesel und Benzin.

Erneuerbare Energien können viele Umweltprobleme mindern und dabei Arbeitsplätze schaffen.

Wachstum erneuerbarer Energien

Erneuerbare Energie ist die am schnellsten wachsende Energieform weltweit. Sonnen- und Windenergie werden immer effizienter und günstiger. Viele Länder investieren verstärkt in erneuerbare Energien. 70 % der Nettozunahme der globalen Kraftwerkskapazitäten gehen 2017 auf erneuerbare Energien zurück. Zukunftsprojektionen unterscheiden sich stark, doch um 2030 dürften erneuerbare Energien die Kohle einholen und um 2040 so viel Energie liefern wie Kohle und Gas zusammen.

SPEICHERUNG VON ENERGIE

Da der Wind nicht ständig weht und die Sonne nachts nicht scheint, ist es notwendig, erneuerbare Energie zu speichern. Es gibt bereits mehrere verfügbare Möglichkeiten, und es wird weiter in dieser Richtung geforscht. Wenn genügend Speicherkapazität zur Verfügung steht, kann die Welt zu 100 % erneuerbare Energien nutzen, auch für die Elektrifizierung des Transportwesens und die Heizung. So fiele die Nutzung von Gas für die Beheizung und die von Benzin und Diesel für Fahrzeuge weg. Die Energiespeicherung ist daher eine Voraussetzung für das Erreichen einer klimaneutralen Energienutzung.

BATTERIEN
Verschiedene Batterietypen können Energie speichern. Man benötigt z. B. Kupfer, Lithium und Blei zu ihrer Herstellung.

PUMPSPEICHERKRAFTWERK
Mithilfe von Windenergie kann Wasser bergauf gepumpt werden und beim Ablassen ein Wasserkraftwerk antreiben.

WASSERSTOFF
Wasserstoff kann mithilfe von sauberer Elektrizität aus Wasser gewonnen, gespeichert und später verwendet werden.

DRUCKLUFTSPEICHERKRAFTWERK
Mit überschüssiger Energie kann Luft unterirdisch verpresst werden. Später kann sie Turbinen antreiben.

GLOBALER TREND

Mit der in vielen Ländern subventionierten Verbesserung und Skalierung der Technologien erneuerbarer Energieerzeugung sind ihre Kosten gesunken, sodass sie mit denen der fossilen Energieerzeugung vergleichbar sind. Innerhalb des ersten Viertels des 21. Jahrhunderts wird sich die Kapazität der erneuerbaren Energien mehr als vervierfacht haben.

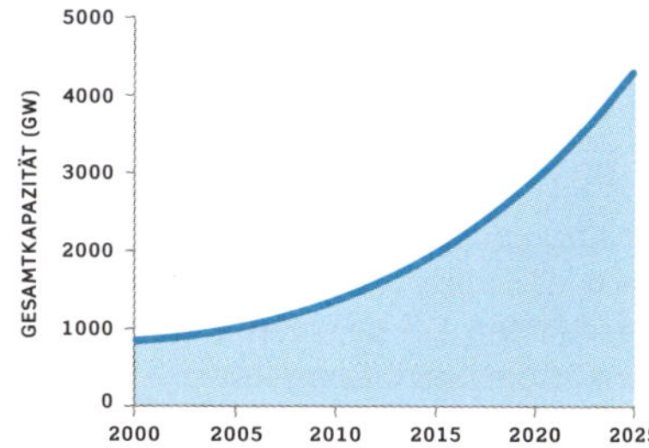

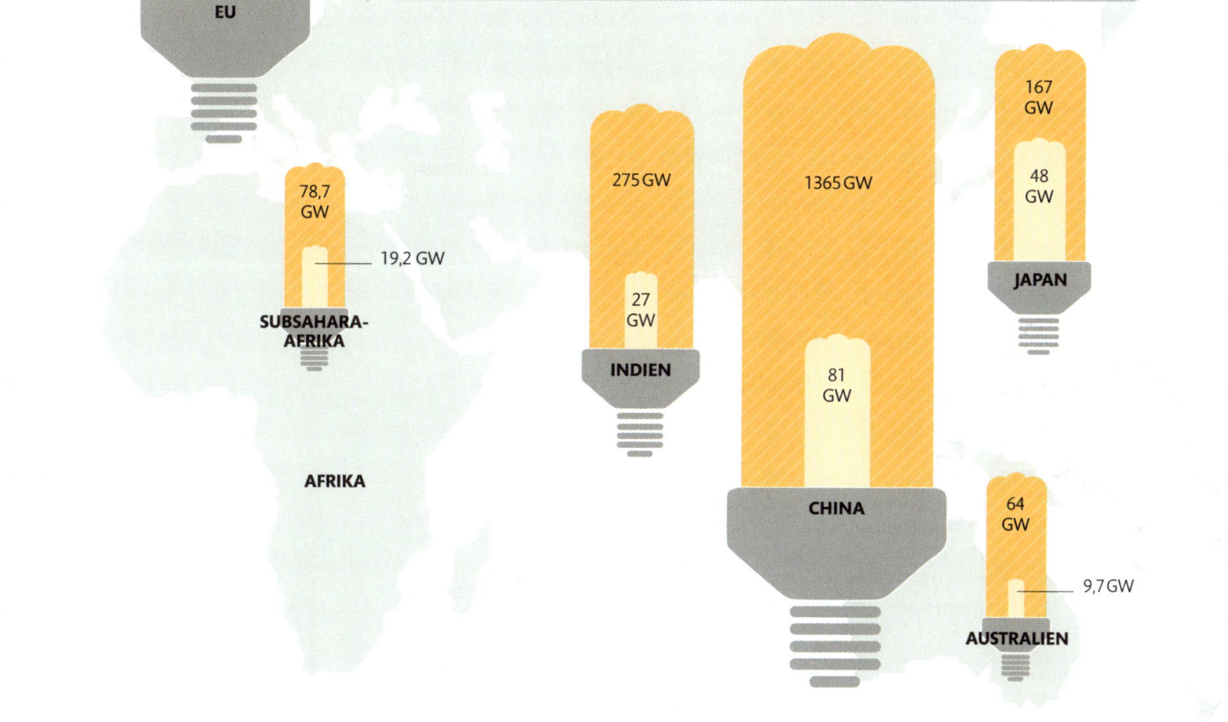

Nachhaltige Energie messen
Die Grafik zeigt die weltweit zunehmende installierte Kapazität erneuerbarer Energien in Gigawatt (GW).

Erneuerbare Energieträger lieferten 2013 fast **22 % des weltweit erzeugten Stroms** – gegenüber 5 % in 2012.

Wie Solarenergie funktioniert

Unsere Sonne ist die ursprüngliche Energiequelle für fast alles Leben auf der Erde. Mit der richtigen Technik wird sie auch zum mächtigen Kraftwerk, um den Energiebedarf der Menschheit zu decken.

Kraftwerk Sonne

Die Sonne emittiert riesige Mengen Strahlungsenergie. Solarenergie wäre theoretisch in der Lage, etwa 4 Billionen 100-W-Leuchten zu illuminieren. Die neueren Fortschritte der Solartechnik und das schnelle Wachstum ihrer Nutzung lassen viele Experten annehmen, dass bis 2050 diese Energieform dominieren wird.

Solarzellen: Photovoltaik (PV)

Solarzellen bestehen aus Halbleiterschichten, meist Silizium, die das Sonnenlicht einfangen. Letzteres trifft auf das Paneel und erzeugt ein elektrisches Feld in den Schichten, indem es die negativen und positiven Ladungen voneinander trennt.

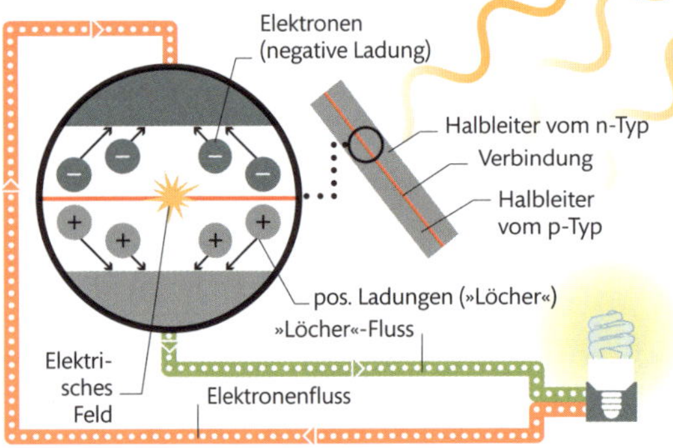

Solarenergie bündeln

Fokussierungsanlagen, Solar-Stirling-Anlagen und Solarwärmekraftwerke (*Abb.*) verwenden Spiegel zur Fokussierung der Sonnenstrahlen auf Gefäße mit Flüssigkeit (z. B. Flüssigsalz), das erhitzt wird. Damit wird überhitzter Wasserdampf erzeugt, der Generatoren antreibt. Wärmespeicheranlagen können die eingefangene Energie auch nachts abgeben.

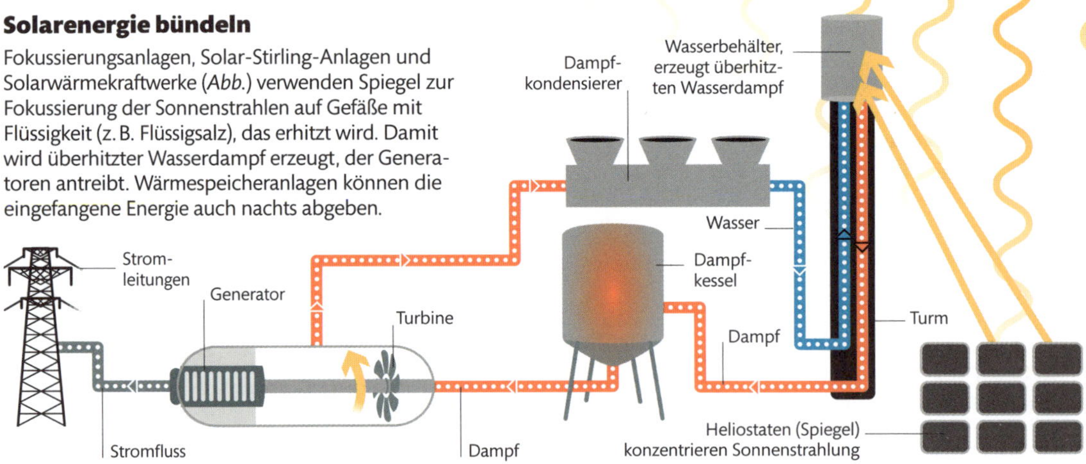

Wir verlassen uns schon lange auf Sonnenenergie. Pferde, die früher ein wichtiges Beförderungsmittel für Menschen und Güter waren, wurden mit Gras und Körnern gefüttert, die mithilfe von Sonnenstrahlung wuchsen. Heute erlaubt uns moderne Technik eine effizientere Nutzung der Solarenergie, indem wir sie in andere Energieformen umwandeln, z. B. in Elektrizität oder Heißwasser. Solartechnik hat Vor- und Nachteile, öffnet aber stets neue Potenziale. Ihr zunehmender Einsatz und technische Verbesserungen führen bereits zu fallenden Kosten und mehr Wachstum.

Die Welt sucht nach Methoden, den Treibhausgasausstoß zu reduzieren – Solartechnik wird dabei helfen, die fossilen Brennstoffe zurückzufahren.

Passive Solarnutzung

Südseitige Fenster fangen das Sonnenlicht ein und verringern den Bedarf an Strom für Beleuchtung. Solare Erwärmung von Flächen im Innern der Wohnung reduziert den Heizungsbedarf, vor allem bei guter Hausisolierung.

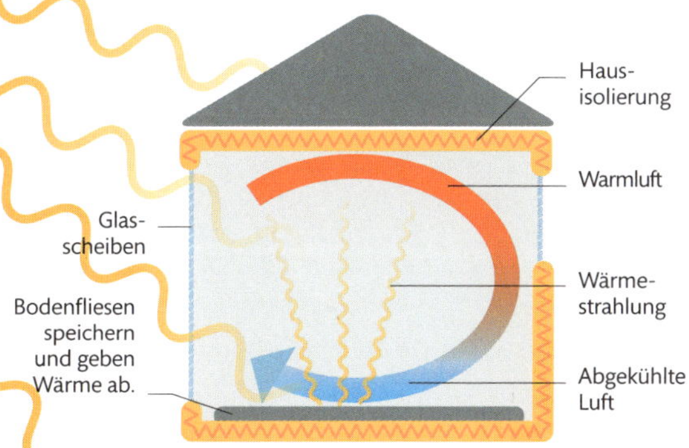

GLOBALE HOTSPOTS

Solartechnik kann überall eingesetzt werden, wo gute Einstrahlungsbedingungen herrschen. Natürlich sind Weltgegenden mit wenig Wolkenbildung bevorzugt, wo die Sonne maximal einstrahlen kann. Viele Wüsten und vergleichbar sonnige Regionen haben daher das Potenzial auf reichlich Solarstromproduktion durch bestehende Technik, wie Photovoltaik und Solarkraftwerke. Im Einzelnen sind dies Südwest-USA, westliches Südamerika, Afrika, Naher Osten, Mittel- und Südasien, West-China und Australien.

Solares Warmwasser

Solare Warmwasseranlagen erhitzen in sogenannten Sonnenkollektoren eine isolierte, zirkulierende Flüssigkeit, die wiederum durch einen Wärmetauscher den Inhalt eines Warmwasserspeichers erwärmt. Ein zusätzlicher konventioneller Heizkessel kann das Wasser zusätzlich erwärmen, wenn die Sonne (etwa im Winter) nicht reicht.

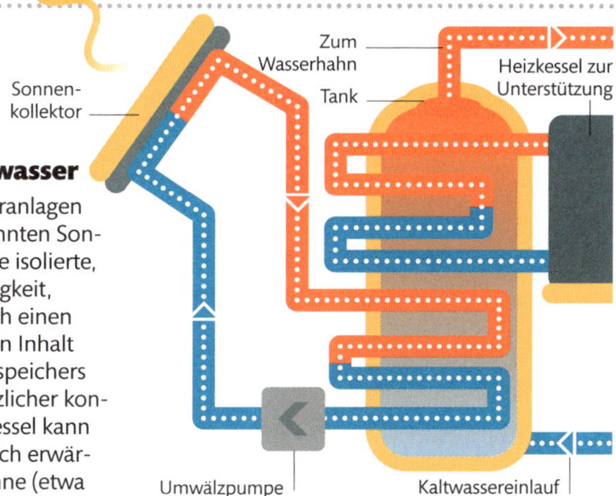

1 Stunde Sonnenlicht, das auf die Erde trifft, entspricht etwa dem **jährlichen Energieverbrauch.**

Windkraft

In den letzten Jahrzehnten hat sich die stromerzeugende Windkraft in einigen Weltgegenden sehr stark verbreitet. Manche Länder wie Dänemark beziehen daraus einen großen Anteil ihres Strombedarfs.

In früheren Zeiten trieb der Wind Segelschiffe über die Meere oder Windmühlen pumpten Polder aus und mahlten Getreide. Um 1000 n. Chr. drainierten diese auch die Rheinmündung zur Landgewinnung. In Glasgow (Schottland) entstanden 1887 erste Windgeneratoren zur Stromgewinnung. 1941 ging in Vermont (USA) die erste 1-MW-Turbine ans Netz, gefolgt von der ersten Multiturbinen-Windfarm in New Hampshire 1980 sowie der ersten Offshore-Installation vor Dänemark 1991. Seit diesen Pionierleistungen folgte Windfarm auf Windfarm, eine besser als die andere – und ihr Anteil an der Stromerzeugung wächst rapide.

Wer produziert am meisten?

Eine Reihe von Staaten hat politische Entscheidungen getroffen, um die Installation stromerzeugender Windkraftanlagen zu fördern. 2019 führte China in der Erzeugung von Windkraft, gefolgt von den USA, die allerdings in letzter Zeit weniger neue Anlagen als China installiert haben. Deutschland steht mit 11 % der erzeugten Windkraft an dritter Stelle. Andere wichtige Erzeuger sind Indien, Spanien, Großbritannien, Kanada, Frankreich und Brasilien. Einige Länder wie zum Beispiel Großbritannien installieren große Offshore-Windparks.

Offshore-Windparks
Stetig wehende Meeresbrisen liefern mehr Elektrizität als Windparks an Land, allerdings bei höheren Kosten.

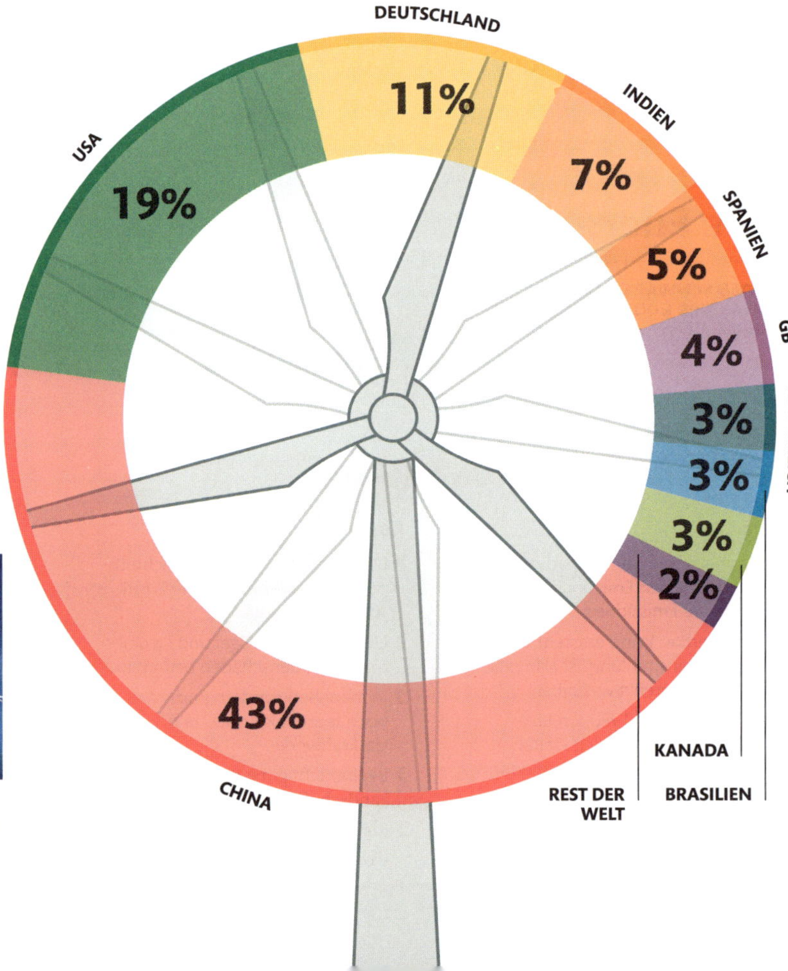

Wie funktioniert Windkraft?

Viele Turbinen werden von heißem Dampf angetrieben. Bei Windkraft ist der Wind die antreibende Kraft anstelle von Brennstoffen wie Gas oder Kohle. Die propellerartigen Blätter sind am Rotor befestigt, der über eine Welle das Getriebe und den Generator dreht. Der gesamte Triebstrang befindet sich in einer Gondel auf einem Turm, weil der Wind in der Höhe stärker und weniger turbulent ist.

1

Rotierende Blätter

Bei genügend Wind treibt dieser die Rotorblätter an.

2

Getriebe dreht Generator

Die Blätter drehen eine Welle, diese ein Getriebe, um die Rotationsgeschwindigkeit anzupassen.

3

Strom fließt

Die Drehbewegung wird vom Generator in Strom umgewandelt.

4

Transformation

Ein Transformator regelt die erzeugte Spannung auf Netzspannung.

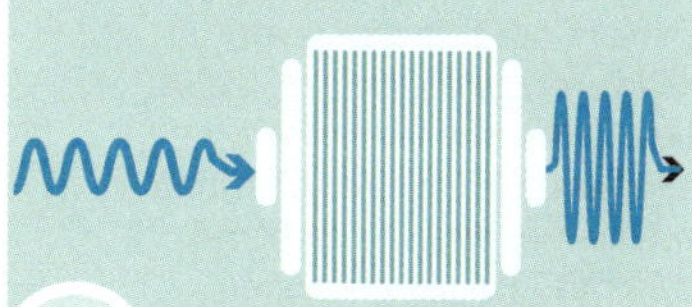

5

Verteilung

Überlandleitungen und Erdkabel übernehmen die Verteilung der Elektrizität im Land.

> »Die Zukunft ist **grüne,** nachhaltige, **erneuerbare Energie.**«
>
> **ARNOLD SCHWARZENEGGER, EHEMALIGER GOUVERNEUR KALIFORNIENS**

WINDENERGIE: PRO UND KONTRA

Pro

- Sauber, grün, ohne Schadstoffe, keine direkten Emissionen (nur indirekte Emissionen beim Bau).
- Erneuerbar; Wind entsteht durch Sonneneinstrahlung, ist also praktisch unbegrenzt verfügbar.
- Preise sind seit 1980 um 80 % gesunken und werden weiter fallen. Gestehungskosten niedrig.
- Hohes Ausbaupotenzial.
- Die Technikentwicklung strebt leisere und stärkere Versionen an.

Kontra

- Die Rotoren erreichen im Schnitt nur 20 % (on-shore) bis 40 % (off-shore) ihrer Kapazität.
- Unfallrisiko für Vögel und Fledermäuse. Bodenschäden beim Bau.
- In manchen Ländern immer noch teurer als Kohle- und Gaskraftwerke.
- Beeinträchtigung des Landschaftsbildes.
- Rentabel nur in Regionen mit beständigem Windangebot.

Wellen- und Gezeitenenergie

In den Meeren stecken gewaltige Energiemengen, die wir erst allmählich beginnen, mit Wellen- und Gezeitenkraftwerken in Strom zu verwandeln. Wie Solar- und Windanlagen erzeugen sie ebenfalls saubere Energie.

Nutzung der Gezeiten

Gezeiten und Wellen rücken als Energieträger in den Fokus kommerzieller Energienutzung. Die Technik dazu schreitet rasch voran und wird in den kommenden Jahrzehnten großes Potenzial entwickeln. Wellenfarmen und Gezeitensysteme nutzen die enormen Energiemengen des Meeres zur Energieerzeugung – weltweit könnten sie die Energie von über 120 Kernkraftwerke ersetzen. Länder mit hohem Nutzungspotenzial sind Frankreich, Großbritannien, Kanada, Chile, China, Japan Korea, Australien und Neuseeland.

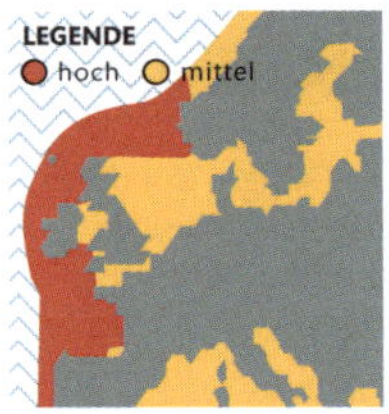

BESTE STANDORTE FÜR WELLENKRAFTWERKE IN EUROPA

Wellen »ernten«

Europas beste Standorte für Wellenfarmen liegen am Atlantik, wo häufig anhaltende starke Winde große Wellen erzeugen.

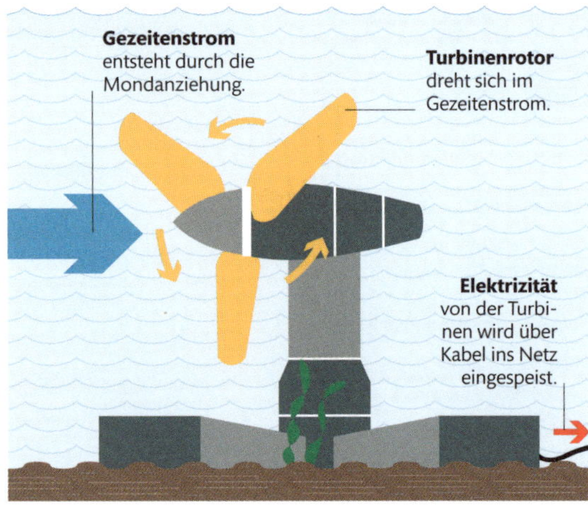

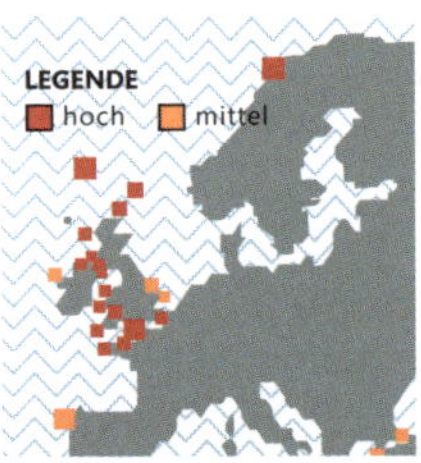

BESTE STANDORTE FÜR GEZEITENKRAFTWERKE IN EUROPA

Gezeitenströme

An den britischen Küsten mit schmalen Buchten und Trichtermündungen beschleunigen sich Ebbe und Flut – ideal für Gezeitenkraftwerke.

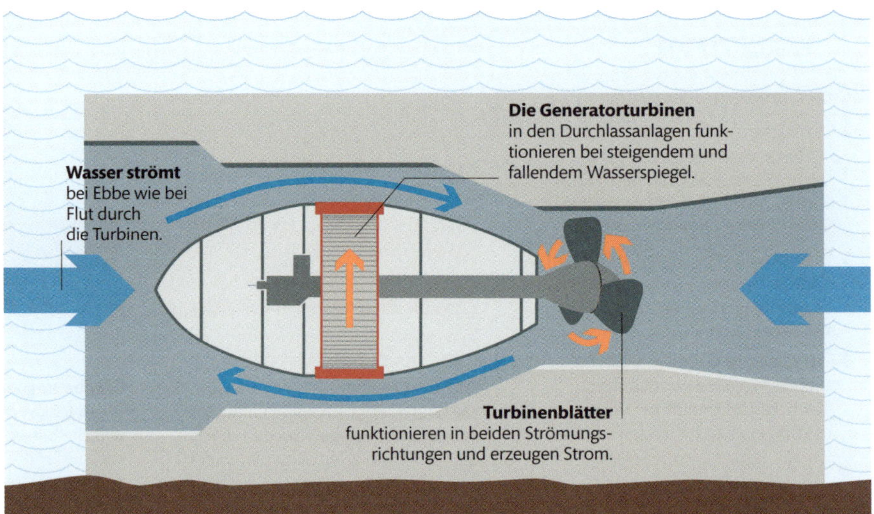

Die Wellen- und Gezeitentechnologie nutzt Wasserbewegungen des Meeres zur Stromerzeugung mittels Turbinen. Sie funktioniert zuverlässig und sicher, spart große Mengen an CO_2-Emissionen ein und schafft zudem neue Arbeitsplätze. Zurzeit ist der damit erzeugte Strom deutlich teurer als der aus fossilen Energiequellen, unter anderem auch, weil die Kosten für fossile Kraftwerke die Folgen für die Umwelt und das Klima nicht angemessen berücksichtigen.

SIEHE AUCH …

- **Steigende Nachfrage** (42–43)
- **Erneuerbare Energie** (46–47)
- **Energie – Für und Wider** (54–55)

80 % der potenziellen **kinetischen Wellenenergie** kann in **Elektrizität umgewandelt werden.**

FALLSTUDIE

Gezeitenlagune Swansea

- Die Bucht von Swansea (Süd-Wales) liegt am Bristol-Kanal. Da dieser Küstenabschnitt den zweithöchsten Tidenhub der Welt hat, ist er ideal für Gezeitennutzung.
- 16 Unterwasserturbinen sollen laut Planung in eine Brandungsmauer eingebaut werden, die sich 3 km ins Meer erstreckt.
- Das geplante Gezeitenkraftwerk in dieser Lagune wird saubere, planbare Elektrizität für über 155 000 Haushalte in den nächsten 120 Jahren bereitstellen.

NUTZUNG VON WELLENENERGIE

Ein vielversprechendes Design, um die Energie der Oberflächenwellen einzufangen, ist der Wellendämpfer (»Seeschlange«), besonders an Westküsten aufgrund der beständigen Winde und Brandung. Beste Standorte sind westliche USA, Großbritannien, Frankreich, Portugal, Neuseeland und Südafrika.

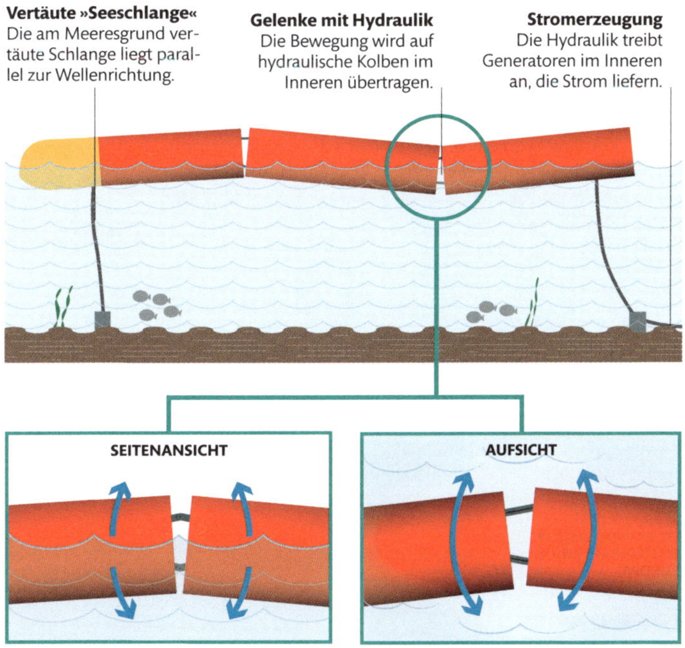

Auf und nieder
Die halb eingetauchten Schwimmkörper der Seeschlange bewegen sich mit den Wellen an ihren Scharniergelenken auf und nieder.

Gierbewegung
Die Gelenke ermöglichen auch die seitliche Bewegung der Schwimmkörper gegeneinander, um den Rotationsanteil (Wirbel) der Wellenbewegung zu nutzen.

Energie – Für und Wider

Alle Energieformen haben Vor- und Nachteile. Da bei steigender Nachfrage die Konflikte zwischen verschiedenen Prioritäten zunehmen, muss man sich ein Gesamtbild darüber verschaffen, um Entscheidungen fällen zu können.

Verschiedene Arten heutiger und kommender Technologien sind für die zukünftige Energieversorgung wichtig. Verwandte Techniken beeinflussen diese Wahl, etwa das CCS (*carbon capture and storage*, CO_2-Verpressung in den Untergrund) im Fall fossiler Emissionen oder Überbrückungsspeicher für erneuerbare Energien.

Unsere Anforderung an Energieträger muss drei Aspekte berücksichtigen: 1. Sicherheit, 2. Erschwinglichkeit und 3. Umweltverträglichkeit – Ziele, die sich oft widersprechen. So erfüllt Kohle die Punkte 1 und 2, verstößt aber gegen Punkt 3 (hohe Emissionen).

Energiepolitik ist hochsensibel. Die Politik bewertet kurzfristige Kosten und Versorgungssicherheit oft höher als langfristige Umweltfolgen. Derartige Faktoren machen es erst recht zur Herausforderung, rationale – und global vorteilhaftere – Entscheidungen zu treffen.

Welche Optionen?

Die einfache Vergleichstabelle (unten) basiert auf der generellen heutigen Situation. Während manche Bedingungen für einige Technologien höchst variabel sind – etwa das Potenzial erneuerbarer Energien in bestimmten Regionen –, kann man durchaus allgemeingültige Schlüsse über die jeweiligen Energiequellen ziehen. Gesellschaft und Politik müssen entscheiden, welche Optionen die besten langfristigen Vorteile bringen.

Kohle | **Erdöl** | **Erdgas** | **Kernkraft** | **Wasserkraft**

Kohle

Wichtigster Energieträger zur Stromerzeugung mit massiver Ausweitung in rasch wachsenden Ländern wie China und Indien.

- Hohes Angebot drückt Strompreise.
- Hohe CO_2-Emissionen, lokal Luftverschmutzung.

Erdöl

Wichtigster Kraftstoff im Verkehrswesen.

- Wichtige Quelle für CO_2 und städtische Umweltbelastung.
- Erdöl aus Fracking und Teersanden erzeugt mehr CO_2-Emissionen als konventionelles Öl.

Erdgas

Reichlich vorhanden, flexibel einsetzbar für Stromerzeugung, Heizung und Kochen.

- Emittiert nur halb so viel CO_2 pro Energieeinheit wie Kohle.
- Konventionelles und gefracktes Gas verursachen unterschiedliche Probleme.

Kernkraft

Produziert nahezu CO_2-freien Strom, ist jedoch teuer und komplex.

- Sicherheits-/Entsorgungsprobleme durch langlebige radioaktive Nuklide (Atommüll).
- Problematische Verbindung zwischen Kernkraft und Kernwaffen (Plutonium).

Wasserkraft

Sehr niedriger CO_2-Ausstoß, Anzahl nutzbarer Flüsse begrenzt.

- Kann Landschaft und ansässige Bevölkerung (Umsiedlungen) belasten.
- Anfällig bei anhaltender Dürre in potenziellen Trockengebieten.

LEGENDE (SYMBOLE, WERTUNG)

Kosten Energiekosten bestimmen oft die Wahl, wichtig für jene mit niedrigen Einkommen.

Ausgereifte Technik? Manche Techniken sind gut eingeführt, andere entstehen gerade erst.

Verschmutzung, Müll Manche Techniken sind viel sauberer als andere.

Energiesicherheit Zuverlässige Energie ist Voraussetzung für wirtschaftliche Entwicklung.

Einfluss auf Landschaft/Ökosysteme Energie steht im Konflikt mit anderen Ressourcen und Umweltzielen.

Gesamtwertung, inwiefern die Energieform langfristig am besten alle drei Ziele – Versorgungssicherheit, Erschwinglichkeit und Umweltverträglichkeit – erfüllt.

1 Am besten 10 Am schlechtesten

Aussichtsreich

Vorteilhaft

Nachteilig

Bedenklich

DER UNSICHTBARE »KRAFTSTOFF«

Die am meisten unterschätzte Energiequelle ist – Effizienz. Verbrauchseffizientere Autos, stromsparende Leuchten, Einstrahlung und ausgeklügelte Gebäudetechnik sparen Energie ohne Einbußen von Komfort. Effizienz spart natürlich auch Geld und ist deshalb die erste Wahl, um die drei Energieziele zu erreichen.

Die globale Steigerung der **Energieeffizienz** könnte bis zum Jahr 2030 jährlich **340–500 Mrd. $ einsparen.**

Biokraftstoff | **Biomasse** | **Windkraft** | **Solarenergie** | **Wellen/Gezeiten**

Biokraftstoff

Kann Erdöl ersetzen, spart CO_2 ein – etwa durch Ethanol-Gewinnung aus Zuckerrohr.

- Nutzt eigentliche Nahrungsmittel als Kraftstoff für Autos (Maisanbau).
- Begünstigt Entwaldung (Tropen), was zu CO_2-Emissionen und Artenschwund führt.

Biomasse

Schnell wachsendes Holz als Brennstoff in Kraftwerken, ersetzt Kohle und Erdgas.

- Erneuerbar, kann aber die Böden belasten und darin gebundenen Kohlenstoff als CO_2 freisetzen.
- Kann Entwaldung begünstigen.

Windkraft

Sehr saubere Energieform, schnell wachsend.

- Wegen starker Schwankungen müssen konventionelle Energiequellen einspringen, da Stromspeicher fehlen; hier ist noch Forschungsbedarf.
- Beeinträchtigt das Landschaftsbild.

Solarenergie

Sehr saubere Energiequelle, schnell wachsend.

- Nur am Tag bei Sonne, für den umfassenden Einsatz sind Stromzwischenspeicher nötig, aber noch nicht ausgereift.
- Weltweit akzeptiert, fortschreitender Ausbau.

Wellen/Gezeiten

Sehr sauber, sehr spezielle Energie mit Potenzial.

- Technik entwickelt sich fort, erste Kraftwerke installiert.
- Relativ teuer, braucht öffentliche Unterstützung zumindest in der Anfangsphase.

Ungezügelter Appetit

Der Aufschwung der Landwirtschaft hat das Gesicht der Erde verwandelt und den Verlauf der Menschheitsgeschichte geprägt. Vormoderne Jäger-Sammlergemeinschaften brachten es nur auf einige Millionen Menschen weltweit, während die heutigen Agrarmethoden über 7 Mrd. Menschen ernähren. Der Aufstieg produktiven Anbaus war die wichtigste Stellschraube in der Entwicklung der Zivilisationen und förderte Landflucht und den Aufstieg der Städte. Der Erhalt der Bodenfruchtbarkeit und Trinkwasserqualität sind zunehmende Herausforderungen.

Getreideanbau

Die ersten Bauern züchteten aus Wildgräsern Kultursorten wie Reis, Roggen, Weizen und Mais. Die an Kohlenhydrat und Protein reichen Körner wuchsen schnell (auch auf kargen und auch trockenen Böden), konnten lange lagern und wurden rasch zum Rückgrat der Landwirtschaft. Das gilt bis heute, wenngleich neue Sorten, Mechanisierung, Pestizide und Dünger weit größere Ernten erlauben als noch Mitte des 20. Jahrhunderts. Trotz des ungebremsten Bevölkerungswachstums hat die Weltgemeinschaft stets noch Schritt gehalten mit der gestiegenen Nachfrage. Die Getreideproduktion ist seit 1950 stetig angestiegen.

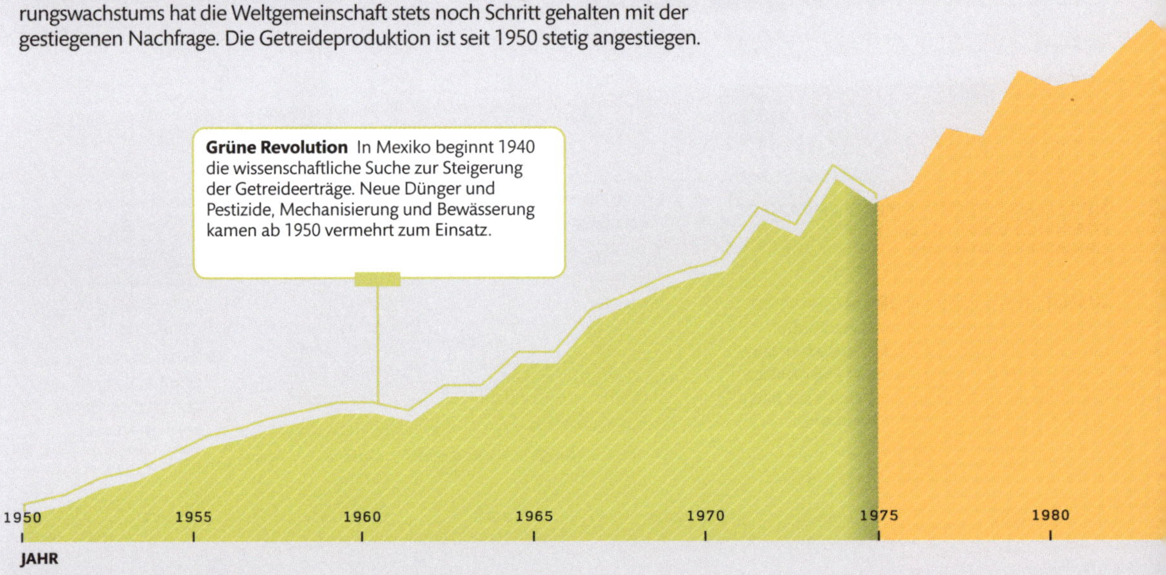

FLEISCH- UND MILCHERZEUGNISSE BOOMEN

Mit steigendem Wohlstand nahm der Verzehr von Fleisch- und Milcherzeugnissen enorm zu. Das blieb nicht ohne Folgen für Gesundheit und Umwelt. Verglichen mit pflanzlichem Anbau beanspruchen Fleisch liefernde Zuchttiere viel größere Produktionsflächen und mehr Wasser. Übermäßiger Konsum von Fleisch- und Milcherzeugnissen mit tierischen Proteinen und Fetten, begünstigen Herzkrankheiten, manche Krebsarten und Typ-2-Diabetes.

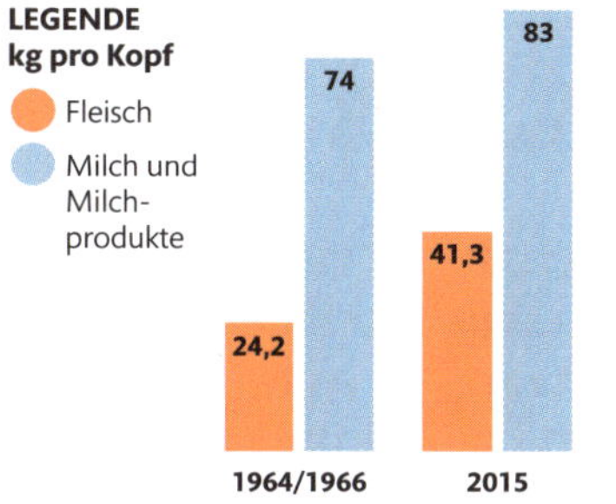

1997
Erstes gentechnisch verändertes Getreide

»Die heutige Zivilisation hätte sich nicht entwickelt und könnte nicht überleben ohne eine angemessene Ernährungssicherheit.«

NORMAN BORLAUG, AMERIKANISCHER FORSCHER UND »VATER« DER GRÜNEN REVOLUTION

Globale Getreideproduktion
Im Jahr 2018 produzierte China ein Fünftel des global erzeugten Getreides. In diesem Jahr wurde die Gesamtproduktion auf 2962 Millionen Tonnen geschätzt und setzte sich vor allem aus Mais, Reis und Weizen zusammen.

1990 1995 2000 2005

Der beackerte Planet

Rund ein Drittel der Landfläche der Erde wird heute landwirtschaftlich genutzt. Nur auf einem Viertel dieses Drittels steht Getreide, der Rest gehört den Viehzüchtern.

Große Landgebiete der Erde sind bedeckt mit Wüsten, Gletschern, Wäldern oder Felsgebirge und damit untauglich für Pflanzenanbau. Dort, wo es möglich ist, dehnte sich die Landwirtschaft stetig aus, auch wenn die Gesamtfläche an guten Böden mit Wasservorkommen und Klimabedingungen zum Getreideanbau weltweit begrenzt ist. Die steigende Nachfrage nach Nahrung führt zur kontinuierlichen Ausbreitung der Landwirtschaft in bisher ungenutzte Flächen, wobei selbst weniger fruchtbares Land bebaut wird. Entwaldung, Artenschwund, Treibhausgasemissionen, schwindende Wasserqualität und Bodenerosion sind die Folgen *(siehe S. 68–69)*.

Körner gegen Fleisch

Rund drei Viertel der Landfläche der Erde mit Nahrungsproduktion dient der Aufzucht von Tieren, die Fleisch- und Milcherzeugnisse liefern. Das restliche Land steht Getreide, Gemüse und Obst zur Verfügung. Der Verbrauch von tierischen Nahrungsmitteln ging mit dem weltweiten Aufstieg der Mittelschichten einher; er wird sich fortsetzen, weil sich die Ernährungsgewohnheiten in vielen großen Schwellenländer ändern. Obwohl nur ein kleiner Anteil der Gesamtfläche für den Pflanzenanbau genutzt wird, wird davon noch ein großer Teil an Vieh verfüttert. Steppen, offene Waldgebiete und Ödland dienen ebenfalls teilweise als Weideland.

LEGENDE

- Kulturland
- Waldgebiete
- Grasland, offene Waldgebiete
- Schüttere Pflanzendecke, Ödland
- Siedlungs-, Verkehrsflächen
- Binnengewässer

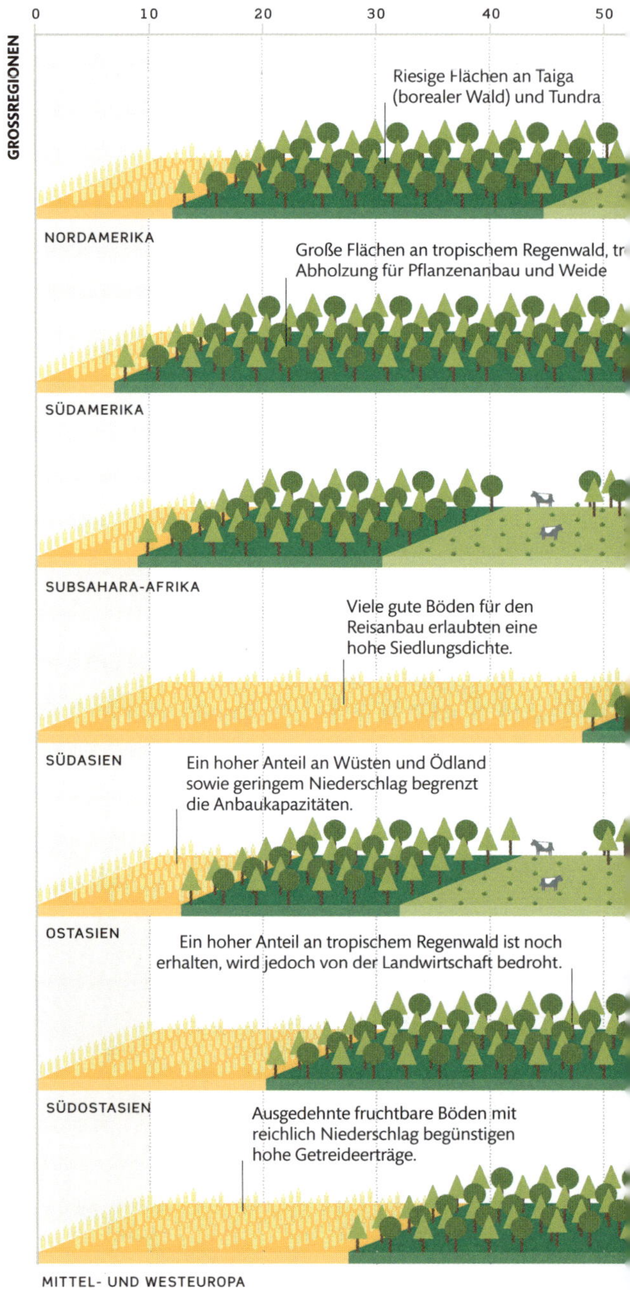

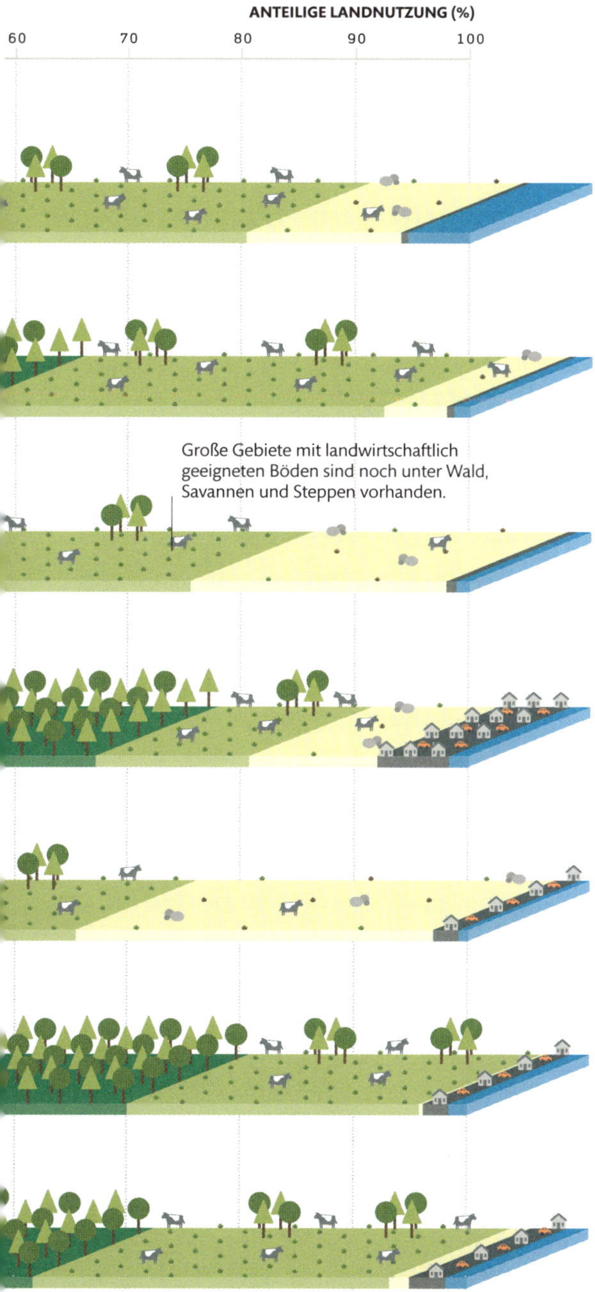

Im Wandel der Zeit

Der Aufstieg der Landwirtschaft in den letzten beiden Jahrhunderten war atemberaubend. Um 1800 beschränkte sich das meiste Agrarland auf Europa und Teile Asiens. Heute haben sich die riesigen Felder und Äcker weltweit ausgedehnt, nach Nord- und Südamerika, Indien, Afrika und Australien, wo die Natur einer intensiv bewirtschafteten Kulturlandschaft gewichen ist.

GETREIDENUTZUNG

Jedes Jahr erzeugt die Welt rund 2,5 Mrd. t Getreide. Während Weizen und Reis großteils von Menschen verzehrt wird, dient Mais meist als Viehfutter. Nutzpflanzen zu verfüttern, um Tierprodukte zu erzeugen, verbraucht mehr Land, Wasser und Treibstoff, als dieselbe Nährstoffmenge direkt als Pflanzen zu essen.

Menschen: 45 % – knapp die Hälfte der Getreidekörner landen auf unserem Teller.

Tiere: 35 % – Korngetreide wie Mais werden an Rinder, Schweine und Hühner verfüttert.

Andere Nutzung: 20 % – manche Körner landen nicht in der Ernährung, sondern dienen der Biokraftstofferzeugung oder industriellen Anwendungen.

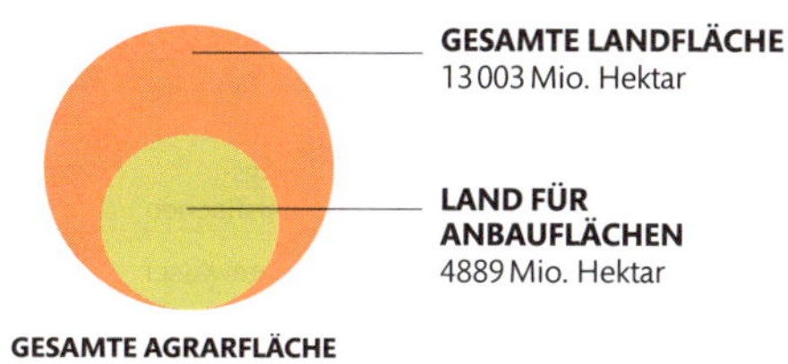

Immer mehr Dünger

Die unglaubliche Steigerung der Nahrungsmittelproduktion in den letzten Jahrzehnten geht großteils auf den vermehrten Einsatz von Düngemitteln zurück – mit allen Vor- und Nachteilen.

Pflanzen, die Lebensgrundlage für Menschen und Tiere, brauchen Nährstoffe zum Wachsen, vor allem Stickstoff (N), Phosphor (P) und Kalium (K). Mit jeder Ernte werden sie weniger und müssen ersetzt werden. Brachten Bauern früher vor allem Mist und Jauche aus, sind es heute Gülle (Mist-Jauche-Gemisch) und NPK-Dünger – beides mit Belastungen für die Umwelt.

Ertragssteigerung

Mit der Erfindung des Haber-Bosch-Verfahrens Anfang des 20. Jahrhunderts gelang es, Ammoniak aus Luftstickstoff und Wasserstoff zu synthetisieren und daraus Stickstoffdünger zu erzeugen. Mit ihm konnten Landwirte die Ernteerträge massiv steigern und die vermehrte Nachfrage befriedigen. Zwischen 1950 und 1990 verdreifachten sich die Erträge fast, während die Anbaufläche nur um 10 % wuchs.

Mehr Düngereinsatz

Nach dem Zweiten Weltkrieg begann die industrielle Herstellung von NPK-Düngern. Neu erschlossene Phosphatminen in Nordafrika steigerten die Verfügbarkeit von Phosphor. Mit der Unterstützung von Regierungen wuchs der Düngereinsatz rasant, besonders von 1950 bis 1970 (»grüne Revolution«).

LEGENDE

Düngerverbrauch (Mio. Tonnen)

- Afrika
- Amerika
- Asien
- Ozeanien
- Europa (ohne Osteuropa)
- Osteuropa

AUSWIRKUNGEN VON STICKSTOFFDÜNGERN

Einer der Gründe, weshalb das Treibhausgas Distickstoffoxid (N_2O, »Lachgas«) in der Luft zunimmt, ist die Anwendung von Stickstoffdüngern (Gülle, NPK-Dünger). Sie hat Auswirkungen auf Gesundheit und Umwelt.

- Distickstoffoxid ist das drittwichtigste Treibhausgas, das die Erdatmosphäre aufheizt.
- Distickstoffoxid ist Mitverursacher der polaren Ozonschichtzerstörung (Ozonloch).
- Übermäßig verwendeter Stickstoff (und Phosphat) überdüngt und belastet Boden, Gewässer und Meere sowie deren Tierwelt *(siehe S. 154–155)*.
- Stickstoffanreicherungen belasten Land-Ökosysteme und begünstigen das Wachstum von Unkräutern zu Lasten von Nutz- und Wildpflanzen.
- Nitrat wird vom Boden in das Grundwasser geschwemmt; mit dem geförderten Trinkwasser bedroht es die Gesundheit. Babys und Kleinkinder können »Blausucht« (Sauerstoffmangel) bekommen, bei Erwachsenen begünstigt es Krebs und Schilddrüsenstörungen.

100 %

Anstieg von fixiertem Stickstoff auf der Erde in den letzten 100 Jahren durch **menschliche Aktivität**

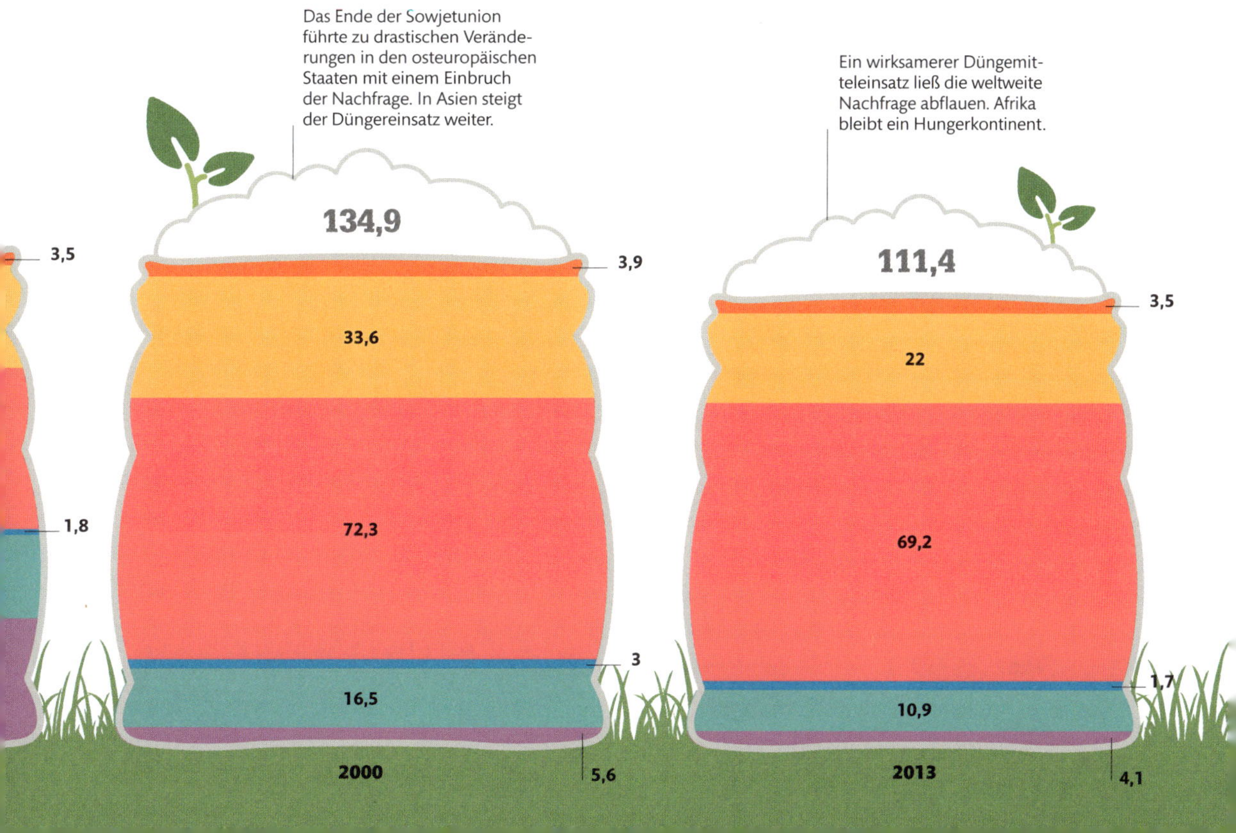

Herausforderung Schädlingsbekämpfung

Unkräuter, Pilze, Mikroorganismen und Insekten attackieren die meisten Kulturpflanzen, verderben sie oder schmälern die Erträge. Ihre Bekämpfung mit Pestiziden verursacht jedoch ernste Schäden an den Ökosystemen.

Seit Jahrtausenden zogen Bauern ihr Getreide ohne chemische Pestizide. In den Jahrzehnten nach dem Zweiten Weltkrieg kamen toxische Verbindungen infolge des rasanten Anstiegs der Nahrungsmittelproduktion zu breiter Anwendung. Die in der Tierwelt verursachten Schäden sind jedoch beträchtlich. Die Auswirkungen sind vielfältig. Der Verlust von Nahrungspflanzen für Insekten beeinträchtigt wiederum Vogelarten, die sich von Insekten ernähren. Auch Nützlinge wie z. B. Bienen als Bestäuber sind betroffen. Einige Pestizide reichern sich in der Nahrungskette an, sodass die Zahl der Räuber sinkt *(siehe S. 86–87)*. Gleichzeitig haben Schädlinge Resistenzen gegen Pestizide entwickelt.

Eingesetzte Pestizidmengen

Der Pestizideinsatz steigt fast überall, aber die Länder verwenden sehr unterschiedliche Mengen. Dies wird durch die Art der Kulturpflanzen bestimmt, wie wertvoll sie sind und ob der Schädlingsdruck hoch ist. Es hängt auch von der Wirksamkeit der eingesetzten Chemikalien ab, der landwirtschaftlichen Praxis und der Entwicklungsstufe des Landes – arme Länder können sich den Pflanzenschutz nicht leisten. Auch das Ausmaß, in dem es Pestizidherstellern gelungen ist, die Politik zu beeinflussen, spielt eine Rolle. In den meisten Fällen könnte der Pestizideinsatz reduziert werden.

Die Menge an international eingesetzten Pestiziden ist **seit 1950 um das 50-Fache gestiegen.**

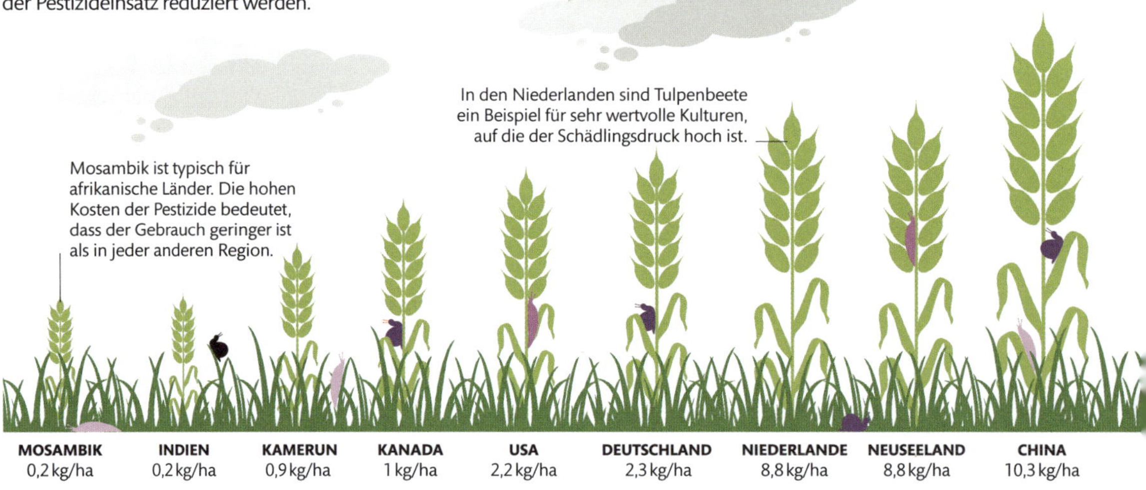

STEIGENDE PESTIZIDVERKÄUFE WELTWEIT

Der globale Verkauf von Pestiziden stieg seit den 1940er-Jahren rapide an. Seit dem Jahr 2000 hat sich der Umsatz weiter erhöht, vor allem in Asien, Lateinamerika und Osteuropa. Im Nahen Osten und Afrika aber stagnierten die Geschäfte. Pestizidhersteller steigern ihre Umsätze, indem sie ältere Produkte billig anpreisen oder in ärmeren Märkten bewerben.

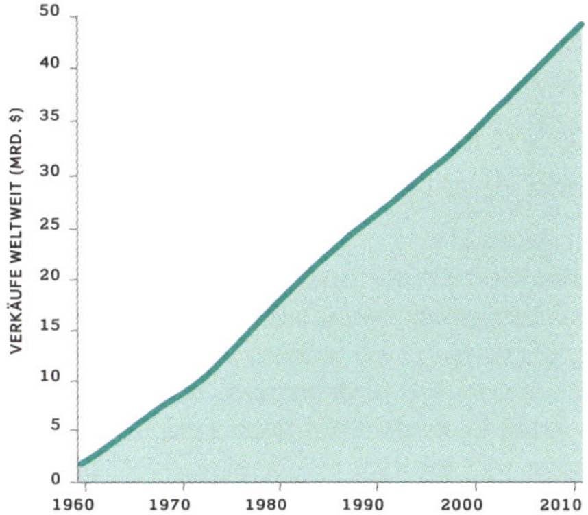

Ausbringung von Pestiziden
Pestizide spielen eine wichtige Rolle im Reisanbau Süd- und Südostasiens. Sprühen von Hand ist hier übliche Praxis.

Bedrohte Tierwelt

Neonikotinoide Pestizide sind sehr wirksame Toxine (Giftstoffe) für das Nervensystem von Insekten. Ihr Einsatz hat viele Vogelpopulationen betroffen, weil Insekten einen wichtigen Teil ihrer Ernährung darstellen. Eine Studie ergab, dass in Gebieten mit Imidacloprid-Konzentrationen von mehr als 19,43 ng/L (Nanogramm pro Liter) die Vogelpopulation sank.

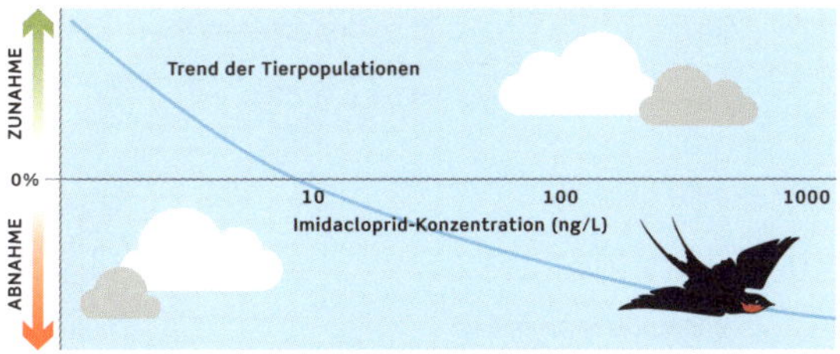

Was können wir tun?

› **Regierungen, Bauern und Chemieunternehmen** sollten den integrierten Pflanzenschutz fördern. Dazu gehören Strategien, die Nahrungsmittelproduktion mit weniger Chemikalien zu betreiben, eine größere Pflanzendiversität und der Einsatz von Fruchtfolgen. Der Schutz von Fledermaus- und Vogelpopulationen würde die natürliche Schädlingsbekämpfung verbessern.

Lebensmittelschwund

Lebensmittelverschwendung bedeutet, dass mehr als ein Viertel der landwirtschaftlichen Produkte in den Mülltonnen landet und nicht auf dem Teller. Da Bevölkerungs- und Wirtschaftswachstum zu steigender Nachfrage führen, hat die Reduzierung der Nahrungsabfälle Priorität.

Weltweit verschwenden wir rund 1,3 Mrd. Tonnen, das ist ein Drittel der Lebensmittel, die wir jedes Jahr produzieren. Dies wiederum verschwendet so viel Wasser wie die Wolga ins Kaspische Meer schwemmt. Lebensmittelabfälle setzen mehr als 3 Mrd. Tonnen Treibhausgase frei, davon das durch Fäulnis entstehende Methan, das ein hohes Treibhauspotenzial hat. Millionen Tonnen vergeblich ausgegebene Düngemittel kosten die Landwirtschaft 750 Mrd. $ jährlich. Es stellt auch eine verpasste Gelegenheit dar, jeden Menschen auf der Welt zu ernähren. Je später ein Lebensmittel auf dem Weg vom Feld zum Geschäft verdirbt, desto negativer die Auswirkungen, da mehr Ressourcen für Verarbeitung und Transport eingesetzt worden sind.

Wo geht es verloren?

Lebensmittelverschwendung erfolgt in jeder Phase der Lieferkette, von der Produktion bis zum Verbraucher. In den Entwicklungsländern gehen 40 % der Lebensmittel in einem frühen Stadium des Prozesses verloren, meist durch Mängel bei der Ernte, Lagerung oder Kühlung. In den Industrieländern ereignen sich mehr als 40 % der Verschwendung im Einzelhandel, etwa aufgrund von Qualitätsstandards, die das Aussehen der Ware überbetonen, oder beim Verbraucher, die viele Lebensmittel wegwerfen.

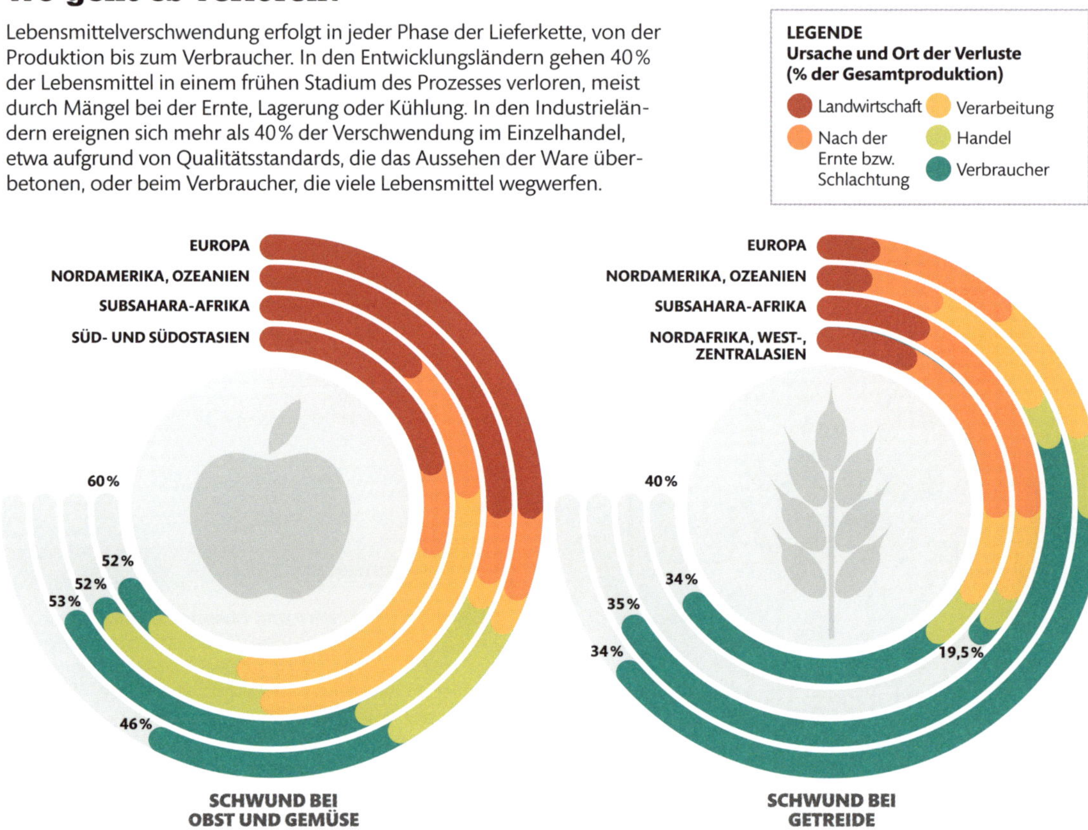

WAS WERFEN WIR WEG?

Alle Lebensmittelgruppen unterliegen global einem erheblichen Schwund, aber es sind vor allem leicht verderbliche Waren wie Obst, Gemüse, Wurzeln und Knollen, die den größten Anteil bilden. Fleischabfälle sind vergleichsweise niedrig, aber die Folgen sind gravierender, weil tierische Nahrungsmittel einen größeren ökologischen Fußabdruck haben.

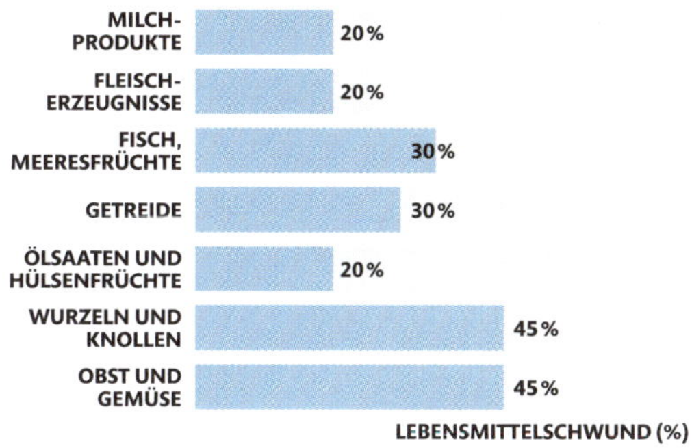

Was können wir tun?

- **Abfall verringern.** Möglichst wenig Lebensmittel zwischen Acker und Tisch verschwenden.
- **Tafeln und andere Hilfsprojekte unterstützen.** Gutes Essen, das sonst verschwendet würde, bedürftigen Menschen anbieten.
- **Ans Vieh verfüttern.** Ungenießbare Nahrungsmittel können Tieren, wie Schweinen und Hühnern, gegeben werden.
- **Kompostieren und Bioenergie produzieren.** Verdorbene Lebensmittel in eine Biogasanlage geben und vergären, um Strom zu erzeugen. Den Rest als Biodünger ausbringen.

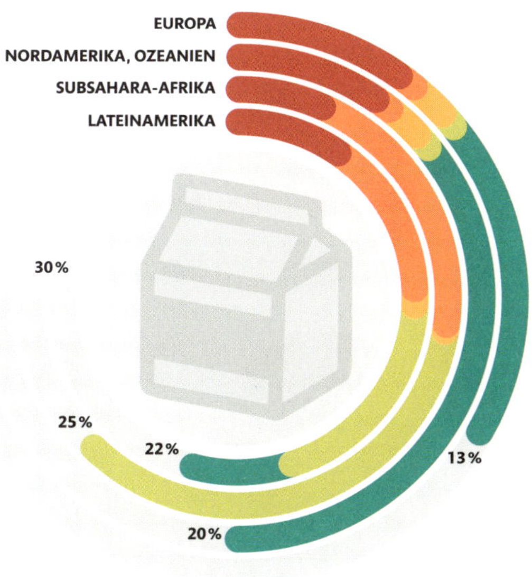

SCHWUND BEI MILCHPRODUKTEN

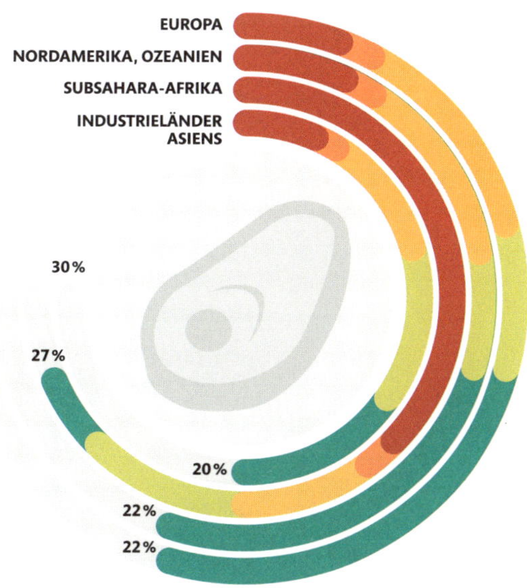

SCHWUND BEI FLEISCHERZEUGNISSEN

Welternährung

Weltweit hungern Hunderte Millionen Menschen, während Hunderte Millionen übergewichtig sind. Dies zeigt, dass die Gesamtmenge der Nahrungsmittelproduktion nicht das einzige Kriterium für die Ernährung der Welt ist.

In reichen Ländern ist eine wachsende Zahl von Menschen übergewichtig, während in vielen Entwicklungsländern viele unterernährt sind. Diese Tatsache hat verschiedene Ursachen, darunter die politischen und klimatischen Bedingungen sowie den Anteil ihres Einkommens, den diese Menschen für Lebensmittel ausgeben müssen. Trotz der wachsenden Nahrungsmittelproduktion in den letzten Jahrzehnten blieben Armut und Hunger eng miteinander verbunden. Inklusives Wirtschaftswachstum ist erforderlich, um die Einkommen und Lebensbedingungen der Armen zu verbessern, was helfen würde, Hunger und Unterernährung zu verringern.

Wo sind die Hungernden?

Im Jahr 2018 waren über 820 Millionen Menschen auf der Welt chronisch unterernährt. Gegenüber 2015 ist dies eine signifikante Steigerung. Besonders kritisch war die Situation in von Dürre bedrohten Ländern, in denen die Ärmsten leben. Sie haben begrenzte finanzielle Mittel und bewohnen oft ländliche Gegenden. In Subsahara-Afrika verfügt fast ein Viertel der Bevölkerung nicht über genug Nahrung. Indien weist die höchste Zahl unterernährter Menschen auf, obwohl der Anteil an der Bevölkerung kleiner als in manchen anderen Ländern ist.

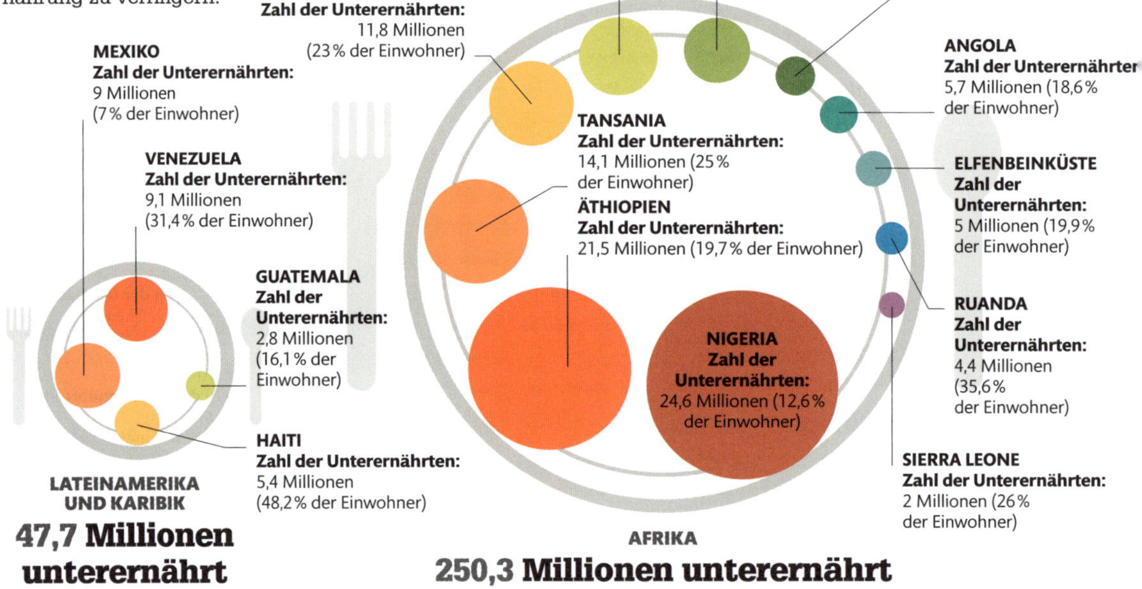

LEBENSMITTELKOSTEN

Der Preis für Lebensmittel ist ein bestimmender Faktor für Hunger wie für Übergewicht. In den USA gibt der Bürger einen recht geringen Anteil seines großen jährlichen Einkommens für Lebensmittel aus. Der Bürger in Indien gibt dagegen einen großen Anteil an seinem kleinen jährlichen Einkommen dafür aus.

32 051 $
DURCHSCHNITTLICHE AUSGABEN PRO HAUSHALT

USA

620 $
DURCHSCHNITTLICHE AUSGABEN PRO HAUSHALT

INDIEN

»Der **Krieg gegen den Hunger** ist wirklich **ein Krieg der Befreiung.**«

**JOHN F. KENNEDY,
35. PRÄSIDENT DER USA**

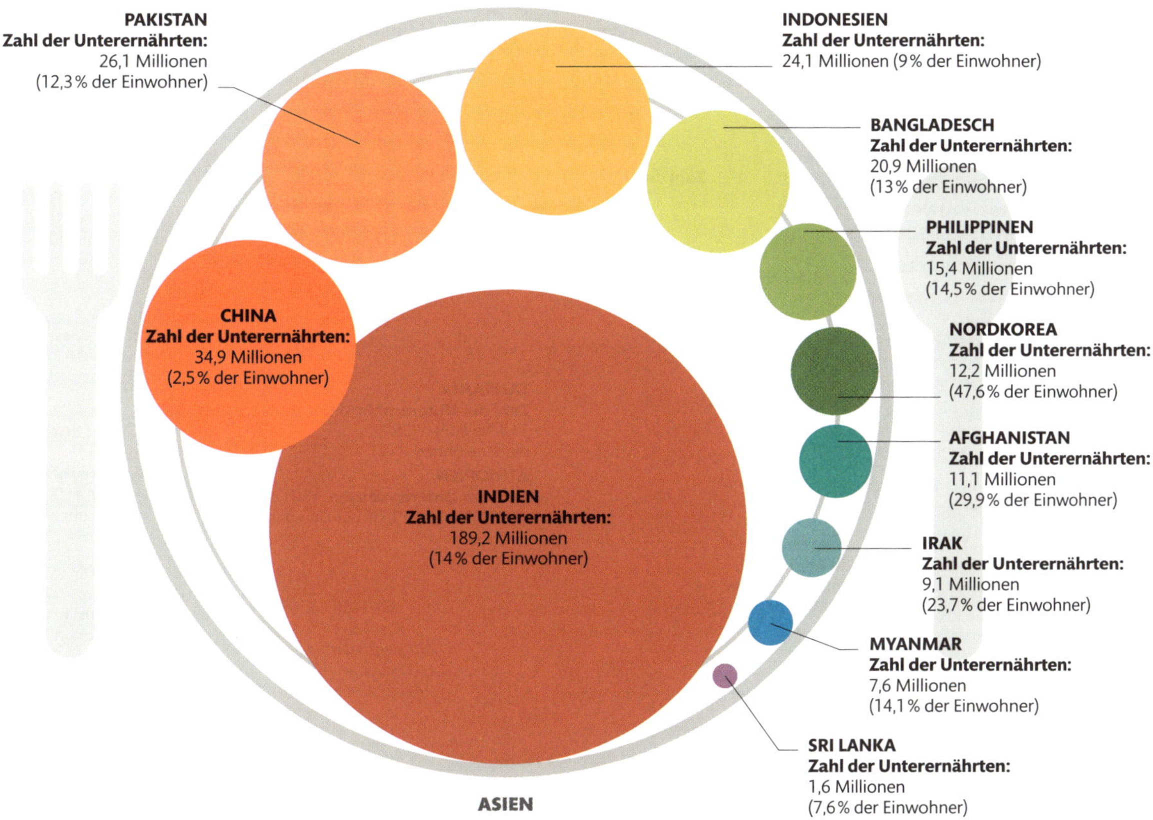

ASIEN
381,1 Millionen unterernährt

Nahrungsmittel in Gefahr

Fast alle Nahrungsmittelproduktion hängt vom Boden und Süßwasser ab. In beiden Fällen gefährden Umweltveränderungen die Ernährungssicherheit. Die Gefahr ist global, aber besonders akut in vielen Entwicklungsländern.

Jedes Jahr verschlechtern sich 5–7 Mio. Hektar Ackerland, wobei 25 Mrd. Tonnen Humus durch Wind und Wasser erodiert werden. Seit Beginn der Landwirtschaft haben die USA etwa ein Drittel ihrer Bodenkrume verloren. Bestimmte Ackerbaumethoden verursachen Schäden, die den Vorrat an Humus und Bodenorganismen dezimieren. Humusreiche Böden halten mehr Wasser und bieten Pflanzen Schutz gegen Austrocknung. In den Entwicklungsländern sind Bodenschäden und Dürren weitverbreitet. Es wird erwartet, dass noch in diesem Jahrhundert große Teile der Welt extreme und in einigen Fällen noch nie da gewesene Trockenheit erleben werden.

Bodendegradation

Bodenzerstörungen sind ein weitverbreitetes globales Problem. Die von Menschen verursachte Bodendegradation (Verschlechterung) hat bereits viele Landwirtschaftsflächen erfasst, vor allem in semiariden (halbtrockenen) Teilen der Welt. Pflügen und Überweidung können Böden kahl und anfällig für Abtragung durch Wind und Regen machen. Dies ist Ursache von fast allen Bodenschäden in Nordamerika. In Südamerika, Europa und Asien ist vielfach Abholzung für die weitverbreiteten Bodenschäden verantwortlich. Relativ kleine Flächen sind von industrieller Verschmutzung betroffen.

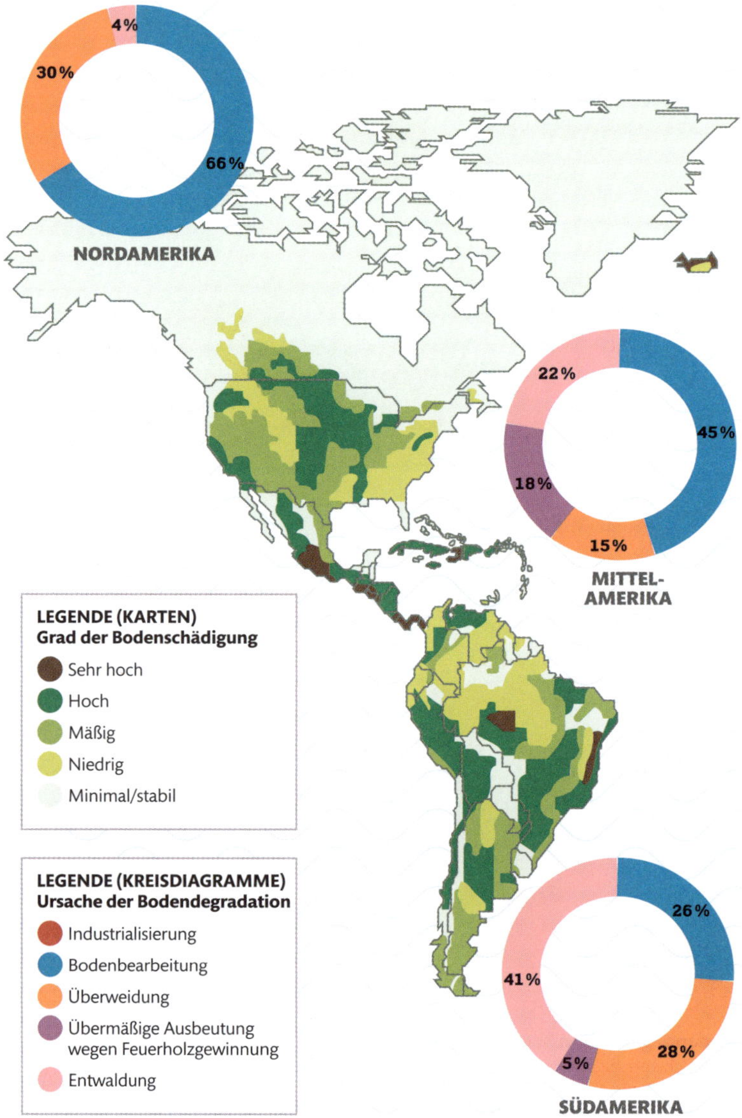

Die **extremen Dürren** ausgesetzten Gebiete könnten sich von 3 % in den Jahren 1976–2005 auf 7 %–8 % am Ende des Jahrhunderts **mehr als verdoppeln**.

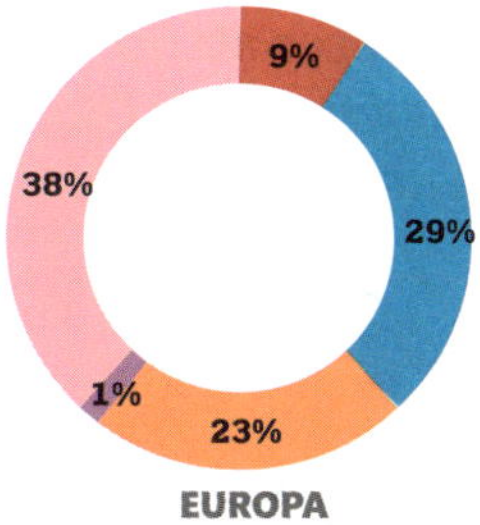

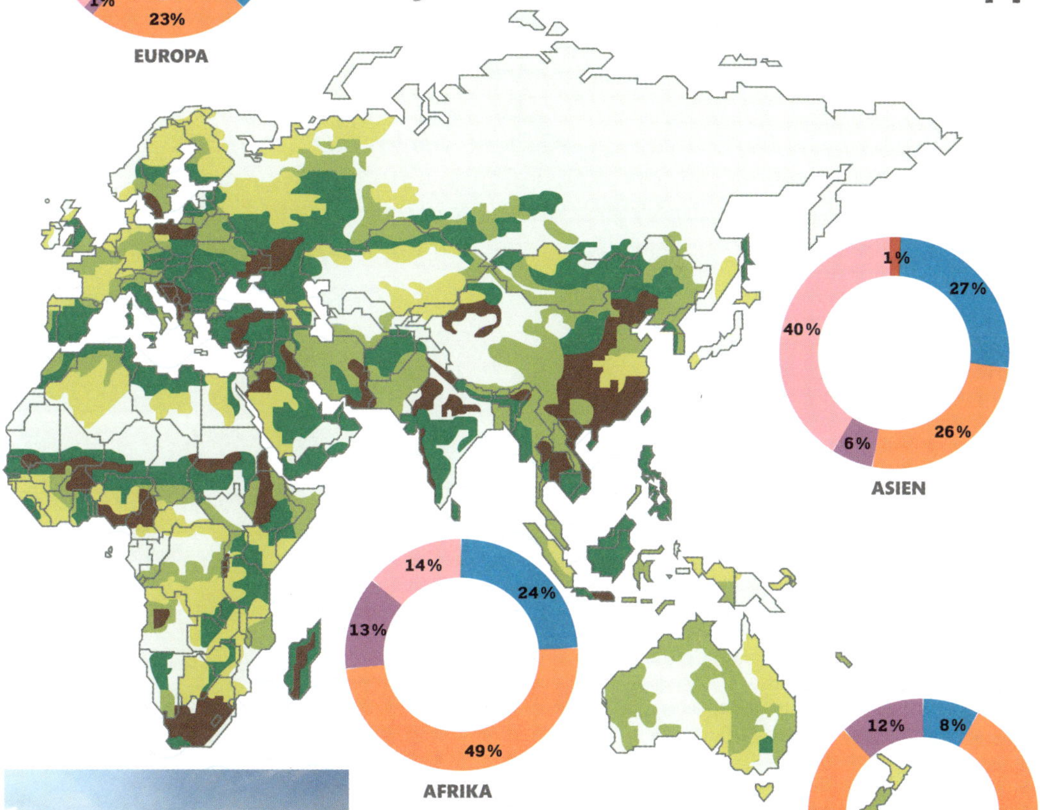

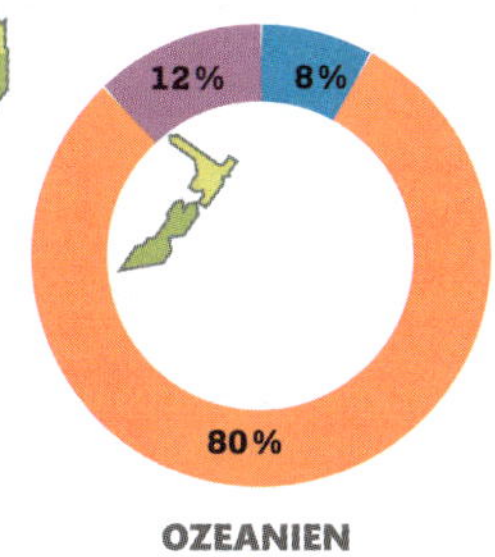

Bodendegradation in Israel
Mittelschwere bis schwere Bodendegradation betrifft weltweit eine Fläche, die größer ist als die der USA und Mexiko zusammen.

Durstige Welt

Unser Bedarf an Süßwasser hat sich im letzten Jahrhundert dramatisch erhöht – zum Trinken, Waschen und für den Ackerbau, aber auch für wirtschaftliche Entwicklungen. In der Natur sind alle Landpflanzen und Tiere auf Süßwasser angewiesen. Einige Ökosysteme, wie tropische Wälder und Feuchtgebiete, sind abhängig vom regelmäßigen Nachschub an Wasser. In den letzten Jahren haben mehrere Weltregionen unter den Auswirkungen schwerer Dürren gelitten. Da Ernten und Lebensmittelpreise betroffen waren, erhöhte sich die Zahl hungernder Menschen um Millionen.

Wasserversorgung in Gefahr

Wasser bedeckt 70% unseres Planeten, doch davon sind weniger als 3% Süßwasser, und das meiste davon ist für uns nicht verfügbar *(siehe S. 78–79)*. Seit dem Jahr 1900 hat sich, bedingt durch Bevölkerungs- und Wirtschaftswachstum, der Wasserverbrauch verfünffacht. In einigen Teilen der Welt ist der begrenzte Zugang zu genügend Wasser eine ernsthafte Einschränkung für die Entwicklung. Die Lage verschlimmert sich zusätzlich durch die ineffiziente Nutzung des Wassers in der Landwirtschaft, der Industrie und im Bausektor sowie durch Schäden in den Ökosystemen, die essenziell sind für eine sichere Wasserversorgung. Der Druck auf die Wasserressourcen wird noch drängender werden, z. B. durch die Auswirkungen des Klimawandels auf den Wasserkreislauf, einschließlich die von schweren Dürren, besonders auf Regionen, die bereits anfällig für Wasserstress sind.

> »Eine Nation, die **es nicht schafft,** die **Entwicklung und den Schutz ihres Trinkwassers** intelligent zu planen, wird **verdammt sein zu vertrocknen ...**«

LYNDON B. JOHNSON, 36. PRÄSIDENT DER USA

WASSERNUTZUNG WELTWEIT

Mehr als die Hälfte der globalen Süßwasserentnahmen erfolgen in Asien mit seinen riesigen Bewässerungsflächen. Dennoch, der Wasserverbrauch pro Kopf ist in reichen Ländern wie den USA viel höher, denn er beträgt fünfmal mehr als für Menschen in Bangladesch. In reichen Ländern mit trockenem Klima herrscht die Gefahr von akutem Wasserstress.

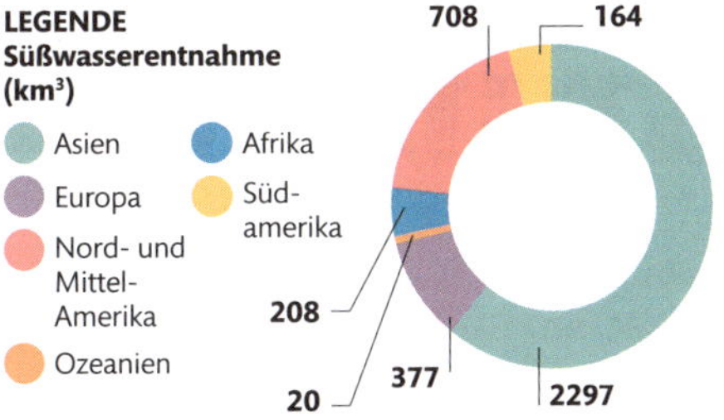

Eine Reihe von rekordverdächtigen Dürren und Hitzewellen führte weltweit zu geringeren Ernteerträgen.

Neue Technologien im Zuge der »grünen Revolution« verbessern zwar den landwirtschaftlichen Ertrag, erhöhen aber den Bedarf an Wasser, vor allem für künstliche Bewässerung.

1958
Die Befüllung des weltweit größten Süßwasserspeichers am Kariba-See an der Grenze zwischen Simbabwe und Sambia beginnt.

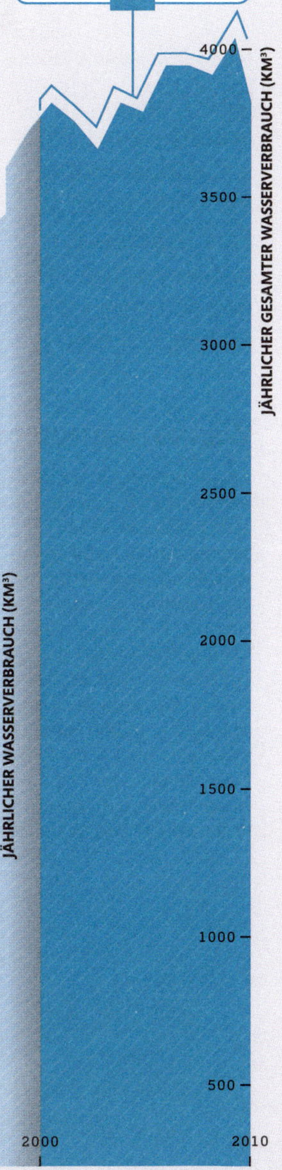

Wie Süßwasser verwendet wird

Obwohl die Prozentanteile zwischen den Ländern breit streuen, werden doch an die 70 % der Wasserentnahmen für den Pflanzenanbau verwendet. Für Landwirtschaft, Industrie und Haushalte werden auch in der nahen Zukunft weitere Steigerungsraten erwartet.

Trinkwassermangel

Über 97,5 % des Wassers befinden sich in den Ozeanen und sind salzig. Der Rest ist Süßwasser, das aber überwiegend als Eis gebunden ist – nur etwa 0,3 % sind zugänglich für den menschlichen Gebrauch.

Süßwasser ist eine knappe Ressource. Es ist sehr ungleich verteilt, denn in Gebieten mit geringen Niederschlägen oder hoher Verdunstung kann großer Mangel herrschen. An Wasserknappheit leiden weltweit rund 1,2 Mrd. Menschen. Für weitere 1,6 Mrd. ist die Gewinnung und Transport von Wasser schwierig. Diese Zahlen steigen nicht zuletzt, weil der Wasserbedarf mehr als doppelt so schnell wie das Bevölkerungswachstum gestiegen ist, wodurch sich langfristig die Wasserknappheit in andere Teile der Welt ausbreiten wird. Obwohl zu viel davon zurzeit verschwendet, verschmutzt oder nachlässig genutzt wird, gibt es immer noch genug Wasser auf der Erde, unsere Bedürfnisse zu stillen. Die effizientere Nutzung von Wasser wird in den kommenden Jahrzehnten eine entscheidende Aufgabe sein.

SIEHE AUCH ...

- **Bevölkerungsexplosion** (16–17)
- **Ungezügelter Appetit** (56–57)

Die globalen Wasserreserven

Fast die gesamten 1,4 Mrd. km³ Wasser auf der Erde sind Salzwasser. Von dem kleinen Süßwasseranteil ist mehr als zwei Drittel in Eiskappen der Antarktis und Grönlands gebunden. Fast das gesamte verbleibende Drittel befindet sich als Grundwasser im Boden, vieles davon nicht nutzbar. Nur ein sehr geringer Teil des Süßwassers speist Seen und Flüsse, aus denen wir Trinkwasser beziehen und die Versorgung der Landwirtschaft und der Industrie sicherstellen.

WASSER
Das Leben begann im Meer und eroberte das Land, wo alle Tiere und Pflanzen vom Süßwasser abhängen.

WASSERREICHE LÄNDER

Die Volkswirtschaften der Länder brauchen Süßwasser. Brasiliens Region São Paulo war 2015 in seinem dritten Jahr in Folge von schwerer Dürre betroffen. Zwei Drittel der brasilianischen Stromproduktion sind abhängig von Wasserkraft, eine Rationierung der Speicherseen ist unvermeidlich. Die anhaltende Expansion der Industrieproduktion in China verlangt mehr und mehr Süßwasser.

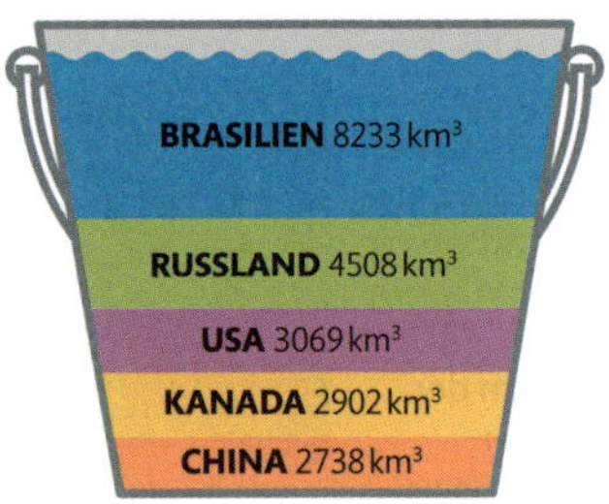

LÄNDER MIT DEM HÖCHSTEN SÜSSWASSERVERBRAUCH PRO JAHR

FLÜSSIGES WASSER
Mit nur 0,3 % ist flüssiges Süßwasser nur ein winziger Anteil des gesamten Wassers der Erde. An der Oberfläche von Flüssen, Seen und Sümpfen ist es leicht zugänglich.

EIS UND GLETSCHER
Das meiste Süßwasser ist in Gletschern und Eiskappen sowie in der permanenten Schneedecke der Hochgebirge und Polarregionen gebunden.

Gesamte Wassermenge 1,4 Mrd. km³

68,9 % in Eis und Gletschern

»Wenn der **Brunnen trocken ist,** schätzen wir den **Wert des Wassers.**«

BENJAMIN FRANKLIN

GRUNDWASSER
Grundwasser macht 30,8 % des globalen Süßwassers aus. In einigen trockenen Teilen der Welt, z. B. Arabien und Nordafrika, wird fossiles Tiefengrundwasser gefördert, um künstlich zu bewässern.

30,8 % als Grundwasser

2,5 % Süßwasser

97,5 % Salzwasser

Süßwasserspeicher

Ökosysteme, die Wasser speichern, bestehen aus gesunden Böden, Wäldern und Feuchtgebieten wie Sümpfe und Deckenmoore. Saure Moore in kühl-feuchten Klimazonen speichern viel Wasser. Diese Umgebungen verändern sich aufgrund dreier Wirkkräfte: die globale Erwärmung, die Niederschlagsmuster verändern kann und Gletscher und Eiskappen auftaut; übermäßige Wasserentnahme, um der steigenden Nachfrage nachzukommen; und die Verschmutzung, die eine begrenzte Wasserressource verunreinigt.

FEUCHTGEBIETE IN NORDAUSTRALIEN

Der Wasserkreislauf

Das Süßwasser, von entscheidender Bedeutung für das Leben an Land, wirtschaftliche Entwicklung und Landwirtschaft, ist in einen endlosen Kreislauf eingebunden. Zunächst verdunstet Wasser über Meeren, Seen und Wäldern, um anschließend Wolken zu bilden. Wenn Regen fällt, wird das Wasser in Wäldern, Böden und Gestein gespeichert, um dann in Flüsse und Seen abzuströmen. Ein Teil des Wassers wird als Schnee gespeichert, der im Frühjahr schmilzt, sodass viele Flüsse auch zu niederschlagsarmen Zeiten viel Wasser führen. Menschliche Einflüsse wie Abholzung, Klimawandel und Bodenerosion beeinflussen den Wasserkreislauf. In einigen Teilen der Welt herrscht oft Wasserknappheit, wie in Nordafrika und dem Nahen Osten.

4 Wolken entstehen, je nach Lufttemperatur, als Wassertröpfchen oder Eiskristalle. Werden diese schwer genug, fallen Niederschläge: Regen oder, bei kühleren Temperaturen, Schnee.

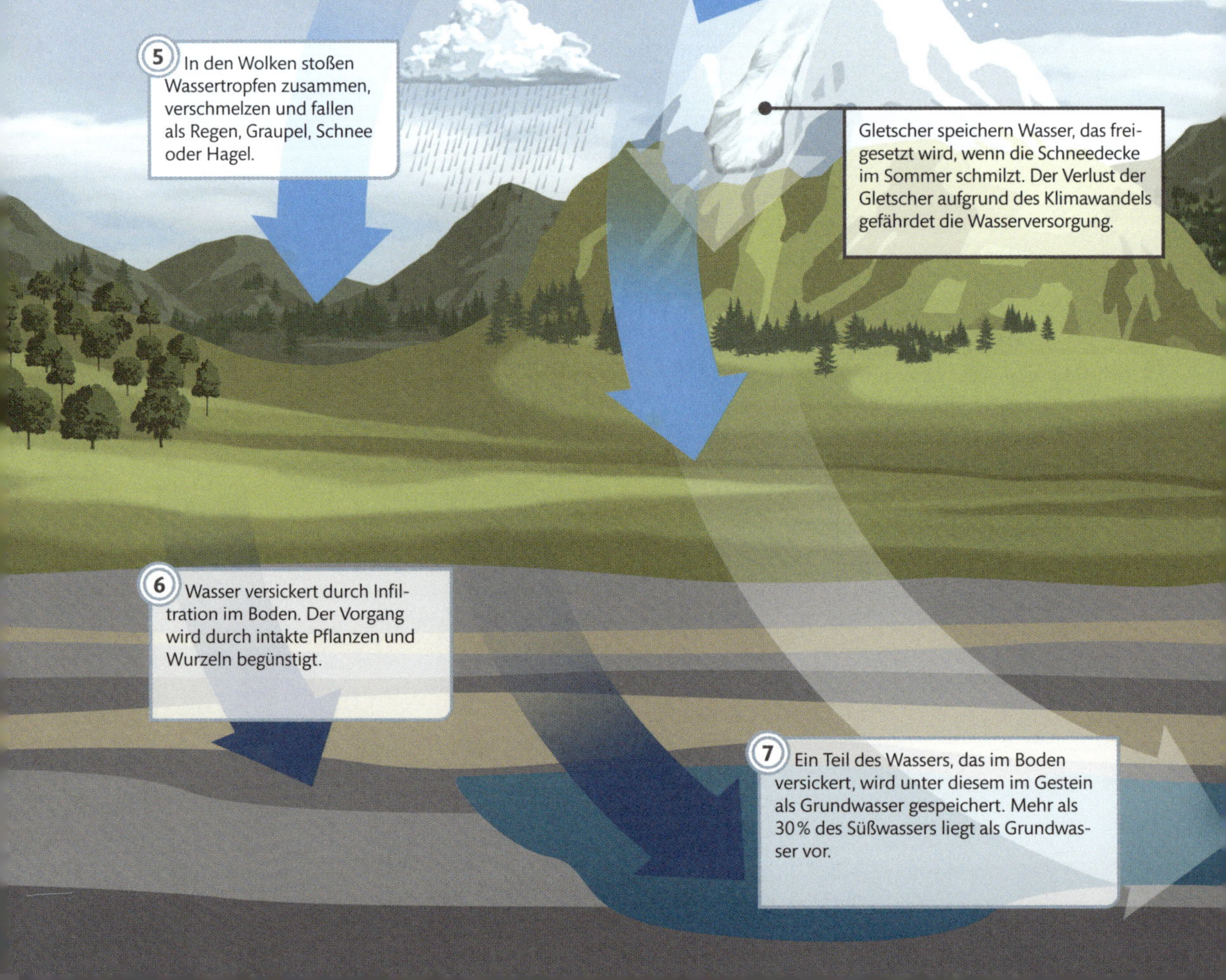

5 In den Wolken stoßen Wassertropfen zusammen, verschmelzen und fallen als Regen, Graupel, Schnee oder Hagel.

Gletscher speichern Wasser, das freigesetzt wird, wenn die Schneedecke im Sommer schmilzt. Der Verlust der Gletscher aufgrund des Klimawandels gefährdet die Wasserversorgung.

6 Wasser versickert durch Infiltration im Boden. Der Vorgang wird durch intakte Pflanzen und Wurzeln begünstigt.

7 Ein Teil des Wassers, das im Boden versickert, wird unter diesem im Gestein als Grundwasser gespeichert. Mehr als 30 % des Süßwassers liegt als Grundwasser vor.

WIE SICH WOLKEN BILDEN

Wolken entstehen, wenn warme Luft aufsteigt. Sie kühlt dabei ab und die relative Luftfeuchtigkeit steigt. Oft wird sie dadurch übersättigt, sodass Wassertröpfchen an Schwebeteilchen kondensieren und Wolken bilden. Beim Kondensieren wird Wärme frei und lässt die Luft weiter steigen.

3 Aufsteigender Wasserdampf kühlt sich ab und kondensiert zu Wassertröpfchen.

2 Pflanzen und Bäume nehmen mit ihren Wurzeln Wasser auf. Das meiste davon tritt durch die Spaltöffnungen in den Blättern als Wasserdampf aus.

Nebelwälder kämmen Wasser aus den Wolken, das am Stamm hinab in den Boden fließt. Die großen Flächen der Blätter in kühlen, wolkigen Höhen sammeln das Wasser aus den Wolken und sind tropfnass, auch wenn es gar nicht regnet.

1 Das Wasser wird von der Sonne erwärmt und verdunstet zu Wasserdampf. Mikroskopisches Plankton setzt das Gas Dimethylsulfid frei, das die Wolken »impft«, d. h. Kondensationskeime bereitstellt.

8 Das Grundwasser fließt unterirdisch zu den Flüssen hin und mündet mit ihnen schließlich in das Meer, ein Teil auch direkt.

Wasser-Fußabdruck

Es ist nicht das tägliche Wasser zu Hause, das den Großteil des Wasserverbrauchs darstellt. Die überwiegende Mehrheit ist »verstecktes« Wasser, mit dem Lebensmittel wachsen, Güter und Energie erzeugt werden.

Wasservorräte sind wichtiger für den Welthandel als Öl und Kapital. Ähnlich wie bei einem Kohlenstoff-Fußabdruck *(siehe S. 44–45)*, zeigt ein »Wasser-Fußabdruck« das Ausmaß der Wassernutzung von Personen, Unternehmen und Ländern. Er ermöglicht, die Menge des »virtuellen« Wassers zu berechnen, also das Wasser, das in gehandelten Waren steckt. Er hilft, die Länder zu identifizieren, die Süßwasserimporte nutzen, um ihre Bedürfnisse zu erfüllen – z. B. solche mit begrenzten Wasserressourcen.

Virtuelles Wasser

Alle Länder importieren und exportieren Lebensmittel, also auch virtuelles Wasser. Das für landwirtschaftliche und industrielle Produkte 1996–2005 benötigte Wasser umfasste durchschnittlich 2,3 Bio. m³ (2300 km³) pro Jahr – etwa das 50-Fache Volumen des Bodensees oder ein Neuntel der Ostsee. Zu den größten Netto-Exporteuren virtuellen Wassers gehören die USA, China, Kanada, Brasilien und Australien. Zu den größten Netto-Importeuren zählen Europa, Japan, Mexiko und der Nahe Osten.

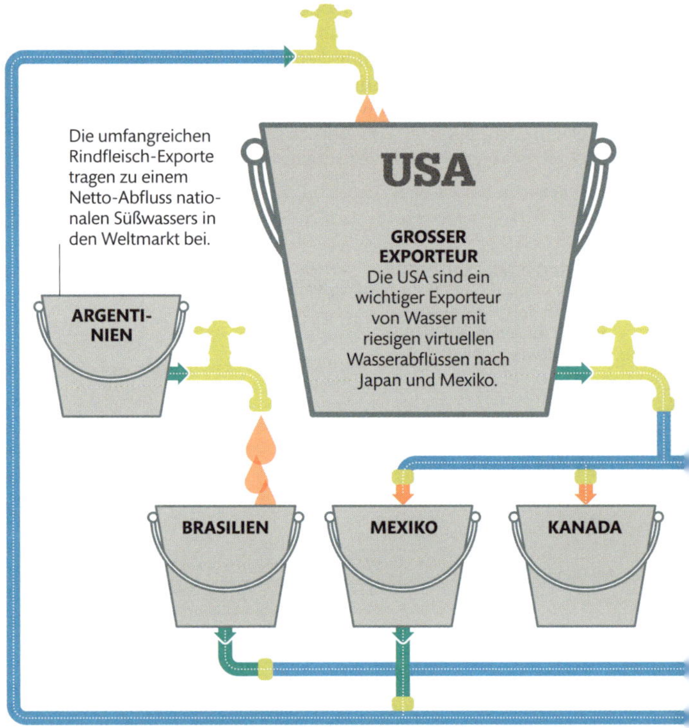

WIE VIEL WASSER?

Jede Person in Großbritannien verbraucht durchschnittlich 145 Liter Wasser pro Tag für Kochen, Putzen und Waschen. Nimmt man virtuelles Wasser hinzu, steigt diese Zahl auf kolossale 3400 Liter am Tag. Baumwolle und Lederwaren haben einen erheblichen Wasser-Fußabdruck. Je langlebiger diese Produkte gemacht werden, desto kleiner ist ihr Fußabdruck.

Große Wasser-Fußabdrücke

Zu den Ländern mit dem höchsten Wasserverbrauch gehören Länder mit hohem und niedrigem Pro-Kopf-Einkommen; Süßwasser ist also in allen Phasen der wirtschaftlichen Entwicklung von entscheidender Bedeutung. Niederschlagsarme Länder haben größere Probleme als solche mit viel Regen. Einige Länder wie Brasilien nutzen Regenwasser, um den Bedarf der Nahrungsmittelproduktion zu erfüllen, Indien verwendet mehr Flusswasser zur Bewässerung. Zwei Drittel von Chinas Wasser-Fußabdruck geht auf die Landwirtschaft, ein Viertel auf den Produktionssektor zurück.

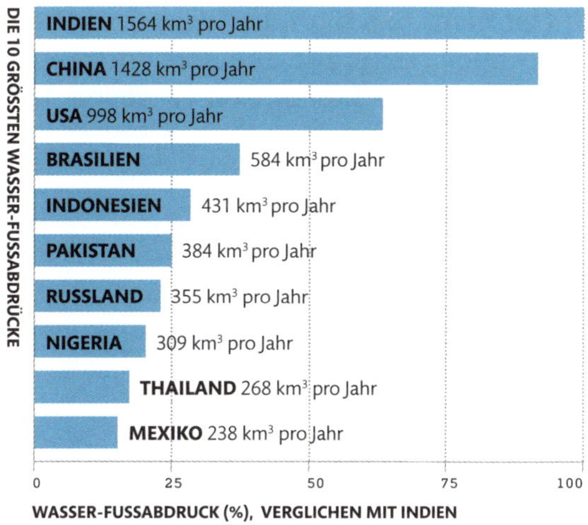

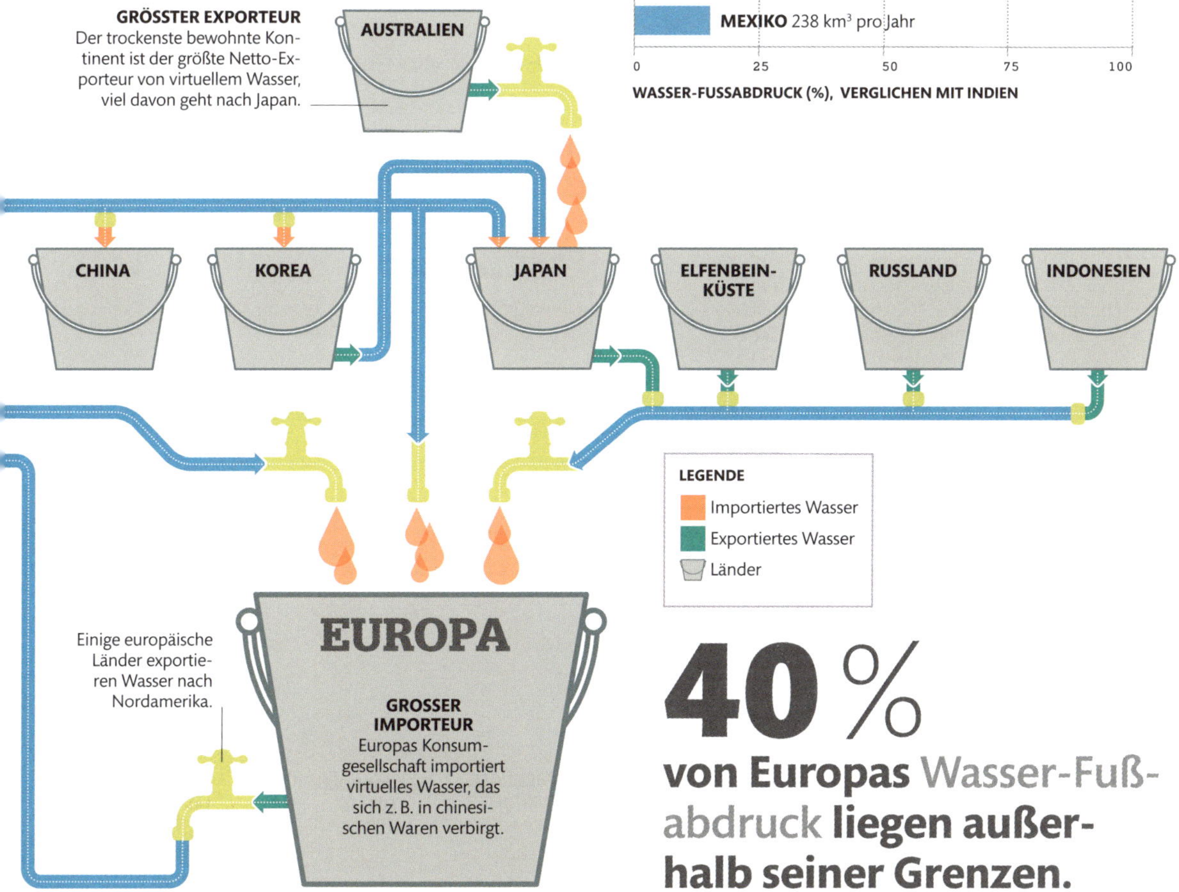

40 %

von Europas Wasser-Fußabdruck liegen außerhalb seiner Grenzen.

Lust auf Konsum

Das letzte Jahrhundert sah einen dramatischen Anstieg der Nachfrage nach natürlichen Ressourcen. Im Jahr 2020 erreichte die Summe des Verbrauchs von Baumaterialien, Erzen und Mineralen, fossilen Brennstoffen und Biomasse 100 Milliarden Tonnen – mehr als das Zehnfache des Verbrauchs im Jahr 1900. Die Nachfrage fördert zwar das Wirtschaftswachstum, führt aber zu ökologischen Problemen. Wenn wir uns nicht an andere Konsum- und Produktionsmodelle gewöhnen, werden das voraussichtliche Bevölkerungswachstum und die wirtschaftliche Entwicklung zu einem hohen Anstieg des Drucks auf die Umwelt führen.

Rohstoffhunger

Alles, was wir nutzen und entsorgen, stammt aus natürlichen Ressourcen. Manches, wie etwa Holz, ist erneuerbar; anderes, wie Minerale, sind es nicht. Die Herstellung von Produkten benötigt Energie und Wasser und schafft eine Fülle an Abfällen, darunter Kohlendioxid. Die ungebremste weltweite Nachfrage nach Ressourcen wird selten mit den negativen Folgen für Luft und Ökosystem assoziiert. Selbst wenn diese erkannt sind, wird Rohstoffversorgung in der Regel als zwingend für das Wirtschaftswachstum priorisiert.

»Es gibt **ständige Angriffe** auf die natürliche Umwelt – Ergebnis eines **maßlosen Konsumismus –,** und dies wird **schwerwiegende Folgen** für die Weltwirtschaft haben.«

PAPST FRANZISKUS I.

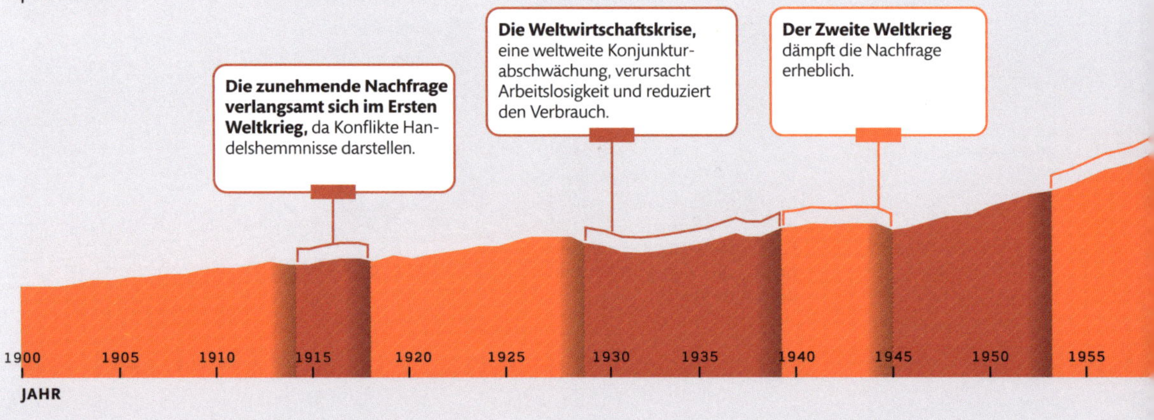

DIE GROSSEN VERBRAUCHER

Geht es um den Verbrauch von Ressourcen, sind nicht alle Länder gleich. Die mit höherem Einkommen, wie Frankreich, Deutschland, Japan, Großbritannien und die USA, nutzen aufgrund ihres Konsumverhaltens mehr natürliche Ressourcen als Länder mit einem niedrigeren Durchschnittseinkommen pro Person. Da man mit einem gewissem Erfolg versucht, das Wirtschaftswachstum in armen Ländern zu stimulieren, wird sich der Konsum dort jedoch dem der reicheren Nationen anpassen.

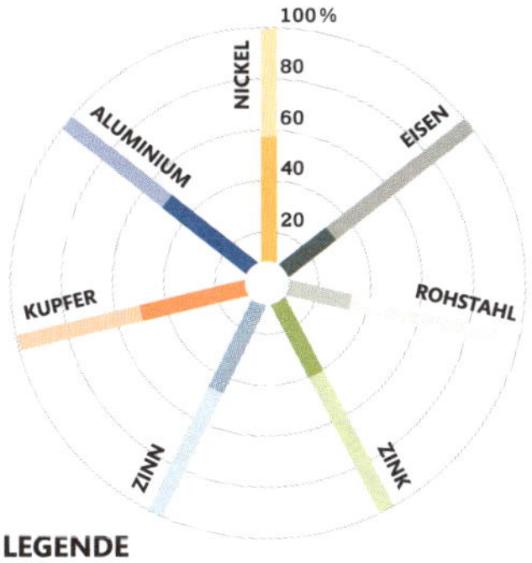

LEGENDE
- **Kräftige Farben** Frankreich, Deutschland, Japan, GB, USA
- **Blasse Farben** Restliche Länder der Welt

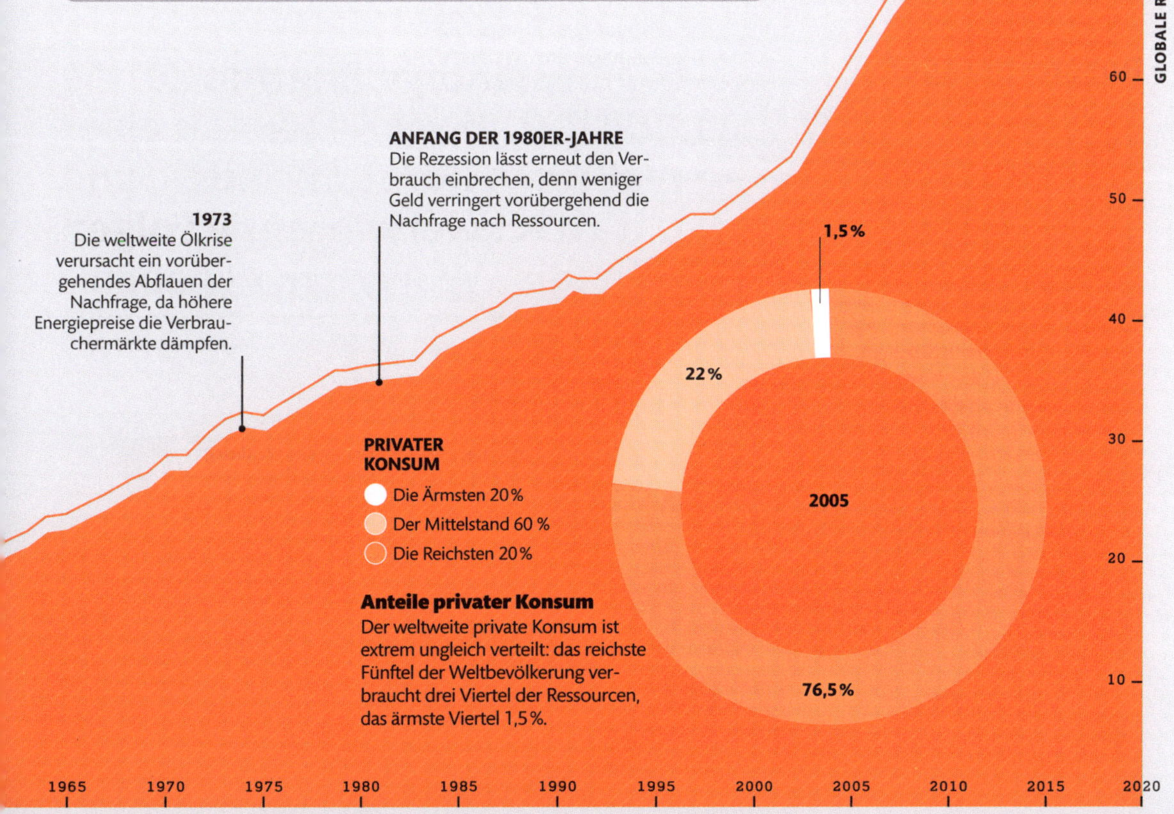

Anteile privater Konsum

Der weltweite private Konsum ist extrem ungleich verteilt: das reichste Fünftel der Weltbevölkerung verbraucht drei Viertel der Ressourcen, das ärmste Viertel 1,5 %.

Wachsender Konsum

Steigender Lebensstandard hat bei vielen Konsumgütern zu einer Explosion der Nachfrage geführt, ob bei Einwegverpackungen oder komplexen langlebigen Produkten wie Autos. Alle erfordern natürliche Ressourcen – und werden letztlich zu Abfall.

Die Ausbreitung eines Mittelschicht-Lebensstils erzeugte eine rasante Nachfrage nach Rohstoffen. Wasser in Flaschen und Autos sind nur zwei Beispiele, die breite Trends widerspiegeln. Während beide früher unbekannt waren, sind sie heute allgegenwärtig, vor allem in den reicheren Ländern sowie vielen Schwellenländern.

Die steigende Nachfrage nach diesen und anderen Produkten setzt natürliche Ressourcen, wie Öl und Minerale, unter Druck. Steigende Mengen Wasser und Energie sind für ihre Herstellung nötig, während erhöhter Produktverbrauch die globalen Abfallberge erhöht. Sauberere, effizientere Produktionsmethoden und eine gründlichere Beseitigung oder Wiederverwertung von Abfällen können die Auswirkungen der üppigeren Lebensweise verringern.

Mineralwasser: die wahren Kosten

Mineralwasser wird meist in Kunststoff- oder Glasflaschen verkauft. Die Gewinnung des Wassers kann Ressourcen verschlingen und lokale Einflüsse auf die Umwelt haben, doch für Verpackung und Transport aufgewendete Materialien und die verbrauchte Energie verursachen die größten globalen Effekte. Der durch Plastikflaschen verursachte Müll ist ein weiteres Problem.

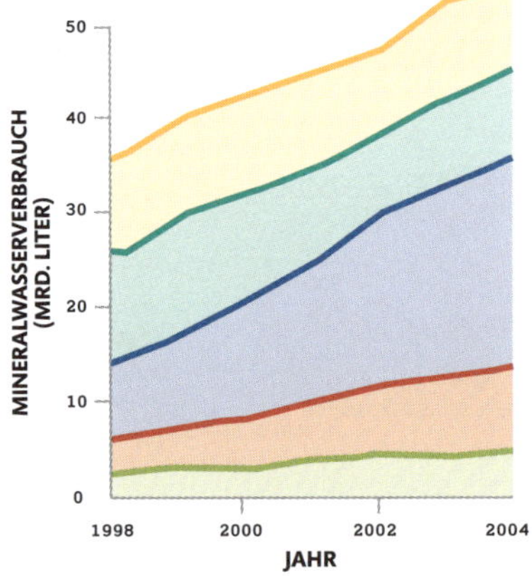

LEGENDE
- Europa
- Nordamerika
- Asien
- Südamerika
- Afrika, Naher Osten, Ozeanien

Zunehmender Verbrauch

Der Verkauf von abgefülltem Wasser hat seit den 1990er-Jahren stark zugenommen. Im Jahr 2017 hat der Gesamtverbrauch von Mineralwasser beeindruckende 400 Milliarden Liter erreicht.

Energie in einer Flasche

Aufbereitung und Abfüllung von Mineralwasser braucht nur wenig Energie. Transport, Vertrieb und Verkauf dagegen verschlingen 95 % der aufzuwendenden Energie.

877 Kunststoffflaschen werden **jede** Sekunde **weggeworfen.**

Material im Auto

Der Prozess der Autoherstellung erfordert alles von der Erzmetallgewinnung über den Farbauftrag bis zum Einbau der Elektronik. Der Autobau verbraucht riesige Mengen an Energie und Wasser. Hersteller suchen nach Möglichkeiten, die Umweltauswirkungen der Fahrzeuge zu vermindern, nicht nur beim Betrieb, sondern auch bei der Produktion und Entsorgung der Autos, wo Wertstoffe zurückgewonnen werden können. Aus diesem Grund bauen einige Unternehmen bereits leichtere und sparsamere Fahrzeuge aus recyceltem Aluminium.

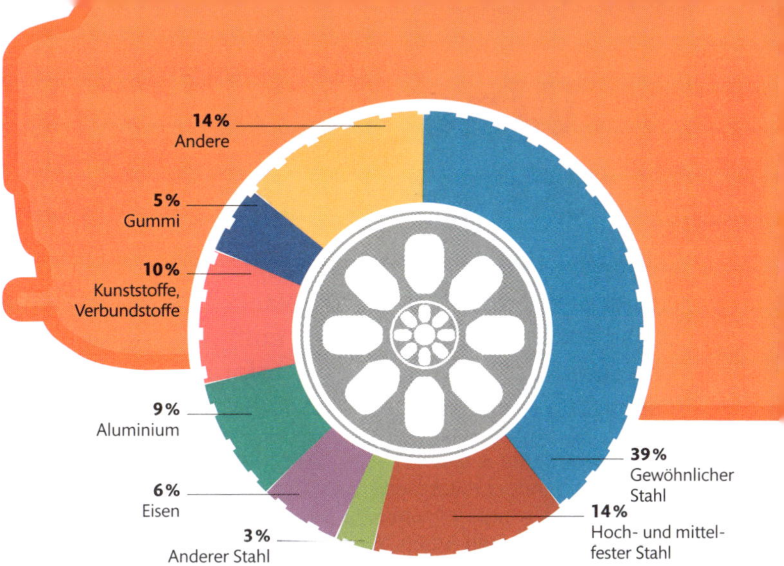

Autobesitz

Nur in den USA, dem ältesten Kfz-Markt der Welt, hat sich die Zahl der Fahrzeuge pro Einwohner in der letzten Zeit stabilisiert. Zwischen 2018 und 2019 fiel hier die Zahl der zugelassenen Fahrzeuge sogar um fast 2 Millionen. Vielleicht hat der Kfz-Besitz seinen Gipfel überschritten.

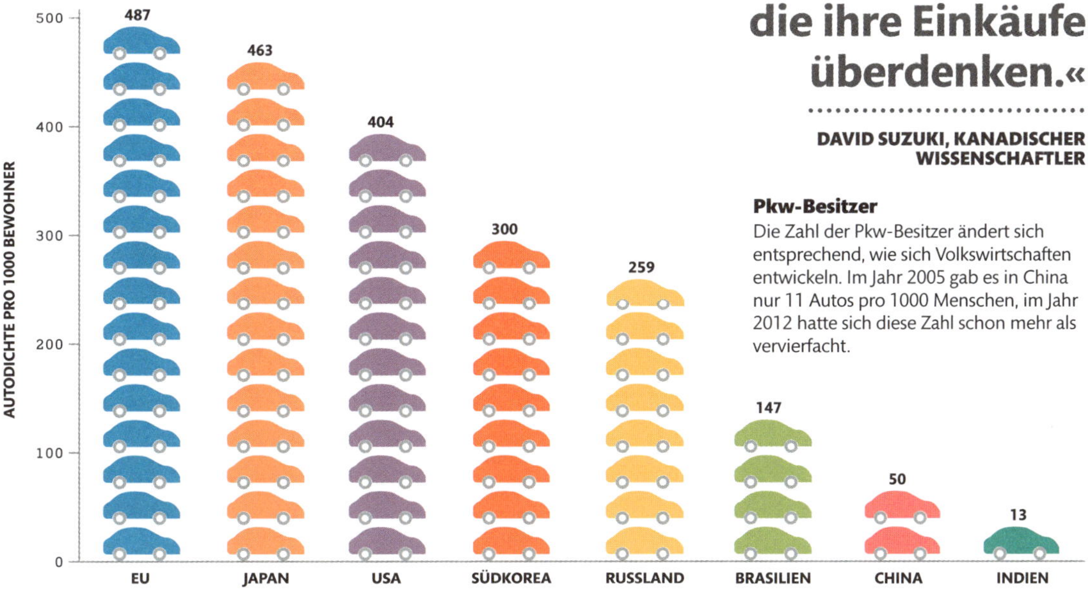

»Wenn wir eine **nachhaltige Gesellschaft** wollen, brauchen wir Verbraucher, **die ihre Einkäufe überdenken.**«

DAVID SUZUKI, KANADISCHER WISSENSCHAFTLER

Pkw-Besitzer

Die Zahl der Pkw-Besitzer ändert sich entsprechend, wie sich Volkswirtschaften entwickeln. Im Jahr 2005 gab es in China nur 11 Autos pro 1000 Menschen, im Jahr 2012 hatte sich diese Zahl schon mehr als vervierfacht.

Eine Welt voll Müll

Alle Abfälle, die wir erzeugen, entstehen aus natürlichen Ressourcen, die oft auf umweltschädliche Weise gewonnen werden. Ihre Entsorgung verursacht auch Probleme, wie Umweltverschmutzung und Klimawandel.

Weltbevölkerungs- und Wirtschaftswachstum haben die Nachfrage nach Ressourcen explodieren lassen. Mit dem Anstieg des Verbrauchs gab es auch eine dramatische Zunahme der Abfallmengen. Zum Abfall zählen ungenießbare Lebensmittel, Holz, Metalle, Baumaterialien und Kunststoffe sowie komplexe High-Tech-Produkte wie Autos und Computer. Schon die Herstellung all dieser Produkte führt zu Treibhausgasemissionen, doch bei der Entsorgung fallen weitere Emissionen an. Besonders gravierend: Wenn Lebensmittelabfälle in Deponien verfaulen, entsteht unter anderem Methan, ein sehr schädliches klimarelevantes Gas.

Es gibt drei grundlegende Konzepte für das Abfallmanagement: den Müll vergraben, verbrennen (wobei Müllverbrennungsanlagen Energie in Form von Wärme oder Strom zurückgewinnen können) oder recyceln. Aus ökologischer Sicht ist die beste Option, Abfall am besten gar nicht erst entstehen zu lassen.

Der Abfallberg

Im Jahr 1900 produzierte die Welt etwa eine halbe Mio. Tonnen feste Abfälle pro Tag. Im Jahr 2000 war die Menge bereits sechsmal so hoch. Bis zum Jahr 2100, angesichts der prognostizierten Bevölkerungszunahme, der sozialen und wirtschaftlichen Entwicklung, ist zu erwarten, dass sie sich abermals auf etwa 12 Mio. Tonnen vervierfacht haben wird. Nimmt man an, dass umweltverträglicheres Konsumverhalten und das zunehmende Recycling an Bedeutung zunehmen, könnte sich die befürchtete Zunahme auf 9,5 Mio. Tonnen Abfall bis zur Mitte des 21. Jahrhunderts beschränken.

1900

0,5 Mio. Tonnen am Tag

2000

3 Mio. Tonnen am Tag

2100

Was landet im Mülleimer?

Es gibt große Unterschiede hinsichtlich der Art des Abfalls, den die wohlhabenden Länder produzieren, gegenüber jenem in den Entwicklungsländern. So wird in Lagos (Nigeria) – anders als im Bundesstaat New York (USA) – ein weit höherer Anteil an organischen Abfällen in den Hausmüll geworfen. New Yorker werfen mehr Plastik weg, und insgesamt verursachen die amerikanischen Verbraucher etwa dreimal so viel Abfall pro Person und Tag als Menschen in Lagos, deren Einkommen generell geringer ist.

700 Zahl der Jahre, bis **eine Plastikflasche** sich aufgelöst hat

ELEKTRONIKSCHROTT

Etwa 50 Mio. Tonnen Elektronikschrott wurden im Jahr 2016 erzeugt. Computer, Mobiltelefone und Fernseher gehören zu den Produkten, die diesen wachsenden Berg auftürmen.

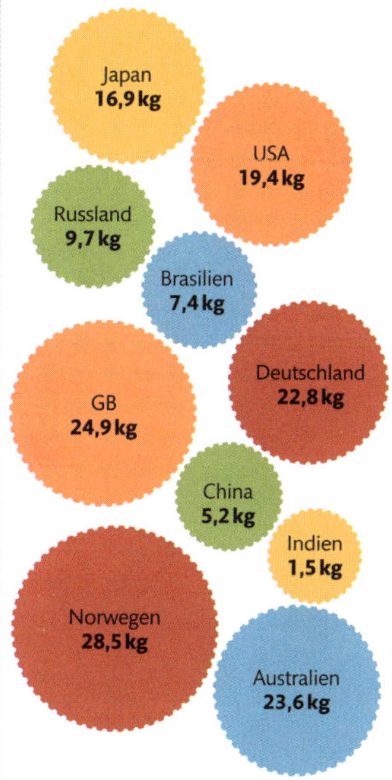

ELEKTRONIKSCHROTT-PRODUKTION IN AUSGEWÄHLTEN LÄNDERN (PRO PERSON)

12 Mio. Tonnen am Tag

Wohin geht das alles?

Weil unser Verbrauchsniveau steigt und wir immer größere Mengen Müll erzeugen, ist das Management von Abfällen zu einer noch nie da gewesenen – und immer wichtigeren – Herausforderung geworden.

Derzeit gibt es vier grundlegende Optionen zur Müllbeseitigung: Man kann ihn in Mülldeponien vergraben; in Verbrennungsanlagen verbrennen, die zum Teil dabei auch Wärme und Strom erzeugen; ihn recyceln; und organische Stoffe kann man kompostieren oder anaerob vergären, um Biogas zur Stromerzeugung zu erhalten, wobei man auch Nährstoffe wiedergewinnt, die sonst verloren wären.

Die ersten beiden Entsorgungsmethoden sind die ökologisch am wenigsten nachhaltigen. Die große Vielfalt von künstlichen Stoffen, darunter vieler Arten von Kunststoff, die nicht leicht getrennt und somit recycelt werden können, verschärfen das Problem. Leider gelten diese beiden Methoden immer noch als die billigsten bzw. die einfachsten Lösungen für die in vielen Ländern wachsenden Müllberge.

Wo der Abfall endet

Die hier präsentierten Zahlen basieren auf gesammelten Daten der Mitgliedsländer der OECD (Organisation für wirtschaftliche Zusammenarbeit und Entwicklung). Jedes Rad zeigt den prozentualen Anteil eines bestimmten Entsorgungsverfahrens in den einzelnen Ländern im Jahr 2019. Die Daten zeigen große Unterschiede, da manche Länder auf hohem Niveau recyceln und andere weiterhin Müllkippen bevorzugen.

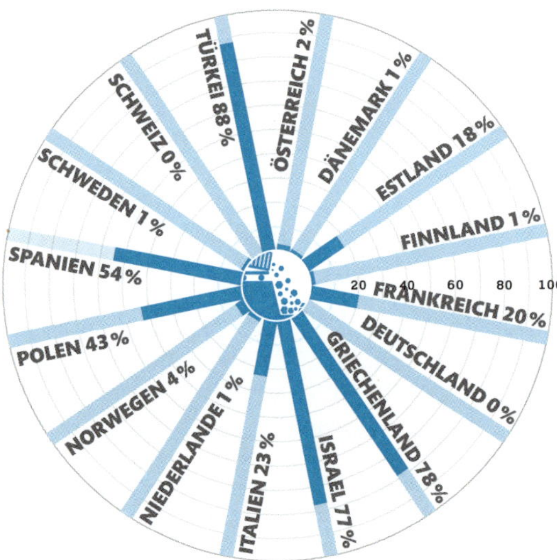

Mülldeponie

Abfall im Boden vergraben kann das Grundwasser verschmutzen, da giftige Stoffe eingeschwemmt werden. Verrottung organischer Abfälle setzt Methan frei, ein sehr wirksames Treibhausgas.

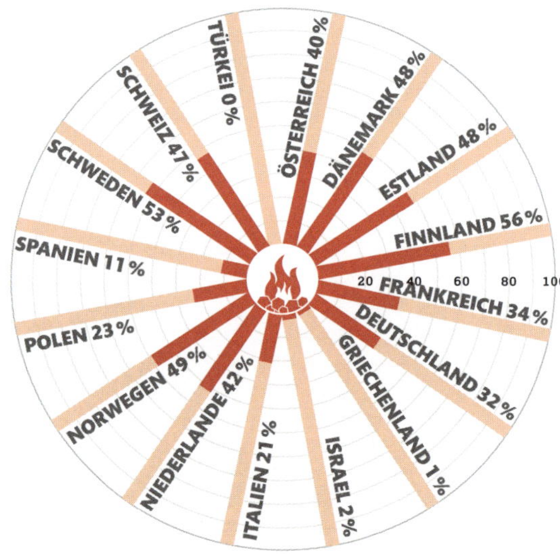

Müllverbrennung

Jede Art von Müllverbrennung kann die Luft verschmutzen. Das Verbrennen von Kunststoffen und anderer vom Menschen hergestellter Stoffe produziert auch giftige Asche, die häufig in Deponien vergraben wird.

Was können wir tun?

- **Regierungen** können Ziele setzen, dass mehr Abfall kompostiert und recycelt wird.
- **Regierungen** können Anreize für die Abfallwirtschaft schaffen, z. B. Steuern auf Deponieabfälle.
- **Unternehmen können** Verpackungen und elektronische Waren wiederverwertbarer gestalten.

Was kann ich tun?

- **Abfälle besser kennenlernen.** Lerne, was recycelt wird, und verwende die richtige Tonne, ob im Haus oder an einer Sammelstelle.
- **Überlegt einkaufen.** Vermeide unnötige Verpackungen, Wegwerf- und Einwegartikel.
- **Plastiktüten vermeiden.** Bringe zum Einkaufen die eigene Tragetasche mit.

Grundwasserverseuchung
Wenn eine Deponie undicht ist, löst der Regen chemische Stoffe aus dem Müll, was als giftiges Sickerwasser den Boden und das Grundwasser verseuchen kann.

90% Energieeinsparung bei der Herstellung einer Aluminiumdose aus recyceltem Abfall, verglichen mit Aluminiumerz

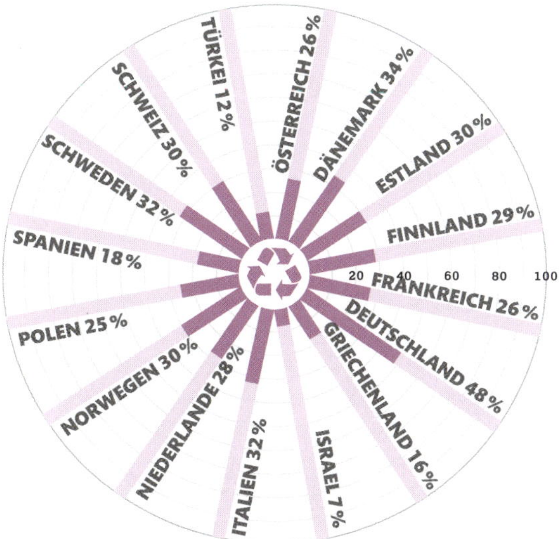

Wiederverwertung
Glas, Metall, Papier, Pappe und einige Arten von Kunststoff können zu neuen Produkten recycelt werden. Dieser Vorgang verbraucht viel weniger Energie als die gleichen Produkte aus den Rohstoffen – und es spart auch Ressourcen.

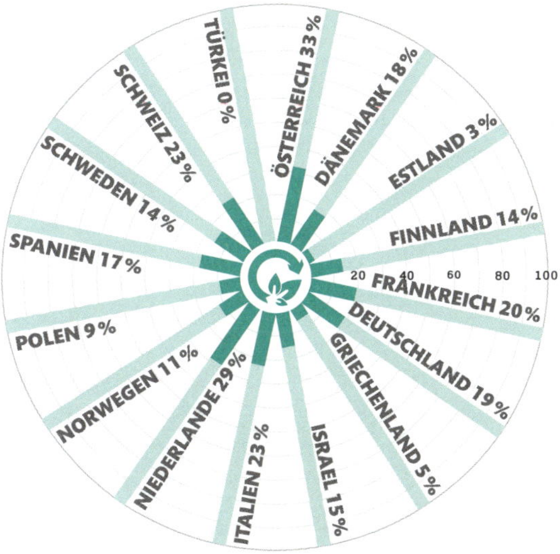

Kompostierung
Organische Stoffe wie Küchenabfälle, Abfälle aus der Landwirtschaft und Pflanzenmaterial können zu Biogas vergoren werden, um Wärme und Strom herzustellen. Der feste Rest ist als Pflanzendünger verwendbar.

Chemiecocktail

Die Anzahl der von Menschen in die Umwelt freigesetzten Chemikalien hat dramatisch zugenommen. Wir wissen nicht immer, welche Auswirkungen sie haben können, besonders »Cocktaileffekte« durch die Wechselwirkung mehrerer Stoffe.

Persistente organische Schadstoffe (POPs) sind meist vom Menschen erzeugte Verbindungen, die sich in der Umwelt kaum zersetzen. Sie verweilen dort lange Zeit und können sich in der Nahrungskette anreichern und schwere biologische Störungen hervorrufen, vor allem bei größeren Organismen. Zu den POPs gehören viele Chemikalien, die ursprünglich als nützlich galten, wie das Insektizid DDT oder die PCBs, die für elektrische Geräte entwickelt wurden. Andere, wie Dioxine, werden bei der Verbrennung freigesetzt, z. B. von Müll.

DER AUFSTIEG NEUER CHEMIKALIEN

Seit den 1940er-Jahren sind Millionen synthetischer Verbindungen erfunden, registriert und hergestellt worden und in die Umwelt gelangt. Viele von ihnen wurden auf ihre biologische Wirksamkeit nicht richtig getestet, weder für sich allein noch in Kombination mit anderen Substanzen (»Cocktaileffekte«).

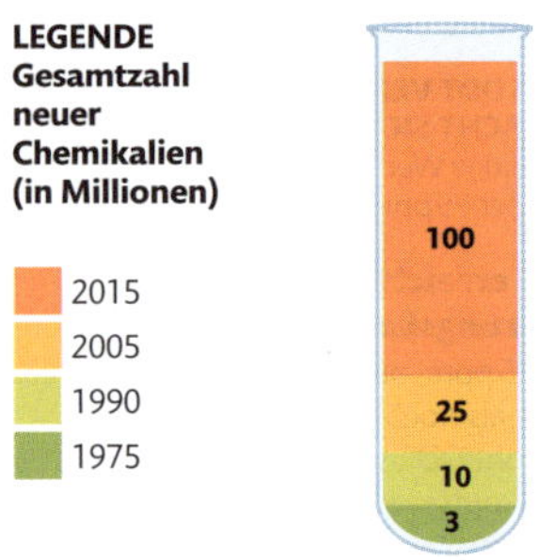

Was ist Biomagnifikation?

Wenn POPs die Nahrungsnetze von einer Spezies zur andern durch Gefressenwerden durchwandern, werden sie aufkonzentriert. Nachdem das (jetzt verbotene) Insektizid DDT in Seen und andere Gewässer eingedrungen war, lagerte es sich im Körper der Top-Räuber wie den fischfressenden Fischadler ein, wodurch ihre Eier dünnschalig wurden und dann beim Brüten zerbrachen.

DDT GELANGT INS Wasser; Kontamination beginnt.

ZOOPLANKTON frisst mit DDT kontaminierte Nahrung.

DDT sickert aus den Feldern
Nach dem Spritzen wird DDT mit dem Regenwasser in Gewässer (Seen, Flüsse, Grundwasser) geschwemmt, in Konzentrationen von 0,000003 ppm (Teile pro Million oder mg/kg).

Mikroorganismen schlucken DDT
Zooplankton sind winzige Wassertierchen, die winzige Nahrungsteilchen fressen, an denen DDT haftet. Dadurch nehmen sie es auf und ihre Körper reichern das Gift auf rund 0,04 ppm an, weil DDT sich im Körper nicht mehr abbaut.

Was können wir tun?

- **Regierungen können zusammenarbeiten,** um gefährliche Chemikalien zu kontrollieren, etwa mithilfe des Stockholmer Übereinkommens über POPs.
- **Regierungen können** strengere Testverfahren einführen, um negative Wirkungen von neuen und bestehenden Chemikalien aufzudecken.

Was kann ich tun?

- **Sich nicht verdächtigen Substanzen aussetzen.** Darauf achten, was auf Etiketten von Konsumgütern steht.
- **Sich Kampagnen anschließen,** die die Regelung von Chemikalien zum Ziel haben und eine effektivere Überwachung neuer Substanzen einfordern.

Kleine Fische fressen Plankton

Sobald kleine Fische die winzigen Planktontierchen mit dem DDT fressen, reichern sie es in ihrem Körper noch weiter an, auf ca. 0,5 ppm. Das DDT speichert sich im Fischfleisch, da es nicht zerfällt, vielmehr nimmt seine Konzentration noch zu.

Raubfische

Raubfische wie Forellen fressen kleinere Fische mit dem eingelagerten DDT und lagern es ihrerseits in ihren Körper ein, in einer Konzentration bis zu 2 ppm. Diese geschätzten Speisefische werden von Raubtieren (Fischadler, Bären, Füchsen) gefangen, aber auch von Anglern.

DDT erreicht die Spitze der Nahrungskette

Mit 25 ppm, also 10 Millionen mal mehr als noch zu Anfang im Wasser, bedroht DDT viele Arten. So wurden die Weißkopfseeadler in Nordamerika stark dezimiert, als DDT noch erlaubt war.

»Wir **Menschen sind heute mehr verstädtert als je zuvor** und von der Natur weit entfernt. Doch von ihren **Ressourcen sind wir zu 100 % abhängig.**«

SIR DAVID ATTENBOROUGH, BRITISCHER TV-WISSENSCHAFTSMODERATOR UND NATURSCHÜTZER

- **Globalisierung**
- **Ein besseres Leben für viele**
- **Atmosphäre im Wandel**
- **Landveränderungen**
- **Bedrohte Meere**
- **Der große Niedergang**

2 FOLGEN DES WANDELS

Einige Aspekte des raschen Wandels sind positiv, andere aber verursachen negative Folgen für die Menschen und die Natur, wie etwa die Auswirkungen von Klimawandel, Umweltverschmutzung und Bodenzerstörung.

Globalisierung

Die Welt ist stärker vernetzt als je zuvor. Die Leute teilen Informationen, Ideen und Bilder zwischen Computern überall in der Welt. Airlines fliegen Millionen von Reisenden jeden Tag rund um die Welt. Einst Vorrecht einer kleinen Elite, wachsen das Privileg zu fliegen, schnelles Internet und mobile Kommunikation heute am rasantesten in den Entwicklungsländern. Globale Vernetzung befeuert alle Arten von Geschäften und prägt das Wirtschaftswachstum.

Aufstieg des Internets

Im Jahr 1989 entwickelte der englische Forscher Tim Berners-Lee das World Wide Web und trat damit schlagartig eine Informationsrevolution los. Ereignisse können überall in Echtzeit beobachtet werden, während E-Mail eine preiswerte Kommunikationsform für jedermann mit einem Internet-Anschluss bietet. Internetverbindungen von zu Hause wurden in den 1990er-Jahren eingerichtet, und jedes Jahr integrierten sich viele Millionen Menschen in die globale digitale Gemeinschaft. Bis zum Jahr 2005 gab es eine Milliarde Internetnutzer, die sich in nur 5 Jahren verdoppelten und sich bis 2021 wiederum auf etwa 4 Milliarden verdoppelten. Das große Diagramm zeigt die unglaubliche Geschwindigkeit ihrer Zunahme, mit nun etwa der Hälfte der Weltbevölkerung, die Zugang zu einer Internetverbindung haben – über einen PC oder ein Smartphone.

»Wir müssen **aus der Globalisierung eine Maschine machen,** welche **die Menschen aus Not und Elend befreit,** nicht eine Macht, die sie unten hält.«

KOFI ANNAN, EHEMALIGER GENERALSEKRETÄR DER VEREINTEN NATIONEN

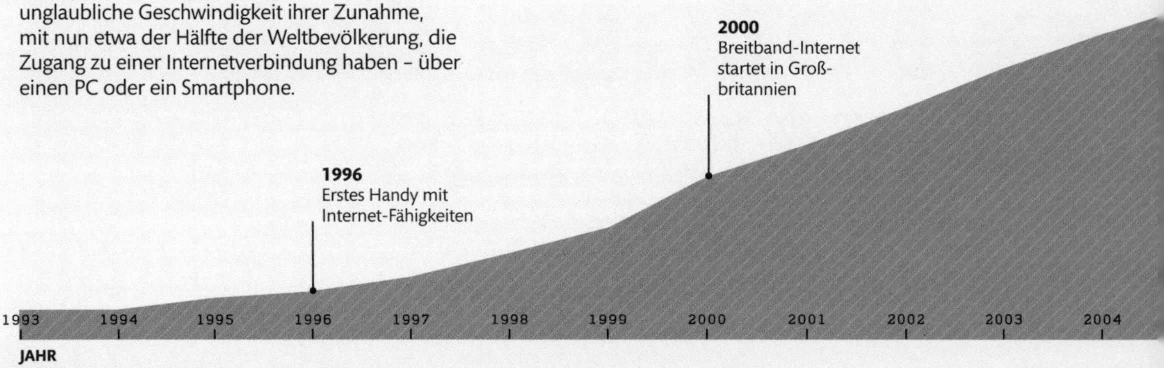

VERBESSERTE VOLKSWIRTSCHAFTEN

Der Zugang zum Internet hat auf der ganzen Welt positive Folgen für die Wirtschaft. Die Möglichkeit, Informationen schnell, preiswert und umfassend zu verbreiten, ließ Unternehmen Geschäftsnachrichten austauschen, flexible Arbeitszeiten anbieten, Innovationen vorantreiben und Finanzen effektiv verwalten. Das Internet hat auch die Macht der etablierten Medien verringert. Es erlaubt sozialen Bewegungen, ihre Botschaft zu verbreiten, und erleichtert Forschungsgemeinschaften, Daten zu teilen.

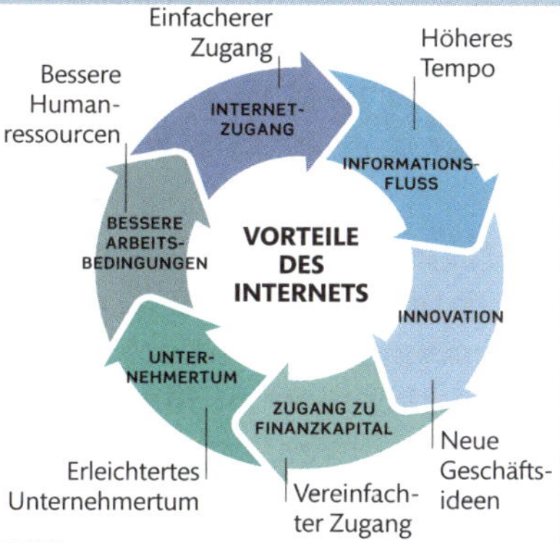

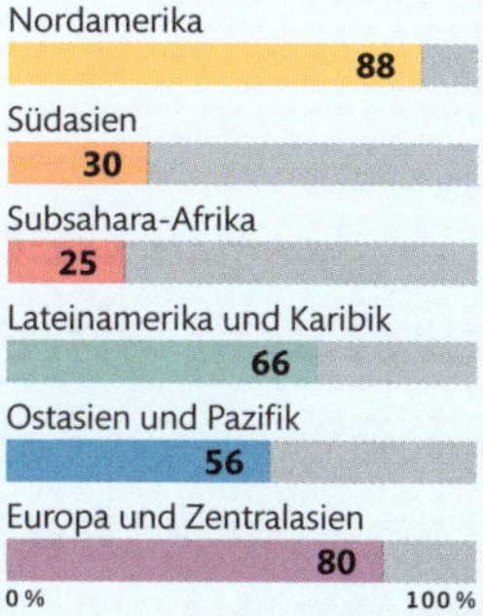

Globale Internetnutzung
Aufgrund des schnellen Bevölkerungswachstums und des Wohlstands hat im Jahr 2019 in den meisten Ländern mehr als die Hälfte der Bevölkerung Internetzugang.

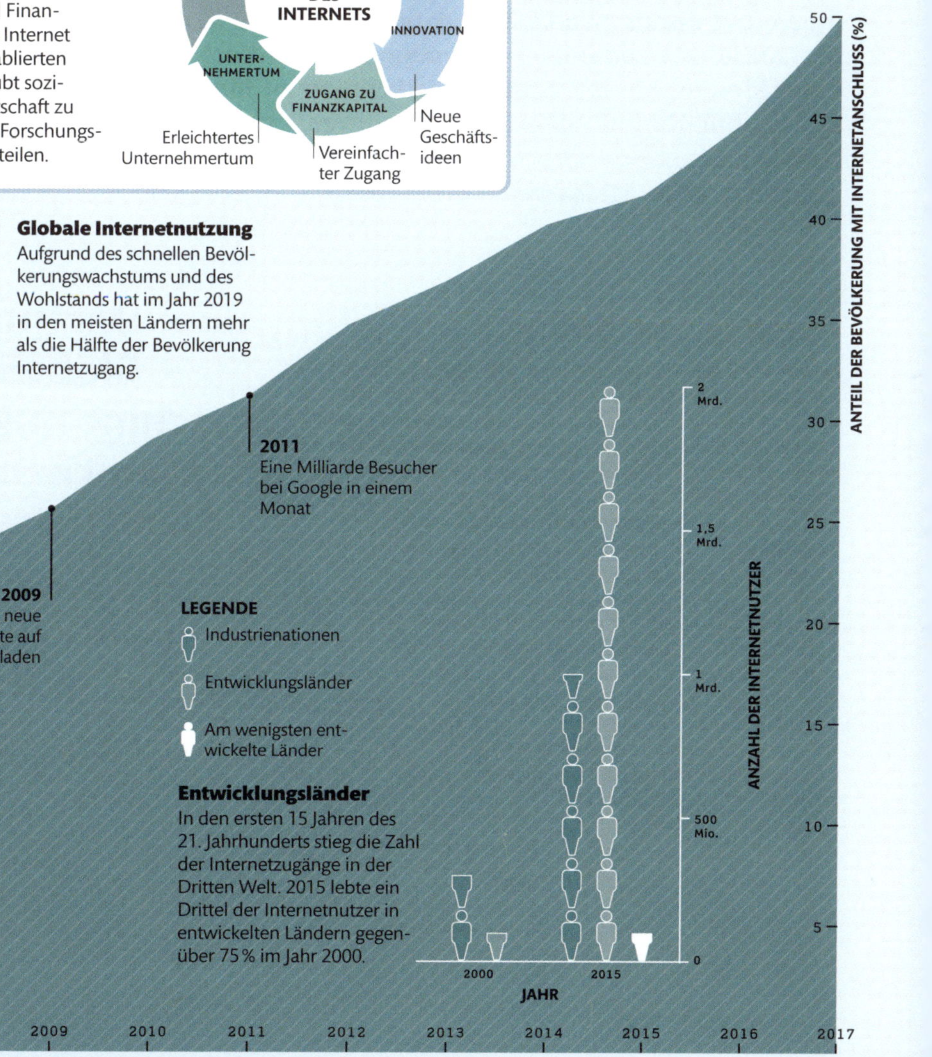

Entwicklungsländer
In den ersten 15 Jahren des 21. Jahrhunderts stieg die Zahl der Internetzugänge in der Dritten Welt. 2015 lebte ein Drittel der Internetnutzer in entwickelten Ländern gegenüber 75 % im Jahr 2000.

Mobiltechnik

Heute sind Handys weltweit allgegenwärtig – von den größten Städten bis zu entlegenen Dörfern – und immer mehr Menschen können auf das Netz zugreifen, Anrufe tätigen, Texte senden und das Internet nutzen.

Mobiltelefone haben sich von einem sperrigen Luxus zu einem Alltagsgegenstand gewandelt. Das erste Handy wurde 1973 entwickelt, aber erst 10 Jahre später kam es für damals 4000$ auf den Markt – nach heutigen Preisen entspricht das fast 10000$. Viele sahen es als eine überteuerte Spielerei an.

Zur Jahrtausendwende war das Handy noch auf Europa und Nordamerika begrenzt. Sinkende Preise ließen seine Ausbreitung explodieren. Schnelle Kommunikation und Informationen an jedem Ort veränderten den Alltag und die Art zu leben. Mobiltelefone sind nicht mehr nur ein Mittel zur Sprachkommunikation, sondern erlauben den Benutzern Zugriff auf Finanzdienstleistungen, das Gesundheitswesen und den politischen Prozess.

Mobil und verbunden
Nomadische Völker wie dieser Massai-Krieger in der Savanne Kenias haben nun Zugang zu mobiler Kommunikation.

Mobilität für alle

In den 20 Jahren bis zum Jahr 2013 haben alle Regionen der Welt eine massive Zunahme der Mobiltelefon-Benutzung erlebt. Am schnellsten war das Wachstum in Lateinamerika und dem Nahen Osten, wo man Sendemasten statt der Festnetzkabel installiert und so die ältere Technologie übersprungen hat. In verschiedenen Regionen hat die Zahl der Mobiltelefone die der potenziellen Nutzer weit überschritten.

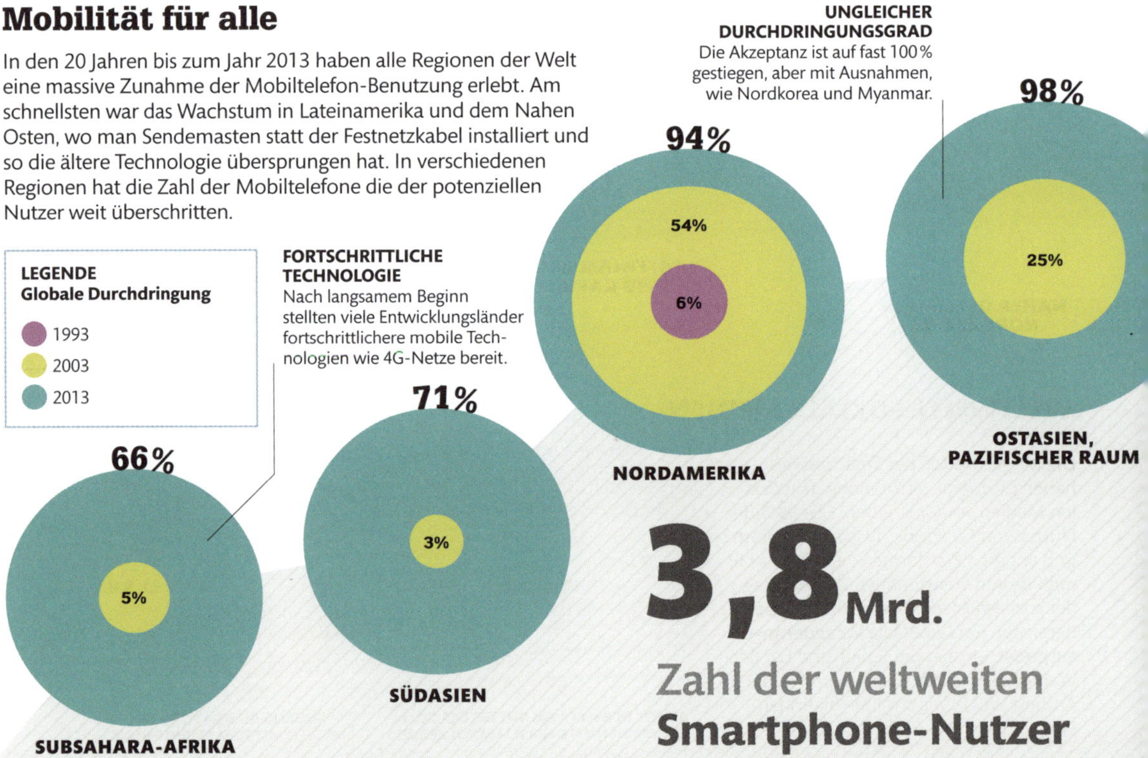

3,8 Mrd.

Zahl der weltweiten **Smartphone-Nutzer**

Erschwingliche Technik

Die ersten Mobiltelefone waren nur für sehr Wohlhabende erschwinglich, doch mit steigender Nachfrage sanken die Preise und die Verbreitung nahm zu. Gleichzeitig bekamen die Geräte immer neue Funktionen, was zum Siegeszug der Smartphones führte. Verbesserung der Netzabdeckung, der Akkukapazität und der Größe haben die Beliebtheit gefördert. Der Aufstieg der Smartphones hat verschiedene soziale Veränderungen ausgelöst, zum Beispiel die Zunahme des Online-Shoppings.

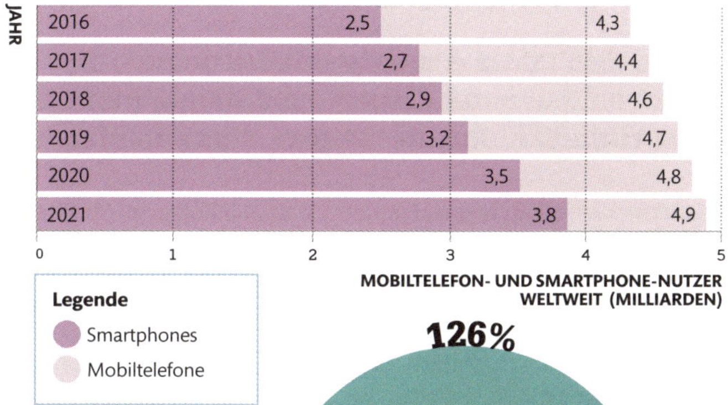

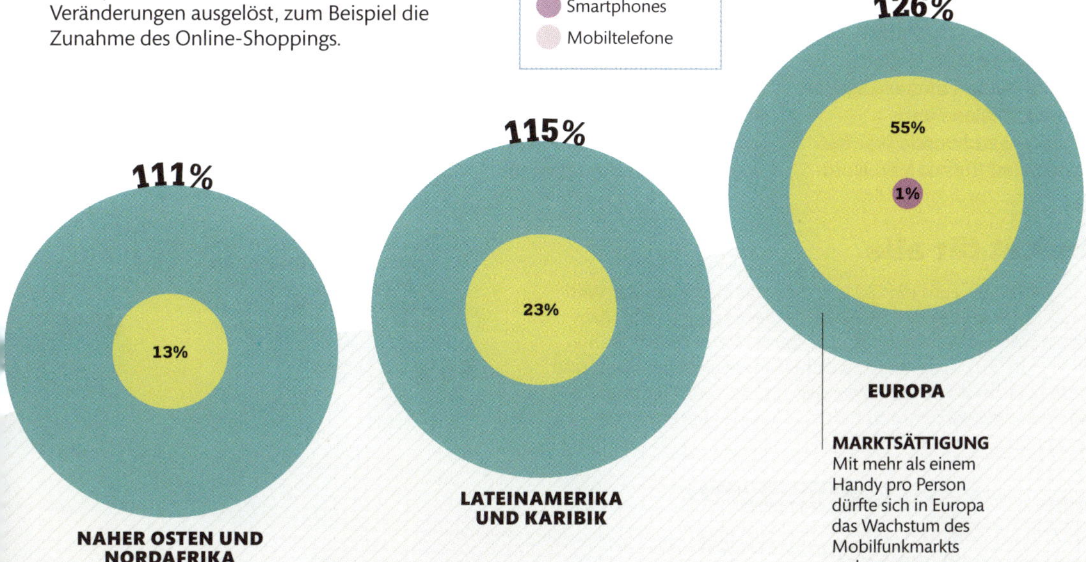

MARKTSÄTTIGUNG
Mit mehr als einem Handy pro Person dürfte sich in Europa das Wachstum des Mobilfunkmarkts verlangsamen.

WELTWEITE SOZIALE MEDIEN

Die Möglichkeiten der Smartphones haben die rapide Verbreitung der sozialen Medien vorangetrieben. Fast 99% der Nutzer von Facebook, Twitter, Instagram und anderen Plattformen vernetzen sich mithilfe von Smartphones. Der Aufstieg der sozialen Medien hat in verschiedenen Bereichen fundamentale Veränderungen ausgelöst, etwa in der Politik und bei den Wahlen, in den Nachrichten und in der Art und Weise, wie wir Informationen erlangen.

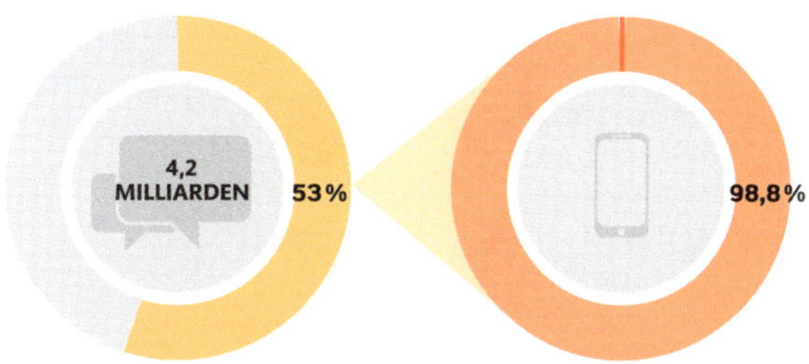

ANTEIL DER AKTIVEN NUTZER DER SOZIALEN MEDIEN AN DER WELTBEVÖLKERUNG

ZUGANG ZU DEN SOZIALEN MEDIEN MIT DEM SMARTPHONE

Himmelwärts

Der spektakuläre Aufstieg des Luftverkehrs verbindet die Welt wie nie zuvor. Moderne Flugzeuge ermöglichen Millionen von Menschen billige Flüge und tragen zum Wirtschaftswachstum bei.

Das erste Passagierflugzeug startete in den 1920er-Jahren und die ersten kommerziellen Passagierjets nahmen in den 1950er-Jahren den Betrieb auf. Seitdem sind die Passagierzahlen fast jedes Jahr gewachsen, da mehr Strecken eröffnet wurden und erschwinglicher geworden sind und die Flugzeugtechnik Fortschritte machte. Moderne Flugzeuge können heute mehrere hundert Menschen transportieren. Im Jahr 2014 gab es mehr als 30 Mio. kommerzielle Flüge, das heißt, dass jederzeit etwa eine halbe Million Menschen gleichzeitig in der Luft sind. Ein Netz von großen Flughäfen überspannt nun den Globus. Der weltweit geschäftigste 2019 war Atlanta (USA) mit mehr als 110 Mio. Passagieren.

Wachstum des Luftverkehrs

Im Jahr 1970 wurden rund 300 Mio. Passagierflüge absolviert. Bis zum Jahr 2019 ist diese Zahl um mehr als das 15-fache auf 4,5 Mrd. gestiegen. Dieses Wachstum war im Wesentlichen eine Folge rasch fallender Preise, die mehr Menschen ermöglichten, Ferien im Ausland zu verbringen. Aber auch die Geschäftspraktiken änderten sich, mit mehr direkten Kontakten trotz weiter Distanzen. Grund für die fallenden Kosten im Luftverkehr waren die Beseitigung der Monopole auf einigen Strecken und zuverlässigere und sparsamere Antriebstechnik.

SIEHE AUCH …

› **Kohlenstoff-Fußabdruck** (44–45)

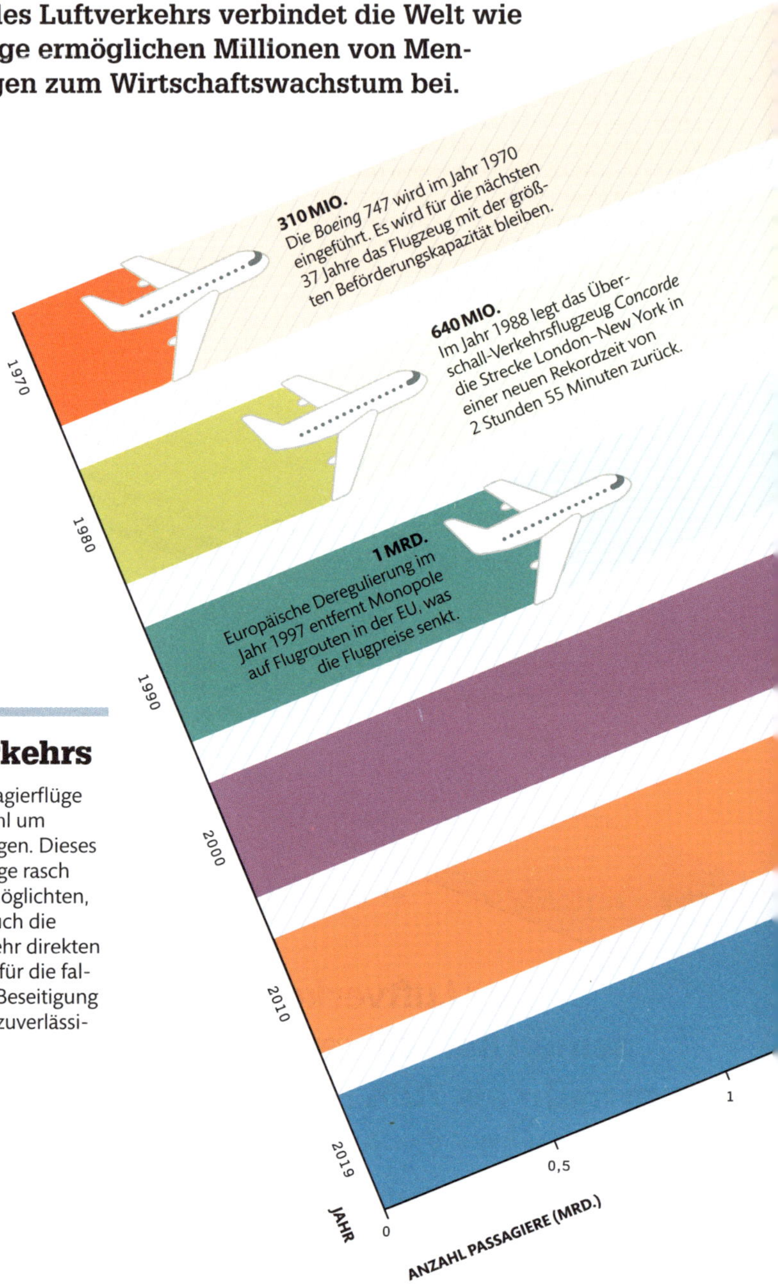

DIE TOP-FLUGROUTEN

Die beliebtesten Flugrouten im Jahr 2016 waren alle Inlandsrouten; vier der obersten fünf innerhalb von Süd-Korea, Japan und China. Dies liegt daran, dass das schnelle Wachstum einer relativ wohlhabenden Mittelschicht in Asien zu einer erhöhten Nachfrage nach Flügen geführt hat, unter anderem auch nach Kurzstreckenflügen als Freizeitreisen. Die beliebteste Strecke war zwischen der südkoreanischen Hauptstadt Seoul und Jeju, einer Ferieninsel im Süden des Landes.

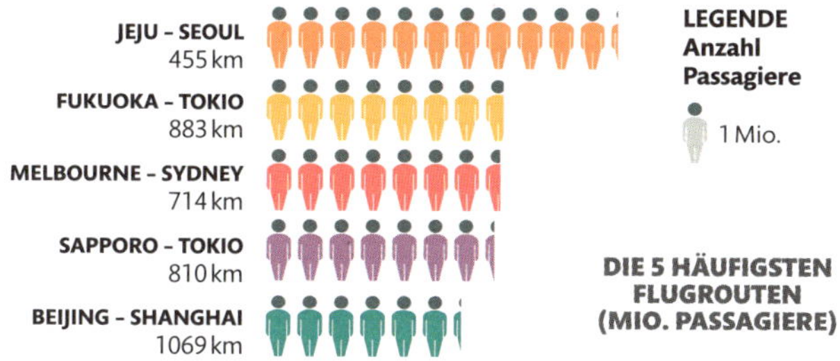

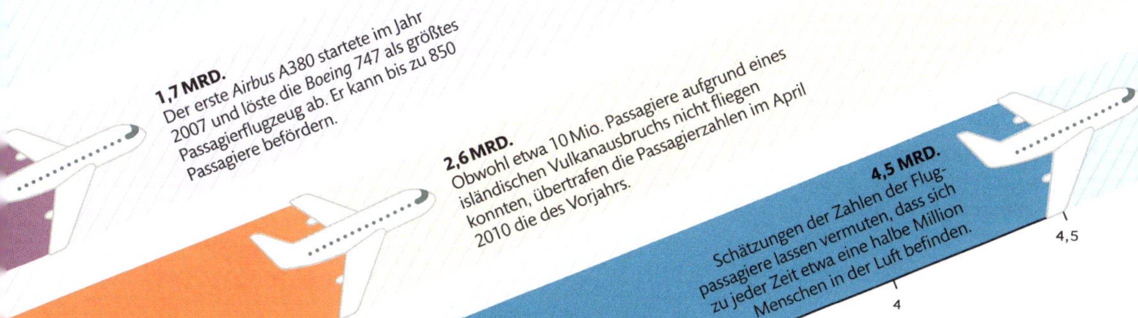

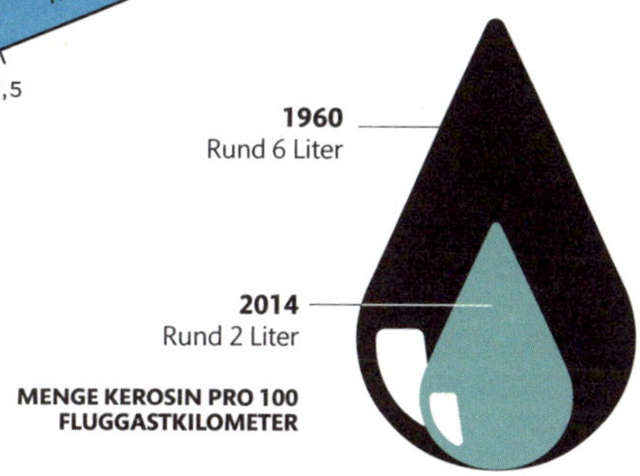

Der Luftverkehr hat seinen Kerosinverbrauch um mehr als 70 % reduziert, ebenso den CO_2-Ausstoß pro Passagierkilometer, **verglichen mit den 1960er-Jahren.**

Erhöhte Kraftstoffeffizienz

Steigende Kerosinkosten und umweltpolitischer Druck, vor allem wegen Luftverschmutzung, Lärm und klimarelevanten Emissionen, haben die Hersteller gezwungen, effizientere Flugzeuge zu entwickeln. So ist die Kraftstoffmenge, um einen Passagier zu transportieren, seit den 1960er Jahren um mehr als zwei Drittel gesunken – mit einer entsprechenden Reduktion der Treibhausgasemissionen.

Ein besseres Leben für viele

In den letzten Jahrzehnten hat die Verringerung extremer Armut enorme Fortschritte gemacht, teils dank hohen Wirtschaftswachstums. Der Zugang zu Bildung und Elektrizität, bessere Gesundheitsversorgung, sauberes Wasser und funktionierende Abwasserentsorgung trugen dazu bei. Hilft man Menschen, der Armut zu entkommen und die Wirtschaft zu verbessern, entsteht ein positiver Zyklus für die gesamte Gesellschaft. Doch trotz globaler Fortschritte bleiben Teile der Welt von Krieg, Konflikten und Ungleichheit betroffen – es bleibt also noch viel zu tun für ein besseres Leben für alle.

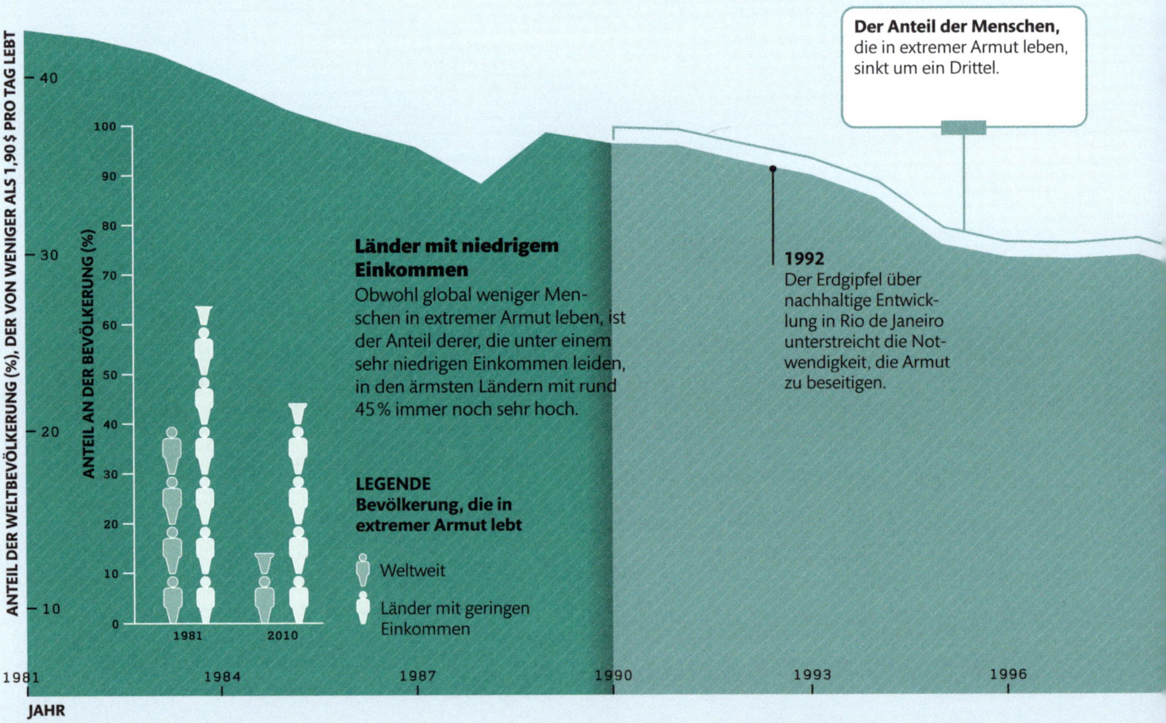

Weniger Armut

In den letzten drei Jahrzehnten hat sich die Zahl der Menschen, die in extremer Armut leben, deutlich verringert. Bis zum Jahr 2015 verstand man unter extremer Armut ein Leben mit weniger 1,25 $ pro Tag – ein Niveau, auf dem nur das nackte Überleben möglich ist. 2015 wurde die Armutsgrenze auf 1,90 $ pro Tag erhöht.

Die Verringerung der extremen Armut geschah trotz des starken Bevölkerungswachstums im gleichen Zeitraum. Grund war das stetige Wachstum der Volkswirtschaften, das die durchschnittlichen Pro-Kopf-Einkommen sowohl in Industrie- als auch Entwicklungsländern verbesserte. Der stärkste Rückgang begann 1997, als in Asien – vor allem in China – ein rasantes Wirtschaftswachstum begann. Diese rasche Reduzierung der extremen Armut maskierte, dass in zwei Regionen die Armut anstieg – in Osteuropa und Zentralasien nach dem Fall des Kommunismus.

WO LEBEN DIE ÄRMSTEN DER ARMEN?

Eine Untersuchung (2015) verglich Länder nach Einkommen und Lebenshaltungskosten und fand die 10 ärmsten Nationen der Welt in Afrika. Die größte absolute Anzahl von Menschen in extremer Armut lebt dagegen in Asien, wo die bevölkerungsreichsten Länder sind. Millionen Menschen wohnen in riesigen Slums und ein großer Teil der Landbevölkerung lebt von Subsistenzwirtschaft mit geringen Einkommen.

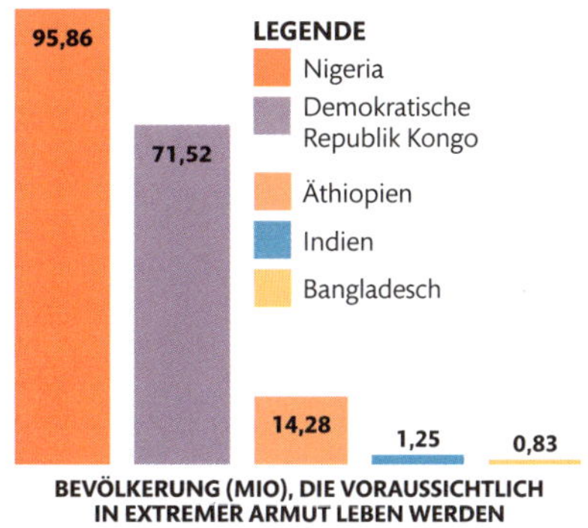

»Unseren Planeten retten, Menschen von der Armut befreien, das Wirtschaftswachstum voranbringen – das ist ein und derselbe Kampf.«

BAN KI-MOON, GENERALSEKRETÄR DER VEREINTEN NATIONEN

2000
Millennium-Entwicklungsziele zur Verringerung von Hunger und Armut und anderen Zielen werden von den Vereinten Nationen angenommen.

2005
Die G8-Staaten verpflichten sich, die Schulden der ärmsten Länder zu abzuschreiben.

Sauberes Wasser und Hygiene

Sauberes Wasser und Kläranlagen sind Schlüsselfaktoren, die öffentliche Gesundheit, Entwicklung und Armut zu verbessern. Enorme Fortschritte bei diesen fundamentalen Bedürfnissen konnten für Milliarden Menschen erreicht werden.

Besserer Zugang zu sauberem Wasser

Nach Angaben der Weltgesundheitsorganisation, die mehr als 22 Jahre lang Daten gesammelt hat, haben die unten aufgeführten Länder einem größeren Anteil ihrer Bürger Zugang zu sauberem Trinkwasser ermöglicht und damit die größten Fortschritte weltweit und in den jeweiligen Regionen gebracht. Unterschiede bleiben jedoch zwischen ländlichen und städtischen Gebieten, denn Menschen auf dem Land haben oft noch keine so zuverlässige Wasserversorgung wie die in den Städten. Trotz der jüngsten Fortschritte sterben jedes Jahr immer noch Millionen an Krankheiten, ausgelöst durch schmutziges Wasser. Asien und Afrika bleiben die Risikogebiete, sich durch Wasser übertragene Krankheiten einzufangen.

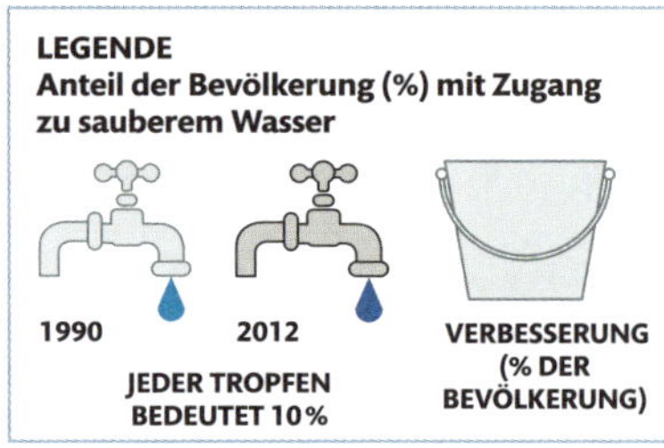

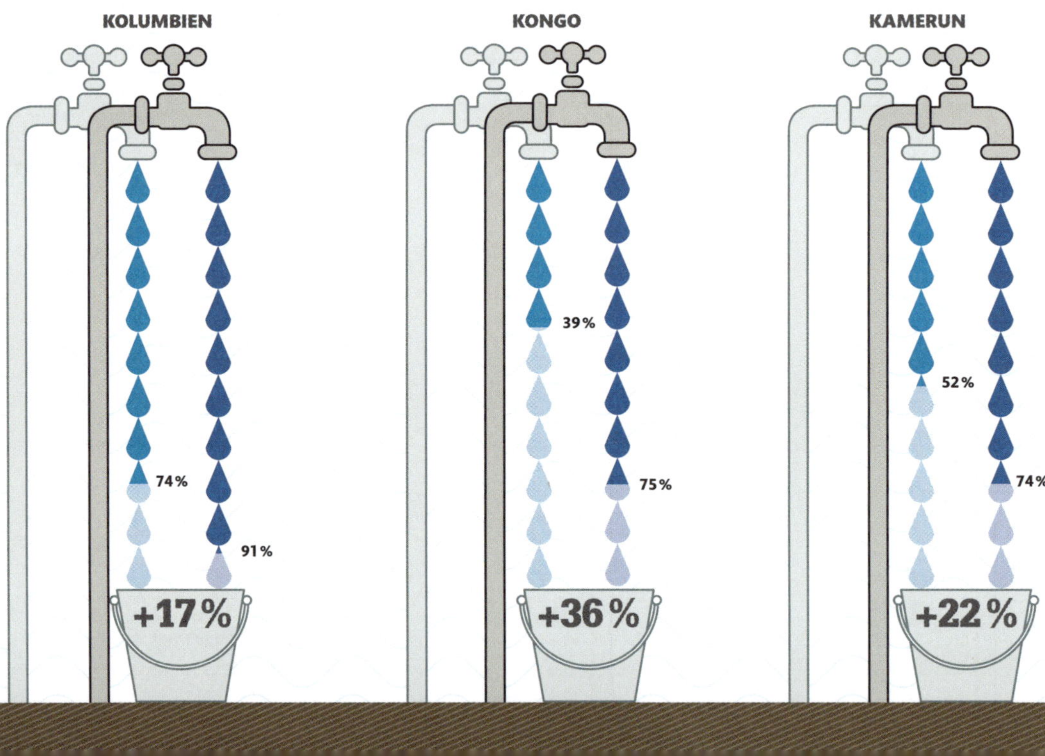

Wasseraufbereitung ist der schnellste und billigste Weg, die öffentliche Gesundheit zu verbessern – beide retten Leben und sparen Geld. Mithilfe eines globalen Verbesserungsprogramms haben rund 91 % der Weltbevölkerung nun Zugang zu sauberem Trinkwasser – 2,6 Mrd. Menschen mehr als 1990. Ähnliche Anstrengungen im Sanitärwesen bedeuten, dass heute 68 % der Weltbevölkerung eine bessere Abwasserbehandlung und Entsorgung haben – 2,1 Mrd. mehr als 1990. Im Jahr 2015 fehlte jedoch 2,4 Mrd. Menschen der Zugang zu sanitären Einrichtungen. Fast eine Milliarde Menschen sind gezwungen, im Freien zu defäkieren, wodurch die Ausbreitung von Krankheiten, wie Cholera, droht.

1 von 9

Menschen haben keinen Zugang zu sauberem Wasser.

Trinkbar
In Indien hatten 70 % der Menschen im Jahr 2012 eine saubere Wasserversorgung – bleiben 30 %, die immer noch aus unbehandelten Quellen trinken.

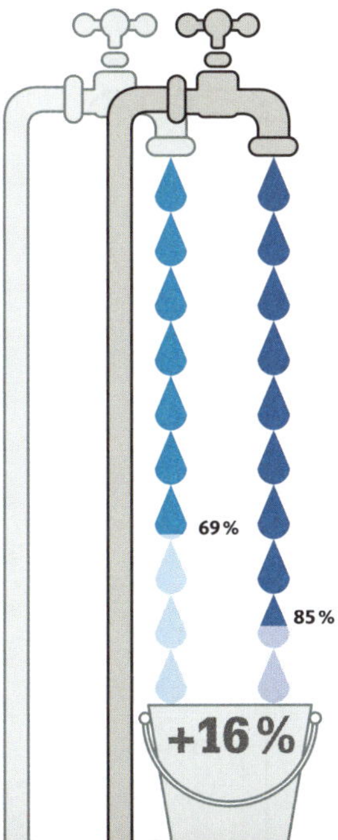

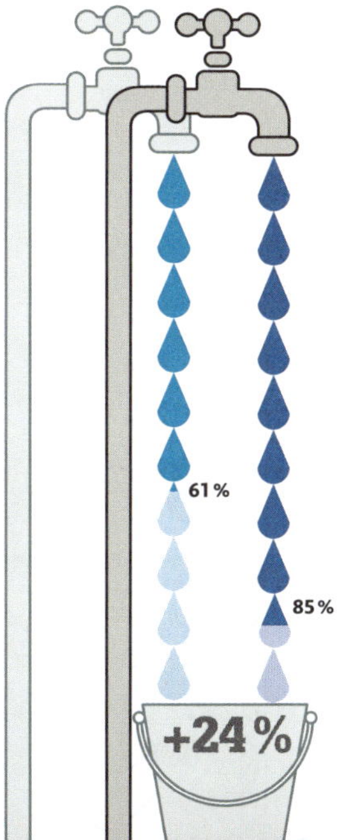

ZUGANG ZU HYGIENE

Die krassen Unterschiede bei der verbesserten Abwasserbehandlung in den ausgewählten Ländern (*unten*) offenbaren die unterschiedlichen nationalen Gegebenheiten, einschließlich der Höhe der individuellen Entwicklung, der Rate des Wirtschaftswachstums und der Korruption.

LEGENDE Bevölkerungsanteil mit Zugang zu sanitären Einrichtungen

1990
2012

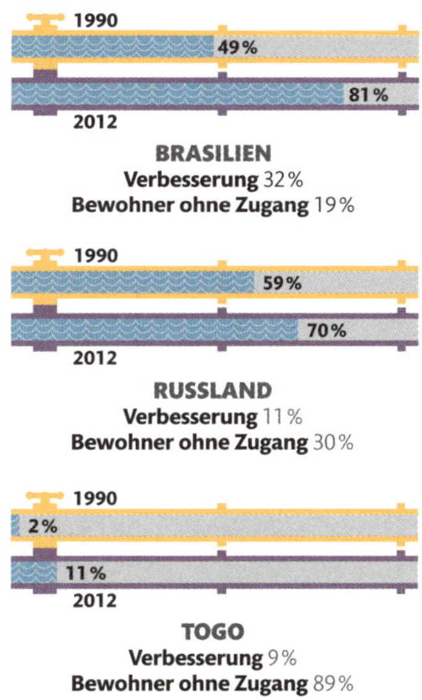

Lesen und Schreiben

Lese- und Schreibfähigkeiten zu verbessern ist wichtig, wenn die Armut reduziert werden soll. Während weltweit große Fortschritte gemacht wurden, die Analphabetenrate zu reduzieren, bleibt noch viel zu tun – vor allem in Afrika.

Im Jahr 2011 gab es weltweit 774 Mio. Erwachsene, die weder lesen noch schreiben können. Drei Viertel davon leben in Südasien, im Nahen Osten und in Subsahara-Afrika, zwei Drittel davon Frauen.

In den letzten 30 Jahre haben wir große Anstrengungen von Regierungen, gemeinnützigen Organisationen und Einzelpersonen gesehen, die Alphabetisierung in den ärmsten und stark benachteiligten Regionen der Welt zu verbessern. Lesen und Schreiben versetzt diese Menschen in die Lage, Beschäftigung zu erlangen, Einkommen zu generieren und selbst zur Entwicklung beizutragen.

Die Herausforderung, den allgemeinen Bildungsstand zu erhöhen, beginnt mit dem Erwerb von Grundkenntnissen in der Kindheit und dem Zugang zu Grundschulbildung. Dies war ein Brennpunkt in den Millenniums-Entwicklungszielen – einer Acht-Ziele-Initiative der UN aus dem Jahr 2000 – sodass heute 91 % der Kinder Grundschulzugang erhalten.

Wie die Welt liest

Nordamerika, Europa und Zentralasien haben alle hohe Alphabetisierungsraten erreicht. Die Situation in Südamerika hat sich in den letzten Jahrzehnten verbessert mit einer Rate von 92 %, auch wenn die Karibik noch hinterherhinkt; dort können erst 69 % der Erwachsenen lesen und schreiben. Die niedrigsten Alphabetisierungsraten haben Afrika südlich der Sahara, der Nahe und Mittlere Osten und Südasien.

LEGENDE

- 90–100 %
- 80–89 %
- 70–79 %
- 60–69 %
- 50–59 %
- Unter 50 %
- Keine Daten

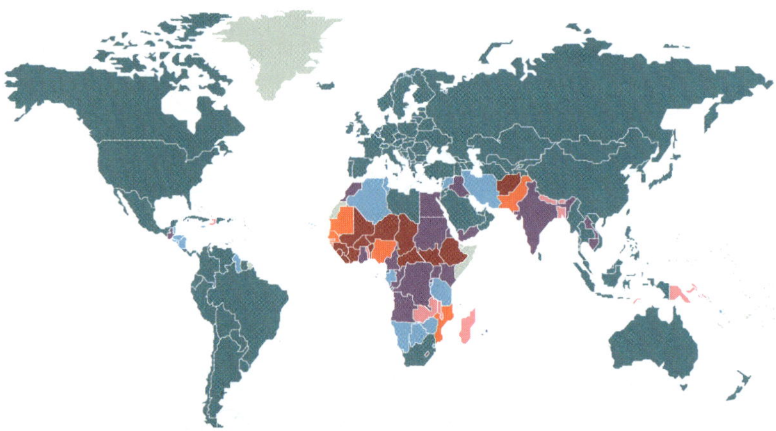

Bildungsrate bei Frauen

In vier der schwächsten Ländern ist die Alphabetisierungsrate unter Frauen weniger als halb so groß wie unter Männern. In Niger kann nur eine von neun Frauen lesen und schreiben, während es unter Männern dreimal so viele sind. Diese Diskrepanz macht die Lösung anderer Probleme schwierig und ist z. B. ein grundlegendes Hemmnis bei der Verringerung der Armut und des Bevölkerungswachstums *(siehe S. 22)*.

Lesen bringt Vorteile
Diese Frauen und Mädchen sind einige der wenigen glücklichen, die in Somalia lesen und schreiben gelernt haben. Hier können das nur 25 % der Frauen, verglichen mit fast 50 % der Männer.

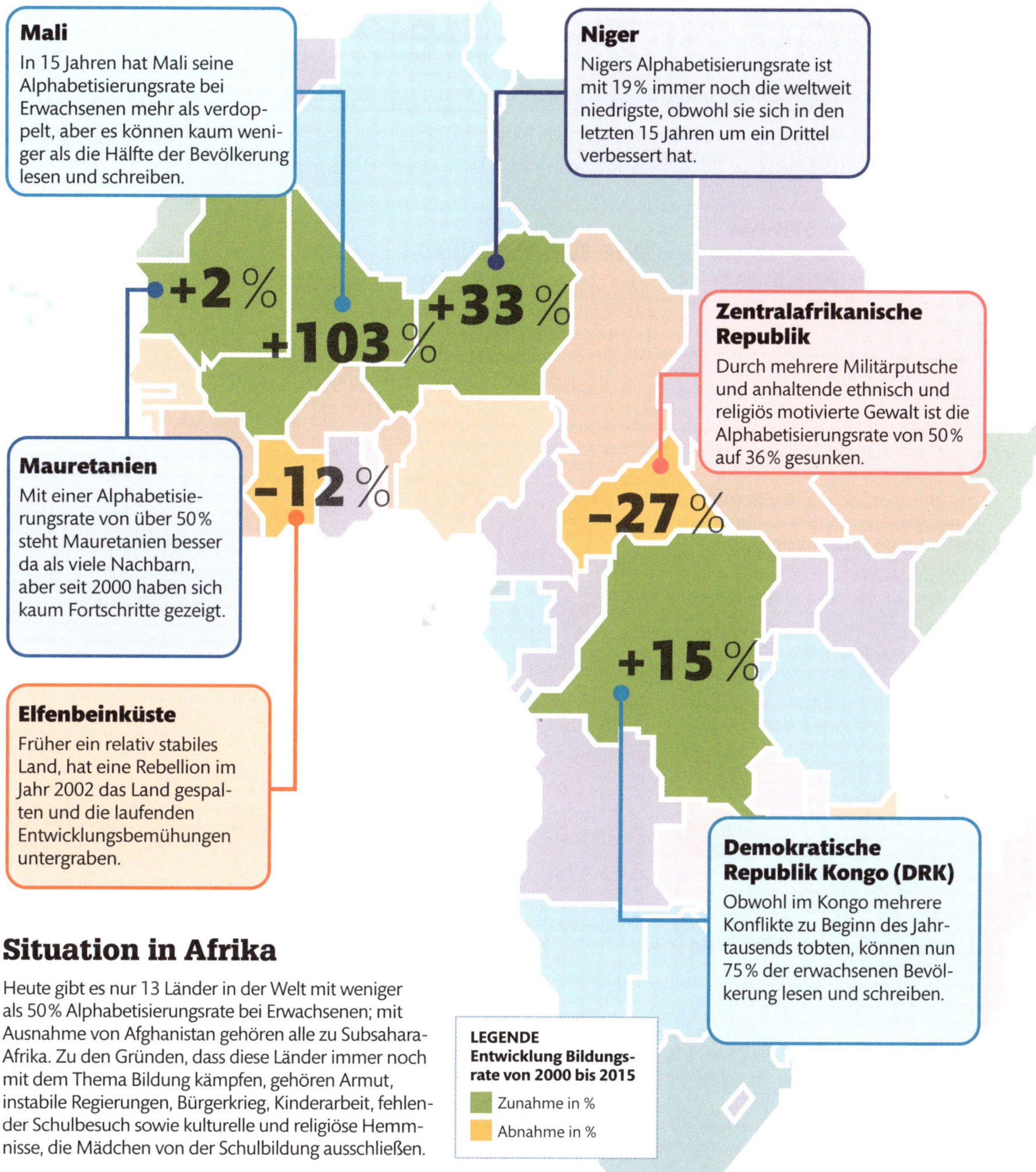

Situation in Afrika

Heute gibt es nur 13 Länder in der Welt mit weniger als 50 % Alphabetisierungsrate bei Erwachsenen; mit Ausnahme von Afghanistan gehören alle zu Subsahara-Afrika. Zu den Gründen, dass diese Länder immer noch mit dem Thema Bildung kämpfen, gehören Armut, instabile Regierungen, Bürgerkrieg, Kinderarbeit, fehlender Schulbesuch sowie kulturelle und religiöse Hemmnisse, die Mädchen von der Schulbildung ausschließen.

Bessere Gesundheit

Im 21. Jahrhundert sind die Fälle mit tödlichen Infektionskrankheiten deutlich zurückgegangen, sodass die Menschen im Durchschnitt länger leben. Die häufigsten Todesursachen sind jetzt Herz-Kreislauf-Erkrankungen und Krebs.

Zwischen 2000 und 2012 sank die Sterblichkeit in Afrika um ein Drittel, vor allem aufgrund einer Abnahme der Todesfälle durch übertragbare Krankheiten, einschließlich HIV/AIDS. Im gleichen Zeitraum sanken in Afrika die von Malaria verursachten Todesfälle um fast die Hälfte. Einfache Maßnahmen, wie zum Beispiel die Ausgabe von mit Insektiziden behandelten Moskitonetzen und der bessere Zugang zu lebensrettenden Medikamenten, machten dies möglich.

Seit 1990 ging die Müttersterblichkeit weltweit um 44 % zurück, dennoch sterben noch jeden Tag 830 Frauen aufgrund von Komplikationen in der Schwangerschaft und bei der Geburt. Der Erfolg bei der Prävention und Behandlung von Infektionskrankheiten und die Zurückdrängung der Sterblichkeit durch einen besseren öffentlichen Gesundheitsdienst hat die Ursachen für Krankheit und Tod verändert, vor allem in Richtung auf Herz-Kreislauf-Erkrankungen und Krebs.

Hauptsächliche Todesursachen

Die Verringerung der Todesrate in fast allen Regionen bedeutet, dass jedes Jahr weniger Menschen sterben und sie im Durchschnitt länger leben. Für eine große Anzahl von Todesfällen in Afrika sind Verletzungen verantwortlich, mit einem Anteil weit größer als irgendwo sonst auf der Welt. Todesfälle durch nicht übertragbare Krankheiten sind weltweit relativ konstant geblieben.

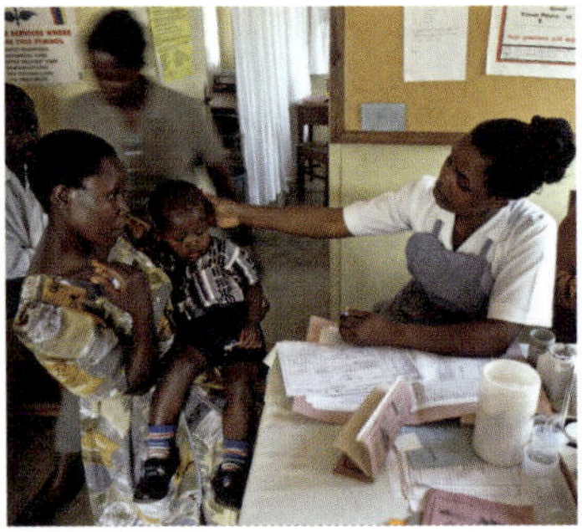

HIV-Klinik
Eine Krankenschwester tröstet einen Jungen mit HIV in einer Klinik in Kampala (Uganda). Viele Todesfälle durch übertragbare Krankheiten wurden reduziert.

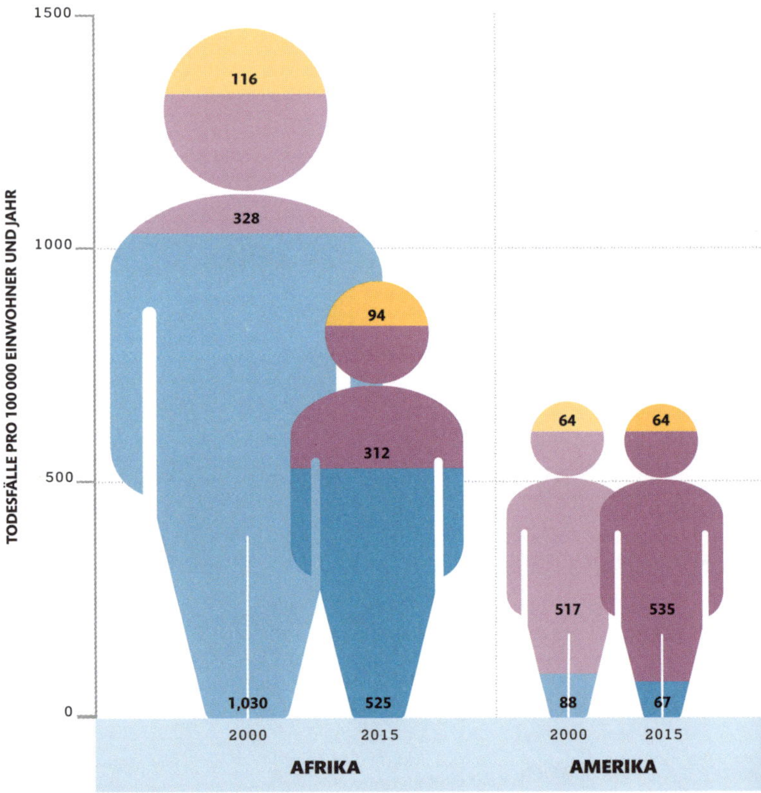

KRANKHEIT UND EINKOMMEN

Trotz der jüngsten Verbesserungen in Prävention und Behandlung vieler Infektionskrankheiten sind in den ärmsten Ländern Infektionen der unteren Atemwege, häufig Lungenentzündung, Bronchitis und Tuberkulose die häufigsten Todesursachen. In den reichsten Ländern hingegen zählen zu den am schnellsten wachsenden Todesursachen Alzheimer und Demenz – eine Folge der gestiegenen Langlebigkeit. Das wird langfristig Druck auf das Gesundheitswesen ausüben.

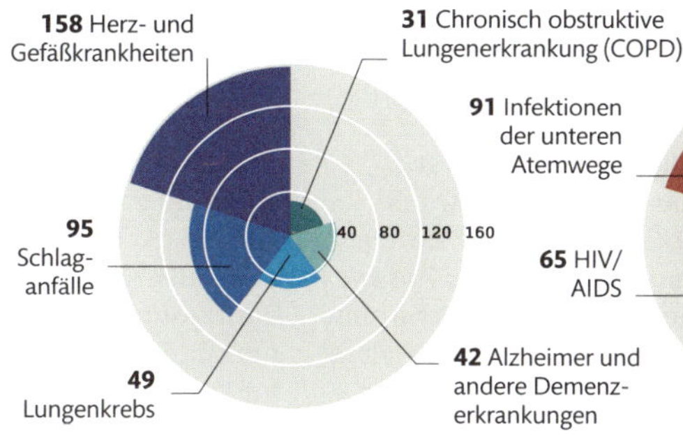

DIE 5 WICHTIGSTEN TODESURSACHEN IN REICHEN LÄNDERN (STERBEFÄLLE PRO 100 000 EINWOHNER UND JAHR)

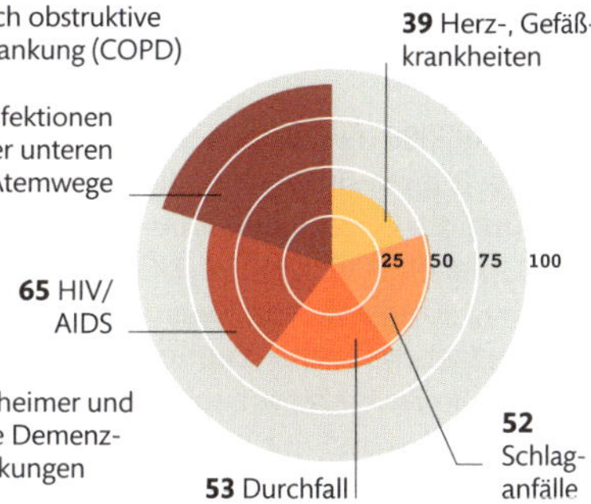

DIE 5 WICHTIGSTEN TODESURSACHEN IN ARMEN LÄNDERN (STERBEFÄLLE PRO 100 000 EINWOHNER UND JAHR)

LEGENDE Todesursachen

- Verletzungen
- Nicht ansteckende Krankheiten
- Ansteckende Krankheiten, Mütter- und Kindersterblichkeit, Ernährung

47 % weniger **Kindersterblichkeit unter 5** in 2012 gegenüber 1990

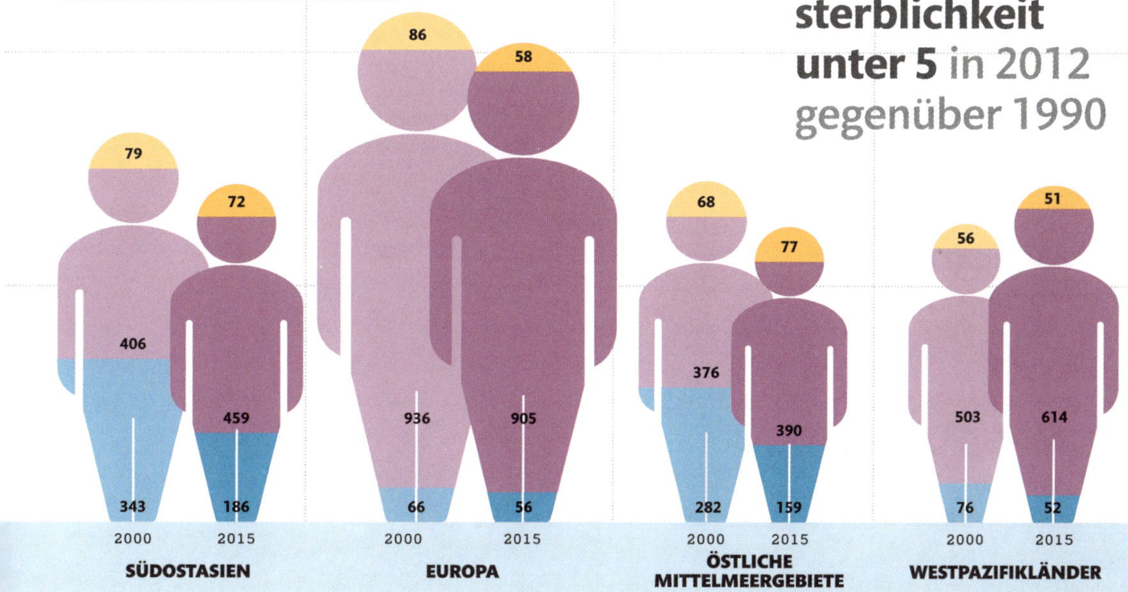

Mehr Ungleichheit

Viele Menschen in der Welt genießen zwar ein besseres Leben, aber die Ungleichheit hat trotzdem dramatisch zugenommen. Wohlstand und Einkommen klaffen sowohl international als auch innerhalb der einzelnen Länder auseinander.

Der ungleich verteilte Wohlstand zwischen Ländern kann leicht anhand des Bruttoinlandsprodukts (BIP) eines Landes pro Kopf gezeigt werden – eine grobes Maß für Einkommen und Lebensstandard. Reiche Länder wie Schweden stehen erheblich besser da als weniger entwickelte wie Lesotho oder Botswana.

Ungleichheit besteht auch innerhalb jedes Landes. Sie wird mit dem Gini-Koeffizienten dargestellt – einer statistischen Größe, die Einkommensunterschiede misst. Vom Wirtschaftswachstum der letzten Zeit hat vor allem die Oberschicht profitiert; die Kluft zwischen arm und reich ist gewachsen – kein guter Trend für eine Gesellschaft. Die Forschung zeigt, dass soziale Probleme zunehmen, je ungleicher eine Gesellschaft ist. Gewaltverbrechen, psychische Erkrankungen, Drogenmissbrauch und Teenager-Schwangerschaften sind in ungleichen Gesellschaften höher.

Globale Ungleichheit

Gini-Koeffizient und BIP pro Kopf zeigen, dass die am wenigsten ungleichen Gesellschaften auch die reichsten sind. Schweden, das weltweit ausgeglichenste Land, hat das sechstgrößte BIP pro Kopf, während Lesotho, das unausgeglichenste, ein BIP pro Kopf von nur 996 $ hat.

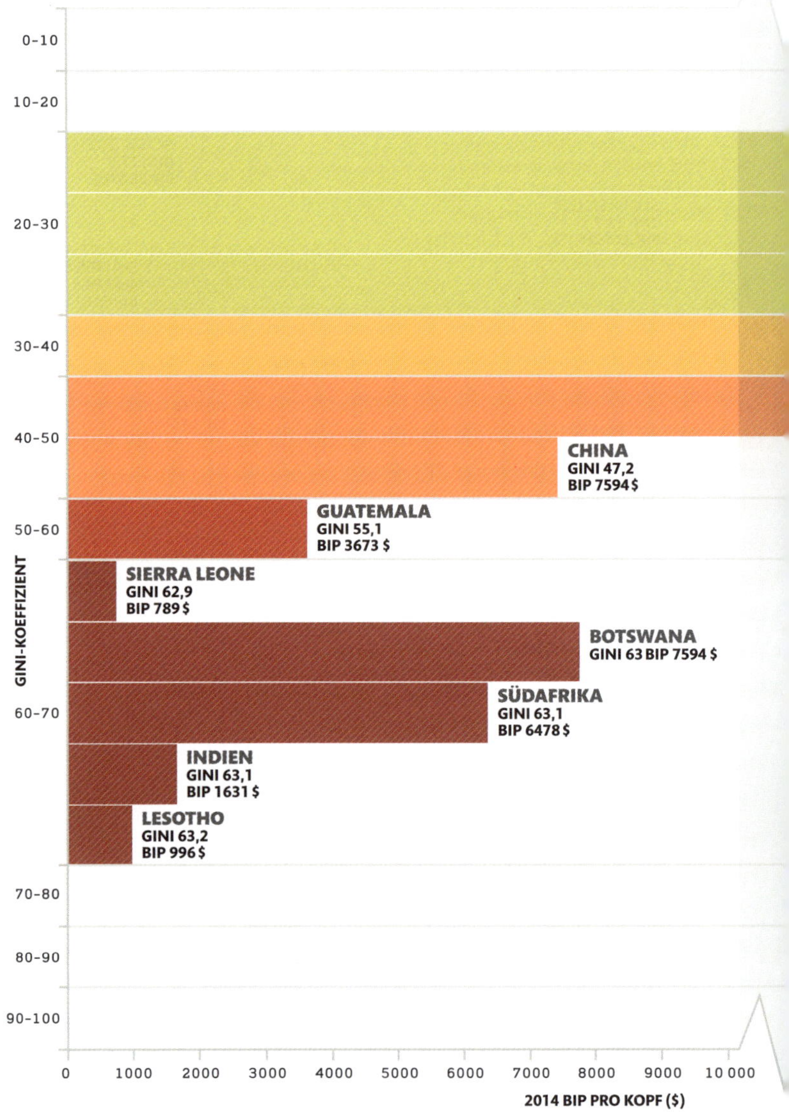

1 % der Weltbevölkerung hat **mehr Geld als die restlichen 99 %** (Stand 2016).

Was Reichtum wert ist

Milliardäre besitzen ca. 10 % des Vermögens der Welt, dabei leben viele in armen Nationen. Ein Drittel der Inder lebt in Armut, aber Indien rangiert in den obersten fünf Nationen mit den meisten Milliardären.

LEGENDE
- Bruttoinlandsprodukt (BIP)
- Milliardärsbesitz als Anteil (%) am BIP

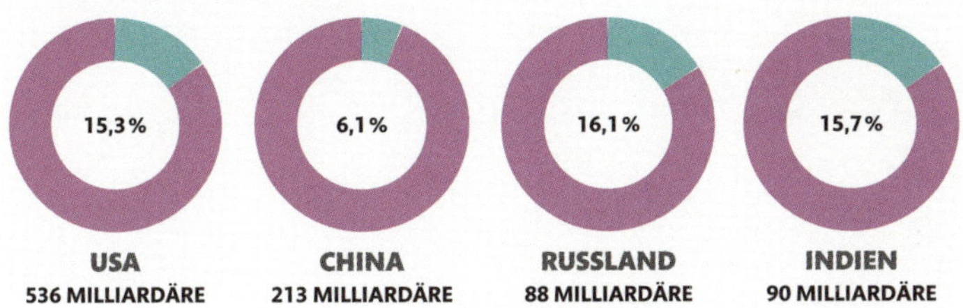

20 000 30 000 40 000 50 000 60 000

WAS BEDEUTET DER GINI-KOEFFIZIENT?

Entwickelt im Jahre 1912 von dem italienischen Statistiker Corrado Gini (1884–1965), ist der Gini-Koeffizient ein Maß für nationale Gleichheit, also wie gleichmäßig Einkommen in einem Land verteilt ist. Ein Land mit perfekter Einkommensgleichheit hätte einen Gini-Koeffizient von 0, während 100 vollständige Einkommensungleichheit anzeigt.

Hoher Gini-Wert
Perfekte Ungleichheit bedeutet, dass eine Person den ganzen Reichtum hat, während alle anderen nichts haben. In ungleichen Nationen wohnen ein paar sehr Reiche und eine große Anzahl Besitzloser.

Niedriger Gini-Wert
Bei perfekter Wohlstandsgleichheit hätten alle Menschen genau die gleiche Menge an Geld. Länder mit niedrigem Gini-Koeffizienten haben also eine ausgeglichen Verteilung des Wohlstands.

Korruption

In vielen Ländern werden Bemühungen, die Armut und Umweltzerstörung zu bekämpfen, durch den Einfluss der Korruption ernsthaft behindert. Korrupte Praktiken treffen die Ärmsten oft am härtesten.

Korruptes Verhalten zieht finanzielle Ressourcen von armen Menschen ab und untergräbt Kontrollen zum Schutz von Umweltgütern wie Wäldern und seltenen Tieren. Korrupte Praktiken äußern sich vielfältig, z. B. durch Bestechung, Unterschlagung von Steuergeldern, Behinderung der Justiz und Geldwäsche von Korruptionsgeld.

All dies hat verheerende Auswirkungen auf die Entwicklung, indem es Einkommensungleichheiten verschärft, Sozialpolitik untergräbt und das Wirtschaftswachstum abwürgt. In vielen Ländern, die unter Korruption leiden, sollten die natürlichen Ressourcen eigentlich der allgemeinen Entwicklung dienen, stattdessen bereichert sie eine kleine Oberschicht. Diese Zustände können zu einem Bürgerkrieg beitragen, wie es im Jahr 1991 in Sierra Leone der Fall war.

Wo Korruption Entwicklung hemmt

Nach Angaben der Weltbank führen korrupte Praktiken jedes Jahr zum Abschöpfen von etwa einer Billion US-Dollar. Mittel, die für Bildung, Gesundheitswesen und andere öffentliche Dienste dringend erforderlich wären, sind verloren und halten die Menschen in Armut gefangen.

Alle Sektoren sind betroffen, aber Wasser und Energie sind besonders anfällig, wegen der großen Zahl von öffentlichen und privatwirtschaftlichen Organisationen, die daran beteiligt sind. Korruption führt auch zur Missachtung der Gesetze, die natürliche Ressourcen und Ökosysteme schützen sollen, und verursacht damit große Umweltschäden. Geschützte Tierarten werden per Bestechung an Zollbeamten vorbei ausgeführt, während illegal geschlagenes Holz mit gefälschten Papieren die internationalen Märkte erreicht.

Geber

Bestechung kann kommerziellen Interessen Zugang zu natürlichen Ressourcen geben, etwa zu geschützten Wäldern oder Fischbeständen. Sie ist essenziell, um illegal erworbene Güter auf den Markt zu bringen. Unternehmen bieten Bestechungsgelder an, um öffentliche Ausschreibungen zu gewinnen. Schmiergelder fließen an Zollbeamte, damit sie bei Schmuggelware ein Auge zudrücken, wie beispielsweise beim illegalen Handel mit Elfenbein zwischen Tansania und China.

Wasserversorgung

Bestechungsgelder fließen für die Entsorgung von Abfällen im offenen Wasser, große Agrarunternehmen schmieren Beamte, um bewässern zu dürfen.

- Korruption erhöht die Kosten der Trinkwasserversorgung um 30 bis 45 %.

Wichtige Dienste

Medikamente, die für arme Menschen bestimmt sind, werden in den privaten Verkauf umgeleitet. Zudem behindern veruntreute Mittel die Bekämpfung großer medizinischer Herausforderungen, etwa Malaria und HIV/AIDS.

- Die Weltbank schätzt, dass bis 80 % der nicht gehaltsgebundenen Mittel für das Gesundheitssystem nie die örtlichen Einrichtungen mancher Nationen erreichen.

Was können wir tun?

- **Die Regierungen können korrupte Unternehmen** von der Ausschreibung öffentlicher Aufträge ausschließen.
- **Öffentliche Stellen können** eine Null-Toleranz-Kultur für korrupte Praktiken anordnen.
- **Regierungen können** die Antikorruptionspolitik der UN umsetzen.

Illegaler Tierhandel

Ein noch nie da gewesener Anstieg des illegalen Wildtierhandels bedroht Jahrzehnte der Naturschutzarbeit. Er ist das viert-lukrativste Verbrechen, nach Drogen, Waffen und Menschenhandel, im Wert von 10 bis 20 Mrd. $ pro Jahr.

- Mindestens 20 000 Elefanten werden in Afrika wegen ihrer Stoßzähne jedes Jahr illegal getötet.

Illegaler Holzeinschlag

Der illegale Holzeinschlag macht bis zu 30 % des internationalen Holzhandels aus. Verarbeitung und Transport auf dem Schwarzmarkt sind komplexe bürokratische Vorgänge und sind nur mithilfe von Korruption möglich.

- Die Weltbank schätzt, dass jedes Jahr illegal gefälltes Holz im Wert von 23 Mrd. $ gehandelt wird und dadurch 10 Mrd. $ an Einnahmen verloren gehen.

Nehmer

Überall auf der Welt haben Beamte und Politiker aller Karrierestufen gezeigt, dass sie für Bestechungsgelder anfällig sind. In weiten Teilen Afrikas südlich der Sahara sind die Gehälter von Beamten so niedrig, dass Bestechung ein offener und akzeptierter Teil des Lebens ist. Diese in der Gesellschaft eingebettete Korruption macht es Unternehmen extrem schwer, Geschäfte rein legal zu betreiben.

Flüchtlinge

Die Zahl der Flüchtlinge, Asylbewerber und im eigenen Land Vertriebenen ist geradezu explodiert. Durch Krieg, Verfolgung und Klimaveränderung sind etwa so viele Menschen auf der Flucht wie die Bevölkerung Deutschlands beträgt.

Nach mehreren Jahren erheblicher Zunahme schätzte das UN-Hochkommissariat für Flüchtlinge, dass 2019 die globale Gesamtzahl der Vertriebenen unglaubliche 80 Mio. erreicht hatte – etwa das Doppelte der Zahl im Jahr 2010. Diese erzwungene Migration ungeahnten Ausmaßes schuf sozusagen eine »Nation der Vertriebenen«. Die Betroffenen umfassen Flüchtlinge, Asylbewerber und intern (d. h. innerhalb ihres Landes) Vertriebene. Die Ursachen sind meistens bewaffnete Konflikte, Menschenrechtsverletzungen, politische Gewalt und die Folgen von Dürre. Im Jahr 2019 waren die Länder, die die meisten Flüchtlinge aufgenommen haben – die Türkei, Kolumbien, Pakistan, Uganda und Deutschland. In vielen Gastländern führten die zusätzlichen Belastungen durch Menschen, die außerhalb ihres Heimatlandes nach Sicherheit suchten, zu zunehmenden Problemen in der ohnehin bereits unzureichenden Versorgung.

Steigende Probleme

Um das Jahr 2000 hatten die rasche Globalisierung und das Ende des Kalten Krieges neue Probleme geschaffen, die viele Menschen zur Migration zwangen, darunter die organisierte Kriminalität. Im Jahr 2007 wurden einige Länder mit den meisten Binnenvertriebenen, wie Eritrea, Kolumbien, der Irak und die Demokratische Republik Kongo, durch innere Konflikte erschüttert. In den letzten Jahren nahmen die Zahlen durch die Konflikte in Syrien, Venezuela und Afghanistan zu.

Somalisches Flüchtlingslager
Menschen, die aus ihrer Heimat vertrieben wurden, müssen Zuflucht in Lagern suchen, die oft eine große Belastung für die Ressourcen der Aufnahmeländer sind.

LEGENDE
- Flüchtlinge und Asylsuchende
- Intern Vertriebene

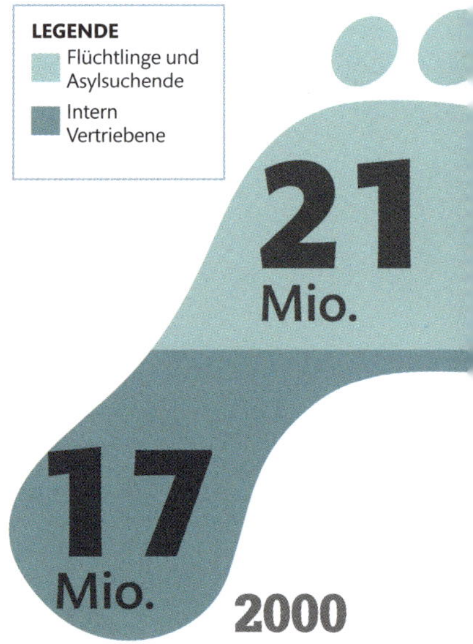

LEGENDE
- Syrien
- Venezuela
- Afghanistan
- Südsudan
- Myanmar
- Somalia
- Rest der Welt

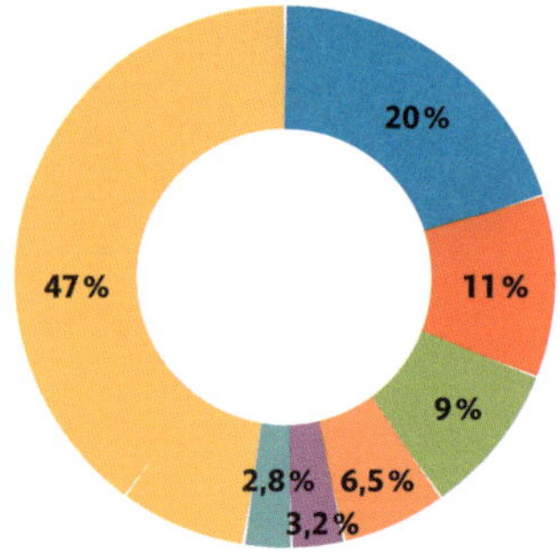

Wo sie herkommen
Im Jahr 2019 kamen über die Hälfte der Millionen Flüchtlinge, die internationale Grenzen überquerten, aus sechs Ländern: Syrien, Venezuela, Afghanistan, Südsudan, Myanmar und Somalia.

85%

Ist der Anteil **vertriebener** Menschen, der in **Entwicklungsländern** Zuflucht fand.

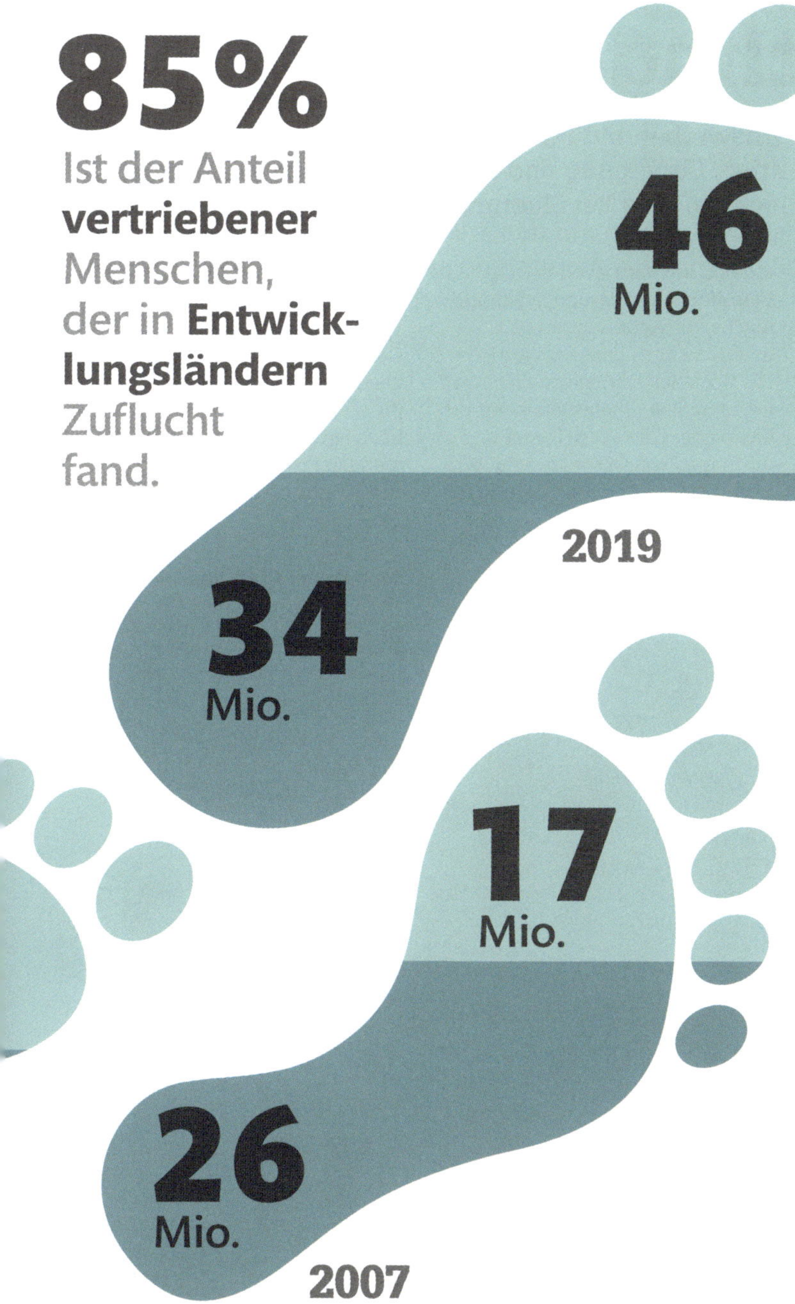

WIE ALT SIND DIE FLÜCHTLINGE?

Im Jahr 2014 war etwas mehr als die Hälfte aller Flüchtlinge unter 18 Jahre alt, im Vergleich zu 41 % im Jahr 2009. Der Anteil der über 60 Jahre alten Menschen war deutlich geringer. Obwohl er immer noch ein Problem darstellt, ist der Anteil der weniger als 18 Jahre alten international vertriebenen Menschen 2019 auf 38 % gesunken.

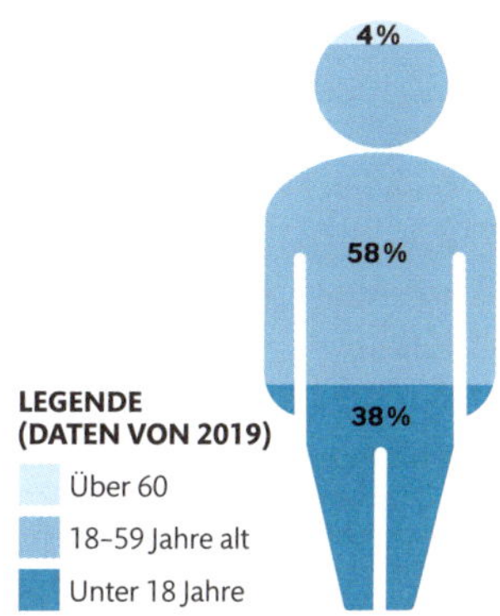

Atmosphäre im Wandel

Ohne die Atmosphäre gäbe es kein Leben auf der Erde. Die dünne Gasschicht um unseren Planeten ermöglicht uns das Atmen und schafft die klimatischen Bedingungen, in denen wir leben. Im Laufe der Erdgeschichte hat sich das Klima durch natürliche Einflüsse oft geändert. Der Hauptgrund für den jüngsten Klimawandel ist jedoch die Zunahme an Treibhausgasen infolge menschlicher Aktivitäten ***(siehe S. 120–121)*****. Aus diesem Grund hält die Atmosphäre mehr von der abgestrahlten Energie der Erdoberfläche fest, sodass die Durchschnittstemperaturen ansteigen und das Klima wärmer wird.**

Beschleunigter CO_2-Ausstoß

Das Treibhausgas, das den größten Anteil an der heutigen Erwärmung der Atmosphäre hat, ist Kohlendioxid (CO_2). Dieses natürlich vorkommende Spurengas hält die Erde so warm, dass die Bedingungen für organisches Leben günstig sind. Die Konzentration von CO_2 schwankt, hat aber seit etwa 150 Jahren beschleunigt zugenommen und liegt heute auf dem höchsten Niveau seit mindestens 800 000 Jahren. Die Hauptursache dafür ist die Verbrennung fossiler Brennstoffe, mit einem ergänzenden Beitrag aus der Entwaldung und der Emissionen aus Böden.

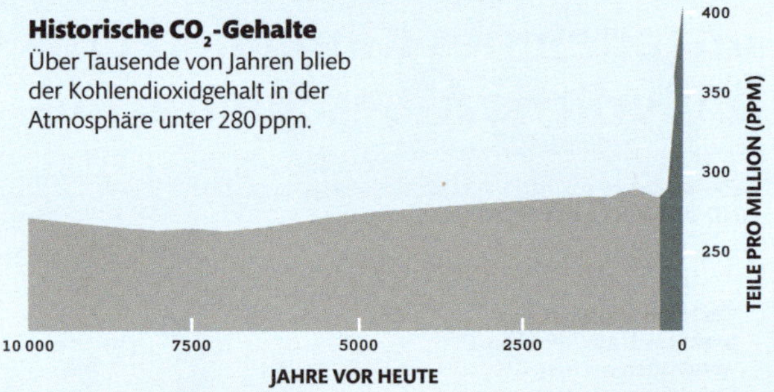

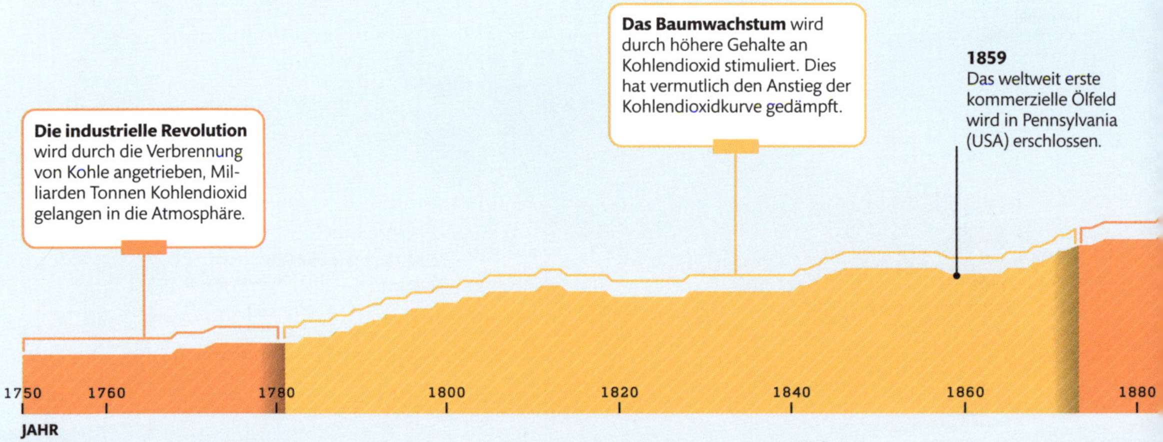

WAS IST DIE ATMOSPHÄRE?

Die dünne Gasschale, die die Erde umhüllt, besteht hauptsächlich aus Stickstoff und Sauerstoff. Einige Spurengase machen etwa 1 % aus, unter ihnen Treibhausgase, die von der Erdoberfläche abstrahlende Wärme einfangen, und Oberfläche und untere Atmosphäre wärmer halten, als es sonst der Fall wäre. Die Atmosphäre enthält die Luft, die wir atmen, sie schützt uns vor der Strahlung der Sonne und spielt eine wichtige Rolle im Wasserkreislauf und in Klimavorgängen.

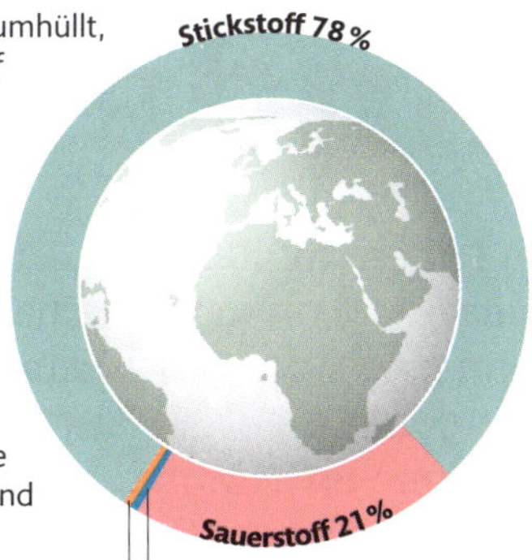

»Saubere Luft und Wasser sowie ein **angenehmes Klima** sind **unveräußerliche Menschenrechte.**«

LEONARDO DI CAPRIO, AMERIKANISCHER SCHAUSPIELER UND UMWELTAKTIVIST

Das globale Wirtschaftswachstum hebt ab, überwiegend befeuert von fossilen Brennstoffen – mit der schnellsten Beschleunigung seit der industriellen Revolution.

Die Industrialisierung breitet sich aus, die Volkswirtschaften wachsen. Die Emissionen aus Öl und Gas gesellen sich zu denen aus der Kohle.

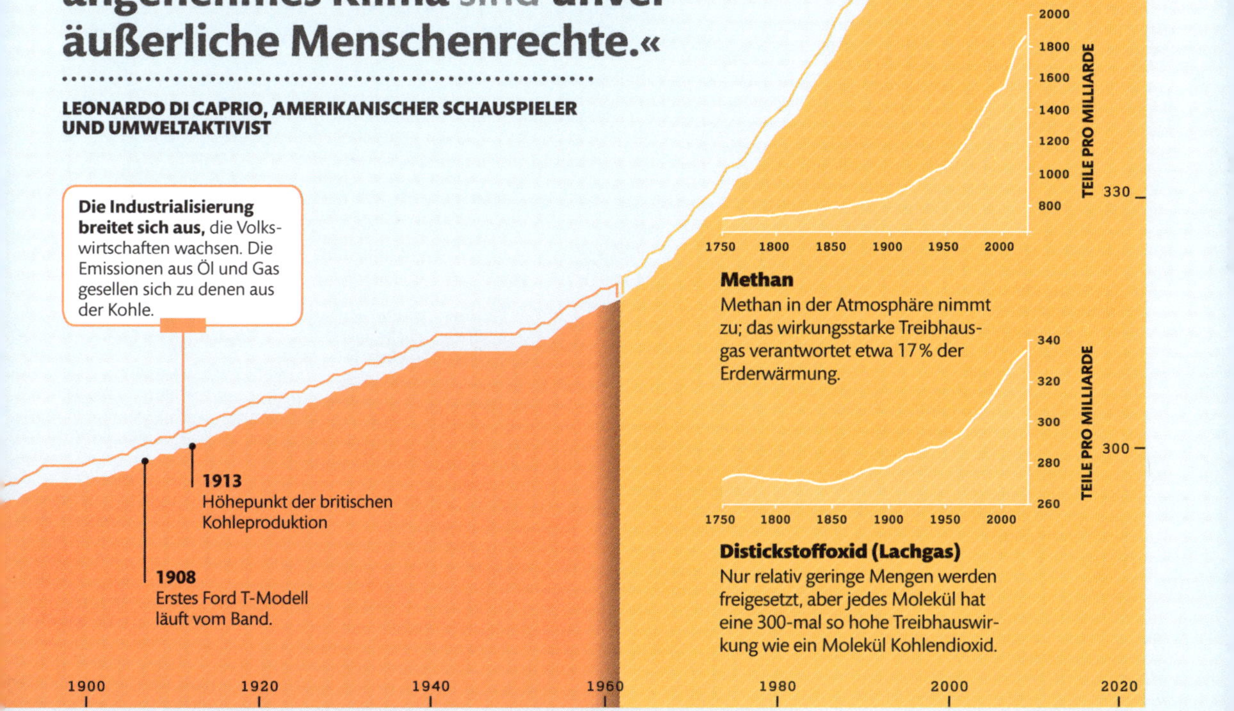

1913
Höhepunkt der britischen Kohleproduktion

1908
Erstes Ford T-Modell läuft vom Band.

Methan
Methan in der Atmosphäre nimmt zu; das wirkungsstarke Treibhausgas verantwortet etwa 17 % der Erderwärmung.

Distickstoffoxid (Lachgas)
Nur relativ geringe Mengen werden freigesetzt, aber jedes Molekül hat eine 300-mal so hohe Treibhauswirkung wie ein Molekül Kohlendioxid.

Der Treibhaus-effekt

Sonnenstrahlung durchdringt die Luft und wird von der Erdoberfläche absorbiert, die sich dadurch erwärmt. Die entstehende Wärme wird von Land und Meer in Form von Infrarotstrahlung (»Wärmestrahlung«) abgegeben. Die meiste entweicht in den Weltraum, doch einige Gase können im Infrarotbereich absorbieren. Sie nehmen also einen Teil dieser Strahlungsenergie auf und geben sie auch wieder an den Boden zurück. Dieser Vorgang heißt »Treibhauseffekt«; er hält die Erde wärmer, als es sonst der Fall wäre. Menschliche Aktivitäten stören aber dieses empfindliche Energiegleichgewicht, indem sie die Konzentration der Treibhausgase sehr schnell erhöhen und damit die Atmosphäre erwärmen.

Quellen der Treibhausgase
Menschliche Aktivitäten produzieren Treibhausgase auf viele Weise, aber vor allem durch industrielle Prozesse und Energieerzeugung.

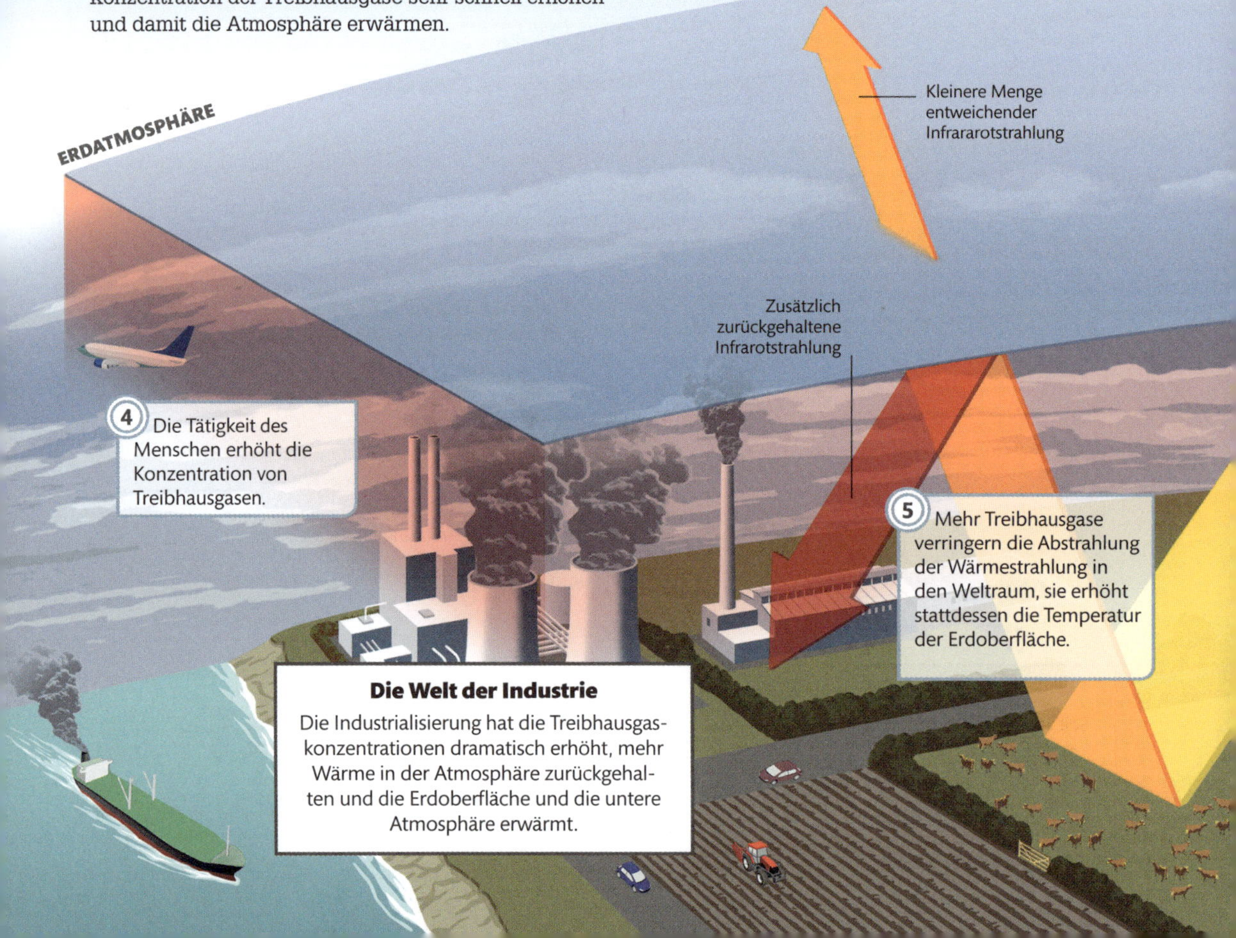

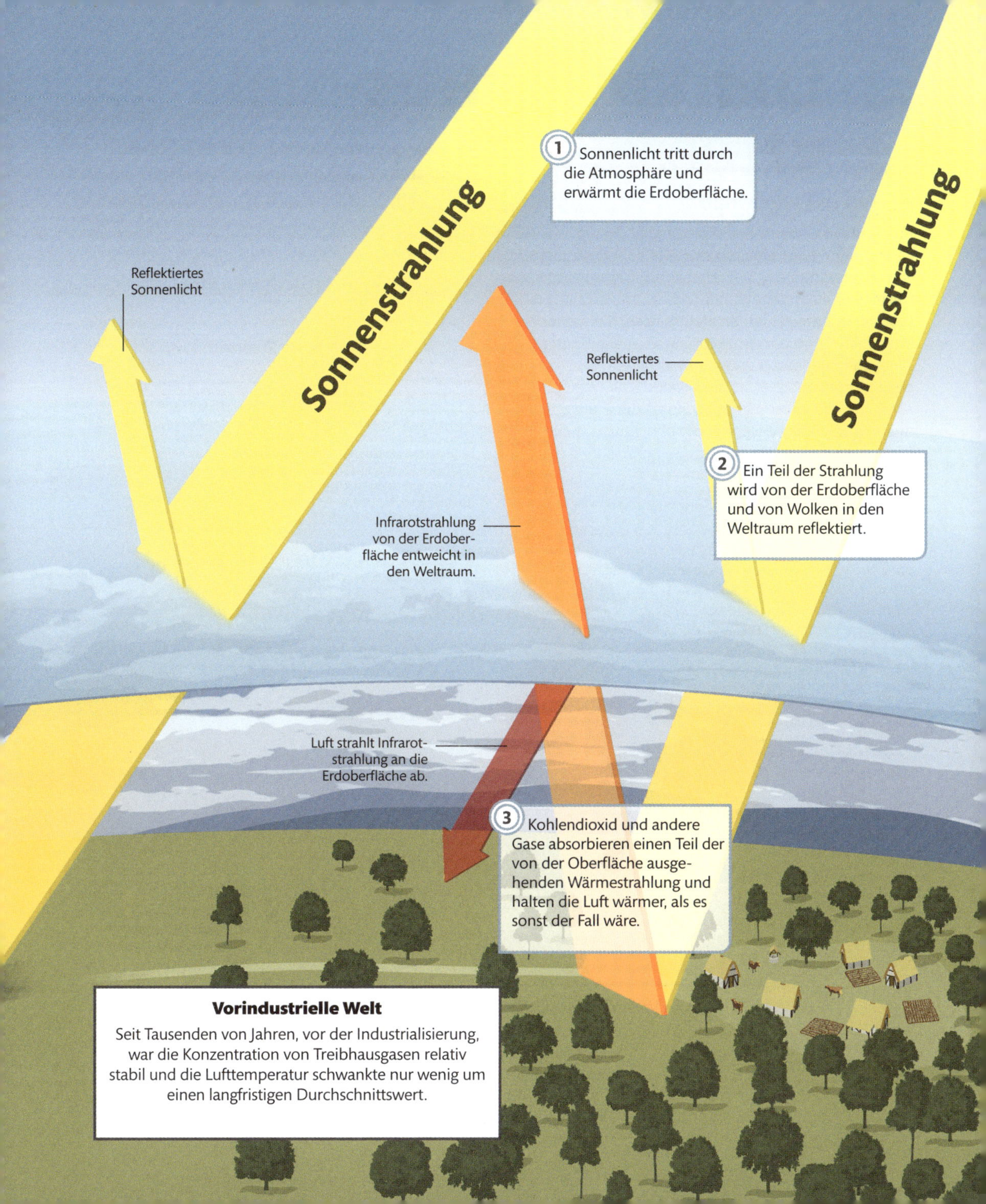

Vorindustrielle Welt

Seit Tausenden von Jahren, vor der Industrialisierung, war die Konzentration von Treibhausgasen relativ stabil und die Lufttemperatur schwankte nur wenig um einen langfristigen Durchschnittswert.

Löcher im Himmel

Hoch in der oberen Erdatmosphäre, viele Kilometer über der Erdoberfläche, liegt eine diffuse Schicht aus Ozongas. Sie schützt das Leben auf der Erde und ist von entscheidender Bedeutung für das Funktionieren des Planeten selbst.

Ozon entsteht aus Sauerstoff in der hohen Atmosphäre. Wenn ultraviolettes Licht (UV) von der Sonne auf Sauerstoffmoleküle der Stratosphäre trifft, wird Ozon gebildet, das seinerseits UV-Strahlung absorbiert, die schädlich für die DNA (Erbgut) von Organismen ist. Bis vor etwa 2,3 Mrd. Jahren vor unserer Zeit war Sauerstoff selten – bis ein Ereignis, die »Große Sauerstoffkatastrophe« eintrat, die auf einer Zunahme der Photosynthese durch mikroskopisch kleine Cyanobakterien beruhte.

Die Ozonschicht

Das stratosphärische Ozon befindet sich vor allem in 20–30 km Höhe, wo die Atmosphäre etwa tausendmal dünner ist als in Bodennähe. Chemische Verbindungen aus menschlichen Aktivitäten haben die Ozonschicht ausgedünnt, und die Sorge über eine die Erdoberfläche erreichende erhöhte UV-Strahlung griff um sich. Neben der Schädigung von Schlüsselarten wie dem Meeresplankton erhöht UV-Strahlung auch das Risiko von Hautkrebs.

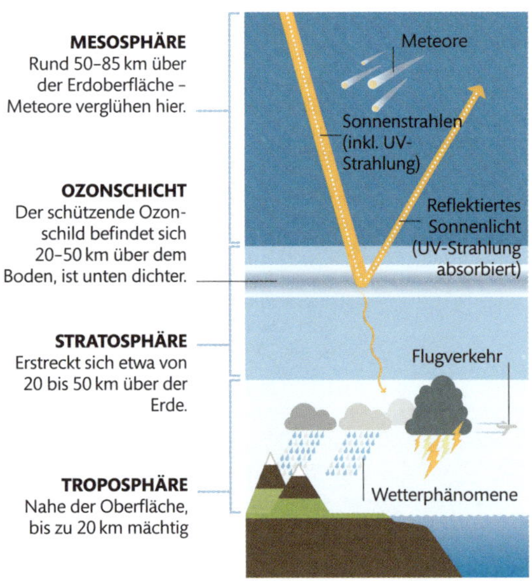

Ozon über der Antarktis

Die Ozonkonzentration wird in Dobson-Einheiten (DU) gemessen. Vor 1979 war Ozon nie unter 220 DU gesunken, aber von da an wurde deutlich, dass jedes Frühjahr der natürliche Sonnenschutz der Antarktis schrumpfte. Dieser Bereich ausgedünnten Ozons wurde bekannt als Ozonloch. Im Jahr 1994 fielen die Konzentrationen auf nur 73 DU.

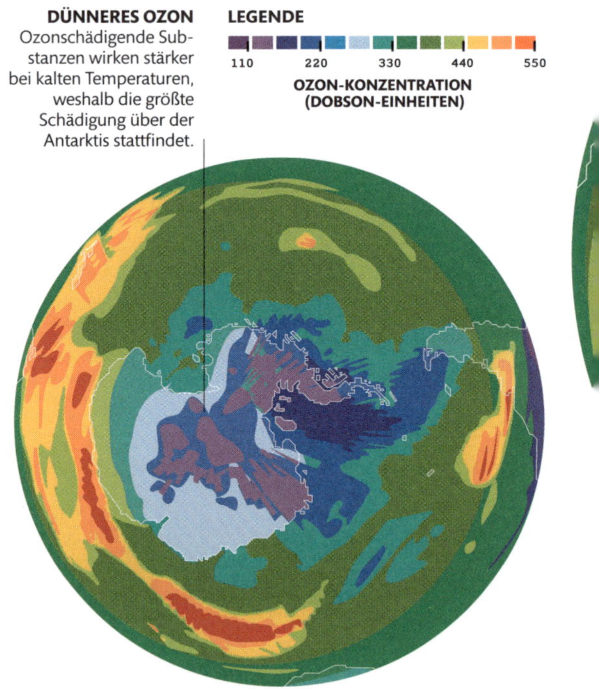

1979
Bodengestützte Messungen des Ozons begannen im Jahr 1956 bei Halley Bay (Antarktis). Satellitenüberwachung begann in den frühen 1970er-Jahren und erste weltweite Messungen begannen 1978 mit dem Nimbus-7-Satelliten. Die Ergebnisse dieser Überwachung halfen dem politischen Handeln auf die Sprünge.

NEUSEELAND
Von Zeit zu Zeit lösen sich Teile des Ozonlochs ab und erstrecken sich fingerartig als abgereichertes Ozon über bewohnte Gebiete, z. B. bis Neuseeland.

SÜDAMERIKA
Im September 2015 hat sich das Ozonloch über Punta Arenas (Chile) verteilt und die Bewohner intensiver UV-Strahlung ausgesetzt.

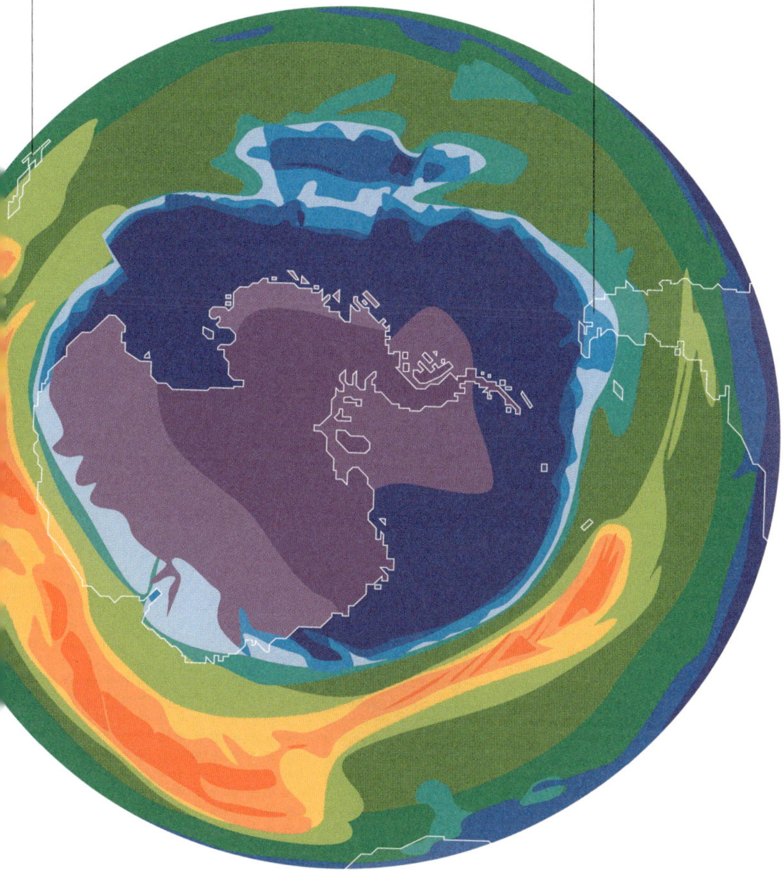

40 %

Ozonausdünnung über der Antarktis in 2011

FEINDE DES OZONS

Als klar war, dass bestimmte Chemikalien die Ozonschicht ausdünnen, wurde das internationale Protokoll von Montreal 1987 ausgehandelt, das die Herstellung und Freisetzung ozonabbauender Substanzen erfolgreich reduzierte. Doch die Erholung der Ozonschicht braucht viel Zeit. Inzwischen sorgt die Überwachung dafür, dass Warnungen in gefährdeten Gebieten ausgegeben werden. Trotz Bedenken der Industrie wegen der Kosten wurden Alternativen zu ozonzerstörenden Stoffen entwickelt und sind mittlerweile weitverbreitet.

FCKW
Fluorchlorkohlenwasserstoffe (FCKW) wurden in Aerosolen, Sterilisationsgeräten, Kühlschränken und Gefriergeräten durch Hydrofluorkohlenwasserstoffe (HFKW) ersetzt.

Halone
Diese Treibhausgase wurden in Feuerlöschern in Technologiesystemen der Luftfahrtindustrie und des Militärs eingesetzt. Die Produktion von Halonen ist seit 1994 weltweit verboten.

Methylbromid
Methylbromid wurde verwendet, um eine Vielzahl landwirtschaftlicher Schädlinge zu kontrollieren. Heute gibt es viele bessere chemische und nichtchemische Alternativen.

2020
Im Jahr 2020 war das Ozonloch noch groß, obwohl die meisten ozonabbauenden Stoffe bereits außer Gebrauch waren. Im frühen Oktober des Jahres nahm das Ozonloch etwa 25 Millionen km^2 ein und war damit immer noch ähnlich groß wie die in den Jahren 2015 und 2018 aufgetretenen massiven Löcher.

Eine wärmere Welt

Steigende Temperaturen, höhere Meeresspiegel und polare Eisschmelze sind Gefahren, die aus den Aktivitäten der Menschheit resultieren. Diese und andere Effekte, die sich durch die Zunahme von Treibhausgasen ergeben, führen zu wirtschaftlichen, sozialen und ökologischen Problemen.

Die Welt wird immer heißer. Von 1850 bis in die Gegenwart sind die Temperaturen im globalen Durchschnitt um 1 °C gestiegen. Hauptursache ist zweifellos die erhöhte Konzentration an Treibhausgasen wie CO_2 *(siehe S. 112–113)*. Dieser Temperaturanstieg führt bereits zu schmelzenden Gletschern sowie zu einem Anstieg des Meeresspiegels. Dieser Trend wird sich fortsetzen, vermutlich werden sie jedoch in Bezug auf die Temperaturerhöhung nicht linear sein. So kann sich etwa die Gesamtmenge der Eisschmelze beschleunigen, wenn kritische »Kipp-Punkte« erreicht sind – z. B. wenn möglicherweise die Eisdecke Grönlands und einige antarktische Eisschilde instabil werden.

10 Mio.
sind jährlich von **Küstenüberflutungen** betroffen.

SIEHE AUCH ...

- **Andere Jahreszeiten** (118–119)
- **Wetterextreme** (122–123)
- **Rückkopplungen** (126–127)

Temperaturanstieg

Auf der gesamten nördlichen Hemisphäre war die Periode von 1983 bis 2012 wahrscheinlich der wärmste 30-Jahres-Zeitraum in den letzten 1400 Jahren. Diese Karte zeigt die globalen Oberflächentemperatur-Veränderungen von 1901 bis 2012. Temperaturabnahmen erscheinen in blau, Anstiege in den Farben orange und violett. Gebiete mit unzureichenden Daten sind weiß.

LEGENDE
Temperaturänderungen

- -0,6 °C
- -0.4 °C
- -0.2 °C
- 0 °C
- 0,2 °C
- 0,4 °C
- 0,6 °C
- 0,8 °C
- 1,0 °C
- 1,25 °C
- 1,5 °C
- 1,75 °C
- 2,5 °C

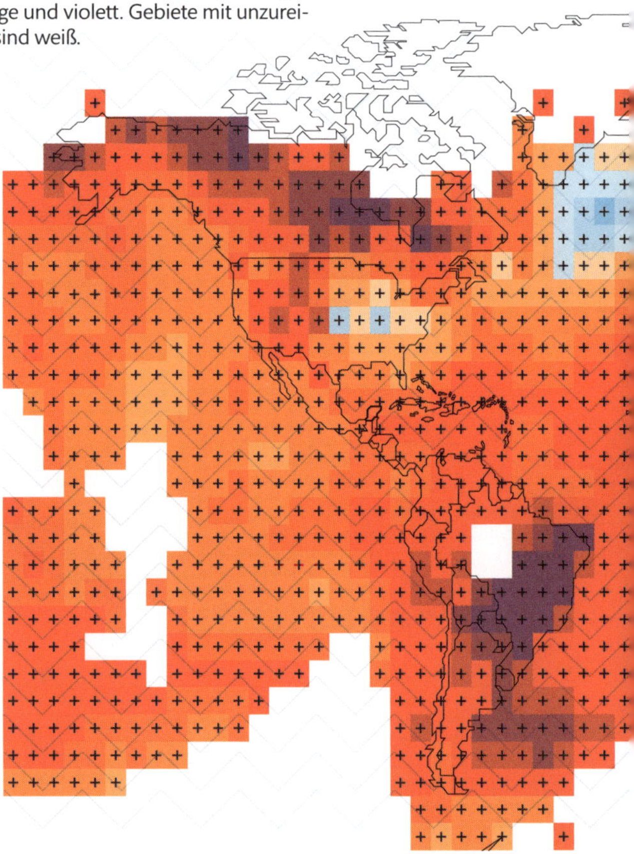

Überschwemmungen
Steigende Wasserspiegel beeinflussen bereits das Leben in Bangladesch. Das Problem wird wahrscheinlich schlimmer.

Meeresspiegelanstieg

Der Meeresspiegel steigt, weil Gletscher schmelzen und Meerwasser sich ausdehnt, wenn es wärmer wird. Die Anstiegsrate des Meeresspiegels seit der Mitte des 19. Jahrhunderts übertrifft die durchschnittliche Rate in den letzten beiden Jahrtausenden. Von 1880 bis 2013 stieg der globale Meeresspiegel um etwa 23 cm. Er wird weiter steigen, denn der Ozean wird sich zusehends erwärmen und das Abschmelzen der Gletscher und polaren Eisschilde wird sich fortsetzen. Von den Folgen besonders stark betroffen sind niedrig gelegene Ländern wie Bangladesch.

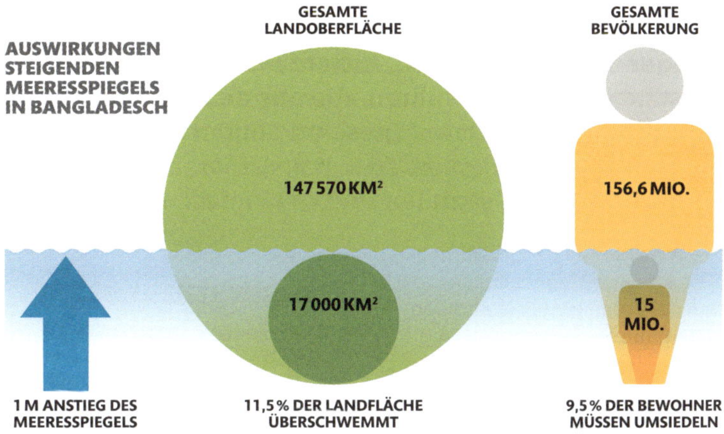

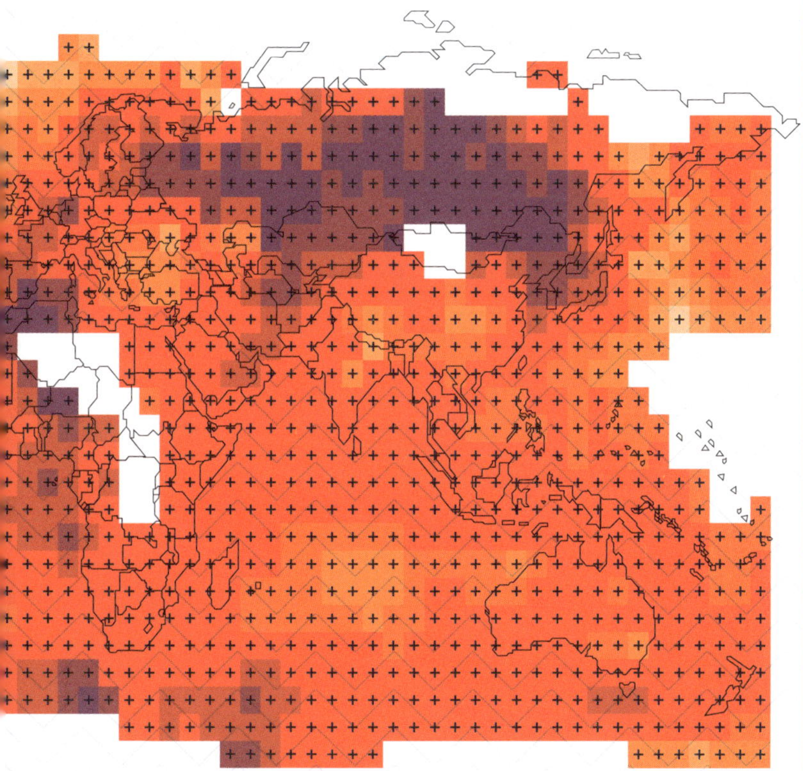

EISSCHMELZE

In den letzten zwei Jahrzehnten gab es einen massiven Verlust an Gletschereis. Die durchschnittliche Rate des Eisverlusts des grönländischen Eisschildes erhöhte sich 2002–2011 deutlich, und auch in der Antarktis beobachtet man nun große Verluste. Die Karte zeigt die sommerliche Ausbreitung des arktischen Meereises seit 1970. Seine Fläche wird 2030 nur ein Bruchteil der Fläche von 1970 sein. Bis zum Jahr 2100 wird der Arktische Ozean im Sommer wahrscheinlich fast oder vollständig eisfrei sein.

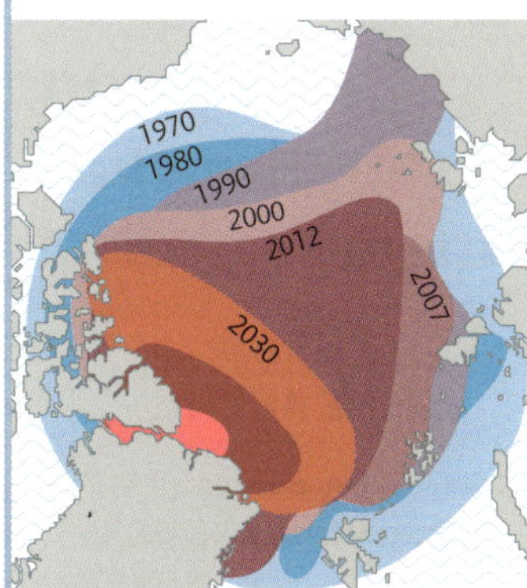

MEEREIS IM SOMMER, 1970–2030

Andere Jahreszeiten

Überall auf der Welt beeinflusst der Klimawandel die Jahreszeiten. Manchmal zwar subtil und über Jahrzehnte hinweg, können die Auswirkungen dennoch tief greifend sein – für Mensch und Natur.

Jahreszeiten prägen das Klima vieler Regionen der Erde und beeinflussen Landwirtschaft, Wasserversorgung, Energiebedarf und die komplexen Beziehungen zwischen den verschiedenen Tier- und Pflanzenarten. Obwohl saisonale Veränderungen ziemlich vorhersehbar waren, werden längerfristige Klimaveränderungen einige gewohnte Abläufe aus dem Gleichgewicht bringen – etwa ein früherer Frühlingsbeginn und eine frühere Pflanzenblüte.

Aufzeichnungen, die Jahrzehnte bis Jahrhunderte zurückreichen, ermöglichen es Wissenschaftlern, langfristige Trends zu erkennen. Dies sind z. B. Daten über die ersten und letzten Blätter der Ginkgo-Bäume in Japan, Termine der ersten Schmetterlingssichtungen in Großbritannien, den Vogelzug in Australien und natürlich viele Temperaturaufzeichnungen eines immer kürzeren Winters und einer früheren Ankunft des Frühlings. Wichtiger als diese einzelnen Veränderungen sind jedoch die Auswirkungen auf die verschiedenen und komplexen Beziehungen zwischen allen Teilen der belebten Natur.

SIEHE AUCH ...

- **Der beackerte Planet** (58–59)
- **Wetterextreme** (122–123)
- **Wie das Klima funktioniert** (120–121)

Globale Auswirkungen

Die Natur und die menschlichen Zivilisationen, die von ihr abhängen, werden von den Jahreszeiten geprägt. Diese Zyklen sind seit Jahrtausenden relativ stabil und vorhersagbar. Heute verändern sie sich zunehmend, weil sich Ablauf und Intensität von Temperaturänderungen und Niederschlägen infolge der globalen Erwärmung ändern – mit vielerlei Auswirkungen auf Menschen und Tiere.

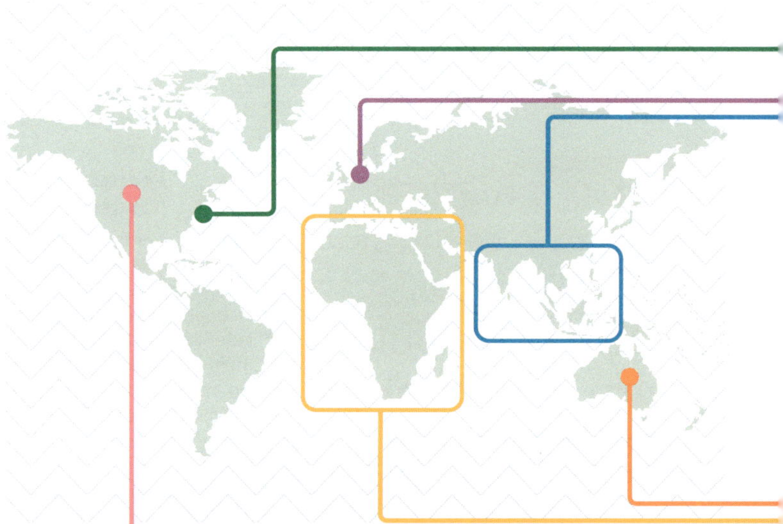

Früher Frühling

Der Frühling kommt in den USA immer früher. Diese Karte schätzt den ersten Tag des Blattaustriebs in jedem Bundesstaat und vergleicht den Durchschnitt für 1991–2010 mit dem von 1961–1980. Solche Veränderungen haben Auswirkungen auf die an Jahreszeiten gebundenen Pflanzen- und Tierlebenszyklen.

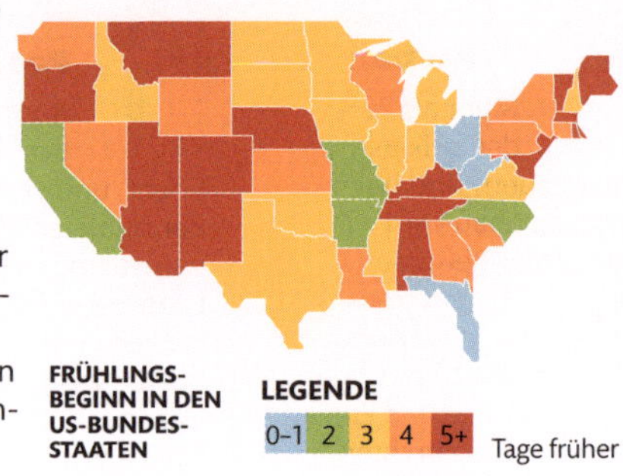

FRÜHLINGSBEGINN IN DEN US-BUNDESSTAATEN

Wärmeres Meerwasser

Von 1982–2006 hat sich der Nordatlantik um etwa 0,23 °C pro Jahrzehnt erwärmt. Zählungen aus den 1960er-Jahren zeigen, dass die Flundern nach Nordosten in kühlere Gewässer abgewandert sind, was den Fischereiflotten Probleme gemacht hat.

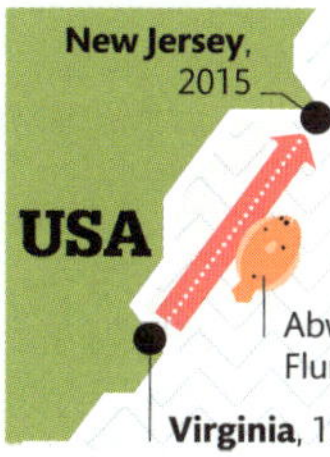

Jährlicher Flunderfang ist über 30 Mio. $ wert.

Hungrige Vögel

Eine niederländische Studie zeigt, wie der Brutzyklus der Kohlmeise nicht mehr synchron mit dem Angebot an Raupen ist, mit denen sie die Küken füttern. Anders als die Vögel haben die Insekten früher mit der Eiablage begonnen. Die Überlebenschancen für die Küken könnten geringer sein.

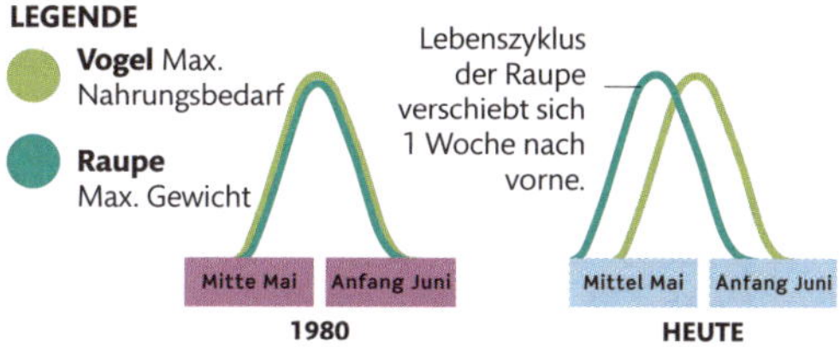

Die ersten Blätter und Blüten zeigten sich 1955 bis 2002 auf der Nordhalbkugel pro Jahrzehnt um einen Tag früher.

Indischer Monsun

Der indische Monsun ist eine stabile jährliche Wetterlage. Infolge des Klimawandels wird befürchtet, dass jedes Jahr die Niederschläge mehr schwanken – sowohl Überschwemmungen als auch Dürren könnten drohen. Selbst Änderungen von 10% können enorme Folgen für Landwirtschaft, Lebensmittelpreise und die Wirtschaft haben.

5–10% mehr Monsunregen

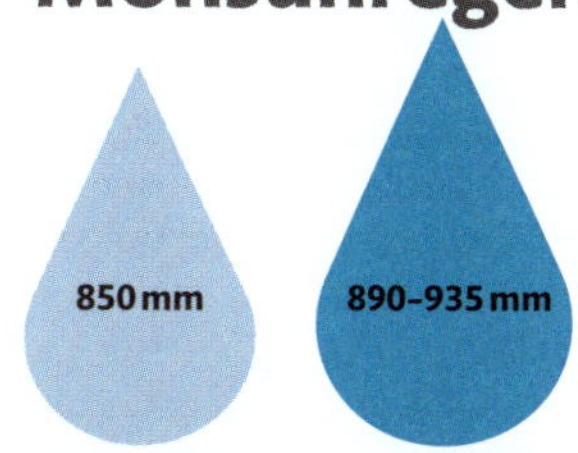

Ackerbau

Mehr als 70% der afrikanischen Bauern sind beim Pflanzenanbau vom Regen (statt Bewässerung) abhängig. Verändert sich die jahreszeitliche Regenzeit, sind weniger Erträge und Einkommen zu befürchten.

Regen

Australien ist der trockenste Kontinent, und Veränderungen der mittleren Niederschläge haben großen Einfluss auf die Landwirtschaft. Vergangene Dürren verursachten gestiegene Kosten wegen der geringeren Niederschläge, ebenso wie Überschwemmungen.

Aufgeheizt

Sieben von Australiens 10 wärmsten Jahren haben seit 2002 mit mittleren Rekordtemperaturen für 2005–2014 stattgefunden. Hohe Temperaturen verstärken die negativen Auswirkungen geringer Niederschläge.

Buschfeuer

Das trockene Klima im südöstlichen Australien hat das Risiko von Buschbränden erhöht. Von 1973 bis 2007 ist die Gefahr von Buschbränden insgesamt angestiegen.

Wie das Klima funktioniert

Das Klima ist eine Wechselwirkung fein abgestimmter Einflüsse. Sonnenstrahlung erwärmt Landoberflächen und Ozeane, die Wärme an die Luft abgeben, während Unterschiede in Luftdruck und Temperatur Winde und Meeresströme antreiben. Faktoren wie Breitengrad, Entfernung vom Meer und Höhe über dem Meeresspiegel beeinflussen auch das Klima. Als Klima bezeichnet man die durchschnittlichen Bedingungen über Jahrzehnte, Wetter hingegen ist das kurzfristige Geschehen von Tag zu Tag. Solarwärme lässt die Luft in drei globalen Zellen – Hadley-, Ferrel- und Polarzellen – zirkulieren. Diese produzieren Strömungsschleifen in Nord-Süd-Richtung, die von der Erddrehung in diagonaler Richtung abgelenkt werden.

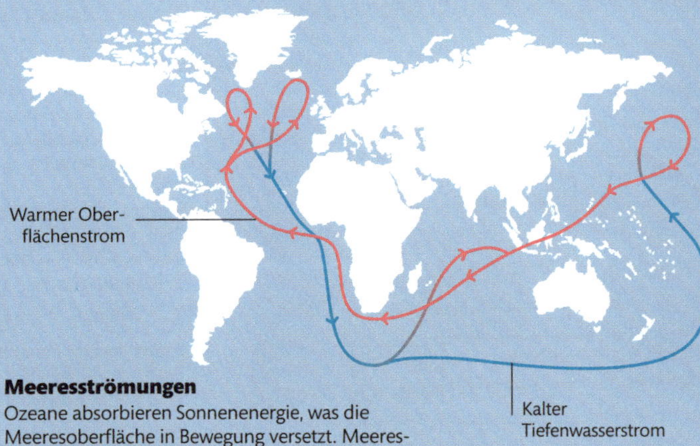

Meeresströmungen
Ozeane absorbieren Sonnenenergie, was die Meeresoberfläche in Bewegung versetzt. Meeresströmungen tragen warmes tropisches Wasser in kühlere Regionen und beeinflussen dort das Klima.

JAHRESZEITEN

Die Erde umkreist in Schräglage innerhalb eines Jahres die Sonne. Da verschiedene Teile der Erdkugel je nach Umlaufabschnitt der Sonne zu- oder abgewandt sind, ändern sich ständig Tageslänge und Temperatur. Dies führt zu langen Tagen und kurzen Nächten im Sommer, im Winter ist es umgekehrt. Nahe der Pole sind die Jahreszeiten ausgeprägter als am Äquator.

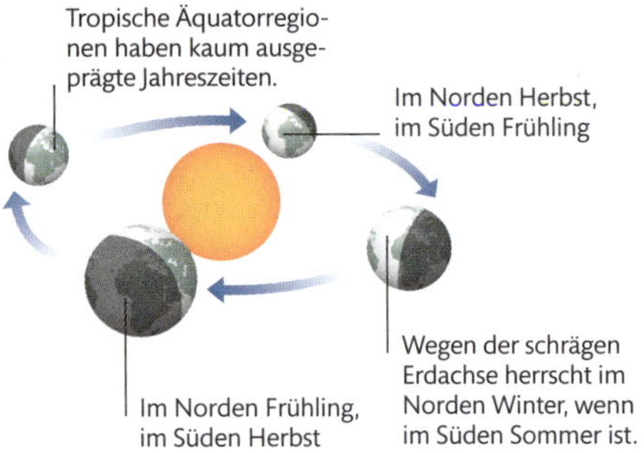

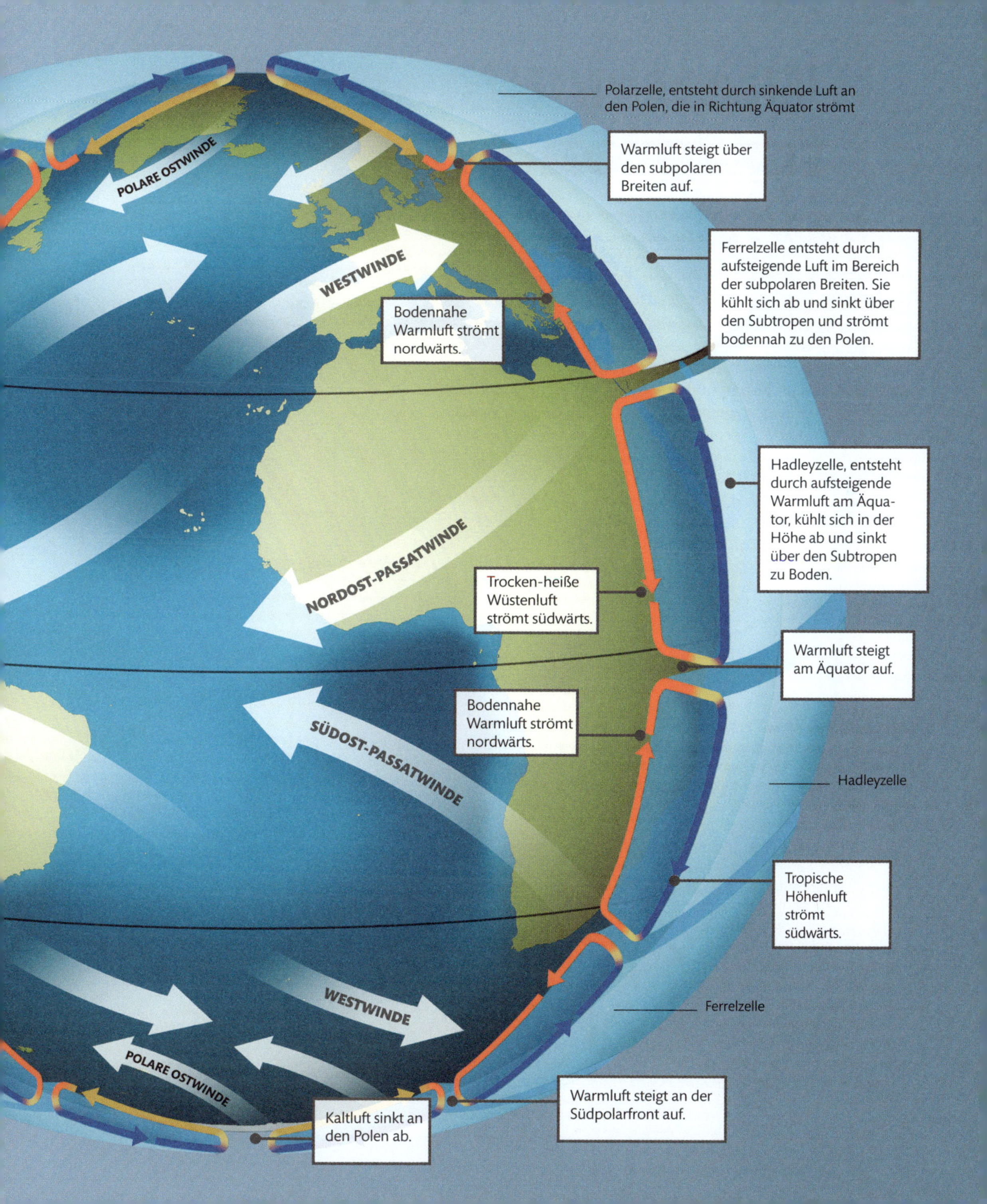
Polarzelle, entsteht durch sinkende Luft an den Polen, die in Richtung Äquator strömt
Warmluft steigt über den subpolaren Breiten auf.
POLARE OSTWINDE
WESTWINDE
Ferrelzelle entsteht durch aufsteigende Luft im Bereich der subpolaren Breiten. Sie kühlt sich ab und sinkt über den Subtropen und strömt bodennah zu den Polen.
Bodennahe Warmluft strömt nordwärts.
Hadleyzelle, entsteht durch aufsteigende Warmluft am Äquator, kühlt sich in der Höhe ab und sinkt über den Subtropen zu Boden.
NORDOST-PASSATWINDE
Trocken-heiße Wüstenluft strömt südwärts.
Warmluft steigt am Äquator auf.
Bodennahe Warmluft strömt nordwärts.
SÜDOST-PASSATWINDE
Hadleyzelle
Tropische Höhenluft strömt südwärts.
WESTWINDE
Ferrelzelle
POLARE OSTWINDE
Warmluft steigt an der Südpolarfront auf.
Kaltluft sinkt an den Polen ab.

Wetterextreme

Wetterrekorde werden auf der ganzen Welt gebrochen. Durch die Erderwärmung entstehen immer häufiger Wetterextreme, die durch Dominoeffekte zu schwerwiegenden Folgen führen können.

Durch eine wärmere Atmosphäre verändern sich die Verdunstung und die Luftzirkulation. Dies führt zu ungewöhnlichen und extremen Wetterausprägungen. Kurzfristig betrachtet ist das Wetter sehr variabel, Klima hingegen basiert auf Wettermittelwerten, die Jahrzehnte überspannen. Der Trend zu extremen Wetterereignissen steht im Einklang mit den vorhergesagten Auswirkungen fortschreitender Erwärmung. Steigt sie weiter an, wird es mehr Extremereignisse geben, mit einem breiten Spektrum an wirtschaftlichen, sozialen und ökologischen Folgen. Andere Umweltveränderungen, wie etwa Abholzung, verstärken diesen Trend.

Gefährliche Wetterlagen

Die Auswirkungen extremer Wetterereignisse werden die Nahrungsmittelproduktion erschweren, erhöhten Druck auf Notfalldienste ausüben, den Bedarf an humanitären Einsätzen erhöhen, die Sicherheitslage verschärfen und Konflikte anheizen. Die zukünftige Wirtschaftsplanung muss sich auf Extremereignisse einstellen, um Folgen zu minimieren und schnell wieder Normalität herzustellen. Dazu könnten z. B. Regenwasserspeicherung gehören, Erhaltung und Aufforstung von Wäldern, neue Standards für die Infrastruktur, Verbesserung der Bodenqualität und eine vielfältigere Landwirtschaft.

Hurrikane
Intensität, Häufigkeit und Dauer der atlantischen Hurrikane (links im Foto der Hurrikan Dean an der Küste Mexikos im Jahr 2007) haben seit Anfang der 1980er-Jahre zugenommen.

Dürren

Australien, Kalifornien, Teile Ostafrikas und Südbrasilien haben vor Kurzem die Auswirkungen von schlimmer Dürre gespürt, bei der die Verfügbarkeit von Wasser für Industrie, Landwirtschaft, Haushalte, Tierwelt und Energieerzeugung zurückging.

Überschwemmung

Verheerende Überschwemmungen trafen kürzlich Teile Westafrikas, Thailand, Westeuropa und Südamerika. Es gab Opfer zu beklagen, Sachschäden und größere Störungen des geschäftlichen Lebens. Schäden an Böden durch intensive Landwirtschaft haben die Folgen von Überschwemmungen verstärkt.

Stürme

Über erwärmtem Meerwasser verdunsten große Mengen feuchter Warmluft, welche die Bildung schwerer Stürme begünstigen. So haben in den letzten Jahren tropische Wirbelstürme an Kraft zugelegt. Diese Entwicklung wird in Zukunft noch zunehmen, befürchten Experten.

Nahrungsknappheit

Überschwemmungen, Dürren und Stürme können die Nahrungsproduktion einschränken – mit Engpässen, steigenden Preisen und Hunger für die Ärmsten. Immer wieder bedrohen Dürre und Hitze die Ernte z. B. in den USA.

Wasserknappheit

Schwere Dürren haben zu Einschränkungen der öffentlichen Wasserversorgung geführt, etwa in Australien, Brasilien und den USA. Überschwemmungen und Sturmschäden können das Trinkwasser verseuchen.

Obdachlosigkeit

Riesige Überschwemmungen wie in Pakistan zerstören Tausende von Häusern. In den letzten Jahren haben Wirbelstürme Inseln und Küstengebiete verwüstet und Zehntausende obdachlos gemacht.

Zerstörte Infrastruktur

Straßen, Häfen, Eisenbahnen und Energieversorger werden alle durch die Unwetter betroffen. Dies hat die wetterbedingten Schadensersatzansprüche und die Prämien bei den Versicherungen erhöht.

Massenmigration

Viele der in den letzten Jahren in Europa angekommenen Migranten kommen aus Teilen Afrikas, die unter den Auswirkungen der Desertifikation leiden, verschlimmert durch Regenmangel. In Zukunft werden Menschen gezwungen sein, vor dem steigenden Meeresspiegel zu fliehen. Viele fliehen auch vor Konflikten, die zum Teil mit Naturkatastrophen in Verbindung stehen.

Konflikte

Die Folgen von Wetterkatastrophen können Konflikte entfachen. Der syrische Bürgerkrieg begann in einer Zeit schwerer Dürre. Dies verschärfte die politischen Spannungen durch etwa 1,5 Mio. Menschen aus ländlichen Gebieten, die gezwungen waren, in städtische Gebiete abzuwandern. Die außergewöhnliche Trockenperiode überrascht nicht, da die Niederschläge gemäß den Vorhersagen zurückgehen.

Menschliche Opfer

Manche Stürme verursachen unmittelbar massive Verluste an Menschenleben, wie etwa die 18 000 Opfer des Hurrikans Mitch 1998. Dieser außerordentliche Sturm zerstörte auch die Infrastruktur in weiten Teilen Mittelamerikas. Auch die Auswirkungen von Extremereignissen, etwa Hungersnöte, Unterkühlung, Krankheiten und Konflikte, fordern Opfer.

Das 1,5-Grad-Ziel

2015 einigten sich auf der UN-Klimakonferenz in Paris die Regierungen fast aller Länder, dass der globale Temperaturanstieg im Vergleich zu vorindustriellen Zeiten 2 °C nicht überschreiten dürfe und dass eine Grenze von 1,5 °C anzustreben sei.

Das Ziel, die globale Erwärmung auf 2 °C zu begrenzen und einen Wert von 1,5 °C anzustreben, ist notwendig, um dem in der UN-Rahmenkonvention zum Klimawandel von 1992 genannten Ziel gerecht zu werden, einen gefährlichen menschlichen Eingriff in das Klima zu verhindern. Obwohl der Begriff »gefährlich« wissenschaftlich nicht klar definiert ist, ist das 1,5-°C-Ziel notwendig, um verheerende Folgen für die Nahrungsproduktion *(siehe S. 68–69)*, die Wasserversorgung *(siehe S. 72–73)*, die Meere *(siehe S. 152–153)* und das Klimasystem *(siehe S. 126–127)* zu verhindern. Auf der Basis des Temperatur-Limits lässt sich ein »Kohlenstoff-Budget« berechnen. Dieses beziffert die Menge des Kohlendioxids, das emittiert werden kann, bis die globale Temperatur die gesetzte Grenze überschreiten wird.

SIEHE AUCH ...

- **Eine wärmere Welt** (116–117)
- **Wie viel können wir noch verbrennen?** (128–129)
- **Kohlenstoffkreislauf** (130–131)
- **Künftige Emissionsziele** (134–135)

Unser Kohlenstoff-Budget

Das Kohlenstoff-Budget beschränkt die menschlichen Kohlendioxid-Emissionen. Für eine 50-prozentige Chance, die Temperaturzunahme auf 1,5 °C zu begrenzen, betrug 2017 das noch verbleibende Budget etwa 157 GtC (Gigatonnen Kohlenstoff). Um die Chance auf zwei Drittel zu erhöhen, betrug es 114 GtC. Zählt man den Effekt anderer Treibhausgase hinzu, wird das Budget kleiner. 2020 war das bisher wärmste aufgezeichnete Jahr. Es zeigte eine mittlere globale Temperatursteigerung von über 1 °C gegenüber vorindustriellen Zeiten.

2019 legte Großbritannien als erstes größeres Land rechtlich bindend fest, bis 2050 CO_2-neutral zu werden.

Zusammenhang CO_2 – Temperatur
Wenn wir fortfahren, CO_2 wie bisher in die Atmosphäre abzugeben, wird die globale Erwärmung im Jahr 2100 zwischen 3 °C und 5 °C verglichen mit der Mitte des 19. Jahrhunderts betragen.

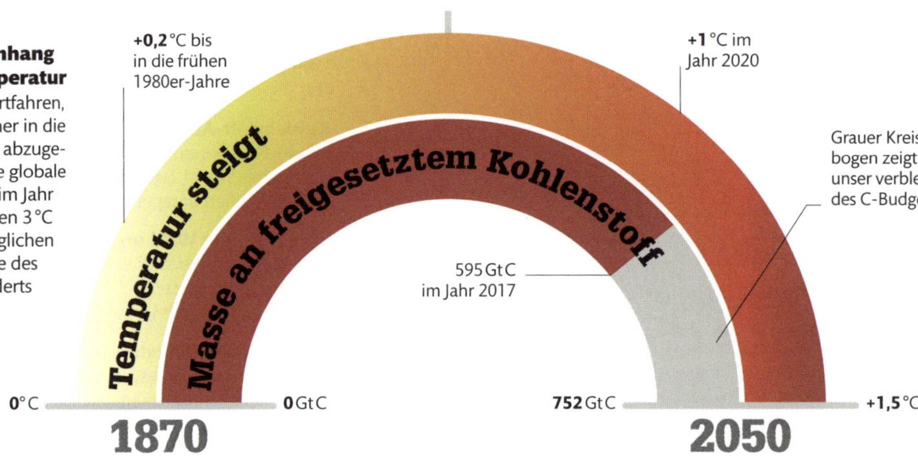

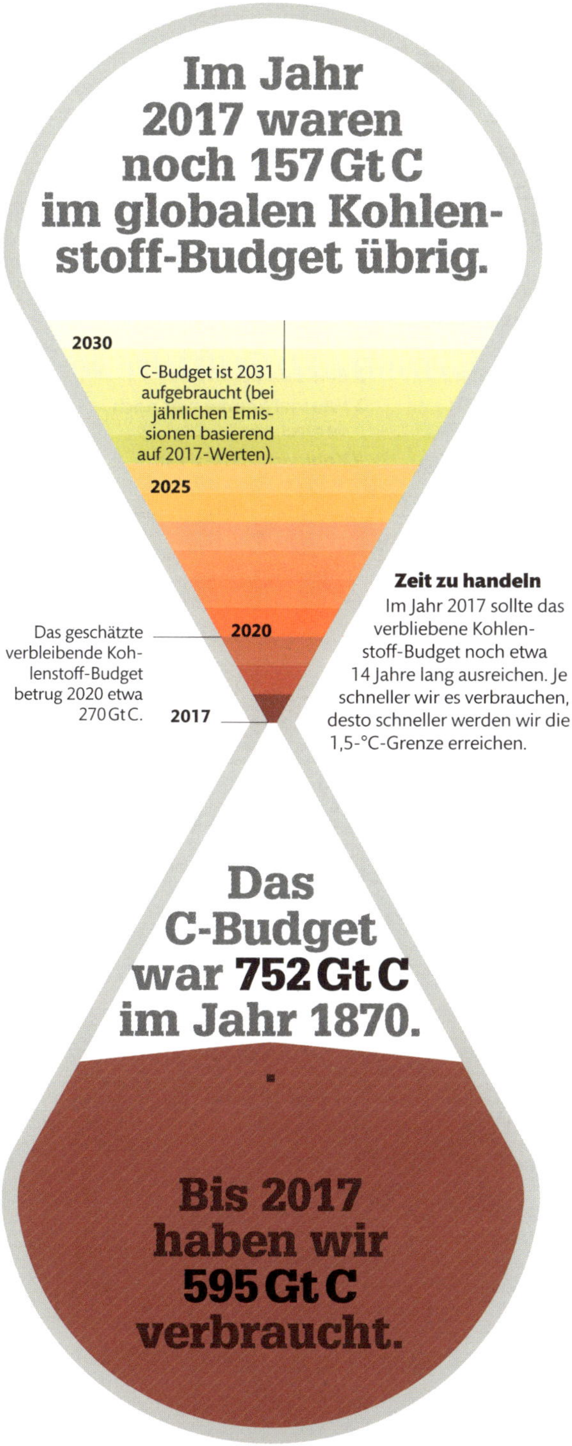

DEN RICHTIGEN WEG FINDEN

Eine Reihe verschiedener Strategien ist erforderlich, um einen Emissionspfad mit maximal 1,5-°C-Temperaturanstieg einschlagen zu können. Viele dieser Strategien haben mit der Energieversorgung zu tun, aber auch mit Abholzung, Landnutzung und Wirtschaftspolitik. Einige Maßnahmen wurden bereits ergriffen, doch zur Erreichung des Ziels sind weitere dringend nötig.

Stromeffizienz Emissionen können durch eine effizientere Nutzung der Elektrizität reduziert werden: z. B. durch den Einbau von modernen Elektromotoren in Fabriken oder LED-Leuchten.

Erneuerbare Energieträger Der Wechsel von fossilen zu erneuerbaren Energieträgern wird ein wichtiger Schwerpunkt sein, um einen Emissionspfad für das 2 °C-Ziel zu erreichen.

CO_2-Sequestrierung Abtrennung und Speicherung von CO_2 (CCS) *(siehe S. 128–129)* kann Emissionen verringern, auch wenn hier bisher nur geringe Fortschritte gemacht wurden.

Fahrzeugeffizienz Die Umstellung auf Elektrofahrzeuge und der Einsatz von Wasserstoff bei Zügen, Schiffen und Flugzeugen können Kohlendioxid-Emissionen verringern.

Kohlenstoffarmer Kraftstoff Nachhaltig produzierte Bioenergie als Ersatz flüssiger Kraftstoffe könnte eine begrenzte Rolle bei der Erreichung von Klimazielen spielen.

Intelligentes Wachstum Der Aufbau von Gemeinschaften mit nachhaltigem Transport nahe von Arbeit, Schulen und Geschäften schützen die Umwelt und stützen die lokale Wirtschaft.

Kohlenstoff-Abgaben Einen Preis für Kohlendioxid-Emissionen zu setzen wäre ein klares ökonomisches Signal, das die Investition in saubere Energiequellen anregen würde.

Kohlenstoff in Wald und Böden Weniger Abholzung und mehr Wiederaufforstungen könnten einen wesentlichen Beitrag zur Erreichung des 2 °C-Ziels leisten.

Subventionen umleiten Abbau von Subventionen für fossile Brennstoffe könnte Emissionen um rund 13 % reduzieren. Die Einsparungen können erneuerbare Alternativen unterstützen.

Rückkopplungen

Während wir über fossile Brennstoffe und Landnutzungsänderungen eine gewisse Kontrolle haben, spielen unkontrollierbare Rückkopplungen eine zunehmend wichtige Rolle für den Klimawandel und die Erderwärmung.

Rückkopplungen sind Effekte im Klimasystem, die entweder die Erwärmung schneller (positive Rückkopplung) oder langsamer (negative Rückkopplung) machen. So könnten bestimmte Wolkenarten, die bei höheren Temperaturen häufiger werden, kühlend wirken und den Klimawandel verlangsamen. Je wärmer die Welt wird, desto größer ist das Risiko, dass wichtige positive Rückkopplungen den Klimawandel beschleunigen, selbst wenn die Emissionen sinken.

Die Dürre im Amazonas verursachte 2010 **die Freisetzung** von etwa **2 Mrd. t Kohlenstoff.**

Rückkopplungen und ihre Auswirkungen

Steigende globale Temperaturen können positive Rückkopplungen auslösen, die den Klimawandel beschleunigen. Dies ist einer der Gründe, die die Regierungen eine Grenze der globalen Erwärmung von 1,5° über die Temperaturen von 1850 hinaus akzeptieren ließen. Höhere Temperaturen erhöhen die Wahrscheinlichkeit von Rückkopplungen: den Verlust der Eisschilde, schmelzende Permafrostböden, Regenwaldrückgang sowie die Methanfreisetzung vom Meeresboden.

Arktische Eisschmelze

Der größte Teil der Sonnenstrahlung, der auf Schnee- und Eisdecken trifft, wird zurück in den Weltraum reflektiert. Wenn das Eis in der Arktis und anderswo schmilzt, werden die dunklen Oberflächen des Ozeans und der Tundra sichtbar. Diese absorbieren viel mehr Sonnenenergie, und die globale Erwärmung beschleunigt sich, was wiederum mehr Eis tauen lässt.

Methan vom Meeresboden

Riesige Mengen Methan sind im Meeresboden als Methanhydrate gespeichert. Sie sind bei niedrigeren Temperaturen stabil, aber die globale Erwärmung könnte dazu führen, das Gas in die Atmosphäre zu entlassen. Dieses starkes Treibhausgas würde die Erwärmung verstärken und die weitere Freisetzung von Methan aus Meeresböden und Permafrost in Gang setzen.

Der Permafrost taut auf

In den hohen Breiten der Polarregionen gibt es riesige Gebiete mit ständig gefrorenen torfreichen Böden. In ihnen sind große Mengen Kohlendioxid und Methan gebunden. Da sich das Klima erwärmt und den Permafrost auftaut, werden diese Treibhausgase freigesetzt. Je mehr freigesetzt wird, umso stärker wird der Permafrost tauen und diesen Effekt noch verstärken.

Gefährdeter Regenwald

Große Teile des tropischen Regenwalds könnten durch weniger Niederschläge und Hitzestress trockener werden und sich zu Savannen umwandeln. Diese Ökosysteme speichern weniger Kohlenstoff als Wälder, sodass bei der Umwandlung zusätzliche CO_2-Emissionen entstehen. Veränderungen in den Wäldern werden wahrscheinlich auch die Tierwelt beeinflussen.

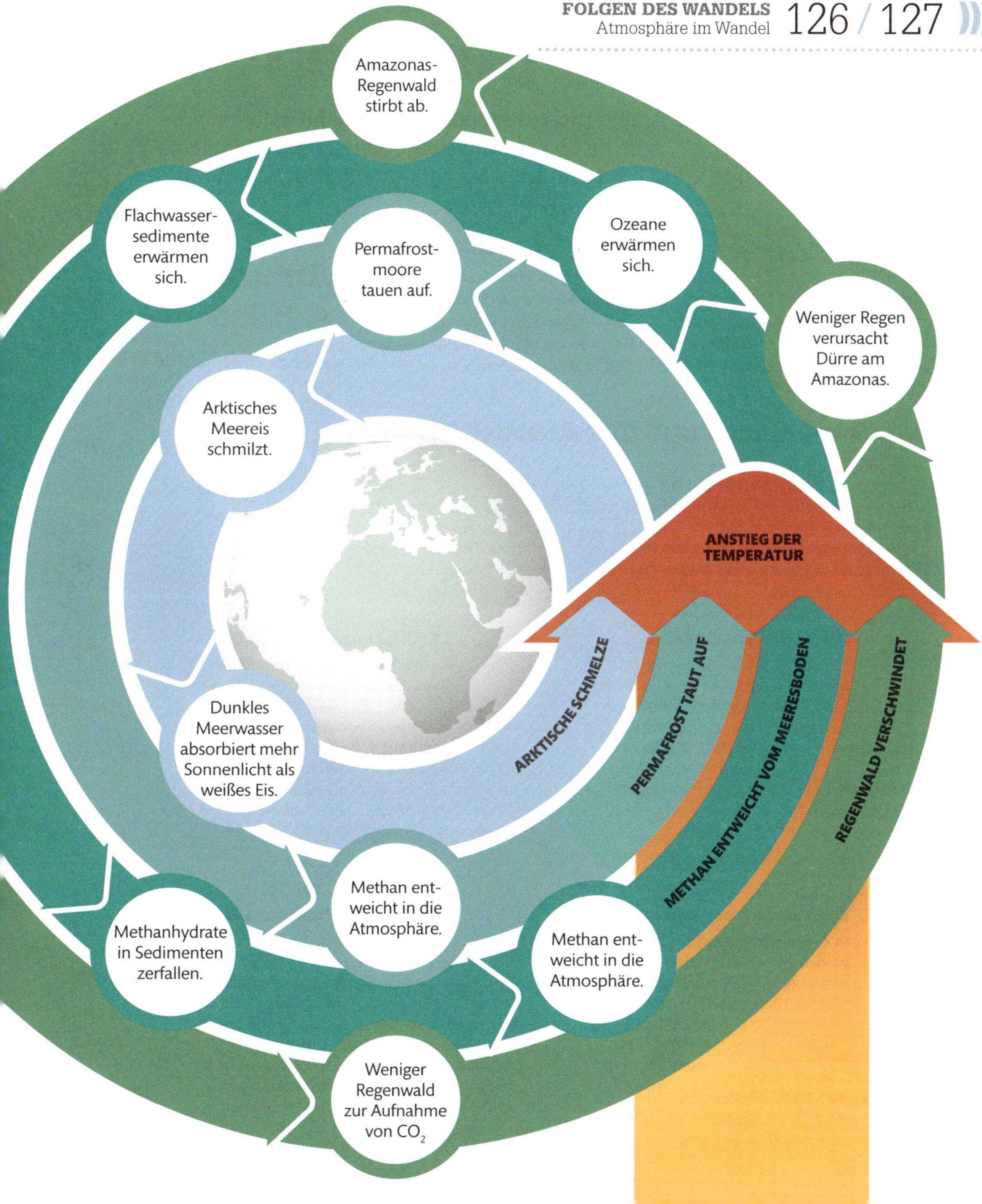
Amazonas-Regenwald stirbt ab.
Flachwasser-sedimente erwärmen sich.
Permafrost-moore tauen auf.
Ozeane erwärmen sich.
Weniger Regen verursacht Dürre am Amazonas.
Arktisches Meereis schmilzt.
Dunkles Meerwasser absorbiert mehr Sonnenlicht als weißes Eis.
ANSTIEG DER TEMPERATUR
ARKTISCHE SCHMELZE
PERMAFROST TAUT AUF
METHAN ENTWEICHT VOM MEERESBODEN
REGENWALD VERSCHWINDET
Methan entweicht in die Atmosphäre.
Methanhydrate in Sedimenten zerfallen.
Methan entweicht in die Atmosphäre.
Weniger Regenwald zur Aufnahme von CO_2

Wie viel können wir noch verbrennen?

Man kann die Menge an Treibhausgasen berechnen, die noch emittiert werden dürfen, bevor wir die Temperaturschwellen überschreiten. Mit diesem Wissen müssen wir entscheiden, wie wir die restlichen fossilen Brennstoffe verwenden.

Kohlenstoff-Budgets beschreiben die Menge an Treibhausgasen, speziell Kohlendioxid (CO_2), die in die Atmosphäre abgegeben werden können. Diese Budgets werden mit den bekannten Reserven an fossilen Brennstoffen verglichen, um die Menge zu bestimmen, die wir verbrennen können, bevor ein gefährlicher Temperaturanstieg stattfindet. Im Jahr 2015 wurde die Grenze dieses Anstiegs bei 1,5 °C über der globalen Durchschnittstemperatur vorindustrieller Zeiten festgesetzt *(siehe S. 124–125)*. Es wird angenommen, dass wir nur etwa ein Fünftel der bekannten Reserven verbrennen dürfen, wenn wir eine 50-prozentige Chance haben wollen, diese Grenze nicht zu überschreiten.

Im Budget bleiben

Es gibt viel größere Mengen fossiler Brennstoffe im Untergrund, als wir gefahrlos verbrennen könnten. Die potenziellen CO_2-Emissionen aller bekannten Reserven belaufen sich auf 762 Gt C (Gigatonnen Kohlenstoff). Dabei sind bislang unentdeckte Vorkommen nicht eingerechnet. Ernsthafte Maßnahmen gegen den Klimawandel hießen, dass Öl- und Gas-Unternehmen ihre Bodenschätze aufgeben müssten.

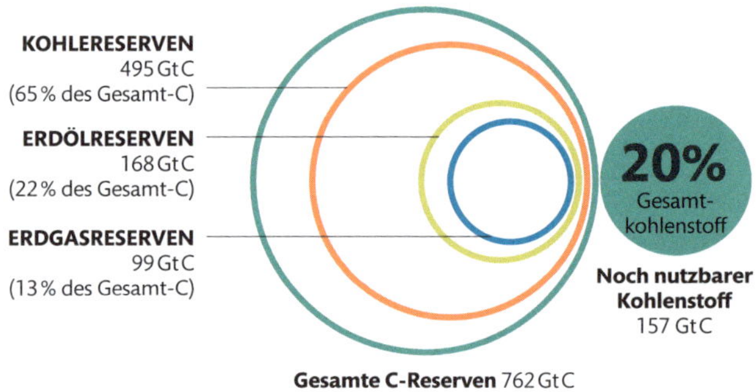

KOHLENDIOXID-SEQUESTRIERUNG (CCS)

Eine Technik, die Kohlenstoffemissionen abfängt, die Gase zu flüssiger Form komprimiert und im Boden lagert, mag die Nutzung einer gewissen Menge fossiler Brennstoffe erlauben, ohne das Kohlenstoff-Budget zu überschreiten. Sie ist allerdings nicht verbreitet.

Nicht abbaubare Kohleflöze
CO_2 kann in tiefe, unzugängliche oder unwirtschaftliche Kohlegruben eingebracht werden, um es dort endzulagern. Während dieses Prozesses kann Methan, ein Treibhausgas, freigesetzt werden. Das Methan kann dann als Energiequelle genutzt und verwendet werden.

Ausgebeutete Erdölvorkommen
Öl- und Gasfelder, die kurz vor ihrem »Lebensende« sind, kann man für die Speicherung von CO_2 nutzen. Durch Kohlendioxid-Injektionen kann der Druck in erschöpften Ölfeldern erhöht werden, was den Entölungsgrad in der Lagerstätte verbessern hilft.

Salzhaltige Tiefenwässer
Tiefe geologische Schichten aus Sand- und Kalksteinen, die salzige Wässer enthalten, sind manchmal von anderen, undurchlässigen Gesteinsformationen überlagert und sind daher in der Lage, eingepresstes Kohlendioxid zu halten.

Brennstoffreserven
Wenn das verfügbare Kohlenstoff-Budget für die 1,5-°C-Grenze gleichmäßig über die wichtigsten fossilen Brennstoffreserven verteilt wird, wird es deutlich, dass wir nur einen Bruchteil der bekannten Reserven verfeuern dürfen. Diese Analyse hat gravierende Folgen für die Zukunft der Anbieter fossiler Brennstoffe und die Investoren, die Nutznießer ihrer Profite sind.

28%

der **globalen Kohlendioxidproduktion** sind 2020 **in China** emittiert worden.

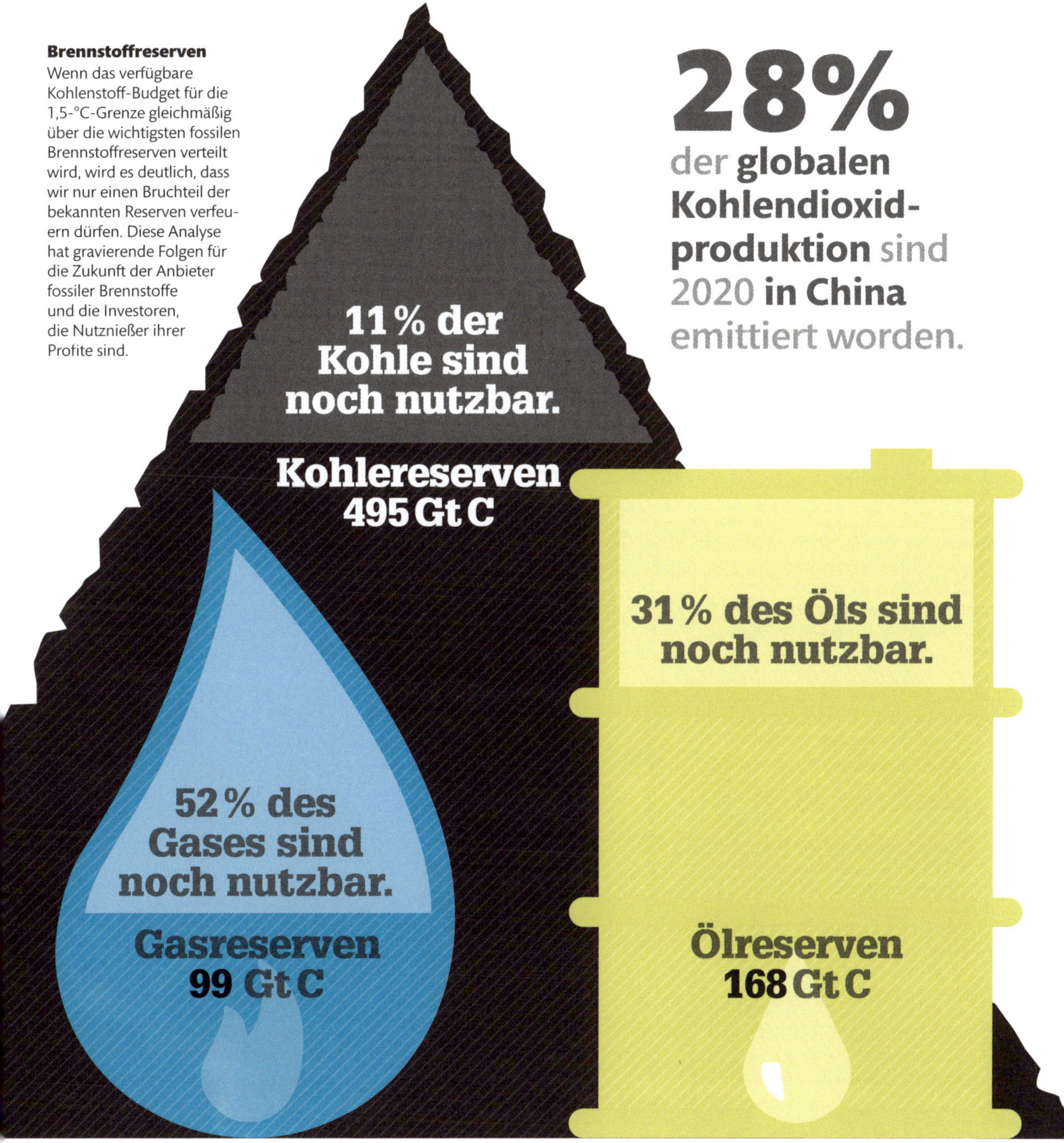

Welt am Scheideweg

Die Welt steht vor wichtigen Entscheidungen. Zur Begrenzung der Erwärmung auf unter 2 °C über dem vorindustriellen Wert müssen wir jetzt handeln.

Zukünftige Konzentrationen von CO_2 und anderen Treibhausgasen in der Atmosphäre werden durch eine Reihe von Faktoren bestimmt, etwa Energiequellen und Bevölkerungsveränderungen. Ohne sofortiges Handeln wird es nicht möglich sein, die Erderwärmung in diesem Jahrhundert auf unter 2 °C oder gar die 2015 vereinbarten 1,5 °C zu drücken.

SIEHE AUCH ...

- **Eine wärmere Welt** (116–117)
- **Das 1,5-Grad-Ziel** (124–125)
- **Wie viel können wir noch verbrennen?** (128–129)
- **Künftige Emissionsziele** (134–135)
- **Wie sieht der globale Plan aus?** (182–183)

Gestern, heute und morgen

Der 5. Sachstandsbericht des Weltklimarats IPCC (*Intergovernmental Panel on Climate Change*, Zwischenstaatlicher Ausschuss für Klimaänderungen) von 2014 ist eine umfassende Bewertung des Klimawandels. Zu den wichtigsten Ergebnissen zählt, dass menschliche Aktivitäten, vor allem die Freisetzung von CO_2, eindeutig einen anhaltenden Anstieg der Globaltemperaturen verursachen. Selbst wenn alle Emissionen sofort stoppten, stiegen die Temperaturen durch die bereits freigesetzten Treibhausgase weiter an. Um die Erwärmung abzuschwächen, müssen die Emissionen sofort erheblich und dauerhaft reduziert werden.

WAS HEISST RCP?

Der IPCC erforschte vier verschiedene Szenarien zukünftiger Klimaentwicklung. Diese Szenarien, bekannt als repräsentative Konzentrationspfade (RCP, *Representative Concentration Pathways*), prognostizieren Treibhausgaskonzentrationen und ihre Folgen auf das Klima im 21. Jahrhundert. Jeder Pfad steht für ein bestimmtes Szenario auf der Basis verschiedener sozioökonomischer Trends und politischer Entscheidungen.

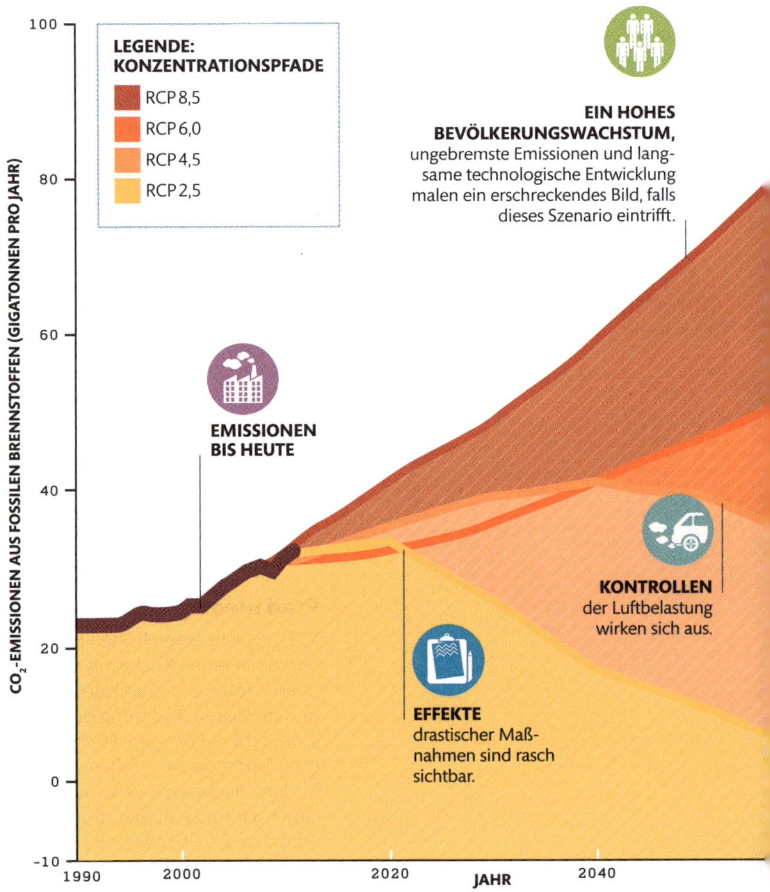

»Wir haben diese Welt ... von unseren Nachkommen geliehen, denen wir sie einst wieder zurückgeben müssen!«

PAPST FRANZISKUS I.

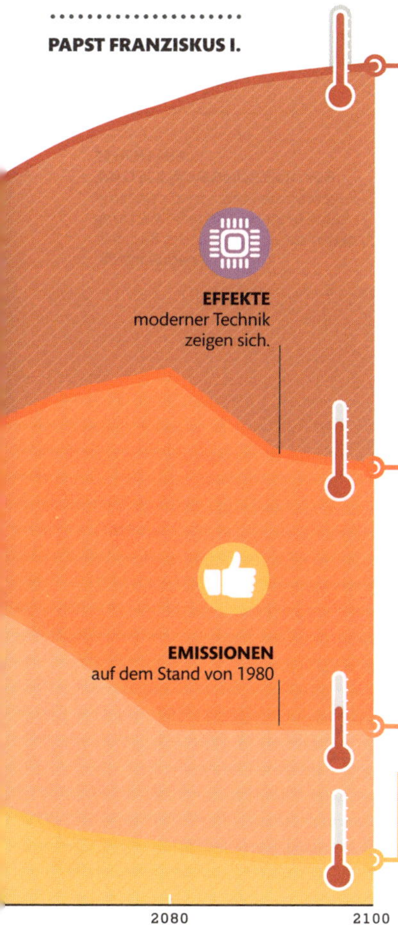

Pfad höchster Konzentration

RCP 8.5 steht für hohes Bevölkerungswachstum, niedrige Einkommen in den Entwicklungsländern, langsame Technologieentwicklung und steigende Emissionen aus der Verbrennung fossiler Brennstoffe. Der Anstieg der Emissionen flacht sich zwar am Ende des Jahrhunderts ab, aber die globale Mitteltemperatur steigt um ca. 5 °C.

Ökosystem-Kollaps Viele Ökosysteme, wie große Teile des tropischen Regenwalds, kollabieren und setzen zusätzliches CO_2 frei.

Pfad hoher Konzentration

RCP 6.0 nimmt einen technischen Fortschritt an, der während der 2080er-Jahre stark zu wirken beginnt. Das heißt, dass sich die Konzentrationen von CO_2 und anderer Treibhausgase um das Jahr 2100 stabilisieren. In diesem Szenario wird die durchschnittliche globale Temperaturerhöhung etwa 3 °C erreichen.

Nahrungsmittelknappheit Veränderte Niederschläge und Temperaturen reduzieren die Produktion, vor allem in den Tropen.

Pfad mittlerer Konzentration

RCP 4.5 bildet moderate Maßnahmen gegen Klimawandel und Luftverschmutzung ab. Waldschutz und Nachpflanzungen bringen erhebliche positive Effekte zwischen 2040 und 2060. Um 2080 sind die Emissionen etwa so hoch wie in den 1980er-Jahren. Der Anstieg der Temperatur wird 2–3 °C erreichen.

Korallenriffe sterben ab Etwa zwei Drittel der Korallenriffe erleiden einen großen, lang anhaltenden Niedergang.

Pfad niedriger Konzentration

RCP 2.5 sieht einen frühen Höhepunkt und dann einen Rückgang der Emissionen infolge einer radikalen und fast unmittelbaren Änderung der Politik, erneuerbare Energien, Energieeffizienz und Waldschutz in großem Maßstab zu fördern. In diesem Szenario bleibt die Durchschnittstemperatur unterhalb der kritischen 2 °C-Grenze.

Rückläufige Milchproduktion Schlechteres Weideland und höherer Hitzestress für die Kühe beeinträchtigen Milchexportländer.

Kohlenstoffkreislauf

Kohlenstoff (C) ist für das Leben unverzichtbar und in allen Lebewesen enthalten. Er durchquert die belebten und unbelebten Systeme, wie Gesteine, Pflanzen und Tierkörper, Atmosphäre und Ozeane, unter anderem als Kohlendioxid (CO_2). Dieses Gas gelangt über die Atmung und als Verbrennungsprodukt in die Luft. Der Luft entzogen wird es großteils durch Photosynthese *(siehe S. 164)* und die Lösung im Meerwasser *(siehe S. 152–153)*. In den letzten zwei Jahrhunderten haben menschliche Aktivitäten den Kohlenstoffkreislauf erheblich gestört, wodurch mehr CO_2 in die Atmosphäre gelangte, größtenteils durch Verbrennung fossiler Brennstoffe und Entwaldung. Die Grafik zeigt, wie C zwischen verschiedenen Kompartimenten (Bereichen der Umwelt) zirkuliert.

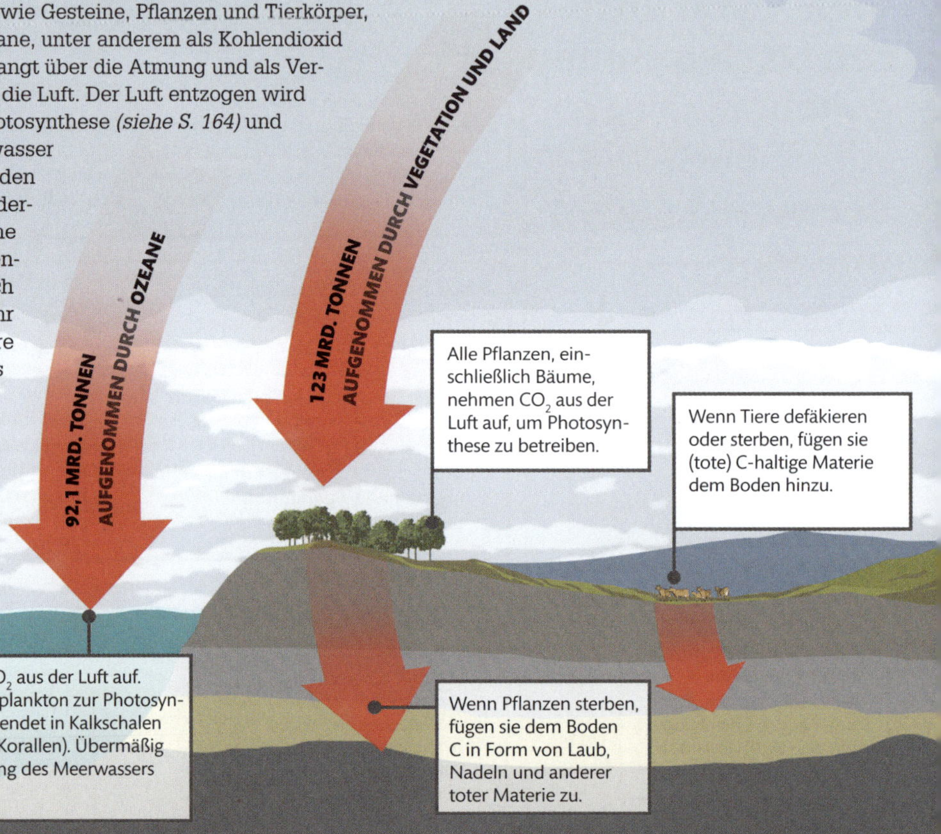

DIE KOSTEN DER ENTWALDUNG

Entwaldung macht etwa ein Fünftel der menschlichen Treibhausgasemissionen aus – mehr als die Emissionen des weltweiten Verkehrs. Eine Eindämmung der Entwaldung sowie Wiederaufforstungen könnten etwa ein Drittel der Maßnahmen abdecken, die im Kampf gegen den Klimawandel erforderlich sind.

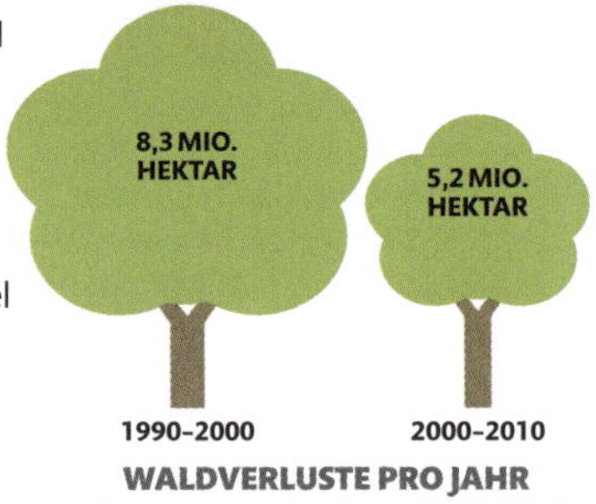

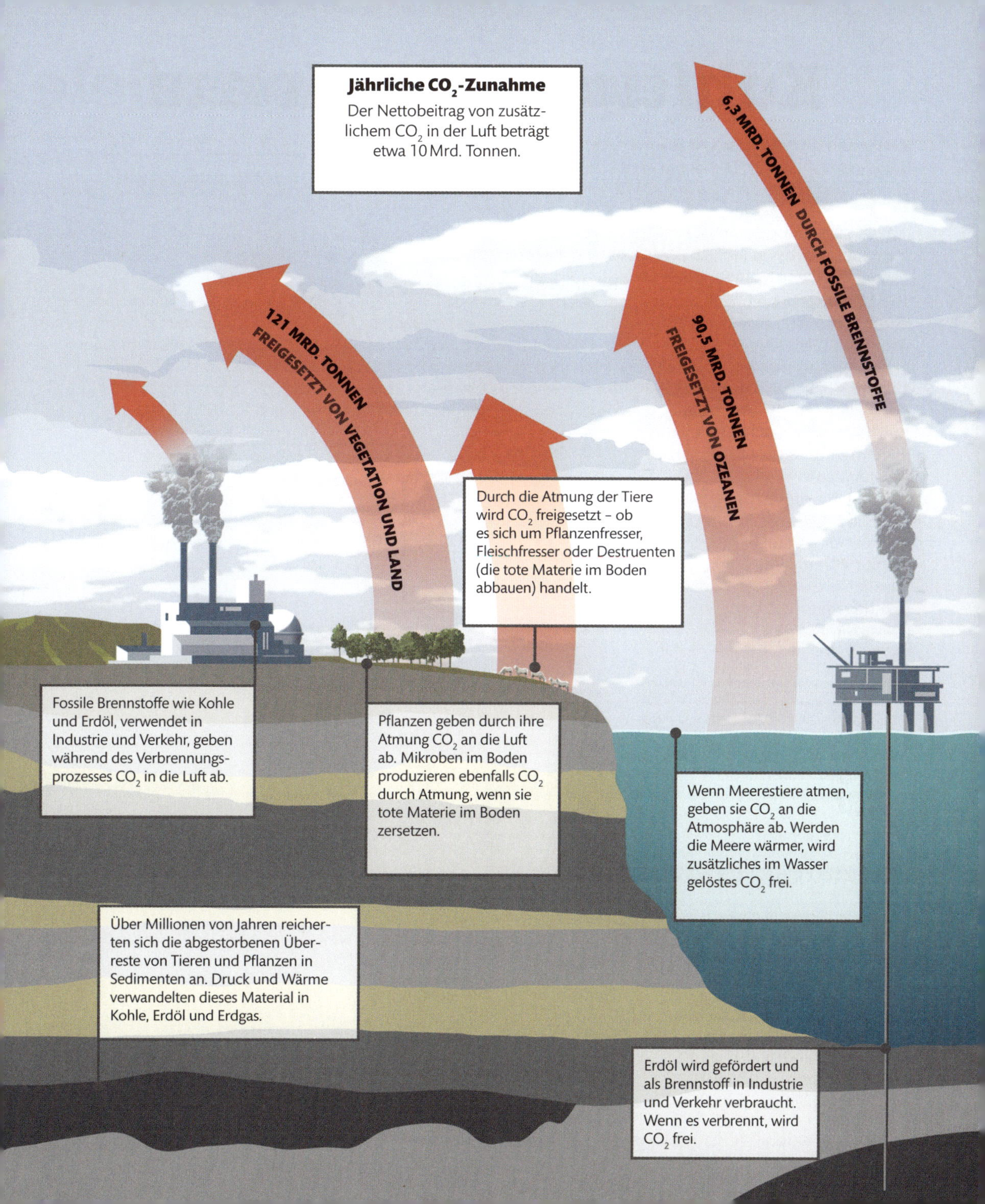
Jährliche CO_2-Zunahme
Der Nettobeitrag von zusätzlichem CO_2 in der Luft beträgt etwa 10 Mrd. Tonnen.
6,3 MRD. TONNEN DURCH FOSSILE BRENNSTOFFE
121 MRD. TONNEN FREIGESETZT VON VEGETATION UND LAND
90,5 MRD. TONNEN FREIGESETZT VON OZEANEN
Durch die Atmung der Tiere wird CO_2 freigesetzt – ob es sich um Pflanzenfresser, Fleischfresser oder Destruenten (die tote Materie im Boden abbauen) handelt.
Fossile Brennstoffe wie Kohle und Erdöl, verwendet in Industrie und Verkehr, geben während des Verbrennungsprozesses CO_2 in die Luft ab.
Pflanzen geben durch ihre Atmung CO_2 an die Luft ab. Mikroben im Boden produzieren ebenfalls CO_2 durch Atmung, wenn sie tote Materie im Boden zersetzen.
Wenn Meerestiere atmen, geben sie CO_2 an die Atmosphäre ab. Werden die Meere wärmer, wird zusätzliches im Wasser gelöstes CO_2 frei.
Über Millionen von Jahren reicherten sich die abgestorbenen Überreste von Tieren und Pflanzen in Sedimenten an. Druck und Wärme verwandelten dieses Material in Kohle, Erdöl und Erdgas.
Erdöl wird gefördert und als Brennstoff in Industrie und Verkehr verbraucht. Wenn es verbrennt, wird CO_2 frei.

Künftige Emissionsziele

Auf der UN-Klimakonferenz 2015 in Paris bestätigten die Teilnehmerländer ihre Absicht, die globale Erwärmung auf weniger als 2 °C zu begrenzen und vereinbarten, die anspruchsvollere Grenze von 1,5 °C anzuvisieren.

Die UN-Rahmenkonvention zum Klimawandel wurde 1992 in Rio de Janeiro angenommen. Verhandlungen im Rahmen dieses bindenden Vertrags haben zu einem neuen Abkommen geführt, das im Jahr 2015 angenommen wurde. Als Konsequenz haben diese Länder freiwillige nationale Aktionspläne zur Verringerung der Treibhausgasemissionen vorgelegt. Doch diese Einschnitte reichen nicht aus, um eine 2 °C-Erwärmung zu verhindern. Daher haben sich die Länder verpflichtet, ihre Fortschritte alle fünf Jahre zu überprüfen und sich gegebenenfalls striktere Ziele zu setzen.

Hauptverschmutzer

Auf die zehn größten Emittenten von Kohlendioxid im Jahr 2011 entfielen rund zwei Drittel der weltweiten Emissionen. Alle diese Länder (und 175 andere) verpflichteten sich durch das Pariser Klimaabkommen 2015, die Emissionen zu verringern. Die Grafik zeigt die Emissionen im Jahr 2011 in Mio. Tonnen CO_2 ($MtCO_2$). Vorgeschlagene Kürzungen sind für 2020–2030.

10 Mexiko

Pläne, Emissionen bis 2030 und darüber hinaus um 22 % zu senken, wenn Bedingungen erfüllt sind, wie z.B. eine Vereinbarung, die einen internationalen CO_2-Preis einführt.

8 Japan

Trotz der wirtschaftlichen Schwierigkeiten und Kernkraftproblemen strebt Japan weiterhin eine Senkung der Emissionen um 26 % im Vergleich zu 2013 an.

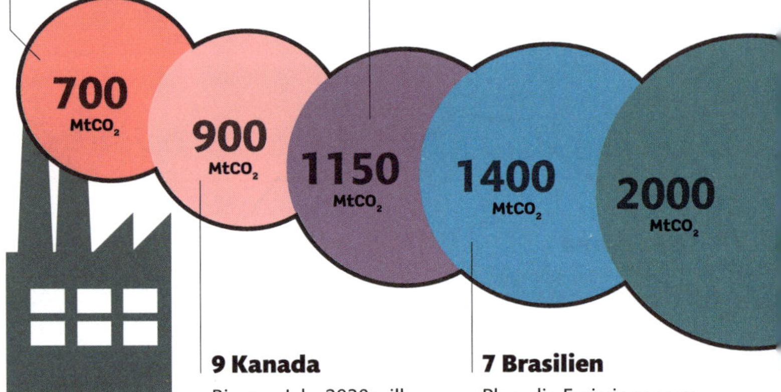

9 Kanada

Bis zum Jahr 2030 will das Land die Emissionen um 30 % im Vergleich zu 2005 reduzieren.

7 Brasilien

Plan, die Emissionen um 37 % bis 2025 zu reduzieren, durch Ausbau der erneuerbaren Energien und Rettung seiner Wälder.

SIEHE AUCH ...

- **Das 1,5-Grad-Ziel** (124–125)
- **Ziele für nachhaltige Entwicklung** (184–185)

Chronologie der Veränderung

Seit 1992 gab es viele bedeutende Gipfel, bei denen Länder diskutiert haben, wie am besten mit der Herausforderung des Klimawandels umzugehen ist. Doch ein Erfolg schien kaum erreichbar.

1979
Erste Weltklimakonferenz in Genf (Schweiz)

1988
Weltklimarat IPCC (*Intergovernmental Panel on Climate Change*) wird gegründet.

1992
UN-Rahmenübereinkommen zum Klimawandel (UNFCCC) wird am Erdgipfel in Rio angenommen.

1997
Kyoto-Protokoll unterzeichnet; Es erweitert und ergänzt die UNFCCC.

2007
China kündigt sein erstes nationales Klimaschutzprogramm als Reaktion darauf an, dass es die USA als weltweit größten Umweltverschmutzer überholt hat.

»Wenn wir handeln, können wir den Planeten retten – und Millionen von Jobs schaffen ..., um den Lebensstandard für jeden zu erhöhen.«

JOE BIDEN, 46. US-PRÄSIDENT

3 Europäische Union
Verbindliches Ziel von mindestens 40 % Emissionsreduktion bis 2030 im Vergleich zu 1990.

4 Indien
Pläne zur Reduzierung der Emissionsintensität (das Verhältnis von Emissionen zum BIP) um 33–35 % im Vergleich zu 2005.

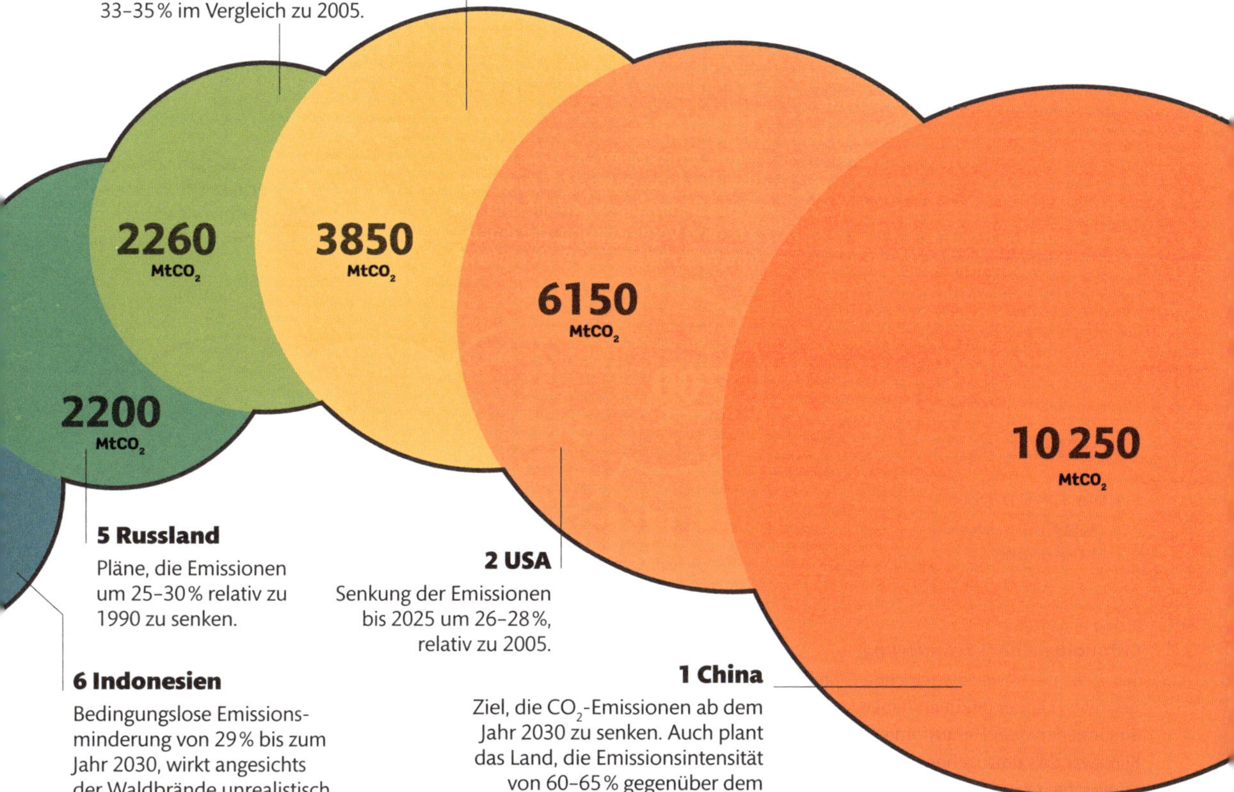

5 Russland
Pläne, die Emissionen um 25–30 % relativ zu 1990 zu senken.

2 USA
Senkung der Emissionen bis 2025 um 26–28 %, relativ zu 2005.

6 Indonesien
Bedingungslose Emissionsminderung von 29 % bis zum Jahr 2030, wirkt angesichts der Waldbrände unrealistisch.

1 China
Ziel, die CO_2-Emissionen ab dem Jahr 2030 zu senken. Auch plant das Land, die Emissionsintensität von 60–65 % gegenüber dem Niveau von 2005 zu senken.

2009
Gipfel von Kopenhagen mit schwachem, nicht bindenden Ergebnissen.

2011
Durban-Klimawandel-Gespräche vereinbaren den Beginn von Verhandlungen für ein neues Abkommen, das 2015 in Paris beschlossen werden soll.

2014 5. Sachstandsbericht des IPCC kommt zu dem Schluss: »Der Einfluss des Menschen auf das Klimasystem ist klar und die jüngsten anthropogenen Emissionen von Treibhausgasen sind die höchsten in der Geschichte.«

2015 Pariser Klimagespräche vereinbaren eine globale, rechtlich bindende Verpflichtung, den Temperaturanstieg auf 2 °C zu begrenzen, wenn möglich sogar auf 1,5 °C.

Luftbelastung

Luftverschmutzung ist eine der Hauptursachen für frühen Tod. Das Wachsen großer Städte, kombiniert mit der höheren Nachfrage nach Energie und Autos, macht alles noch schlimmer.

Eine breite Palette von Schadstoffen gelangt in die Luft und bedroht die menschliche Gesundheit. Abgase aus Fahrzeugen und Kraftwerken sowie Waldbrände sind die Hauptquellen. Häufige gesundheitsschädliche Stoffe sind mikroskopisch kleine Partikel (Feinstaub), Stickoxide und Kohlenmonoxid; auch Ozon ist in der Atemluft giftig. Autos und Lastwagen sind besonders problematisch. Stickoxide und Rußpartikel aus Dieselmotoren sowie photochemischer Smog durch die Wirkung von Sonnenlicht auf Benzinabgase töten Millionen.

Tod durch Krankheit

Luftverschmutzung erhöht die Fälle von schweren Krankheiten. Teilchen aus der Verbrennung sind oft kleiner als 2,5 µm im Durchmesser. Sie sind klein genug, um die untersten Teile der Lunge zu erreichen und in den Blutstrom einzudringen. Die Weltgesundheitsorganisation (WHO) veröffentlichte Zahlen, die die 3,7 Mio. Todesfälle durch Umweltverschmutzung 2012 nach Art der Krankheit aufschlüsseln.

SCHLAGANFÄLLE 40 %
Schadstoffe können Schäden an Blutgefäßen im Gehirn sowie tödlichen Sauerstoffmangel im Gehirngewebe verursachen.

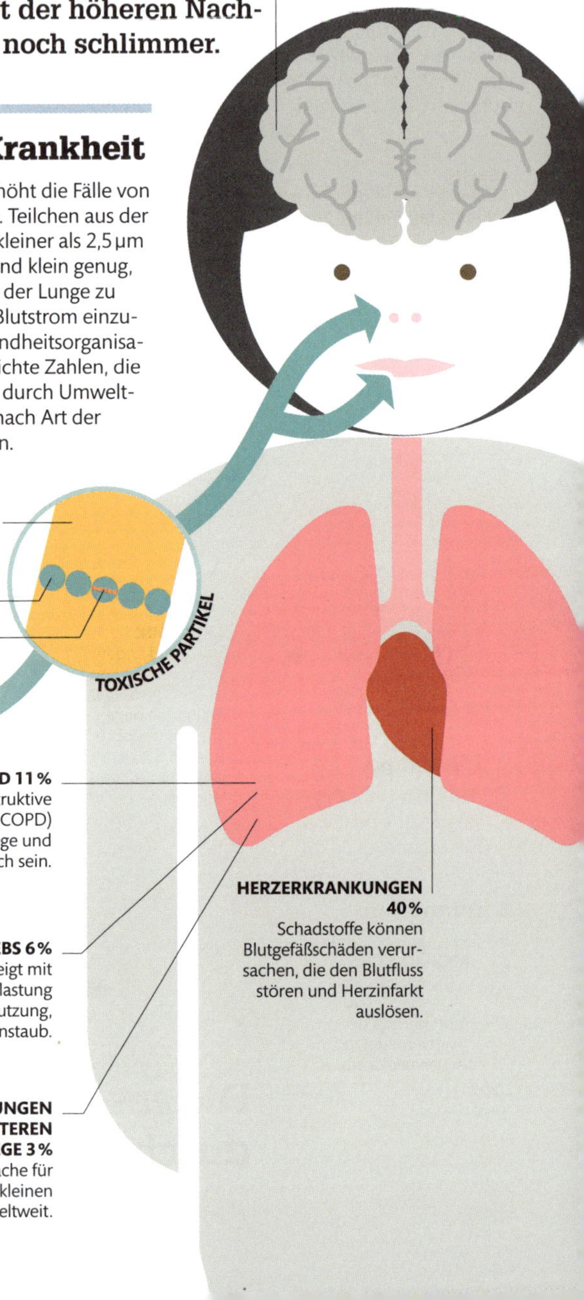

Menschenhaar
(50–70 µm Durchmesser)

PM10-Partikel
(10 µm), z. B. Staub, Pollen

PM2,5-Partikel
(2,5 µm), toxisch

SCHÄDLICHE PARTIKEL
Feinstaub wird anhand des Partikeldurchmessers in zwei Gruppen einteilt: PM2,5 und PM10. Die WHO setzt die maximal tolerierbare Grenze bei 25 der PM2,5-Partikel pro m³ Luft über 24 Stunden an.

Verschmutzungsquellen
Die Hauptquellen der Luftverschmutzung sind Kraftwerke, Fabriken und Fahrzeuge. Die Schadstoffe sind alle bekannt, aber es wurde nicht genug getan, um sie zu verringern; so gefährden sie weiterhin das Leben von Millionen Menschen.

COPD 11 %
Chronisch-obstruktive Lungenerkrankung (COPD) verengt die Atemwege und kann tödlich sein.

LUNGENKREBS 6 %
Das Risiko steigt mit zunehmender Belastung durch Luftverschmutzung, einschließlich Feinstaub.

ERKRANKUNGEN DER UNTEREN ATEMWEGE 3 %
Häufigste Ursache für Todesfälle bei kleinen Kindern weltweit.

HERZERKRANKUNGEN 40 %
Schadstoffe können Blutgefäßschäden verursachen, die den Blutfluss stören und Herzinfarkt auslösen.

Die giftigsten Ecken der Welt

Rund 88 % der durch Luftverschmutzung verursachten Todesfälle treten in Ländern mit niedrigem/mittlerem Einkommen auf, die 82 % der Weltbevölkerung ausmachen. Die übelsten Luftverschmutzer mit 1,67 Mio. bzw. 936 000 Todesfällen im Jahr 2012 sind die West-Pazifikregionen und Südostasien. Manche glauben, dass die steigende Zahl an Megastädten, Städten mit mehr als 10 Mio. Einwohnern *(siehe S. 36–37)*, die intensiv fossile Brennstoffe nutzen, die Zahl der Todesfälle durch Luftschadstoffe bis zum Jahr 2050 verdoppeln wird. Die Luftqualität hat sich in einigen Teilen der Welt verbessert – die blauen Regionen auf der Karte bedeuten Rückgang der Todesfälle durch Luftverschmutzung seit den 1850er-Jahren.

LEGENDE
Vorzeitige Sterblichkeit wegen Luftverschmutzung (Tote pro Jahr und 1000 m²)

–1000
–100
–10
–1
–0,1
0,1
1
10
100
1000

Was können wir tun?

- **Elektrisch fahren** Ein Elektrofahrzeug gegenüber einem Benzin- oder Dieselauto wählen, verbessert die Luftqualität und die öffentliche Gesundheit.
- **Bäume pflanzen** Eine Erhöhung der Anzahl der Bäume in verschmutzten städtischen Gebieten hilft, die Luft zu reinigen. Blätter filtern Partikel und andere Schadstoffe aus der Luft, diese werden auf den Boden gewaschen, wenn es regnet.

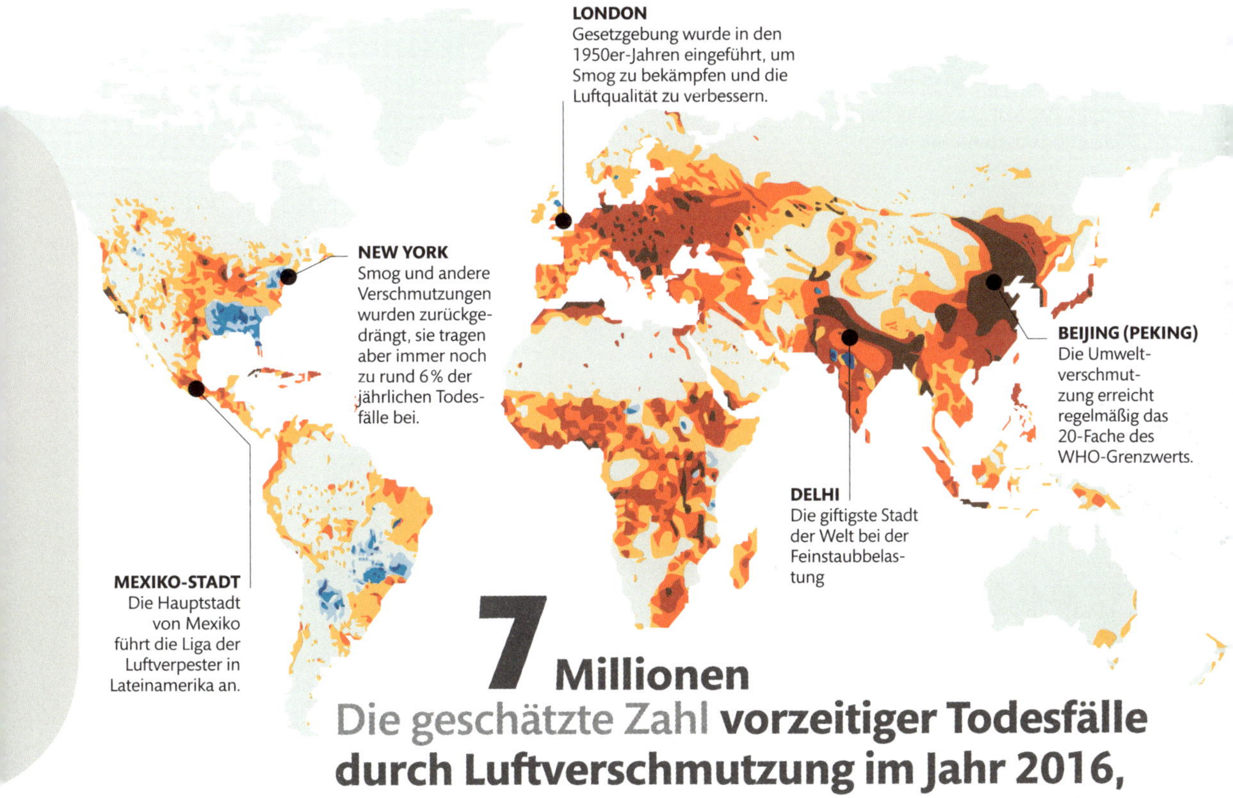

7 Millionen

Die geschätzte Zahl **vorzeitiger Todesfälle durch Luftverschmutzung im Jahr 2016,** 90 % davon in sich entwickelnden Ländern.

Saurer Regen

Saurer Regen wird durch Emissionen von Schwefeldioxid und Stickstoffoxid verursacht, die mit dem Niederschlagswasser in der Luft zu Säuren reagieren, die Schäden an Pflanzen, Wassertieren und Gebäuden verursachen. Auch können sie schwere Atemprobleme beim Menschen auslösen. Die Hauptquelle des Säureregens (bzw. Schnees) ist die Kohleverbrennung in großem Ausmaß in Kraftwerken und Industrieanlagen, etwa Stahl- und Zementwerken. Saurer Regen kann Hunderte oder sogar Tausende Kilometer weit verdriften. Massive Gegenmaßnahmen haben in einigen Regionen, vor allem in Nordamerika und Europa, den Schadstoffausstoß drastisch reduziert. In vielen anderen Ländern ist er noch ein Problem, etwa auch in China und Russland.

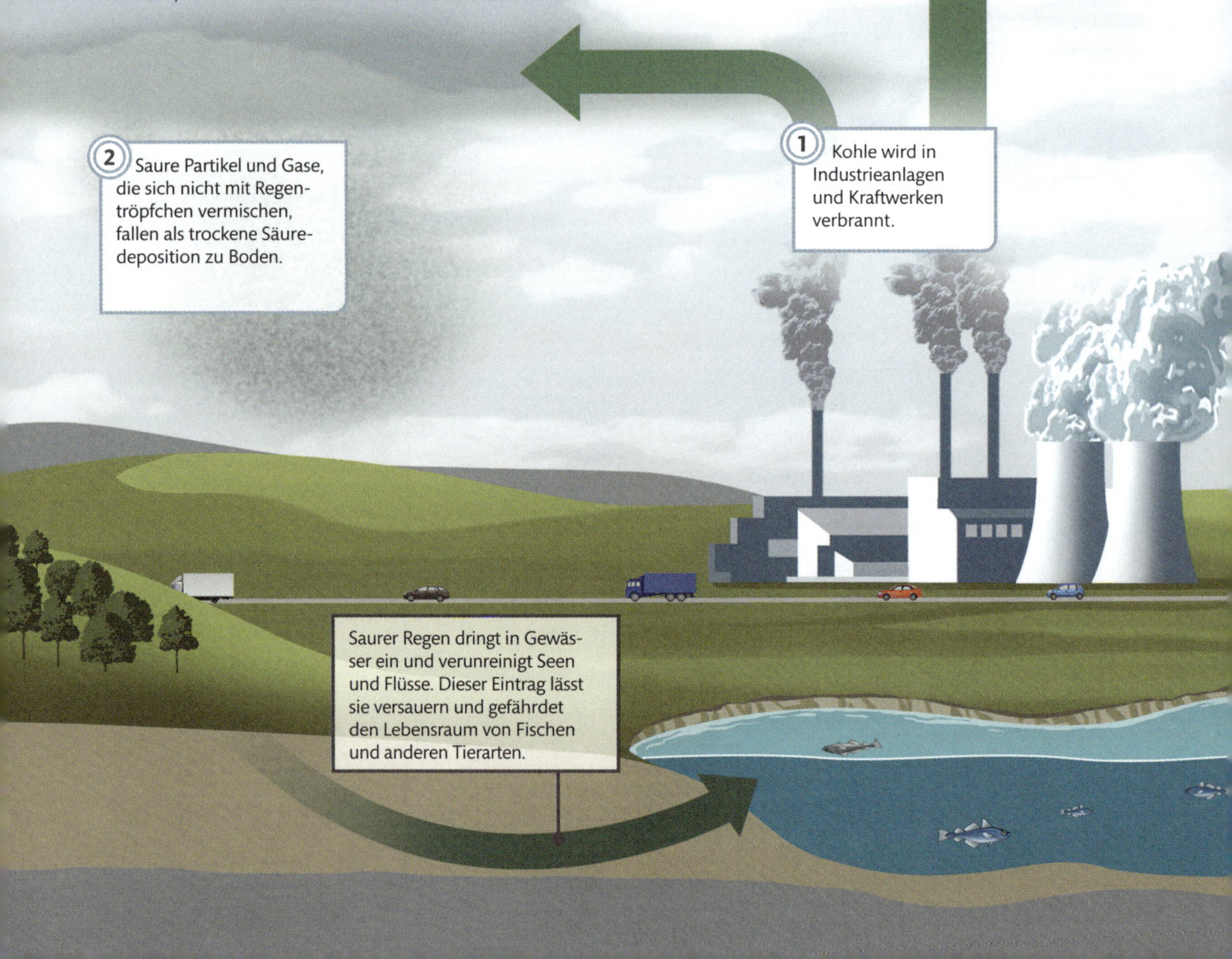

2 Der Wind verweht Schadstoffe, wie Schwefeldioxid und Stickstoffdioxid, von ihrem Ort der Entstehung weit ins Land hinaus.
4 Saurer Schneeregen und Schnee und fällt über den Bergen. Wenn es taut, fließt es als Säure in Flüsse und Seen.
3 Schwefeldioxid und Stickoxide verbinden sich mit Wassertröpfchen in den Wolken und bilden schwache Salpetersäure und Schwefelsäure.
4 Saurer Regen
Bäume und Pflanzen werden in ihrer Nährstoffversorgung gestört und werden anfällig für Krankheiten.
Saurer Regen verätzt sowohl natürliche Strukturen als auch vom Menschen geschaffene Bauwerke und beschädigt Farbanstriche, Fassaden und Skulpturen.
Saurer Regen sickert in den Boden und löst Nährstoffe, die für die Pflanzengesundheit lebenswichtig sind. Da der Boden saurer wird, kann Aluminium aus dem Boden gelöst werden und in das Trinkwasser gelangen.

Landveränderungen

Im 20. Jahrhundert hat der ökologische Druck auf den Planeten durch die Zunahme von Acker- und Weideland sowie der Forstwirtschaft wegen der steigenden Nachfrage nach Holz und Papier stark zugenommen. Zugleich haben wir verschiedene Ökosysteme durch Abholzung und Landnutzungsänderungen auf Kosten der Tierwelt zerstört. Eine der Folgen ist die Verödung einst fruchtbaren Landes. Land ist in einigen Staaten zu einer knappen Ressource geworden, und viele Regionen haben begonnen, in weit entfernte Länder zu investieren, um Nahrung und Biokraftstoffe zu produzieren.

Verbrauch natürlicher Ressourcen

Wissenschaftler haben einen Indikator für die Gesamtnutzung der Ressourcen, die sog. »Gesellschaftliche Aneignung der Nettoprimärproduktion« (HANPP, *Human Appropriation of Net Primary Productivity*), entwickelt. Demnach verbrauchen Menschen einen unverhältnismäßig hohen Anteil der Primärproduktion (d. h. der durch Photosynthese erzeugte pflanzlichen Biomasse). Wir nutzen die Produktivität der Böden, indem wir pflanzliche Biomasse als Lebensmittel oder Kraftstoff ernten. Landnutzungsänderungen sind eine Hauptursache für die Schädigung von Ökosystemen und den Rückgang der Artenvielfalt. Die Grafik zeigt, wie die HANPP im letzten Jahrhundert dramatisch zugenommen hat, sodass weniger für andere Lebewesen bleibt.

»Wälder [...] sind **riesige globale Dienstleister,** ein **wichtiger Service** für die **ganze Menschheit.**«

HRH THE PRINCE OF WALES

ÄNDERUNG DER WIRBELTIER-BIOMASSE

Einer der auffälligsten Hinweise auf den großen Einfluss des Menschen auf den Planeten Erde ist die enorme Verschiebung einer Welt aus wilden Tieren hin zu einer Welt, in der Menschen und Nutztiere den größten Teil der luftatmenden Wirbeltier-Biomasse darstellen. Vor 10 000 Jahren bestanden 99,9 % der Wirbeltier-Biomasse (Gesamtgewicht) aus wilden Tieren. Mit dem Aufkommen der Landwirtschaft und der Tierzucht hat sich das geändert: heute bestehen 96 % der Wirbeltier-Biomasse aus Menschen und ihren Nutztieren.

LEGENDE Wirbeltier-Biomasse an Land und in der Luft
Wildtiere
Menschen und ihre Nutztiere

Wegen der durchschnittlichen Steigerung der Ernteerträge lässt die Wachstumsrate der HANPP allmählich nach, obwohl Bevölkerung und Verbrauchswerte immer noch zulegen.

Das rasante Bevölkerungswachstum geht Hand in Hand mit einem steilen Anstieg der menschlichen Landnahme mitsamt Pflanzenbiomasse.

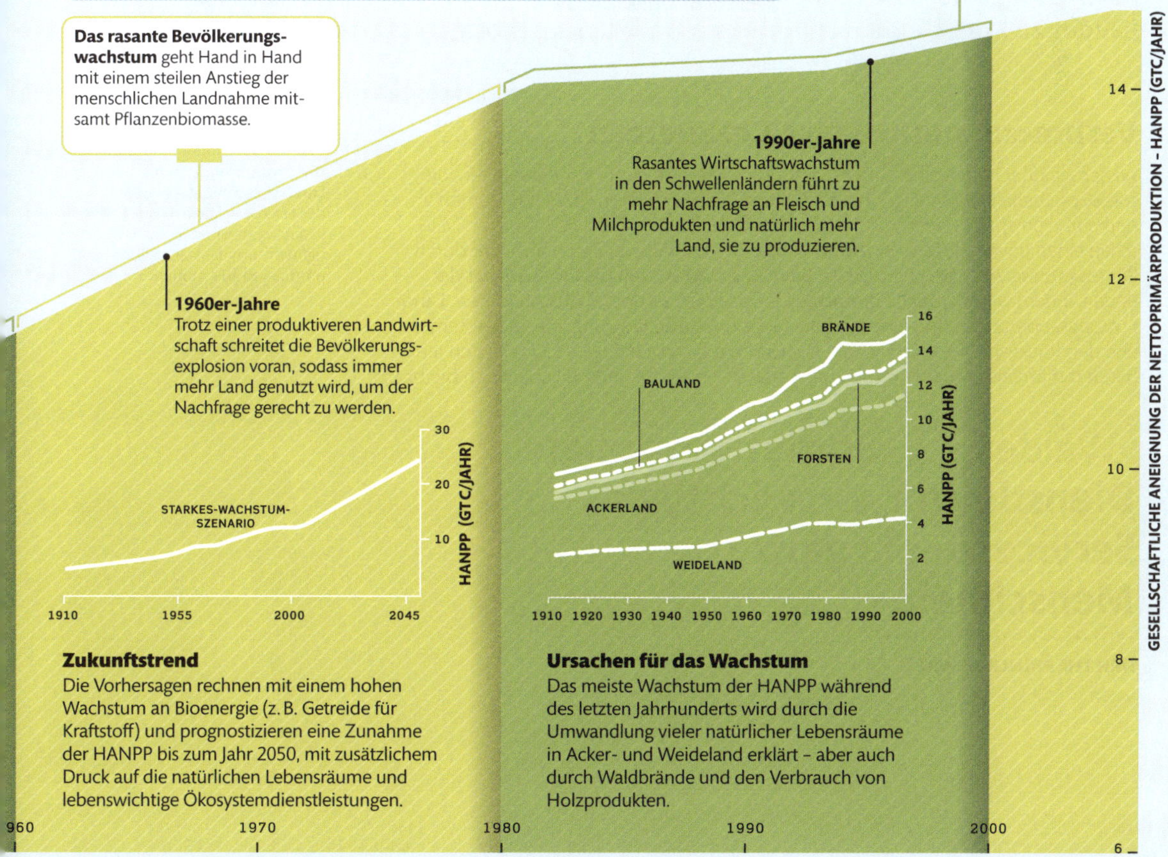

1990er-Jahre
Rasantes Wirtschaftswachstum in den Schwellenländern führt zu mehr Nachfrage an Fleisch und Milchprodukten und natürlich mehr Land, sie zu produzieren.

1960er-Jahre
Trotz einer produktiveren Landwirtschaft schreitet die Bevölkerungsexplosion voran, sodass immer mehr Land genutzt wird, um der Nachfrage gerecht zu werden.

Zukunftstrend

Die Vorhersagen rechnen mit einem hohen Wachstum an Bioenergie (z. B. Getreide für Kraftstoff) und prognostizieren eine Zunahme der HANPP bis zum Jahr 2050, mit zusätzlichem Druck auf die natürlichen Lebensräume und lebenswichtige Ökosystemdienstleistungen.

Ursachen für das Wachstum

Das meiste Wachstum der HANPP während des letzten Jahrhunderts wird durch die Umwandlung vieler natürlicher Lebensräume in Acker- und Weideland erklärt – aber auch durch Waldbrände und den Verbrauch von Holzprodukten.

Entwaldung

Große Teile der natürlichen Vegetation der Erde wurden infolge menschlicher Aktivität entfernt oder stark verändert. Die gesamte globale Situation zeigt sich in der drastischen Verminderung des natürlichen Waldbestands.

Wälder sind wesentlich für die Gesundheit des Planeten. Sie absorbieren Treibhausgase und erfüllen viele menschliche Bedürfnisse *(siehe Kasten gegenüber)*. Seit dem Beginn der Landwirtschaft gingen riesige Waldgebiete verloren. Ab etwa 1700 hat sich der Verlust so beschleunigt wie nie zuvor in der Geschichte. Von Europa und Asien breitete sich die Entwaldung nach Nordamerika und in die Tropen aus. In großen Teilen Europas, Westafrikas, Südostasiens und Brasiliens sind die natürlichen Wälder fast völlig abgeholzt. Haupttreiber ist die Landwirtschaft: Neues Ackerland wird oft durch Rodung gewonnen.

Waldverluste im Laufe der Zeit

Bis Anfang des 20. Jahrhunderts fand die stärkste Abholzung in den Mischwäldern Asiens, Europas und Nordamerikas statt. In der Mitte des 20. Jahrhunderts kam die Entwaldung in den gemäßigten Wäldern fast zum Stillstand, nahm aber stark in den Tropen zu. Die Abholzung in den Tropen ist heute massiv. Die Geschwindigkeit der Entwaldung im Jahr 2019 ist im Vergleich mit 2014 um 40 % gestiegen.

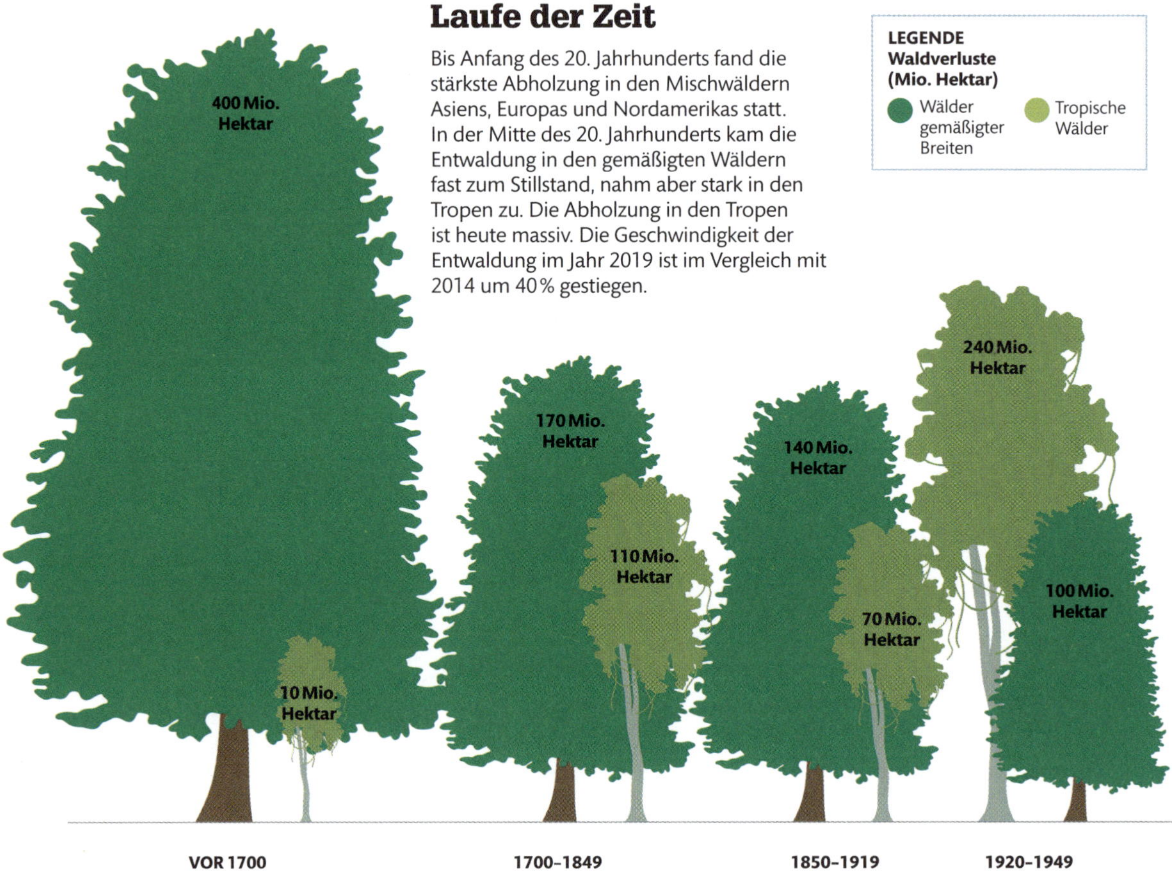

Gewinner und Verlierer

Manche Länder praktizieren eine starke Abholzung, andere jedoch führen Wiederaufforstungen durch. Hier aufgeführt sind einige der Länder, in denen sich gegenwärtig die Waldfläche am stärksten verändert.

GRÖSSTE GEWINNER	GRÖSSTE VERLIERER
China	Brasilien
Vietnam	Malaysia
Philippinen	Paraguay
Indien	Indonesien
Uruguay	Guatemala

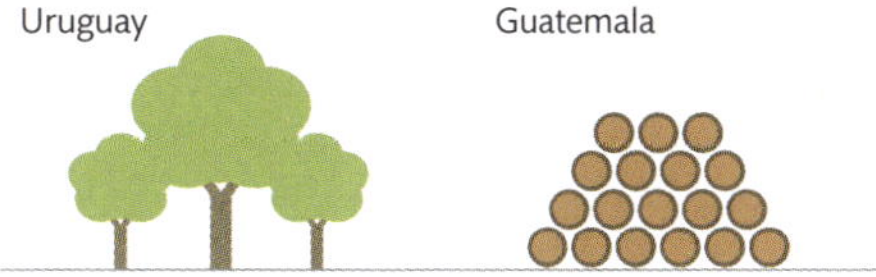

WARUM WIR DEN WALD BRAUCHEN

In Wäldern wird Holz geschlagen, um Platz für neuen Acker zu schaffen. Während Menschen Gewinn aus diesen Aktivitäten schöpfen, gehen andere, für den Wald wichtigere Werte verloren.

Papier
Wälder versorgen die Welt mit Papier.

Bodenschutz
Wälder erschweren die Bodenerosion und die Ausbreitung von Wüsten.

Brennstoffe
Millionen brauchen den Brennstoff Holz aus den Wäldern.

Flutvermeidung
Waldlandschaften halten Wasser und reduzieren das Hochwasserrisiko.

C-Speicherung
Wälder sind im Kohlenstoffkreislauf *(siehe S. 132–133)* wichtig und helfen, den Klimawandel zu bekämpfen.

Wirkstoffe / Nahrung
Viele Medikamente enthalten Wirkstoffe, die aus dem Wald stammen. Wälder liefern auch Lebensmittel.

Wasserversorgung
Wälder fördern Regenwolken und sichern damit die Wasserversorgung.

Artenvielfalt
Etwa 70 % der Tierwelt wird in den Wäldern gefunden, besonders in den Tropen.

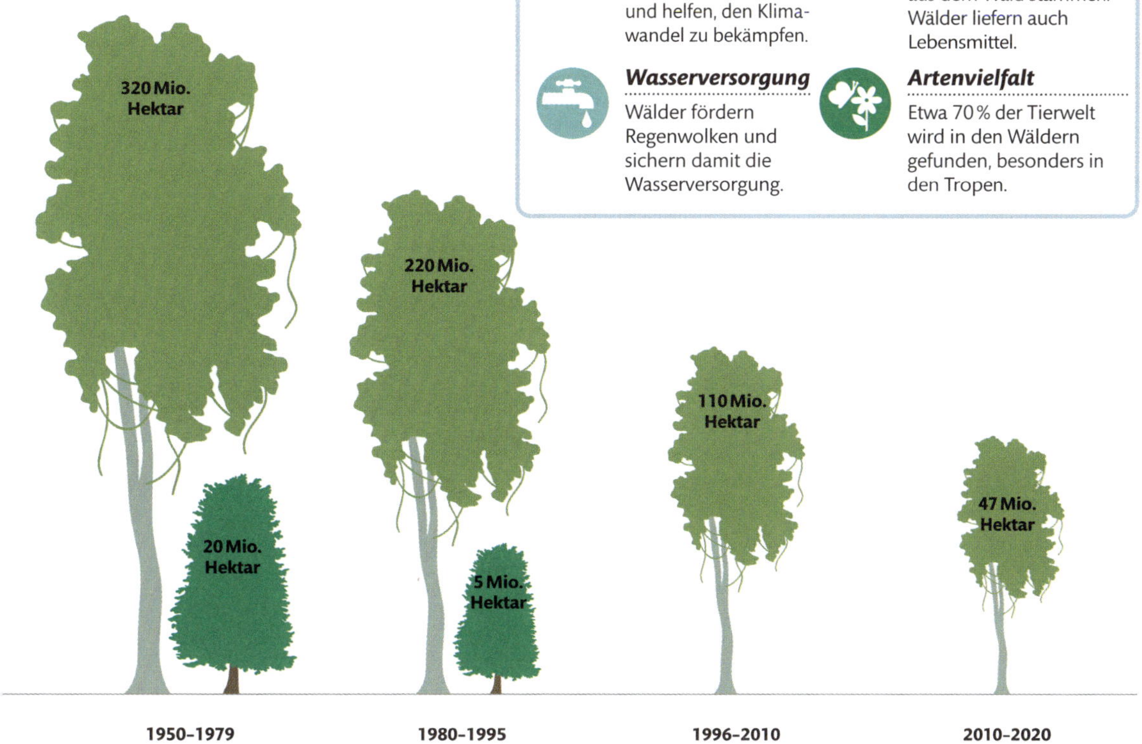

Wüstenbildung

In vielen semi-ariden Regionen der Welt droht dem Land die Wüstenbildung. Schuld ist vor allem der Niedergang empfindlicher Ökosysteme, allen voran der Savanne, was zu Bodenverlust und Austrocknung führt.

Desertifikation (Wüstenbildung) ist die fortschreitende Verschlechterung semi-arider (halbtrockener) Ökosysteme, wie Savannen, Steppen und Trockenwälder. Klimaschwankungen und menschliche Eingriffe sind die Ursachen. Mehr als ein Drittel der Landoberfläche neigt zu Versteppung, 10 bis 20 % aller Trockengebiete sind bereits an Wüsten verloren gegangen. Die augenscheinlichsten Auswirkungen der Desertifikation sind rund um die Wüsten Nordafrikas, des Nahen Ostens, Australiens, Südwest-Chinas und des westlichen Südamerika zu sehen. Gefährdet sind die Mittelmeerländer sowie die Steppen Zentralasiens.

Desertifikation kann produktives Land rasch veröden. Sie ist ein globales Problem mit ernsten Folgen für die Biodiversität, die Armutsbekämpfung, sozioökonomische Stabilität und nachhaltige Entwicklung.

SIEHE AUCH ...

- **Nahrungsmittel in Gefahr** (68–69)
- **Wetterextreme** (122–123)

FALLSTUDIE

Der Tschadsee

- Im Jahr 1963 war der Tschadsee in Afrika ein riesiges, 26 000 km² großes Gewässer. Schon 2001 war der See auf ein Fünftel dieser Fläche geschrumpft, und heute hat er nur noch 1300 km². Millionen von Menschen lebten hier einst von Fischfang und Landwirtschaft.
- Abholzung, Überweidung und künstliche Bewässerung führten zu dieser massiven Desertifikation und ließen die dort lebenden Menschen verarmen.

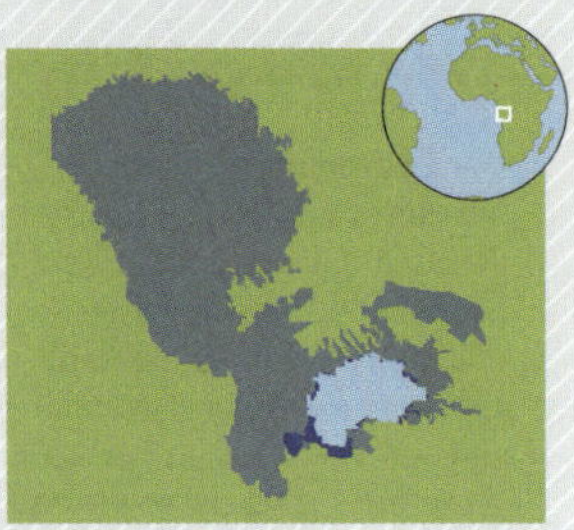

LEGENDE
1972 | 1987 | 2007

Auswirkungen der Desertifikation

Verschiedene menschliche Eingriffe, wie Abholzung, Beweidung und Ackerbau, können die Wüstenbildung mit all ihren Folgeproblemen verursachen. Unter den Folgen leiden einige der schwächsten Länder der Welt, aber auch viele andere. Die Auswirkungen des Klimawandels verschärfen die Situation, weil etwa Dürren zu den Folgen der direkten, örtlichen Eingriffe der Menschen hinzukommen.

Ursachen

Exportfrüchte
Früchte für den Export und nicht für die lokalen Märkte führen zu einer Intensivierung der Landwirtschaft mit der Gefahr der Bodenerosion.

Künstliche Bewässerung
Künstliche Bewässerung kann dazu führen, dass salziges Grundwasser in den Oberboden aufsteigt und es zu Bodenversalzung kommt.

Kahlschlag
Das Fällen von Bäumen für Brennholz entblößt die Böden, sodass Bodenerosion droht.

Überweidung
Zu viele Weidetiere vernichten die Vegetation, die den Boden schützt, was zu Bodendegradation führt.

Trockene Flüsse

Beschädigte Böden halten weniger Wasser, die Flüsse führen weniger Wasser. Weniger Pflanzen reduzieren die Verdunstung und das bedeutet weniger Niederschläge.

Bodenschäden

- **Von der Sonne aufgerissene Böden** Der ausgedörrte Boden wird steinhart und undurchlässig für die gelegentlichen Niederschläge.
- **Bodenerosion** Ohne Baumbestand trocknet der Boden aus und wird anfällig für Wasser- und Winderosion.

Verlust von Pflanzen und Tieren

Infolge der Wüstenausbreitung verschwindet in den benachbarten Trockenwäldern die einheimische Tierwelt.

Extremes Wetter

- **Sturzfluten** Anstatt zu versickern, strömt das Regenwasser sturzflutartig zu Tal und reißt die ausgetrocknete Bodenkruste mit.
- **Grabenbildung** Sturzbäche verengen sich auf einzelne Fließrinnen, reißen die Bodenkrume auf und hinterlassen tiefe Gräben.
- **Mehr Sandstürme** Verschwemmtes Bodensubstrat wird zu Staub, der vom Wind verweht wird und zu Sandstürmen anwachsen kann.

Auswirkungen auf Menschen

- **Getreide und Vieh sterben** Wenn Nutztiere und Nutzpflanzen sterben, leiden die Menschen.
- **Landflucht** Da Ackerbau durch den Vormarsch der Wüsten unmöglich wird, fliehen die Menschen in die Städte.
- **Unruhen** Die erhöhte Nachfrage nach Dienstleistungen in den Städten erzeugt soziale Spannungen.
- **Tod** Weniger Nahrung führt zu Fehlernährung und Tod.

Desertifikation

Auswirkungen auf die Natur

Auswirkungen auf Menschen

Was können wir tun?

- **Die Regierungen können handeln,** indem sie Förderprogramme der UN-Konvention zur Bekämpfung der Desertifikation (1992 beschlossen) auflegen, die Lebensbedingungen der Menschen in Trockengebieten verbessern sowie das Land und die Fruchtbarkeit der Böden bewahren bzw. sanieren.

Landgrabbing

In vielen Ländern wächst die Bevölkerung, die sich aus Ressourcenmangel aber kaum selbst ernähren kann. Fehlende Ernährungssicherheit hat einige Staaten und Investoren dazu bewogen, in anderen Ländern Anbauflächen zu erwerben.

Der Mangel an Ackerland (auch für Biotreibstoffe), gepaart mit Wasserknappheit, ist in vielen Ländern ein wichtiges Thema. Üblicherweise gleichen Länder fehlende Ressourcen durch Handel aus, aber heute bevorzugen viele die direkte Kontrolle von Anbauflächen. Teilweise haben Regierungen Land an ausländische Interessenten übergeben, ohne die lokale Bevölkerung einzubeziehen, was zu Streit und teils Gewalt führte; die Landaneignung durch mächtige Akteure nennt man »Landgrabbing«. Neben zunehmendem Druck auf Wälder und andere Naturräume untergräbt die großflächige Übernahme durch externe Agrarinteressen auch die Ernährungssicherheit der Anbieterländer. Zwei Drittel der Akquisitionen betrifft Länder mit Hungerproblemen.

Grunderwerb

Landgrabbing begann als weltweites Phänomen mit Investoren aus Europa, dem Nahen Osten, Indien, Korea und China, die zunächst in Asien, Lateinamerika und Osteuropa auf Landerwerb aus waren. Jetzt ist Afrika der Zielkontinent, der die Mehrheit der Landgrabber anzieht.

LEGENDE
Herkunftsregionen der Land-Investments

Afrika
Asien
Lateinamerika
Europa
Nordamerika
Ozeanien
Naher Osten

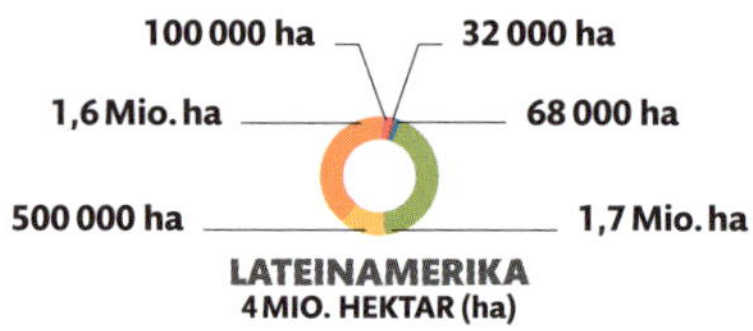

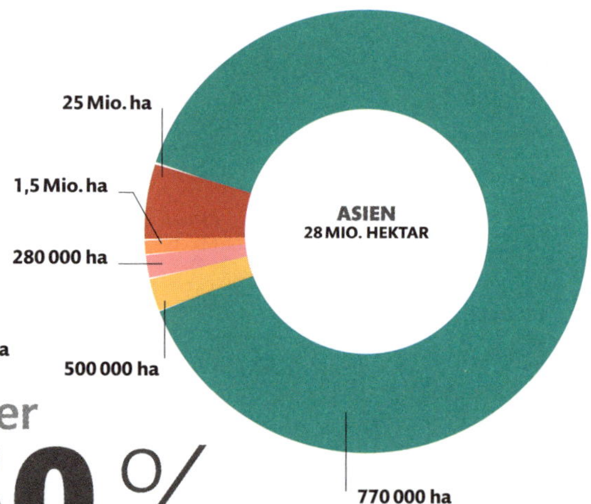

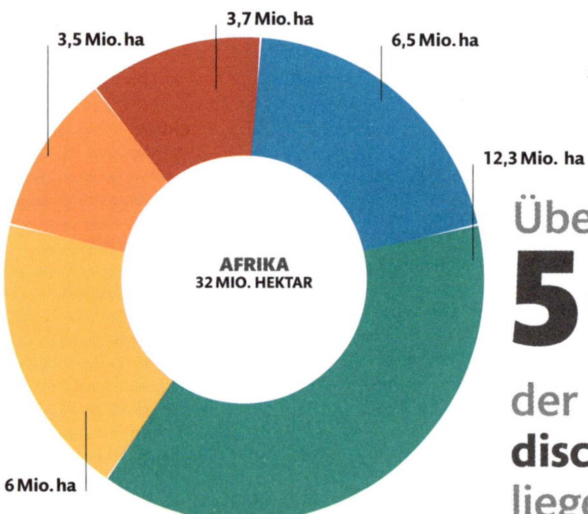

Über

50 %

der Ländereien, **die ausländischen Investoren gehören,** liegen in Subsahara-Afrika.

Was können wir tun?

- **Regierungen und Investoren** müssen die Interessen der lokalen Bevölkerung einbeziehen, wenn Land veräußert wird.
- **Anleger** müssen sicherstellen, dass ihre Aktivitäten zur nachhaltigen Entwicklung und Ernährungssicherheit in den Gastländern beitragen.
- **Die Menschen beteiligen,** die in den betroffenen Gebieten leben, wenn es zu Verkäufen von Anbauflächen kommt, von denen sie bisher leben.

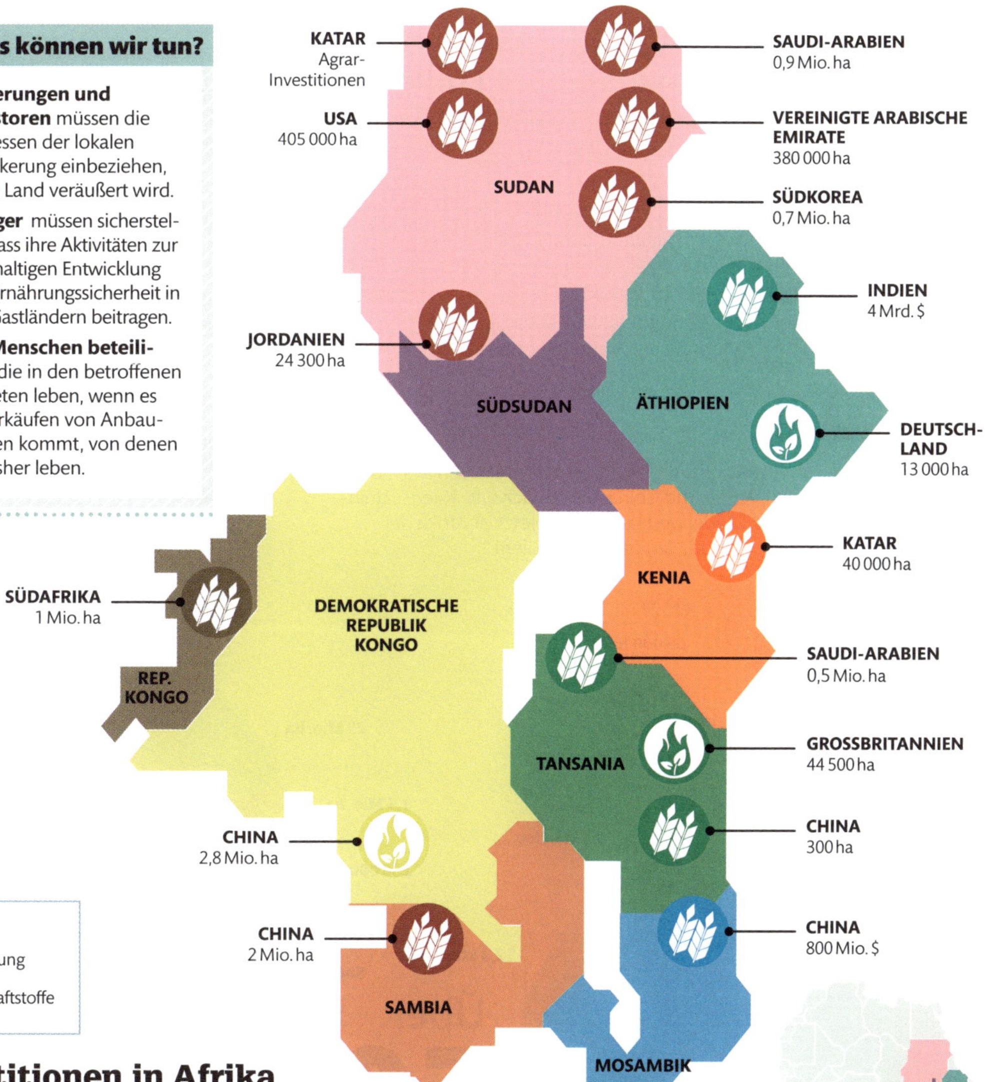

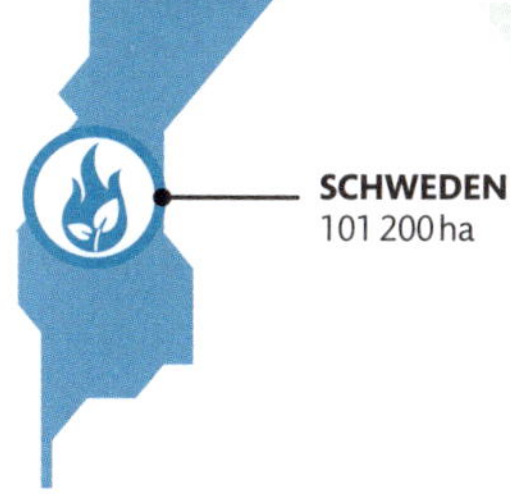

LEGENDE
- Nahrung
- Biokraftstoffe

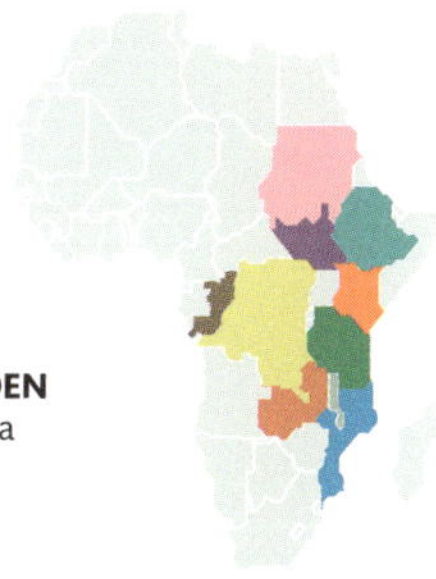
LAGE DER LÄNDER

Investitionen in Afrika

Seit der Zeit hoher Lebensmittelpreise, die um 2008 und 2009 begann, haben ausländische Interessenten ihr Augenmerk auf eine Reihe afrikanischer Länder gerichtet, wobei vor allem Sudan, Mosambik, Äthiopien und Tansania Ziele für den Landerwerb sind. Das Land dient vor allem dem Anbau von Lebensmitteln und Biotreibstoffen. Unter den Nutzpflanzen für den Export sind Mais, Palmöl, Reis, Sojabohnen und Zuckerrohr. Da sich die Landbesitzverhältnisse ständig ändern, sind die Zahlen in der Grafik nur als grober Überblick zu verstehen.

Bedrohte Meere

Die Meeresfischerei ist eine wichtige Quelle wirtschaftlicher Entwicklung. Der globale Fischfang steuert jährlich etwa 278 Mrd. $ zur Weltwirtschaft bei, 160 Mrd. $ zusätzlich kommen vom Schiffbau und verwandten Branchen. Globale Wildfischbestände bieten vielen Millionen Menschen Jobs, die überwiegende Mehrheit von ihnen lebt in Entwicklungsländern. Die Fischerei-Industrie trägt viel zur globalen Ernährungssicherheit bei – über eine Milliarde Menschen sind auf nicht gezüchteten Meeresfisch als Haupteiweißquelle angewiesen. Die Erhaltung der Fischbestände ist lebenswichtig.

Das Plündern der Meere

In den 1950er-Jahren wuchsen die Meeresfischfänge rasch an. Dies war größeren Schiffen, die in größerer Zahl fischten, sowie dem Einsatz neuer Technologien (z. B. Sonargeräten) geschuldet. Staatliche Subventionen gaben Anreize zur Überfischung, was dazu führte, dass heute mehr als die Hälfte der Bestände nicht mehr weiter ausschöpfbar und etwa ein Drittel von ihnen bereits überfischt und nahe am Zusammenbruch sind. Diese Grafiken zeigen die jährlichen globalen Anlandungen aus Meeresgewässern zwischen 1950 und 2018. Würden die Fischbestände besser gemanagt, so die Weltbank, dann könnten sie jedes Jahr 50 Mrd. US$ mehr an ökonomischem Gegenwert erzeugen als heute.

»Wenn man an der Spitze der Nahrungskette **Überfischung** betreibt und **das Meer einer dauernden Übersäuerung aussetzt,** bringt man das gesamte System zum Einsturz.«

TED DANSON, AMERIKANISCHER SCHAUSPIELER UND NATURSCHÜTZER

BEDROHTE FISCHE

Viele Organisationen, wie die *Marine Conservation Society* in Großbritannien und der *Environmental Defense Fund* der USA, bieten Beratung, welche Fische man essen kann. Sie raten von bedrohten Arten wie Rotem Thun und Stör ab und empfehlen Heringe, Makrelen und andere Arten mit gesunden Beständen. Der *Marine Stewardship Council* (MSC) zertifiziert nachhaltigen Fisch, damit Verbraucher gute Entscheidungen treffen können.

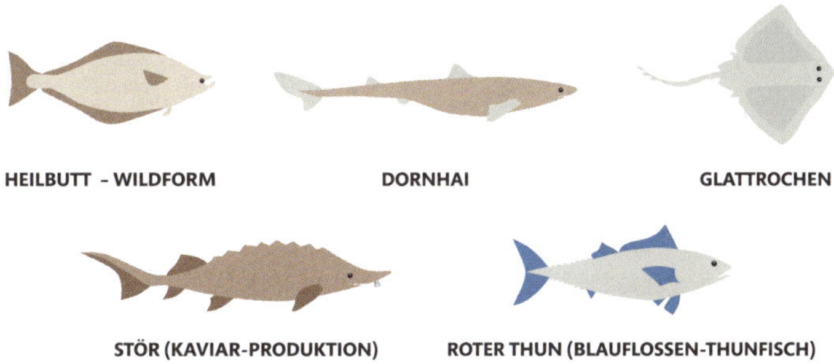

VERZEHR BESSER VERMEIDEN

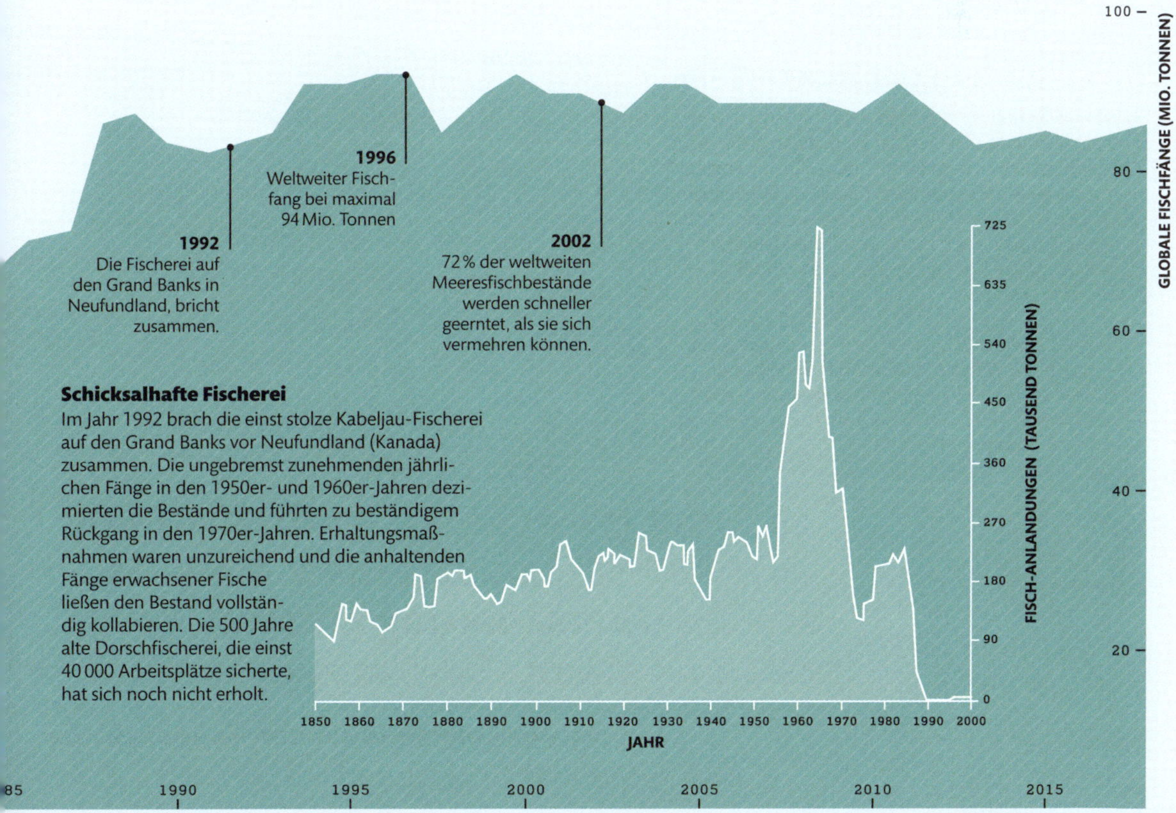

Schicksalhafte Fischerei

Im Jahr 1992 brach die einst stolze Kabeljau-Fischerei auf den Grand Banks vor Neufundland (Kanada) zusammen. Die ungebremst zunehmenden jährlichen Fänge in den 1950er- und 1960er-Jahren dezimierten die Bestände und führten zu beständigem Rückgang in den 1970er-Jahren. Erhaltungsmaßnahmen waren unzureichend und die anhaltenden Fänge erwachsener Fische ließen den Bestand vollständig kollabieren. Die 500 Jahre alte Dorschfischerei, die einst 40 000 Arbeitsplätze sicherte, hat sich noch nicht erholt.

Aquakultur

Um den Druck auf Wildfischbestände zu reduzieren, wurde die Zuchtfischproduktion stark ausgebaut. Dies leistet zwar einen großen Beitrag zur Ernährungssicherheit, gleichzeitig ergaben sich neue Herausforderungen.

In den letzten 50 Jahren ist der Umfang der Fischzucht, auch als Aquakultur bekannt, dramatisch gewachsen. Während 1970 nur 5 % der Speisefische von Fischfarmen kamen, sind es heute schon die Hälfte. Dieser Anteil wird voraussichtlich steigen, auf fast zwei Drittel bis zum Jahr 2030.

Die Fischzucht ist heute eine globale Industrie, liefert große Mengen von Meeres- und Süßwasserfischen, darunter Kabeljau, Lachs, Barsch und Wels. Aquakultur-Betriebe züchten zunehmend auch Krustentiere, wie Garnelen und Hummer sowie Muscheln.

Die wachsende Zuchtfischproduktion zwischen 1980 und 2010 übertraf den Zuwachs, der beim Wildfischfang erzielt wurde – so sehr, dass die Verbraucher im Jahr 2010 fast sieben Mal so viel Zuchtfische aßen wie 1980. Fische sind relativ effizient bei der Umwandlung von Futterstoffen zu Proteinen für den Menschen – dennoch hat eine Reihe von Umweltproblemen den Erfolg der Aquakultur getrübt.

60 %

ist **Chinas Anteil** an der globalen **Zuchtfischproduktion.**

Schäden durch Aquakultur

Die Auswirkungen der Fischzucht haben zu einer deutlich erhöhten Verfügbarkeit gesunder Proteine geführt. Mit dem Produktionserfolg stellte sich aber eine Reihe negativer Effekte auf die Umwelt ein, z. B. die Übertragung von Parasiten auf Wildfische – obwohl die Zuchtfische innerhalb von Netzkäfigen gehalten werden.

Fisch und Fischöl

Arten wie der Lachs werden mit kleinen Fischen gefüttert, teils auch mit jungen, wild gefangenen Arten.

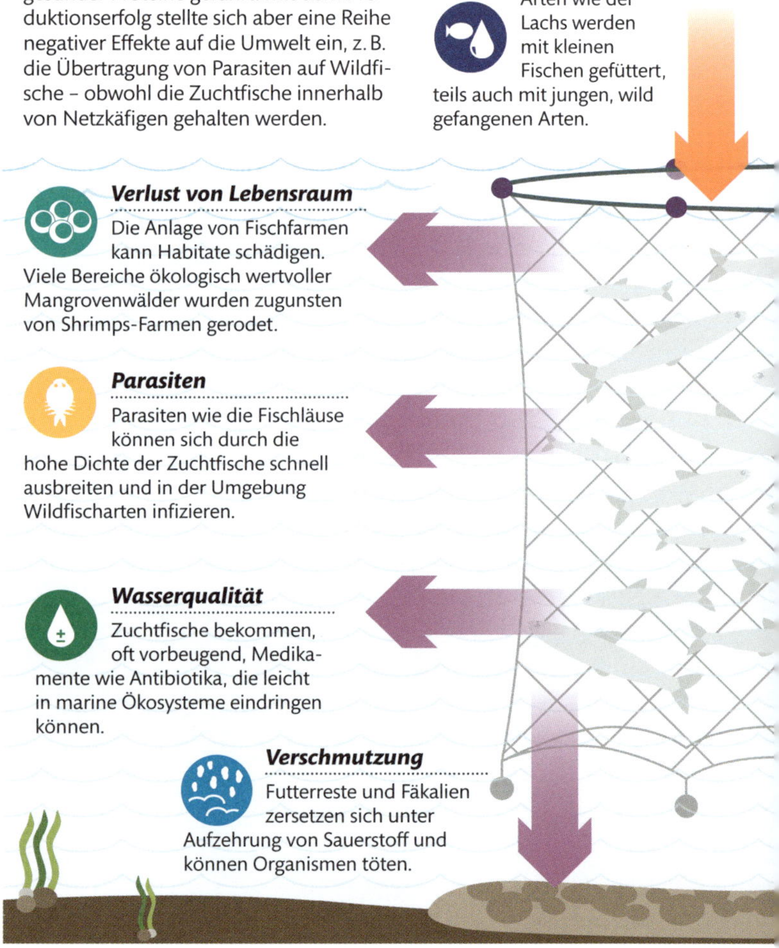

Verlust von Lebensraum

Die Anlage von Fischfarmen kann Habitate schädigen. Viele Bereiche ökologisch wertvoller Mangrovenwälder wurden zugunsten von Shrimps-Farmen gerodet.

Parasiten

Parasiten wie die Fischläuse können sich durch die hohe Dichte der Zuchtfische schnell ausbreiten und in der Umgebung Wildfischarten infizieren.

Wasserqualität

Zuchtfische bekommen, oft vorbeugend, Medikamente wie Antibiotika, die leicht in marine Ökosysteme eindringen können.

Verschmutzung

Futterreste und Fäkalien zersetzen sich unter Aufzehrung von Sauerstoff und können Organismen töten.

DER AUFSTIEG DER AQUAKULTUR

Im Jahr 1960 betrug der gesamte Ertrag der Fische aus der Aquakultur etwa eine Million Tonnen. 2018 wurden 82 Millionen Tonnen produziert: 51 Millionen im Süßwasser und 31 Millionen im Meer. Die Aquakultur lieferte damit nicht nur einen ähnlichen Ertrag wie der Fang wild lebender Fische, sondern bot auch annähernd 60 Millionen Menschen einen Arbeitsplatz.

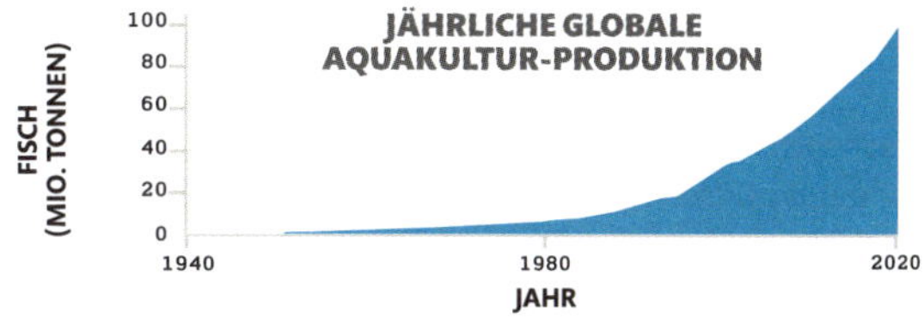

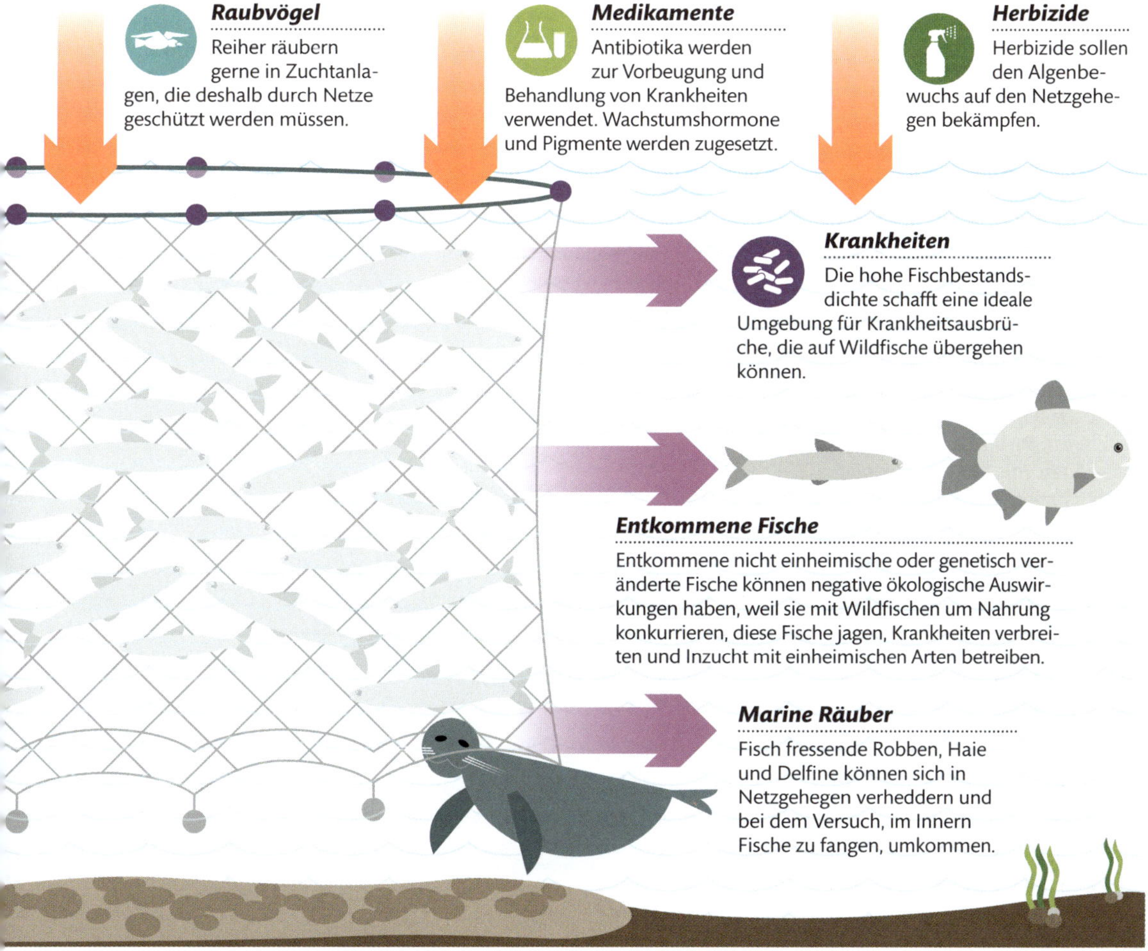

Raubvögel

Reiher räubern gerne in Zuchtanlagen, die deshalb durch Netze geschützt werden müssen.

Medikamente

Antibiotika werden zur Vorbeugung und Behandlung von Krankheiten verwendet. Wachstumshormone und Pigmente werden zugesetzt.

Herbizide

Herbizide sollen den Algenbewuchs auf den Netzgehegen bekämpfen.

Krankheiten

Die hohe Fischbestandsdichte schafft eine ideale Umgebung für Krankheitsausbrüche, die auf Wildfische übergehen können.

Entkommene Fische

Entkommene nicht einheimische oder genetisch veränderte Fische können negative ökologische Auswirkungen haben, weil sie mit Wildfischen um Nahrung konkurrieren, diese Fische jagen, Krankheiten verbreiten und Inzucht mit einheimischen Arten betreiben.

Marine Räuber

Fisch fressende Robben, Haie und Delfine können sich in Netzgehegen verheddern und bei dem Versuch, im Innern Fische zu fangen, umkommen.

Meeres-versauerung

Etwa die Hälfte des durch menschliche Aktivitäten freigesetzten Kohlendioxids wird von den Ozeanen aufgenommen. Dies hat zu einer schleichenden Versauerung des Meerwassers geführt, wie sie seit mehr als 20 Mio. Jahren nicht mehr stattgefunden hat. Bei vielen ökologisch wichtigen Arten sind tief greifende negative Auswirkungen festzustellen, wie z. B. bei Austern, Muscheln, Seeigeln, Korallen und Plankton. Der Rückgang dieser und anderer Organismen kann zum Zusammenbruch ganzer Nahrungsnetze führen, was verheerende Folgen für die Fischindustrie haben kann. Fortschreitende Versauerung wird auch die Fähigkeit der Ozeane einschränken, Kohlenstoff als Karbonat zu speichern, denn viele Tiere, die es verwenden, um ihre Gehäuse aufzubauen, werden verschwinden.

Vorindustrielle Welt (1850)

Geringere Mengen von atmosphärischem Kohlendioxid (CO_2) wurden in vorindustrieller Zeit durch Meerwasser absorbiert. Seitdem ist dessen Säurewert um 30 % gestiegen (entsprechend einem Rückgang um 0,1 pH-Einheiten), weil Emissionen aus fossilen Brennstoffen und Entwaldung zunahmen.

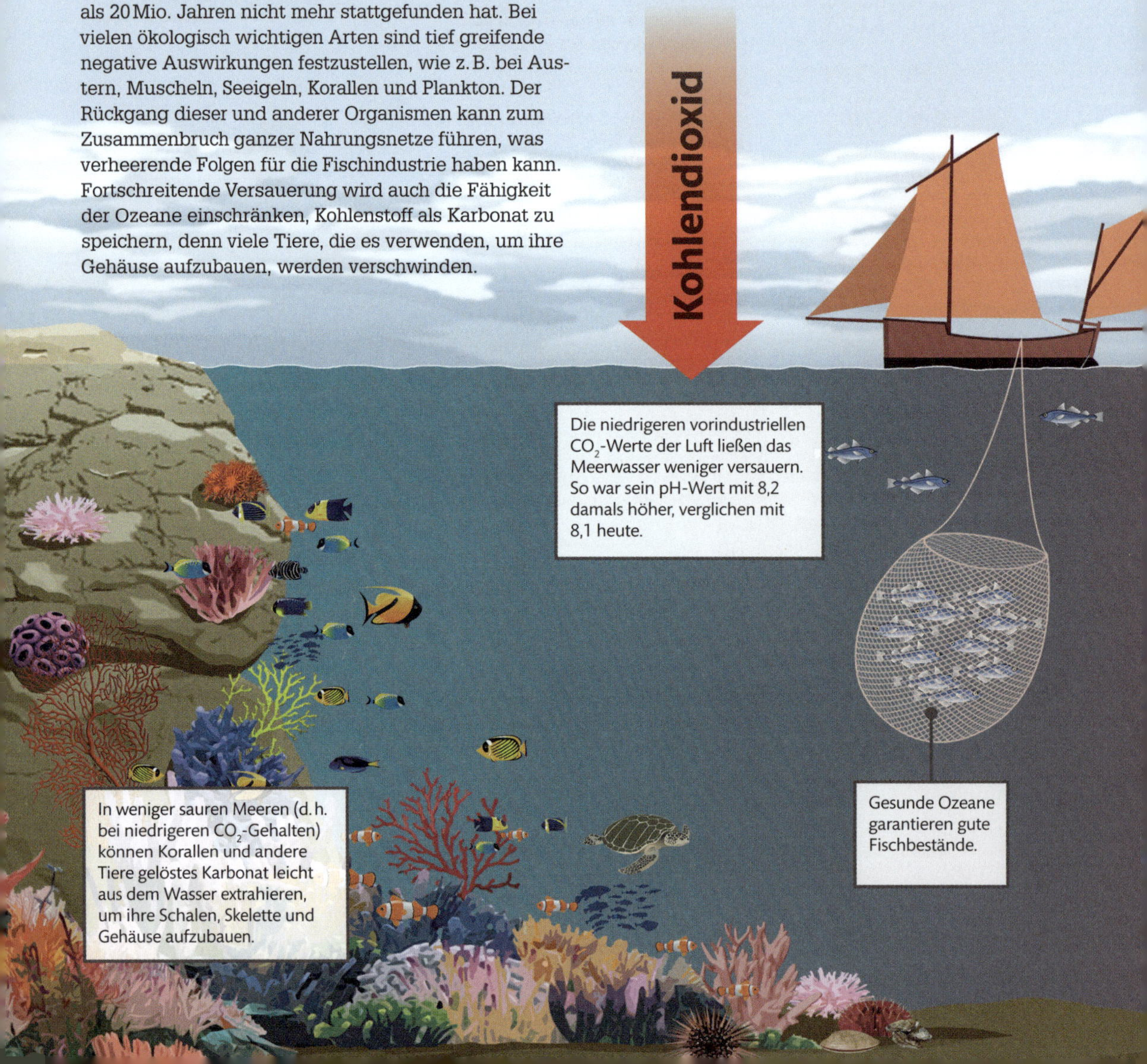

Zukunftstrend (2100)

Wenn die CO_2-Emissionen unkontrolliert weitergehen, wird bis zum Jahr 2100 der Säuregrad des Meerwassers ebenfalls weiter ansteigen: um 150 % gegenüber heute – was einem weiteren Rückgang um 0,4 pH-Einheiten entspricht.

CHEMISCHER ABLAUF DER VERSAUERUNG

Wenn sich Kohlendioxid (CO_2) in Wasser (H_2O) löst, reagieren die beiden Moleküle zu Kohlensäure (H_2CO_3). Diese spaltet sich in Wasserstoff-Ionen (H^+) und Hydrogenkarbonat-Ionen (oben). Je mehr H^+-Ionen im Wasser sind, desto saurer wird es, der pH-Wert sinkt. H^+-Ionen reagieren mit dem Karbonat des Meerwassers (unten rechts), sodass weniger Karbonat für die Schalen und Gehäuse von Meerestieren bereitsteht. Die H^+-Ionen reagieren auch mit dem Karbonat der bestehenden Gehäuse und ätzen sie an.

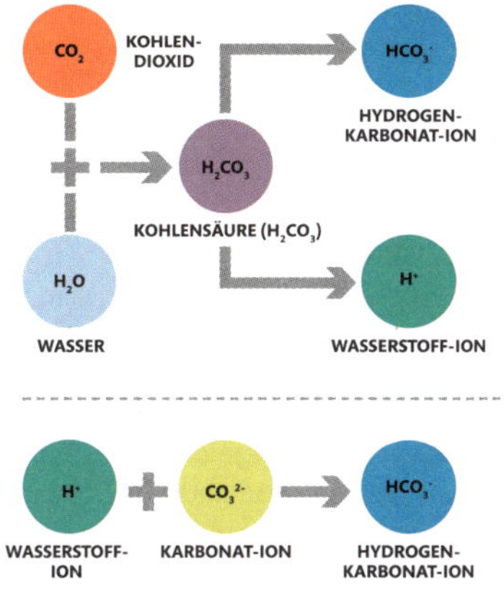

Die in Zukunft höheren CO_2-Gehalte der Luft werden das Meerwasser saurer machen, sodass sein pH-Wert auf etwa 7,7 sinkt.

Quallen vertragen gut warme und saure Meere. Sie konkurrieren mit anderen Meerestieren um Nahrung und fressen Fischeier. Manche Quallenarten haben sich stark vermehrt, ihre Gesamtzahl hat in vielen Bereichen der Ozeane dramatisch zugenommen.

Pteropoden (*Thecosomata*) sind kleine, planktonische Meeresschnecken. In Laborexperimente korrodierten ihre Schalen in nur rund sechs Wochen in einem Meerwasser, das den gleichen Säuregrad aufwies wie den für 2100 erwarteten.

Korallenskelette ändern ihre Struktur, werden zerbrechlich und zerfallen. In einem saurerem Meerwassermilieu können ganze Riffkomplexe zusammenbrechen.

Todeszonen

Hohe Schadstoffgehalte im Meer können verheerende Auswirkungen auf das marine Leben haben. Stickstoff und Phosphor als Bestandteile von Düngemitteln lösen im Wasser Eutrophierung (Überdüngung) aus, zehren den Sauerstoff auf und schaffen sogenannte Todeszonen.

Wenn stickstoff- und phosphatreiche Mineraldünger, Güllereste, Waschmittel oder Abwässer in Gewässer gelangen, fließen sie mit den Flüssen ins Meer, wo sich Todeszonen ausbilden können. Diese sind besonders häufig in Küstengewässern, wo große Flüsse einmünden. Ihr geringer Sauerstoffgehalt lässt alle Organismen »ersticken«. Das Schadensbild reicht vom Verlust der Artenvielfalt bis zum Niedergang der Fischerei. Die Situation bessert sich, wenn die Ursache beseitigt wird und die Todeszone erneut sauerstoffreiches Wasser erhält.

Entstehung von Todeszonen

Eutrophierung kann jeden Wasserkörper wie Seen, Flüsse oder Meere betreffen. Sie geschieht in der Regel dann, wenn übermäßig viele Nährstoffe in ein Gewässer gelangen, die zuvor von stark gedüngten Feldern, wie Ackerland, Golfplätzen und Rasenflächen, abgeschwemmt worden sind.

FALLSTUDIE

Die Todeszone im Golf von Mexiko

› Der Mississippi entwässert fast die Hälfte der Landfläche der USA und transportiert riesige Mengen an Düngestoffen. Sobald er in den Golf von Mexiko fließt, verursacht der Fluss dort jedes Frühjahr eine große Todeszone. Im Jahr 2015 dehnte sich diese sauerstoffarme Zone auf fast 17 000 km² aus. Sinkt in Gewässern der Sauerstoffgehalt unter 2 mg/Liter, können Meerestiere nicht überleben.

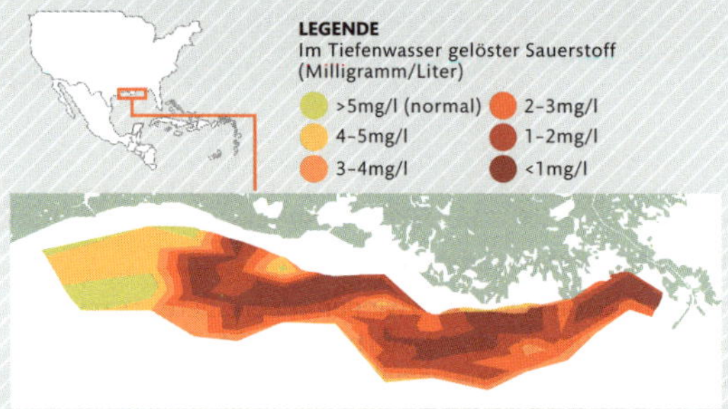

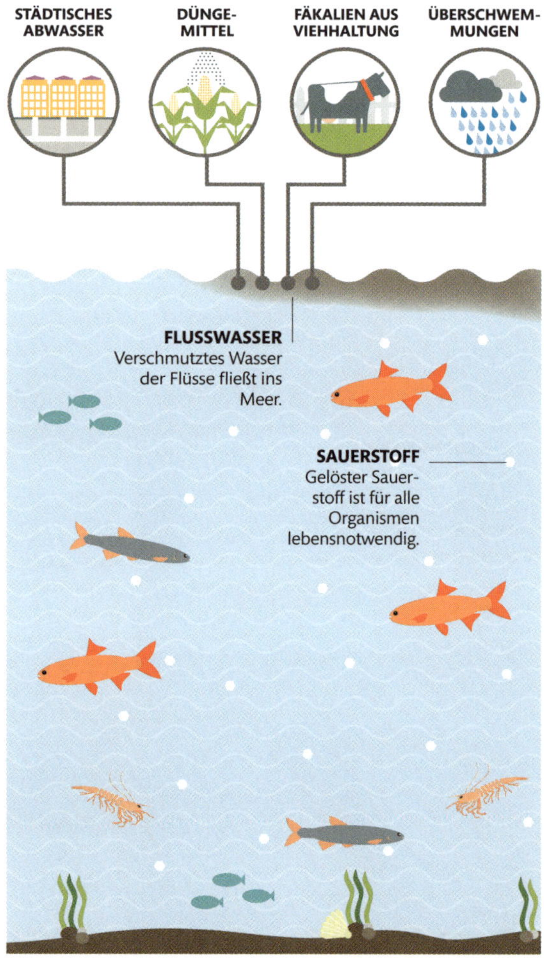

Kontaminiertes Flusswasser fließt ins Meer

Mit Nährstoffen angereichertes Flusswasser (z. B. durch Abwässer und Düngemittel) fließt ins Meer und bildet eine Schicht oberhalb des dichteren Salzwassers.

405

Gesamtzahl an **Todeszonen** in Küstengewässern **weltweit**

Was können wir tun?

- **Kein unbehandeltes Abwasser** in Flüsse und Meere leiten.
- **Begrenzte Verwendung** von Wirtschaftsdüngern in Problembereichen, z. B. entlang der Küsten und der großen Flüsse.
- **Renaturierung von Feuchtgebieten** und Küstenstreifen zum Abfiltern der Nährstoffe.

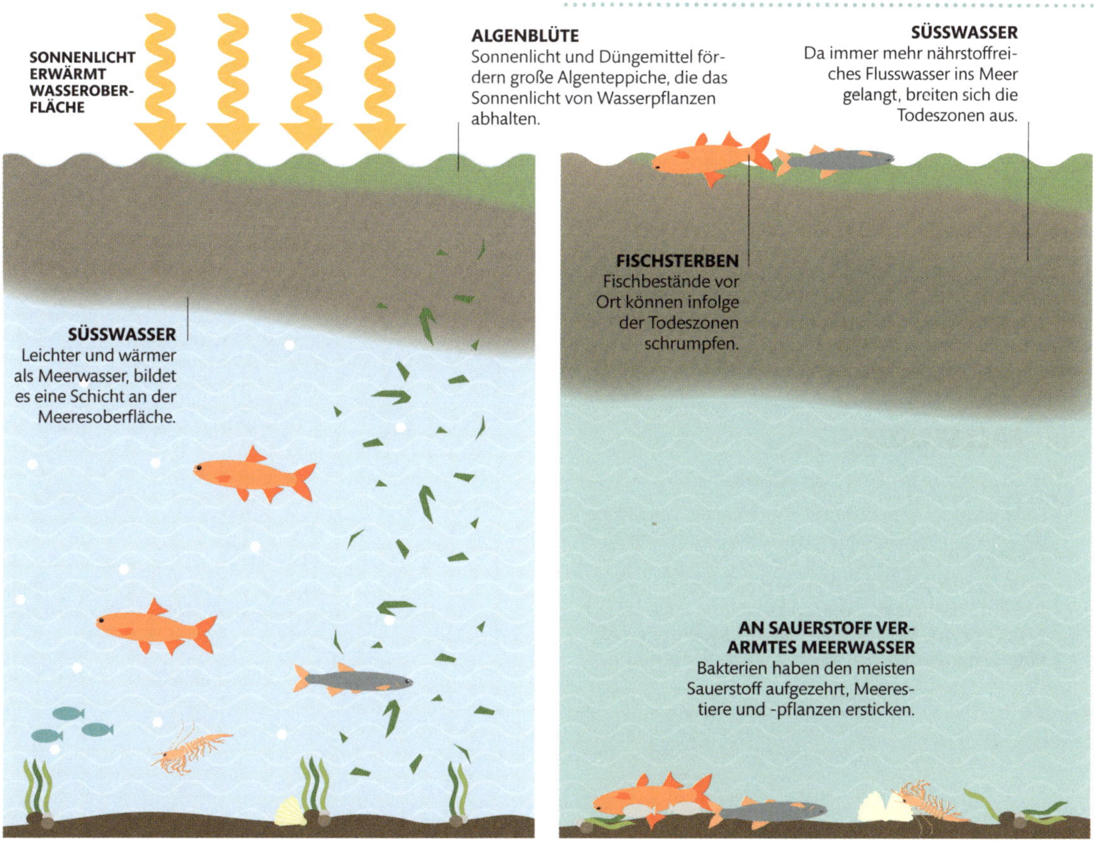

Algen gedeihen in der Süßwasserschicht

Sonnenstrahlung bietet perfekte Wachstumsbedingungen für Algen. Am Ende ihres Lebenszyklus' sinken die abgestorbenen Algen auf den Meeresboden, wo sie sich zersetzen. Dabei wird dem Wasser Sauerstoff entzogen.

Das Ökosystem stirbt ab

Sauerstoffarme Gewässer zwingen Meerestiere abzuwandern, zu mutieren oder zu sterben. Erhöhte Zersetzung abgestorbener Materie verzehrt den Sauerstoff im Wasser und lässt so Todeszonen entstehen.

Plastikabfall im Meer

Verpackungen, Konsumgüter und Fischernetze aus Kunststoff tummeln sich in den Ozeanen. Sie sind tödliche Fallen für Meeresbewohner, doch auch kleinste Kunststoffpartikel enthalten Schadstoffe, die in die Nahrungsketten gelangen.

Die meisten Kunststoffe, die in den Ozeanen treiben, kommen vom Land und gelangten über die Flüsse in die Meere. Etwa 80 Mio. Tonnen Plastikabfall sind bereits im Meer und rund 8 Mio. kommen jährlich hinzu. Die Menge an Plastikmüll steigt schnell, da immer mehr Menschen auf der Welt einen Lebensstil mit hohem Konsum übernehmen. Einige Tierarten verwechseln schwimmenden Kunststoff mit Nahrung, und jedes Jahr sterben daran Millionen von Tieren und Vögeln. Das UN-Umweltprogramm schätzt, dass die Auswirkungen der marinen Umweltbelastung mit Plastik die Weltwirtschaft jedes Jahr 13 Mrd. $ kostet.

Tödliche Wirbel

Meereswirbel sind große Bereiche im offenen Ozean, in denen Strömungen langsam großflächig rotieren. Treibende Kunststoffe werden in die Meereswirbel geschwemmt, wo sie sich konzentrieren und weitläufig im Kreis drehen. Es gibt fünf Hauptwirbel, wie den Nordpazifikwirbel mit einer großen Menge an Plastikmüll in seinem Zentrum. Ein weiterer dreht sich im Golf von Bengalen, wo Kunststoffmüll über Asiens größte Flüsse, wie den Ganges, in das Meer eingebracht wird.

Was können wir tun?

- **Beim Einkauf** Einweg-Kunststoffbeutel vermeiden.
- **Pfandsysteme für** Kunststoffflaschen unterstützen.
- **In Müllbeseitigungs-** und Recyclinganlagen investieren.
- **Entwicklungsländer** sollten sich dem modernen Recycling zuwenden.

Was kann ich tun?

- **Plastikartikel vermeiden –** Wiederverwendbares vorziehen.

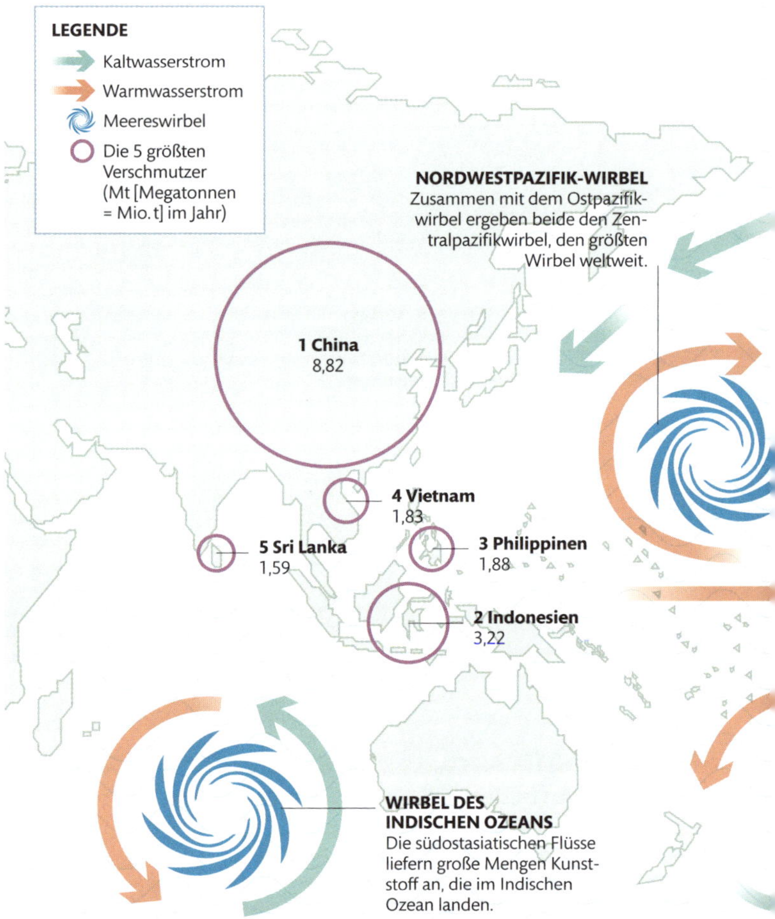

90 %

allen Mülls, der im Meer schwimmt, ist aus Plastik.

KUNSTSTOFF-ZERFALL

Es kann viele Jahrzehnte dauern oder sogar Jahrhunderte, bis Plastikmüll zerfällt. Mikroskopisch kleine Kunststoffteilchen, aus größeren Stücken entstanden, binden giftige Chemikalien, die in die Nahrungskette eindringen und Organismen schädigen können.

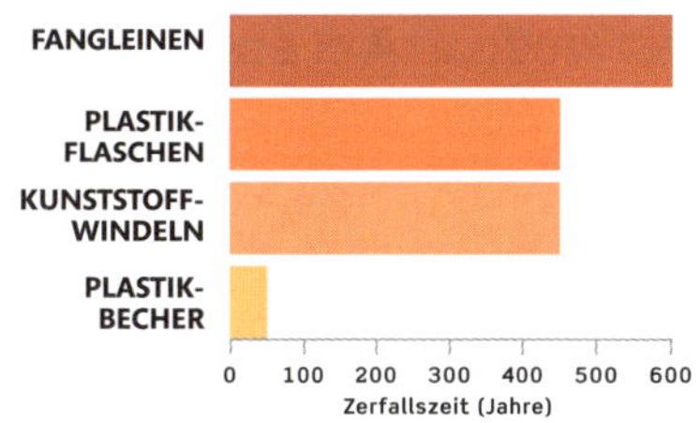

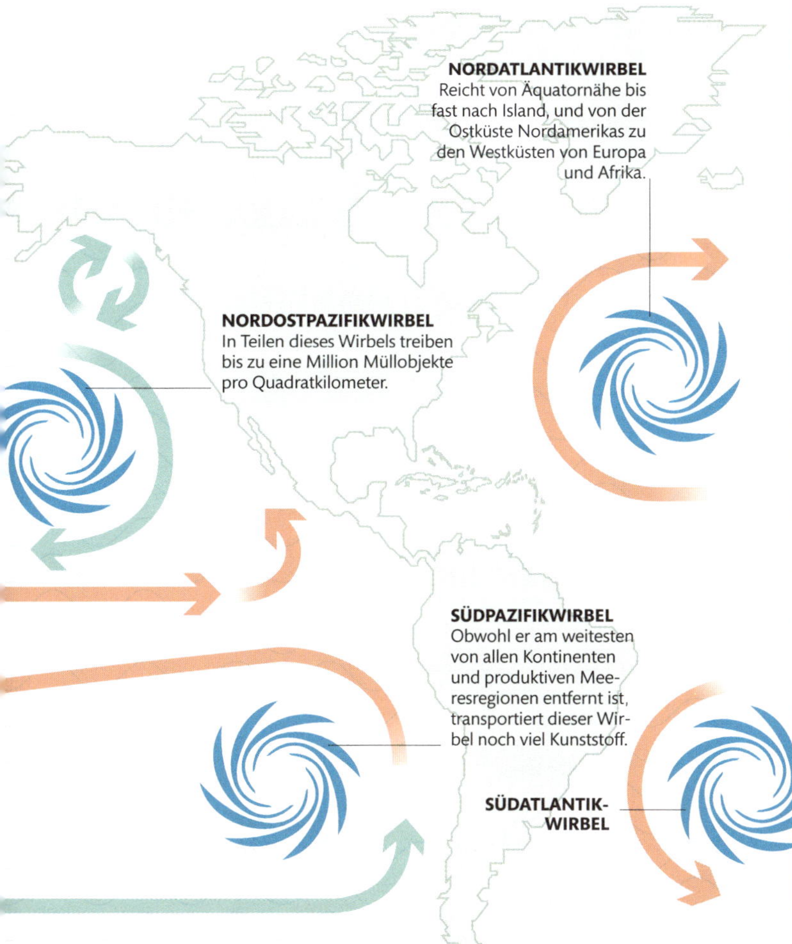

EFFEKT AUF WILDTIERE

Plastikmüll hat einen großen Einfluss auf die Tierwelt – direkt oder indirekt, wie diese Beispiele zeigen.

Vögel

Hohe Sterblichkeit unter Jungvögeln trifft viele Albatros-Kolonien, weil die Kleinen versehentlich mit Plastikteilchen gefüttert werden, etwa mit ins Meer geworfenen Feuerzeugen.

Schildkröten

In Fischernetzresten, Kabeln und Plastiktüten können sich Tiere verfangen, beispielsweise Schildkröten, Delfine oder Vögel, sodass sie ertrinken.

Plankton

Mikropartikel aus Kunststoff werden sowohl von Plankton als auch durch planktonfressende Tiere aufgenommen, was Verdauungsprobleme verursacht.

Wale und Delfine

Verschluckte Kunststoffe wurden in 56 % der Wale, Schweinswale und Delfine gefunden. Wale verwechseln oft Plastiktüten mit Tintenfischen. Ein Wal wurde mit 17 kg Kunststoffen in seinem Körper gefunden.

Der große Niedergang

Das Aussterben von Tierarten ist das vielleicht schmerzlichste aller Umweltprobleme, denn der Verlust von wertvollen natürlichen »Diensten« droht das Wohlergehen der Menschen zu untergraben *(siehe S. 164–165)*. Eine Reihe von Gründen führt zu einem Verlust an Artenvielfalt, der seit 65 Mio. Jahren, also seit dem Aussterben der Dinosaurier, beispiellos ist. Der jetzt schon rapide Artenverlust dürfte in Zukunft noch schneller werden, weil der Druck durch das Bevölkerungswachstum, durch die Ausweitung der Landwirtschaft und durch die wirtschaftliche Entwicklung weiter zunehmen werden.

Die Tierwelt schwindet

Das durch den Menschen verursachte Artensterben begann vor Zehntausenden von Jahren, als große Säugetiere, wie Mammuts und Höhlenlöwen, von Jäger-Sammlern bis zur Auslöschung gejagt wurden. Weitere Belastungen für die Tierwelt kamen seither hinzu. Im Zeitalter der europäischen Expeditionen und Kolonisierung wurden viele aggressive invasive Tier- und Pflanzenarten von der ganzen Welt importiert, wodurch einheimische Arten stark unter Selektionsdruck gerieten *(siehe S. 162–163)*. Heute ist der weltweite Niedergang der terrestrischen Biosphäre *(siehe S. 140–141)* Hauptursache des Artenschwunds.

»Wir rotten ohne Zweifel mit einer noch nie zuvor gekannten Geschwindigkeit viele Arten aus.«

SIR DAVID ATTENBOROUGH, BRITISCHER DOKUMENTARFILMER UND NATURSCHÜTZER

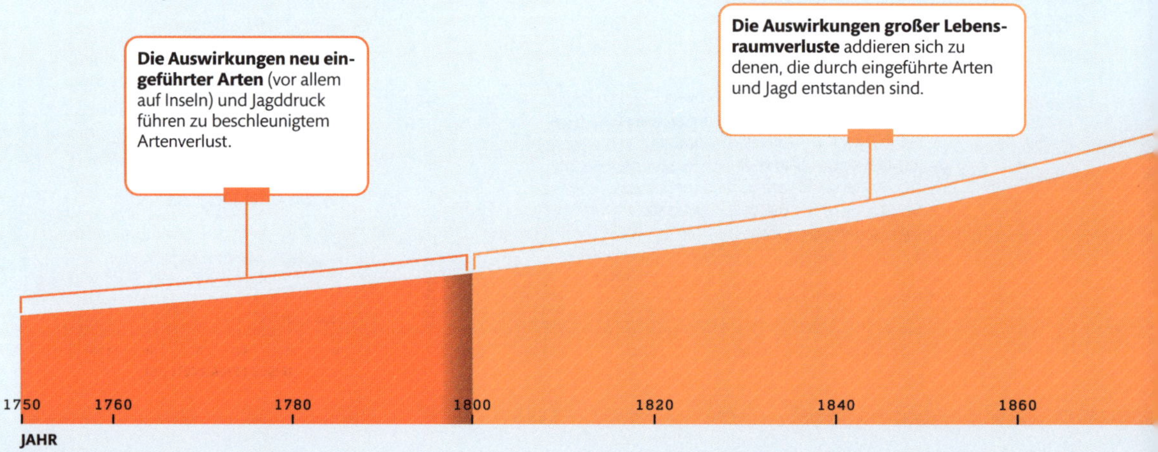

DIE SCHLIMMSTEN BEDROHUNGEN FÜR ARTEN

Arten, die vom Aussterben als bedroht gelten, werden von der Internationalen Union für die Erhaltung der Natur (IUCN) bewertet. Der Hauptdruck auf Tier- und Pflanzenarten, die vom Aussterben bedroht sind, kommt von der Ausweitung und Intensivierung der Landwirtschaft. Dazu gehört auch die Rodung von mehr Land für den Pflanzenanbau, das heißt mehr Abholzung. Kahlschläge sind eine große Bedrohung für natürliche Wälder, die häufig Plantagen weichen.

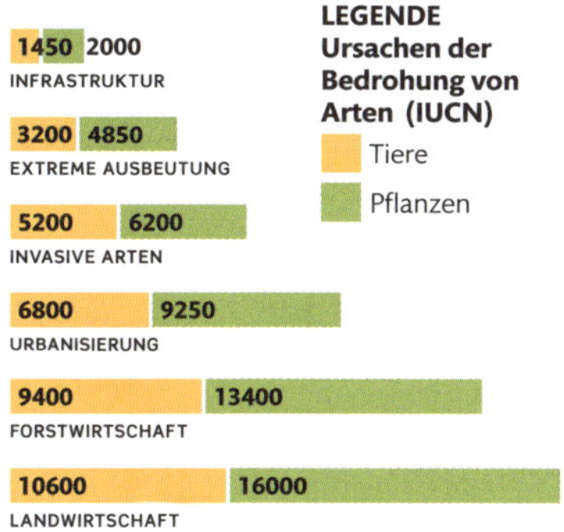

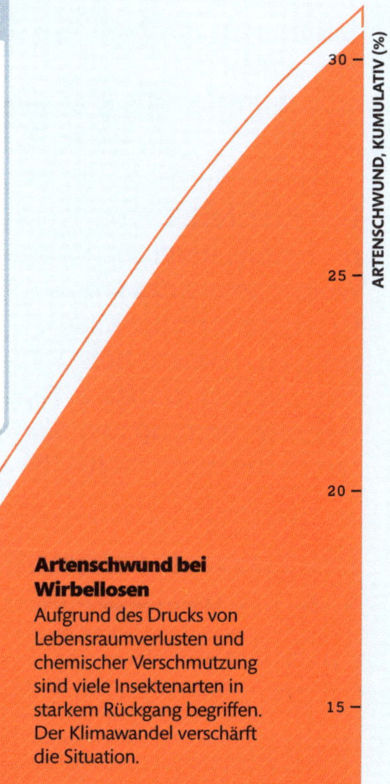

Ein globales Massenaussterben ist im Gange, vergleichbar mit den fünf anderen großen Auslöschungskatastrophen, die aus der Erdgeschichte bekannt sind. Jetzt kommt erschwerend noch der Klimawandel hinzu.

Artenschwund bei Wirbellosen
Aufgrund des Drucks von Lebensraumverlusten und chemischer Verschmutzung sind viele Insektenarten in starkem Rückgang begriffen. Der Klimawandel verschärft die Situation.

Artenschwund bei Wirbeltieren
Ein steiler Aufwärtstrend des Artenverlusts unter Säugetieren, Vögeln, Reptilien, Amphibien und Fischen bildet sich in Daten der IUCN ab. Die hier gezeigte Aussterberate ist eine zurückhaltende Schätzung, denn die tatsächliche Rate dürfte wahrscheinlich noch höher sein.

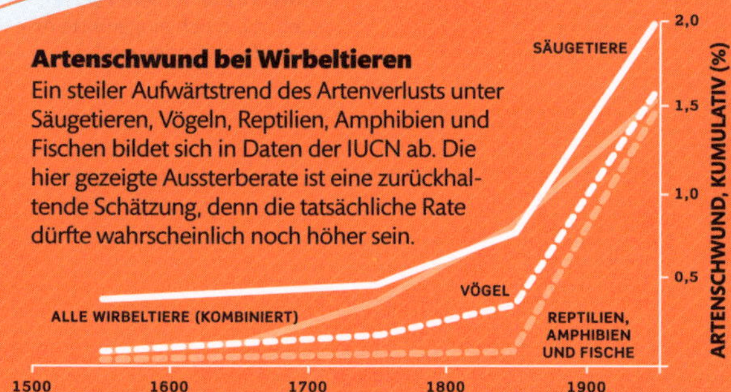

Hotspots der Arten

Die Vielfalt der Arten ist auf der Erde nicht gleichmäßig verteilt. Einige Regionen haben eine viel höhere Diversität von Tieren und Pflanzen. Aber viele davon sind bedroht. Diese Bereiche sind als »Hotspots« der Artenvielfalt bekannt.

Hotspots der Artenvielfalt sind Orte, wo sich die Natur vielfältig und einzigartig zeigt, aber auch unter Druck steht. Natürliche Vielfalt unterstützt das Wohlergehen der Menschen auf verschiedene Art und Weise. Alle unsere Lebensmittel und viele unserer Medikamente leiten sich von Wildformen ab. Ein weiteres Potenzial schlummert noch verborgen in der Bionik – das ist die Nachahmung geschickter Lebensstrategien von Organismen in der Technik. Durch die Schädigung dieser einzigartigen Gebiete sterben viele Arten aus, und wir riskieren, diese Vorteile zu verlieren. Die Bewahrung der verbleibenden Naturräume in diesen Hotspots der Biodiversität ist daher unverzichtbar, nicht nur wegen der Erhaltung der Wildtiere, sondern auch der Zukunftsperspektiven der Menschheit wegen.

Karibische Inseln

Die Inseln der Karibik bilden einen großen Hotspot mit einer Reihe von Habitaten, von 3000 m hohen Bergen bis zu Tieflandwüsten. Sie sind Heimat von 6550 einheimischen Pflanzen- und mehr als 200 bedrohten endemischen (nur dort vorkommenden) Wirbeltierarten.

Gebiete höchster Artenvielfalt

Die Umweltorganisation *Conservation International* hat 35 Hotspots identifiziert. Zusammen decken sie zwar nur 2,3 % der Landfläche der Erde ab, enthalten aber mehr als 50 % aller Pflanzenarten und 42 % aller Landwirbeltiere. Alle Hotspots sind durch menschliche Aktivitäten bedroht. Insgesamt sind mehr als 70 % der natürlichen Vegetation bereits verloren gegangen. Die Entwaldung ist ein großes Problem, verursacht durch zunehmende Landwirtschaft, Holzeinschlag und Bergbau.

Atlantischer Regenwald

Entlang der brasilianischen Ostküste erstreckt sich der Atlantische Regenwald. Lange getrennt von anderen großen Regenwaldgebieten Südamerikas, verfügt der Atlantische Regenwald über eine extrem vielfältige und einzigartige Mischung aus Vegetation und Wäldern, davon rund 8000 einheimische Pflanzenarten. Jahrhunderte des Kahlschlags, Rinderzucht, Bergbau und Zuckerrohrplantagen haben diesem einzigartigen Lebensraum zugesetzt.

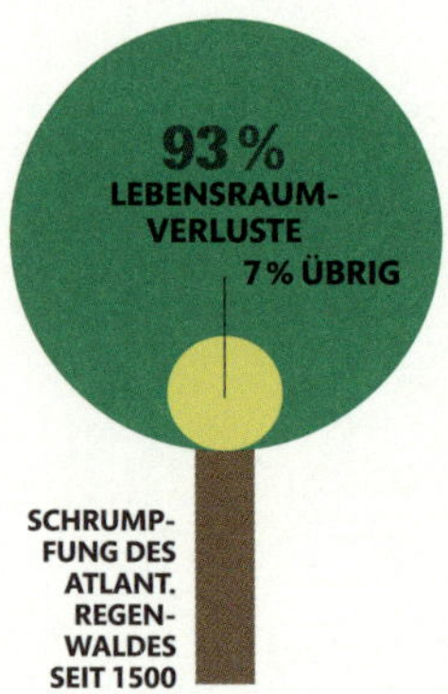

Mehr als 70 % der natürlichen Vegetation sind in 35 Hotspots bereits verschwunden.

Kaukasus

Diese Region umfasst eine Reihe wichtiger Lebensräume, wie Grasländer, Wüste, Sumpfwälder, trockene Wälder, Laubwälder, montane Nadelwälder und Buschland. Zusammen sind sie Heimat von rund 1600 einheimischen Pflanzenarten.

Sundainseln

In der Westhälfte des indo-malaiischen Archipels liegen zwei der größten Inseln der Welt – Borneo und Sumatra. Isoliert durch den Anstieg des Meeresspiegels, leben in den Regenwäldern der Sundainseln viele einzigartige Arten, etwa der vom Aussterben bedrohte Sumatra-Tiger. Abholzung und der Verlust von Lebensraum drängen die 15 000 einheimischen Pflanzenarten und 162 endemischen Wirbeltierarten immer mehr zurück.

SUMATRA-TIGER

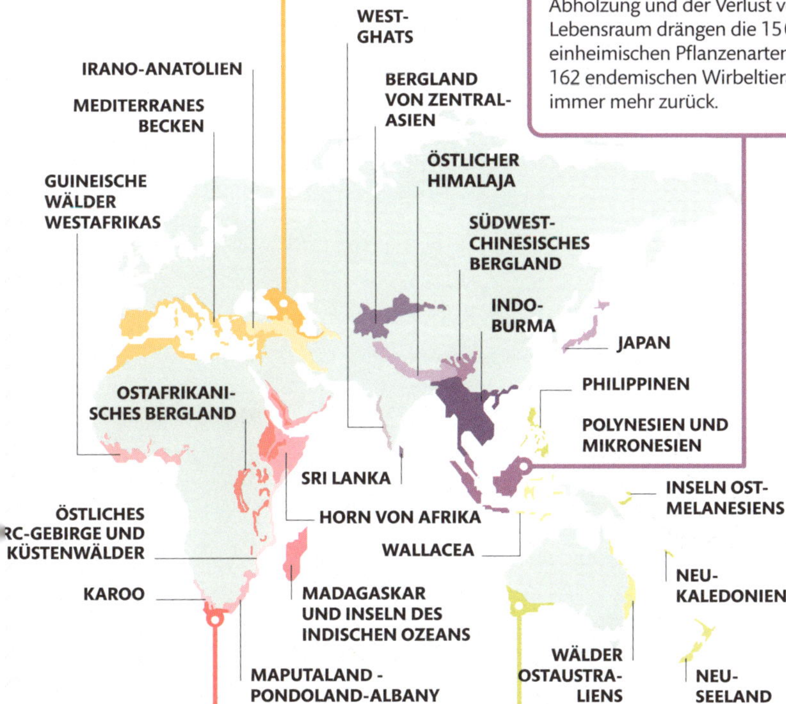

Flora der Kapregion

An der südwestlichen Spitze des afrikanischen Kontinents liegt ein außergewöhnlich vielfältiges Buschland, der blumenreiche Fynbos. Dieser einzigartige Lebensraum enthält 6210 einheimische Pflanzenarten.

Südwest-Australien

In dieser Region von Australien breitet sich eine Mischung aus Eukalyptus-Wäldern, Dickicht, Buschland und Heide aus. Sie umfasst 2948 Pflanzen- und 12 bedrohte Wirbeltierarten, die nirgendwo sonst vorkommen.

Was können wir tun?

- **Bewahrung der naturräumlichen Hotspots** erfordert den rechtlichen Schutz zumindest der hochwertigsten Gebiete, und alle Gesetze zum Schutz von Flora und Fauna müssen strikt durchgesetzt werden. Es wird auch erforderlich sein, Wege für die Bauern zu finden, ihrem Job nachzugehen, ohne in die in Naturgebiete vorzudringen.

Was kann ich tun?

- **Regelmäßige Besuche** in Bereichen, die Naturschutz genießen, sowohl von zu Hause aus als auch von unterwegs. Je öfter Schutzgebiete frequentiert werden, ob sie Hotspots sind oder nicht, desto größer ist der Anreiz für den Staat und Einzelpersonen, sie zu schützen und intakt zu halten.

Invasive Arten

Die Ausbreitung von Arten in nicht angestammte Gebiete kann schwerwiegende Störungen in den Ökosystemen auslösen. Die Ansiedlung dieser gebietsfremden invasiven Arten kann sogar zum Aussterben heimischer Organismen führen.

Auf globaler Ebene sind die Auswirkungen von sogenannten invasiven gebietsfremden Arten schädlich für die Ökosysteme und wild lebenden Arten sowie für den Niedergang des Lebensraums. Tausende von Arten sind bereits vom Aussterben bedroht – durch Tiere und Pflanzen, die von Menschen eingeschleppt wurden. Manche Arten wurden bewusst eingeführt, wie Kaninchen nach Australien, wo der Schaden, den sie an der Vegetation angerichtet haben, zum Rückgang vieler Vögel und Säugetiere führte.

Andere Arten wurden versehentlich verbreitet. So starben viele flugunfähige Vögel auf Inseln aus, weil mit Schiffen eingeschleppte Ratten die Jungvögel vernichteten.

SIEHE AUCH …

› **Hotspots der Arten** (160–161)
› **Naturschutzgebiete** (190–191)

Invasive Landtiere

Aggressivität, Verbreitung von Krankheiten und Nahrungskonkurrenz zählen zu den Faktoren, durch die invasive Arten einheimische Tiere und Pflanzen gefährden. Endemische Arten haben sich oft isoliert entwickelt und sind an diese neuen Gefährdungen nicht angepasst. Es gibt viele Beispiele für schwere Schäden durch invasive Arten, die durch den wachsenden Welthandel verbreitet werden.

Asiatischer Laubholzkäfer

Die in China und Korea heimischen Insekten zerstörten in Teilen Europas und in den USA ganze Wälder – 1996 bis 2006 betrugen die Bekämpfungskosten über 800 Mio. $.

Wildkaninchen

Kaninchen haben Lebensräume weltweit beeinflusst. Sie vermehren sich rasend schnell: Aus 24 nach Australien eingeführten Tieren im Jahr 1894 wurden 10 Mrd. um 1920. Sie konkurrieren mit lokalen Arten um Nahrung.

Tigerpython

Die aus Südasien stammenden Schlangen wurden als Haustiere gehalten, entkamen und bedrohen jetzt seltene Tiere in Florida (USA). Sie überwältigen und verdrängen einheimische Arten.

Kudzu

Diese Kletterpflanze aus Südostasien bedroht Ökosysteme in den USA und Neuseeland. Die riesigen Monokulturen der Pflanze überwuchern alle Pflanzen und Bäume und ersticken sie.

Was können wir tun?

- **Die Behörden müssen mehr tun, um die Einfuhr von invasiven Arten zu verhindern.** Wichtig ist eine wirksame Kontrolle des Handels, z. B. bestimmte Arten von Gartenpflanzen sowie von »blinden Passagieren« (z. B. Muscheln) in Schiffsballasttanks.

Was kann ich tun?

- **Nie Haustiere oder Gartenpflanzen absichtlich freilassen.** Viele der schädlichsten Eindringlinge nahmen diesen Weg. Sobald sie entkommen sind, ist es oft unmöglich, ihre Ausbreitung zu stoppen.
- **Gartenabfälle nur in den vorgesehenen Sammelstellen entsorgen.**

Jeden Tag reisen **7000** **Arten** in den Ballasttanks der Schiffe **rund um die Welt.**

Invasive Wassertiere

Frachter transportieren unfreiwillig Meerestiere um die ganze Welt, in ihren Ballasttanks mit dem Meerwasser, aber auch an der Außenseite ihrer Rümpfe. Viele wertvolle Süßwasser-Ökosysteme sind schon durch invasive Arten schwer geschädigt worden. Es ist ein Grund, warum Süßwasserfische zu den bedrohtesten Tiergruppen zählen.

Caulerpa
Die in das Mittelmeer eingewanderten Meeresalgen verursachen dort große Probleme, da sie einheimische Algen ersticken und wirbellosen Tieren den Lebensraum wegnehmen.

Nilbarsch
Der in vielen afrikanischen Flüssen lebende Barsch wanderte in viele afrikanische Seen ein und löste ein grassierendes Sterben von mehreren hundert Fischarten durch Verdrängung und Konkurrenz um Nahrung aus.

Zebramuschel
Diese Muscheln aus Westasien verbreiten sich seit dem 18. Jahrhundert und erreichten sogar die kanadischen Großen Seen in den 1980er-Jahren. Sie reduzieren das Phytoplankton, das Fischlarven als Nahrung dient.

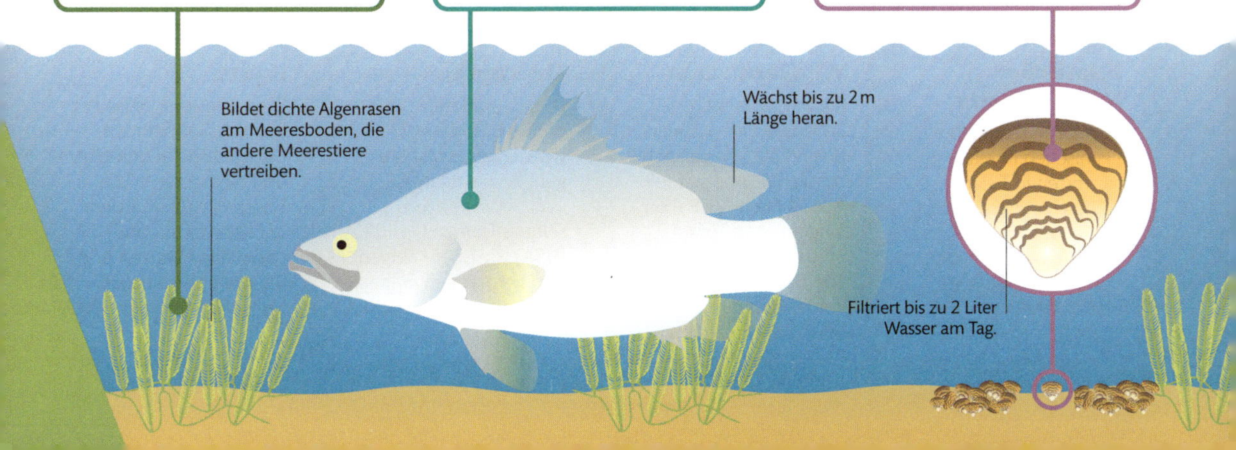

Nützliche Natur

Natürliche Systeme und Wildarten sind nicht nur schön, sondern bieten ein breites Spektrum an essenziellen und wirtschaftlich wertvollen Vorteilen, die man sogar als »Ökosystemdienstleistungen« betrachten könnte. Sie reichen von dem von Wäldern geleisteten Hochwasserschutz, über die Speicherung von Kohlenstoff in Feuchtgebieten, der Bestäubung von Nutzpflanzen durch wilde Insekten, bis zur Bereitstellung von Grundwasser durch Feuchtgebiete. Oft aber wird das Wirtschaftswachstum auf Kosten der Gesundheit der natürlichen Systeme erkauft. Beispielsweise gehen alle unsere Kulturpflanzen und Nutztiere sowie viele unserer Medikamente auf Wildformen zurück. Wenn man allerdings Ausrottungen zulässt, verschließen wir uns selbst die Zukunftschancen auf Innovation in der Lebensmittel- und Gesundheitsversorgung. Ein gesundes marines Nahrungsnetz hängt vom Plankton ab; schwindet es, würden die Fischbestände enorm schrumpfen.

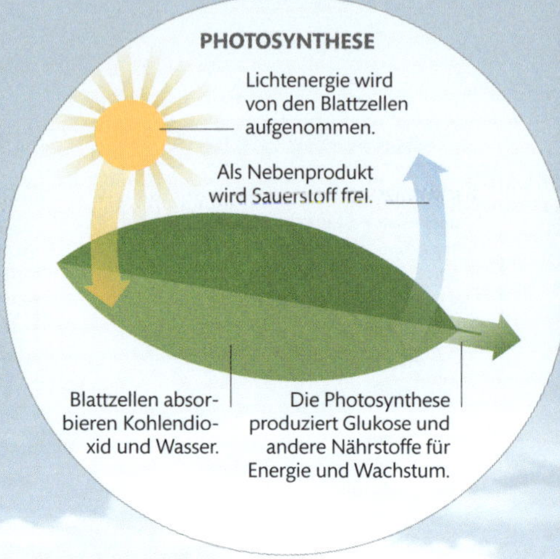

Tourismus
Natürliche Lebensräume, wie Küsten, Berge und Wälder, sind die Basis einer weltweiten Tourismusindustrie. Der Zugang zu natürlichen Gebieten verbessert die geistige und körperliche Gesundheit.

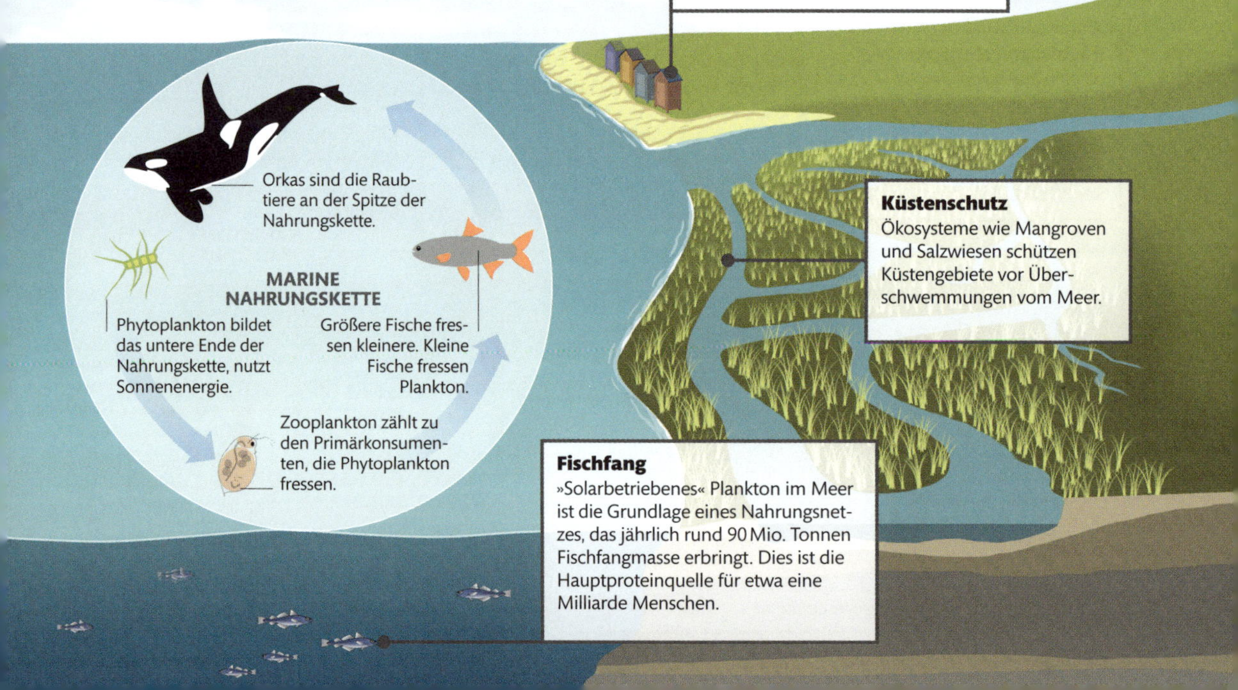

Küstenschutz
Ökosysteme wie Mangroven und Salzwiesen schützen Küstengebiete vor Überschwemmungen vom Meer.

Fischfang
»Solarbetriebenes« Plankton im Meer ist die Grundlage eines Nahrungsnetzes, das jährlich rund 90 Mio. Tonnen Fischfangmasse erbringt. Dies ist die Hauptproteinquelle für etwa eine Milliarde Menschen.

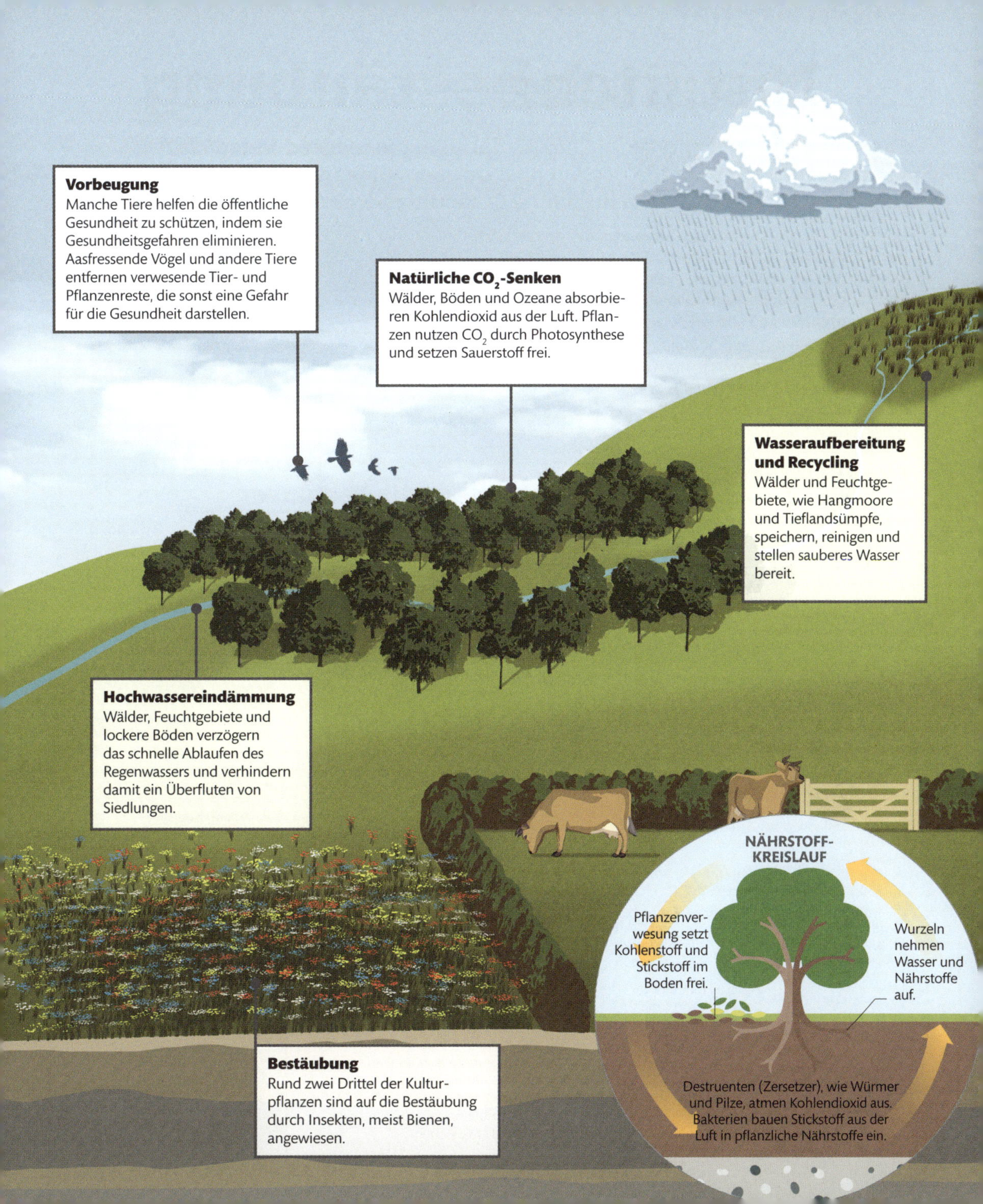

Vorbeugung
Manche Tiere helfen die öffentliche Gesundheit zu schützen, indem sie Gesundheitsgefahren eliminieren. Aasfressende Vögel und andere Tiere entfernen verwesende Tier- und Pflanzenreste, die sonst eine Gefahr für die Gesundheit darstellen.
Natürliche CO_2-Senken
Wälder, Böden und Ozeane absorbieren Kohlendioxid aus der Luft. Pflanzen nutzen CO_2 durch Photosynthese und setzen Sauerstoff frei.
Wasseraufbereitung und Recycling
Wälder und Feuchtgebiete, wie Hangmoore und Tieflandsümpfe, speichern, reinigen und stellen sauberes Wasser bereit.
Hochwassereindämmung
Wälder, Feuchtgebiete und lockere Böden verzögern das schnelle Ablaufen des Regenwassers und verhindern damit ein Überfluten von Siedlungen.
Bestäubung
Rund zwei Drittel der Kulturpflanzen sind auf die Bestäubung durch Insekten, meist Bienen, angewiesen.
NÄHRSTOFF-KREISLAUF
Pflanzenverwesung setzt Kohlenstoff und Stickstoff im Boden frei.
Wurzeln nehmen Wasser und Nährstoffe auf.
Destruenten (Zersetzer), wie Würmer und Pilze, atmen Kohlendioxid aus. Bakterien bauen Stickstoff aus der Luft in pflanzliche Nährstoffe ein.

Insektenbestäubung

Fast 9 von 10 Arten von Landpflanzen, darunter die meisten Nutzpflanzen, benötigen Insekten für die Bestäubung. Da aber wilde Insektenpopulationen rückläufig sind, besteht Gefahr für die Ernährungssicherheit.

Bienen, Wespen, Schwebfliegen, Schmetterlinge und Käfer, sie alle bestäuben Blüten und ermöglichen den Pflanzen, Samen und Früchte zu produzieren. Die meisten der Frucht- und Gemüsesorten, die wir essen, verlassen sich auf bestäubende Insekten. In einigen Teilen der Welt stört der Rückgang von wilden Bestäubern bereits die Nahrungsmittelproduktion und zwingt die Landwirte, zu Ersatzmaßnahmen zu greifen, z. B. die Pflanzen mit Pinseln zu bestäuben. Solche Fälle zeigen nicht nur die entscheidende Rolle der Bestäuber in der Nahrungskette, sondern auch ihren enormen wirtschaftlichen Wert. Ihr Jahresbeitrag ist weltweit geschätzte 190 Mrd. $ wert.

SIEHE AUCH ...

› **Nützliche Natur** (172–173)

BESTÄUBERTYPEN

Die Insektenbestäubung entwickelte sich vor etwa 140 Mio. Jahren. Sie spielt seither eine entscheidende Rolle in der Funktion vieler Ökosysteme. Es gibt Bestäuber, die hoch spezialisiert sind und nur eine Pflanzenart besuchen; andere sind Generalisten und bevorzugen keine bestimmten Blüten.

Bienen

Eine Vielzahl von Bienen bestäubt, darunter Hummeln, Wildbienen, Mauerbienen, Holzbienen und Honigbienen.

Wespen

Viele der 75 000 Wespenarten bestäuben bestimmte Pflanzenarten. Einige leben in Kolonien, andere sind Einzelgänger.

Schwebfliegen

Ernähren sich von Nektar und Pollen, während die Larven Blattlausfresser sind, d. h. Bestäuber und Räuber in einem.

Schmetterlinge

Diese Insekten mit langem Rüssel saugen Nektar aus den Blüten und übertragen nebenbei Pollen zwischen den Blüten.

Gefahren für die Bestäuber

In vielen Weltregionen sind die wild lebenden Bestäuber am Schwinden, vermutlich wegen der intensiven Landwirtschaft. Lebensraumverluste durch Ackerbau verdrängen Insekten von ihren einstigen Futter- und Nistplätzen, giftige Pestizide geben ihnen den Rest. Wie für andere Tierarten auch ist der Klimawandel ein zusätzliches Risiko für viele Bestäuber, neben anderen Belastungen wie Schadstoffen, Bodenversiegelung und Straßenbau. Diese Grafik stellt die Risiken für Bienen in Europa dar.

Was können wir tun?

- **Die Regierungen könnten die gefährlichsten Pestizide,** vor allem die Neonikotinoide verbieten, die Hummeln und Vögel bedrohen *(siehe S. 69)*.
- **Subventionen an die Landwirte nur dann auszahlen,** wenn sie die Lebensräume der Bestäuber schützen oder sanieren.

Was kann ich tun?

- **Für Bestäuber vorteilhafte Blütenpflanzen** im Garten aussäen, unkultivierte Flecken lassen, wo Insekten nisten und überwintern können.
- **Bio-Obst und Bio-Gemüse kaufen,** da diese ohne Pestizide produziert werden, die Bestäuber vergiften können.

Der geschätzte **wirtschaftliche Wert der Bienen** und anderer Bestäuber beläuft sich **pro Jahr auf 190 Mrd. $.**

Die Bedeutung der Bienen

Zur gesunden Ernährung zählt ein breites Angebot an Obst und Gemüse. Die sichere Versorgung mit solchen Produkten hängt auch in der Zukunft von gesunden Insektenvölkern ab. Bienenstöcke spielen eine wichtige Rolle, doch viele Kulturpflanzen werden auch von anderen Arten bestäubt, z. B. wilden Hummeln: In Großbritannien werden rund 70 % der Nutzpflanzen durch wilde Insekten bestäubt.

Bestäuben von Hand
In Teilen Südwest-Chinas führt der Rückgang von natürlichen Bestäubern durch Pestizide dazu, dass Obstbauern Blüten von Hand bestäuben müssen.

Der Wert der Natur

Oft wird behauptet, dass Umweltschäden ein nötiger Preis des Fortschritts sind. Der Verlust von »Dienstleistungen« seitens der Natur ruft jedoch hohe Kosten und Risiken hervor.

Die Natur bietet viele »Dienstleistungen«, auf denen unsere Wirtschaftsentwicklung beruht. Man kann ihren finanziellen Wert schätzen, etwa die Bestäubungsarbeit der Bienen, die Bedeutung der Korallenriffe für den Küstenschutz oder die Rolle von Feuchtgebieten als Trinkwasserspeicher. Der wirtschaftliche Wert solcher natürlicher Dienste dürfte das gesamte BIP der Weltwirtschaft übertreffen.

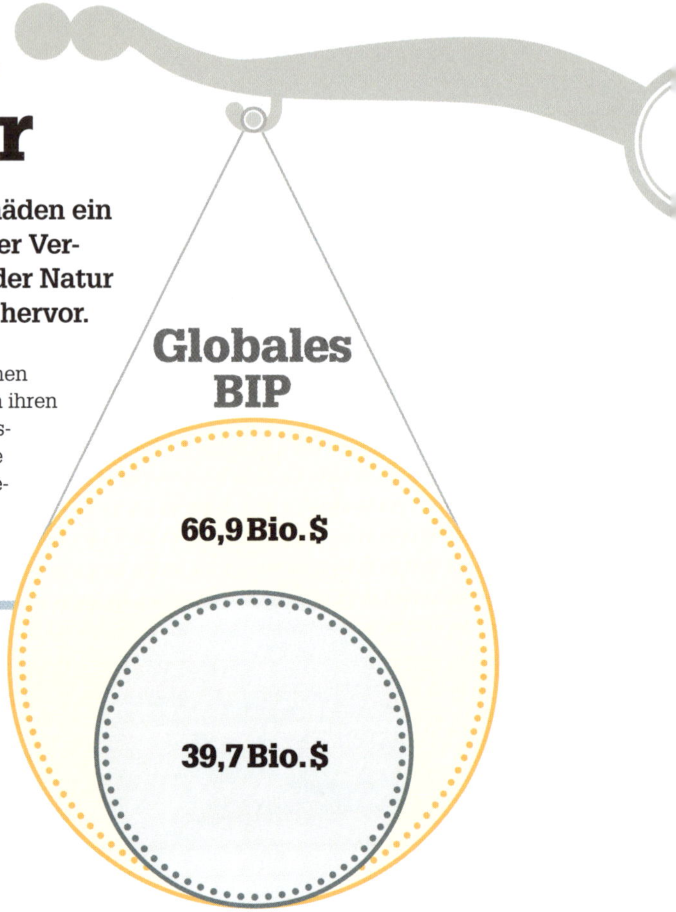

Die Prämie der Natur

Studien des Umweltökonomen Robert Costanza und Kollegen haben den Wert der Natur beziffert, und wie sich der finanzielle Wert der Ökosystemleistungen zwischen 1997 und 2011 geändert hat. Eine Reihe von Bewertungsmethoden wurde angewendet und es zeigte sich, dass der jährliche Beitrag der Natur größer ist als das weltweite BIP. Diese Ergebnisse beweisen, dass die Weiterentwicklung der menschlichen Gesellschaften direkt von der Vitalität der Natur abhängt. Je mehr wir die Ökosysteme schädigen, desto höher werden die Kosten für die menschliche Gesellschaft sein, wenn man ersetzen muss, was die Natur vorher kostenlos tat.

»Die Natur ist unsere Heimat. Eine gute Wirtschaft erfordert, dass wir sie **besser behandeln.«**

PROF. SIR PARTHA DASGUPTA, AUTOR DES DASGUPTA REVIEW DER REGIERUNG GROSSBRITANNIENS (2021)

Was können wir tun?

- **Regierungen und Unternehmen** können Informationen über ihre Auswirkungen auf und ihre Abhängigkeit von natürlichen Ressourcen sammeln. Diese Informationen können ökonomische Entscheidungen verbessern, anstatt die Vitalität von Ökosystemen zu verschlechtern.

Der Wert des BIP
Während Staaten auf das Wachstum des BIP fokussiert sind, fehlt das negative Befinden der Natur in den wirtschaftlichen Berechnungen. Da Ökosysteme zerstört und abgebaut werden, ist der Wert, den wir von ihnen erhalten, rückläufig.

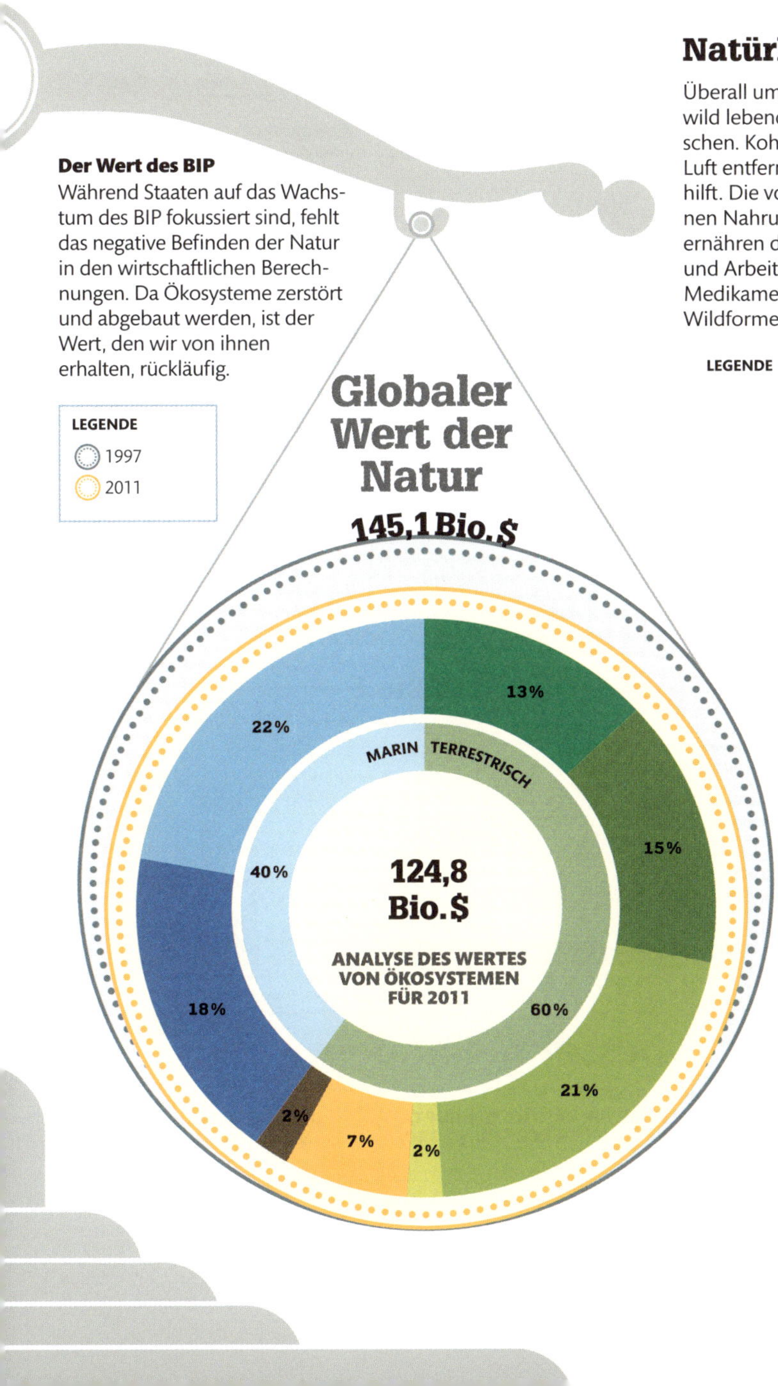

Natürliche Systeme

Überall um uns herum fördern Ökosysteme und wild lebende Arten das Wohlergehen der Menschen. Kohlendioxid wird von Wäldern aus der Luft entfernt, was den Klimawandel abbremsen hilft. Die von der Sonnenenergie unterhaltenen Nahrungsnetze, beginnend beim Plankton, ernähren die Fischbestände und liefern Proteine und Arbeitsplätze. Neues genetisches Material für Medikamente und Kulturpflanzen werden in vielen Wildformen gefunden.

LEGENDE

WÄLDER
Der wirtschaftliche Wert der Wälder ergibt 16 Bio. $ pro Jahr. Wälder liefern Sauerstoff und Wasser und beherbergen viele Arten.

GRASLAND
Verschiedene Arten von Grünland liefern einen geschätzten Beitrag im Wert von 18 Bio. $ zur Versorgung der weltweiten Viehbestände.

FEUCHTGEBIETE
Sie reduzieren Hochwasserrisiken, binden Kohlenstoff und reinigen das Wasser. Feuchtgebiete haben einen Wert von über 26 Bio. $.

SEEN UND FLÜSSE
Seen und Flüsse »managen« unsere Wasserversorgung mit einem jährlichen wirtschaftlichen Beitrag von mehr als 2 Bio. $ pro Jahr.

ACKERLAND
Die Ackerböden hängen von Nährstoffen ab, die sie versorgen. Diese Dienste haben einen Wert von über 9 Bio. $ pro Jahr.

STÄDTISCHER RAUM
Naturnahe Umgebungen in den Städten bieten wertvolle Dienste. Ihr globaler Wert erreicht über 2 Bio. $ pro Jahr.

OFFENER OZEAN
Dieser Aktivposten leistet Dienste im Wert von fast 22 Bio. $ pro Jahr, vor allem die Meeresalgen, die einen hohen Sauerstoffbeitrag liefern.

KÜSTEN
Ökosystem zwischen Meer und Land, stellt Dienstleistungen im Wert von 28 Bio. $ zur Verfügung, z. B. Tourismus und Schutz vor Stürmen.

Risiko von Pandemien

Krankheiten sind schon oft in der Geschichte von Tieren auf Menschen übergesprungen und haben für Probleme gesorgt. Heute hat das Risiko zugenommen.

Von Tieren auf Menschen übertragene Krankheiten sind nichts Neues. Zu ihnen gehören unter anderem Pest, Tollwut, Milzbrand, Ebola, Tuberkulose, Gelbfieber, Masern und Grippe (Influenza). Allerdings vergrößert unser heutiges Verhalten in Bezug auf Natur und Wildtiere das Risiko, dass neue Krankheiten auf den Menschen überspringen. Das Krankheitsrisiko ist ein wichtiger Hinweis darauf, dass das Wohlergehen des Menschen mit einem vernünftigen Verhältnis zu seiner natürlichen Umgebung in Verbindung steht.

Was können wir tun?

- **Regierungen und Firmen** können Informationen über den Einfluss ihrer Handlungen auf die Natur, etwa auf Wälder und Flüsse, sammeln. Mit diesen Informationen können ökonomische Entscheidungen verbessert und Schäden an der Natur und den Ökosystemen vermieden werden.

Wie die Umwelt das Pandemierisiko beeinflusst

Unser Verhältnis zur Natur und den Wildtieren kann das Risiko der Krankheitsübertragung von Tieren erhöhen. Ausbrüche des tödlichen Ebola-Virus hängen mit der Abholzung afrikanischer Wälder zusammen. Das in den Jahren 2003 und 2004 aufgetretene Schwere Akute Respiratorische Syndrom (SARS) wurde nach Guangzhou (China) zurückverfolgt, wo lebende Larvenroller (Schleichkatzen) als Schlachttiere gehandelt wurden. Das tödliche Nipah-Virus, das bei Menschen in den späten 1990er-Jahren nachgewiesen wurde, stammte von Flughunden und ging über Schweine auf Menschen über.

Massentierhaltung

Als Schweine- oder Vogelgrippe bekannte Influenza-Formen, die für Menschen eine ernsthafte Gefahr darstellen, haben ihren Ursprung in der Massentierhaltung. Die beengten Verhältnisse und der Stress der Tiere ermöglichen den Viren die Verbreitung und Mutation, sodass manche Formen Menschen befallen können. Der Anbau des Tierfutters führt oft zur Entwaldung.

Wildtierhandel

Wildtiere, die als Nahrung, wegen der Häute, der Herstellung von Medizinprodukten oder als Haustiere gehandelt werden, können Krankheiten in der Welt der Menschen verbreiten. Trotz vieler gesetzlicher Verbote gibt es einen massiven illegalen Handel. Er führt nicht nur zur Ausrottung vieler Arten, sondern er stellt auch eine Gefahr für die menschliche Gesundheit dar.

Entwaldung

Wenn Wälder zugunsten von Landwirtschaft und Bergbau abgeholzt werden, konzentriert sich ihr Tierbestand in den übrig gebliebenen Restflächen. Wenn Menschen nun in zuvor unberührte Gegenden vordringen, kann der Kontakt zwischen ihnen sowie Wild- und Nutztieren zunehmen. Außerdem können Wildtiere auf der Nahrungssuche Äcker am Waldrand aufsuchen.

Jagd

Die Jagd auf Wildtiere kann zur Übertragung von Krankheiten auf Menschen führen. AIDS hat seinen Ursprung im Handel mit Buschfleisch, für das Affen getötet werden. Der Blutkontakt zwischen den Jägern und der Beute hat dazu geführt, dass sich Menschen mit dem tödlichen Virus infiziert haben. Die Krankheit verursachte weltweit Millionen von Todesfällen.

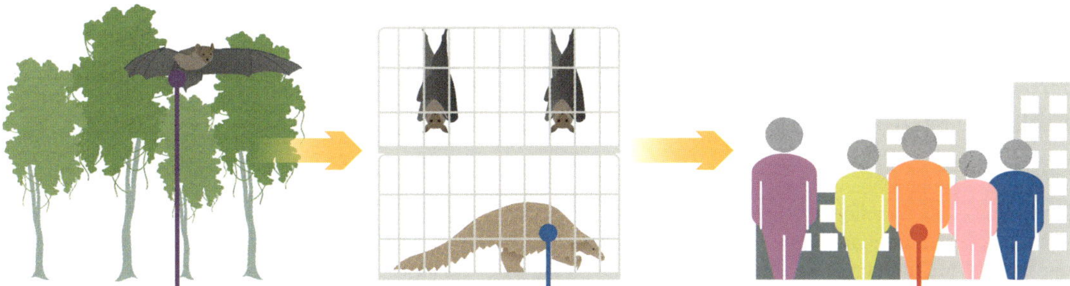

Fledermäuse
Die genetische Sequenz von SARS-CoV-2 (COVID-19) deutet auf einen Ursprung in Fledermäusen hin, die möglicherweise auf Märkten gehandelt worden sind.

Schuppentiere
Schuppentiere, die als Nahrung und als Medizin gehandelt werden, kommen auf Märkten mit anderen Tieren in Kontakt und können das Virus übertragen.

Menschen
Das Virus hat sich vielleicht in Schuppentieren oder anderen Arten vervielfältigt und dann Menschen infiziert, die die Märkte besucht haben.

Übergang von Viren der Tiere auf Menschen

Gegen Ende des Jahres 2019 ist ein Virenausbruch in Wuhan (China) registriert worden. Das Virus wurde als SARS-CoV-2 bezeichnet. Es rief eine schwere Atemwegserkrankung bei Menschen hervor, die COVID-19 genannt wurde. Der Ursprung der Infektion wurde bis zu einem Markt zurückverfolgt, auf dem Tiere wie Fledermäuse und Schuppentiere zum Verzehr angeboten wurden. Vermutlich haben Menschen sich bei Schuppentieren infiziert und die Krankheit weiterverbreitet.

Etwa **60 Prozent** der bestehenden und neuen Infektionskrankheiten **stammen von Tieren,** die meisten von ihnen von **Wildtieren.**

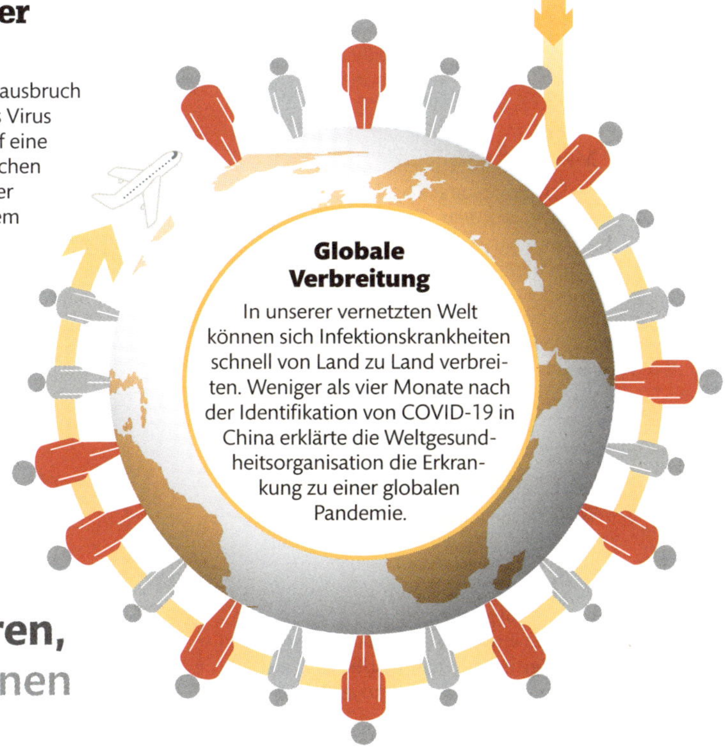

Globale Verbreitung
In unserer vernetzten Welt können sich Infektionskrankheiten schnell von Land zu Land verbreiten. Weniger als vier Monate nach der Identifikation von COVID-19 in China erklärte die Weltgesundheitsorganisation die Erkrankung zu einer globalen Pandemie.

Die Folgen der Pandemie

Die ersten COVID-19-Fälle wurden in Wuhan (China) gegen Ende des Jahres 2019 festgestellt. Millionen von Menschen wurden infiziert und viele starben. Neben der Schädigung der Gesundheit hatte die Krankheit noch weitere Folgen.

Ernsthafte gesundheitliche, soziale und ökonomische Konsequenzen folgten auf den Ausbruch der Pandemie. Geschäfte schlossen, der globale Handel war beeinträchtigt, Regierungen verabschiedeten restriktive Gesetze und das Gesundheitswesen wurde in manchen Ländern bis an seine Grenzen belastet. Kostspielige Programme zur Erforschung von Behandlungen und Impfstoffen wurden ins Leben gerufen. Viele Familien waren von Trauerfällen und psychischen Problemen betroffen. Die meisten Länder waren auf das Virus nicht vorbereitet und manche Regierungen zögerten noch, als sich das Virus immer weiter verbreitete.

Die Kosten der Pandemie

Die finanziellen und politischen Kosten der Auseinandersetzung mit den Faktoren, die das Risiko der Verbreitung von Pandemien erhöhen (dazu gehören das Stoppen der Entwaldung und die Kontrolle des Wildtierhandels), waren zuvor als zu groß angesehen worden, um in Erwägung gezogen zu werden. Allerdings haben sich die Folgekosten der Pandemie für die Regierungen als viel größer herausgestellt als die Summen, die man im Vorfeld hätte ausgeben müssen, um Pandemien wie diese zu verhindern.

Unbeliebte Maßnahmen
Mit der Verbreitung von COVID-19 mussten viele Länder unbeliebte Einschränkungen der persönlichen Freiheiten durchsetzen, etwa die Verpflichtung zum Tragen von Gesichtsmasken.

Wirtschaftswachstum

Die ökonomischen Folgen von COVID-19 werden enorm sein. Nach einer Schätzung könnten sie im Zeitraum von fünf Jahren fast 27 Billionen $ betragen. Die Einschränkungen führten zu einem Rückgang ökonomischer Aktivitäten, in einigen Ländern dem größten seit Jahrhunderten. Zur gleichen Zeit gingen die Steuereinnahmen zurück und die Kosten des Gesundheitswesens nahmen zu.

Jagd auf Wildtiere

In manchen afrikanischen Ländern führte der Tourismus-Rückgang dazu, dass die Beschäftigten der Nationalparks ihre Jobs verloren. Da sie weniger Geld zum Kauf von Lebensmitteln zur Verfügung hatten, jagten sie unter anderem die Tiere, die sie zuvor geschützt hatten.

Kohlendioxid-emissionen

Im April 2020 verursachte die Pandemie wegen ihres Einflusses auf Reisen und Ökonomie einen geschätzten weltweiten Rückgang der CO_2-Emissionen um 17 %. Für das gesamte Jahr 2020 schätzt man den Rückgang auf 7 %. Die Internationale Energieagentur sagte voraus, dass im Jahr 2021 die globale Nachfrage nach einer postpandemischen ökonomischen Erholung um 4,1 % steigen würde.

Hunger

Der Hunger nahm in den Ländern zu, in denen der Einkommensverlust zu Problemen beim Lebensmittelkauf führte. Die Nahrungspreise stiegen in manchen Ländern. Die UN stellte 2020 eine 82-prozentige Zunahme des kritischen Hungers gegenüber 2019 fest.

Rückgang von Reisen

Viele Länder erlebten einen dramatischen Rückgang bei der Zahl der Flüge, da Geschäfts- und Urlaubsreisen in wenigen Wochen drastisch reduziert wurden.

Todeszahlen

Anfang Juni 2021 schätzte man, dass 3,3 Mio. Menschen an COVID-19 gestorben waren. Die reale Zahl ist vermutlich höher, da wohl viele Todesfälle in den ländlichen Regionen der Entwicklungsländer nicht gezählt worden sind. Einige Länder konnten die Infektionen zwar anfangs begrenzen, gerieten aber später unter Druck.

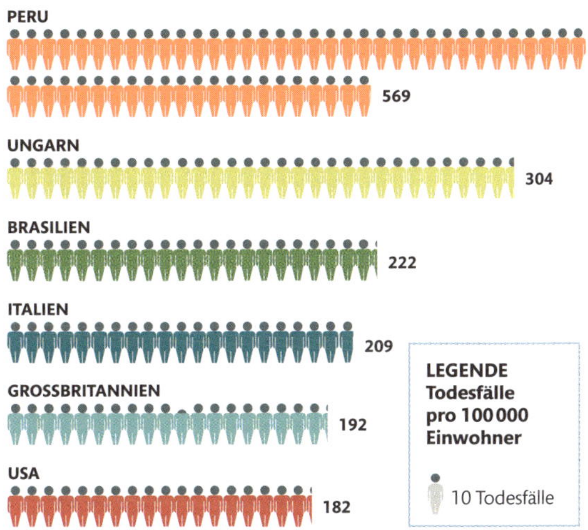

Die meisten COVID-19-Toten waren über 75 Jahre alte Menschen.

GRÜNE BEWÄLTIGUNG

Viele Verantwortliche in Wirtschaft, Politik und sozialen Bewegungen haben sich für eine grüne Bewältigung der Pandemie ausgesprochen. Dazu gehören Investitionen in saubere Technologien und die Wiederherstellung der natürlichen Umwelt als Mittel zur Schaffung von Arbeitsplätzen und zur Ankurbelung der Wirtschaft. Es wurde zwar behauptet, dass die Pandemie der Umwelt geholfen habe, indem sie sowohl Emissionen als auch die wirtschaftliche Nachfrage verringerte, aber es ist klar, dass dies weder ein dauerhafter noch ein von vielen Menschen unterstützter Weg zur Bewältigung der Umweltprobleme sein kann.

»Die zentralen Werte, die eine nachhaltige Entwicklung unterstützen – **Wechselbeziehungen, Empathie, Gleichberechtigung, Eigenverantwortung und Generationengerechtigkeit** –, sind die einzige Grundlage, auf der jede **tragfähige Vision einer besseren Welt** überhaupt aufgebaut werden kann.«

SIR JONATHON PORRITT, BRITISCHER UMWELTSCHÜTZER UND AUTOR

Die große Beschleunigung

Wie sieht der globale Plan aus?

Die Zukunft gestalten

3 DEN TREND BRECHEN

Ein breites Spektrum an Initiativen steht bereit, um die miteinander verflochtenen globalen Herausforderungen anzunehmen. Wenn wir eine sichere und nachhaltige Zukunft zu erreichen trachten, muss aber weit mehr passieren.

Die große Beschleunigung

Der Druck, den die Menschheit auf die Erde ausübt, hat zu massiven Veränderungen in der Atmosphäre, den Ökosystemen und der biologischen Vielfalt geführt – während viele Ressourcen zur Neige gehen. Anhaltendes Bevölkerungs- und Wirtschaftswachstum treiben die Nachfrage an, die der Grund für viele miteinander verknüpfte Veränderungen ist. Das Ausmaß menschlicher Eingriffe ist so groß, dass sie zum bestimmenden Faktor für das Leben der Erde werden. Wissenschaftler sehen uns am Beginn eines neuen Erdzeitalters – des Anthropozäns –, einer Periode, in der die Menschheit zur dominanten globalen Kraft geworden ist.

Eine neue Epoche: das Anthropozän

Der Punkt, der den Beginn des Anthropozäns definiert, ist umstritten. Einige Forscher schlagen vor, es während des Pleistozäns, vor bis zu rund 50 000 Jahren, beginnen zu lassen, als die Menschen das Aussterben großer Säugetiere der Eiszeit verursachten. Andere meinen, dass der Beginn mit dem Aufstieg der Landwirtschaft zusammenfällt. Es gibt auch gute Gründe, die industrielle Revolution als den Beginn der neuen Epoche zu sehen, weil mit ihr der Einfluss der Menschheit auf den Planeten auf nie zuvor erlebte Weise global wurde. Andere argumentieren, dass das Anthropozän mit der Explosion der ersten Atombombe begann, da sie den ersten globalen menschlichen radioaktiven Fingerabdruck hinterließ. Es scheint jedoch zunehmend Konsens zu werden, dass die 1950er-Jahre der beste Zeitraum sind, um den Beginn des Anthropozäns zu markieren. Es war der Beginn einer einzigartigen Zeit, die »große Beschleunigung«, als viele menschliche Aktivitäten durchstarteten und sich gegen Ende des Jahrhunderts noch beschleunigten.

VOR 50 000 JAHREN
Gruppen von Jägern und Sammlern erlegen große Säugetiere für Fleisch und andere Ressourcen wie Häute und Knochen.
Obwohl die das Ende der letzten Eiszeit begleitenden Klimaveränderungen eine Rolle spielten, schätzt man, dass von den großen Säugetierarten, die damals ausstarben, etwa zwei Drittel durch menschliche Aktivitäten ausgerottet wurden.

VOR 8000 JAHREN
Der fast gleichzeitige Aufstieg der Landwirtschaft und der Städte markiert eine plötzliche Veränderung des menschlichen Einflusses.
Jäger-Sammler-Gesellschaften lebten sehr naturnah in den Ökosystemen, von denen sie abhingen. Die Bauern, welche die städtische Bevölkerung versorgten, zwangen ihrer Umgebung grundlegende Veränderungen auf – z. B. Rodungen, die CO_2 freisetzten, während die Erbauer der Städte in großem Maßstab Ressourcen verbrauchten.

VOR 5000 – 500 JAHREN
Mit dem Aufstieg der Landwirtschaft kam es weltweit zu massiven Bodenveränderungen durch den Menschen.
Manche dieser Änderungen zielten bewusst auf eine Verbesserung der Bodenfruchtbarkeit. Andere Manipulationen waren eher unbeabsichtigt und führten dazu, dass die Böden so lange Schaden nahmen, bis sie kein Getreide mehr produzierten.

1610
Ein Rückgang des CO_2-Gehalts der Luft korrespondiert mit vermehrt nachgewachsenen Wäldern.
Das Massensterben indigener Völker in tropischen Regenwaldregionen, das europäische Siedler durch eingeschleppte Krankheiten und Sklaverei verursachten, bedeutete ein Verschwinden der Felder zugunsten von Wäldern, die CO_2 aus der Luft entfernten.

Zunehmende Trends

Wenn Forscher verschiedene Trends aufzeichnen, spiegeln sich die steigenden Ansprüche der Menschen sowie ihre Auswirkungen in Kurven, die vom Beginn des industriellen Zeitalters stark zu steigen beginnen, also im 18. und 19. Jahrhundert. Sie fanden jedoch, dass all diese und viele andere Trends in der Mitte des 20. Jahrhunderts erst richtig durchstarteten. Die »große Beschleunigung«, die in den 1950er-Jahren begann und bis heute andauert, ist vielleicht der richtige Punkt, von dem an der Beginn des Anthropozän zu setzen ist.

»Man kann **Ausmaß und Tempo des Wandels** kaum überschätzen. In einer einzigen Generation ist die **Menschheit** eine planetare **geologische Macht geworden.**«

WILL STEFFEN, EXEKUTIVDIREKTOR DES *INTERNATIONAL GEOSPHERE-BIOSPHERE PROGRAMME*

SPÄTES 18. JAHRHUNDERT
Die industrielle Revolution beginnt in England, breitet sich aber bald in ganz Europa und nach Nordamerika aus.
Eine allgegenwärtige Verbrennung fossiler Brennstoffe beginnt, gleichzeitig steigt die Nachfrage nach anderen natürlichen Ressourcen stark an. Industrialisierte Landwirtschaft folgte bald nach. Es dauerte mehr als 200 Jahre, dass sich die industrielle Entwicklung in der ganzen Welt verbreitete.

1950
Die »große Beschleunigung«: Beginn eines rasanten Wachstums auf vielen Ebenen.
Im Anschluss an die erste Atombombenexplosion markiert die »große Beschleunigung« den Aufstieg echter globaler Eingriffe, die auf das Konto der Menschheit gehen. Neben einem radioaktiven Marker, den sie in den Sedimenten auf der ganzen Welt hinterlassen, begleiten Klimawandel, Versauerung der Ozeane, weitverbreitete Bodenschäden und ein massiver Artenschwund den stark gestiegenen Einfluss des Menschen.

Natürliche Grenzen

Die Überlastung des Systems Erde wird zur zunehmenden Gefahr für die Menschen. Wissenschaftler haben eine Reihe von planetaren »Grenzen« identifiziert, die vermutlich zu schlimmen Folgen führen, wenn sie überschritten werden.

Grenzen überschreiten

Ein internationales Team von Wissenschaftlern des *Stockholm Resilience Centre* hat neun »planetare Grenzen« identifiziert, die als Schlüsselelemente für die Gesundheit unseres Planeten gelten. Sie beziehen sich auf globale Trends wie Klimawandel, Ozonabbau, Versauerung der Meere, Wassernutzung und Artenvielfalt. Die Farben im Diagramm repräsentieren die Höhe des Risikos für jeden Bereich. Grün zeigt ein geringes Risiko unterhalb der Grenze an – also gegenwärtig keine globale Systembedrohung. Gelb ist die Zone der Gefährdung mit zunehmendem Risiko. Rot übersteigt die sicheren Grenzen und steht für hohes Risiko. Grau sind Risiken, die noch nicht genau genug quantifiziert sind.

BUDGET FÜR DIE ERDE

Menschliche Nachfrage ist heute so viel größer als das, was die Erde auf unbestimmte Zeit liefern kann. Viele große Volkswirtschaften verbrauchen mehr Ressourcen, als innerhalb ihrer eigenen Grenzen verfügbar sind. So bräuchte Japan fünfmal mehr Fläche, um den Konsum zu befriedigen. Auch China und die europäischen Länder verbrauchen mehr, als sie in ihrem Territorium zur Verfügung haben.

CHINA 2,7

GB 3

WELT-DURCH-SCHNITT 1,6

KLIMAWANDEL
Atmosphärische Treibhausgaskonzentrationen steigen weiter an, das Risiko abrupter und unumkehrbarer Auswirkungen wächst.

BIOSPHÄRE
Ökosystemschäden in globalem Ausmaß; das Risiko abrupter und irreversibler Auswirkungen nimmt zu (siehe Kasten gegenüber: genetische Vielfalt).

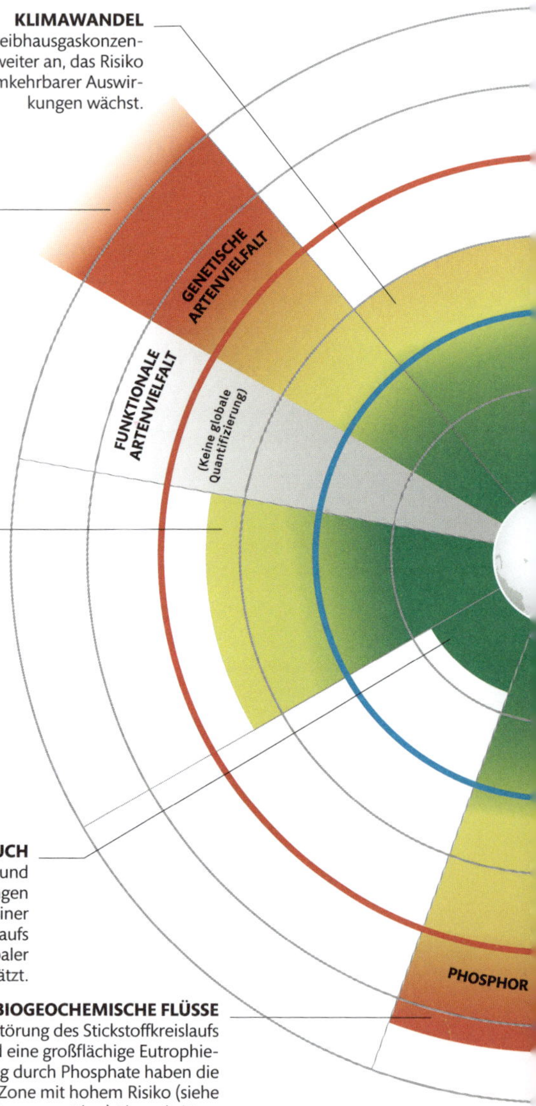

SYSTEMVERÄNDERUNGEN AN LAND
Die Umwandlung natürlicher Lebensräume im globalen Maßstab, vor allem die Entwaldung für Ackerland *(siehe S. 142–143)*, hat uns in die Zone zunehmender Risiken geschoben.

WASSERVERBRAUCH
Trotz großer örtlicher und regionaler Herausforderungen wird die aktuelle Gefahr einer Störung des Wasserkreislaufs *(siehe S. 74–75)* auf globaler Ebene als gering eingeschätzt.

BIOGEOCHEMISCHE FLÜSSE
Störung des Stickstoffkreislaufs und eine großflächige Eutrophierung durch Phosphate haben die Zone mit hohem Risiko (siehe Kasten gegenüber) überschritten.

Es ist wichtig, die Belastungen zu identifizieren, die am drängendsten sind und die vielleicht katastrophale Risiken für die Menschheit darstellen. Dies hilft, uns auf bedeutende Veränderungen vorzubereiten und Ressourcen auf die größten Herausforderungen zu konzentrieren. Die Grafik bezieht sich auf die globale Situation; vielerorts sind die lokalen Veränderungen bereits in der Zone hoher Risiken.

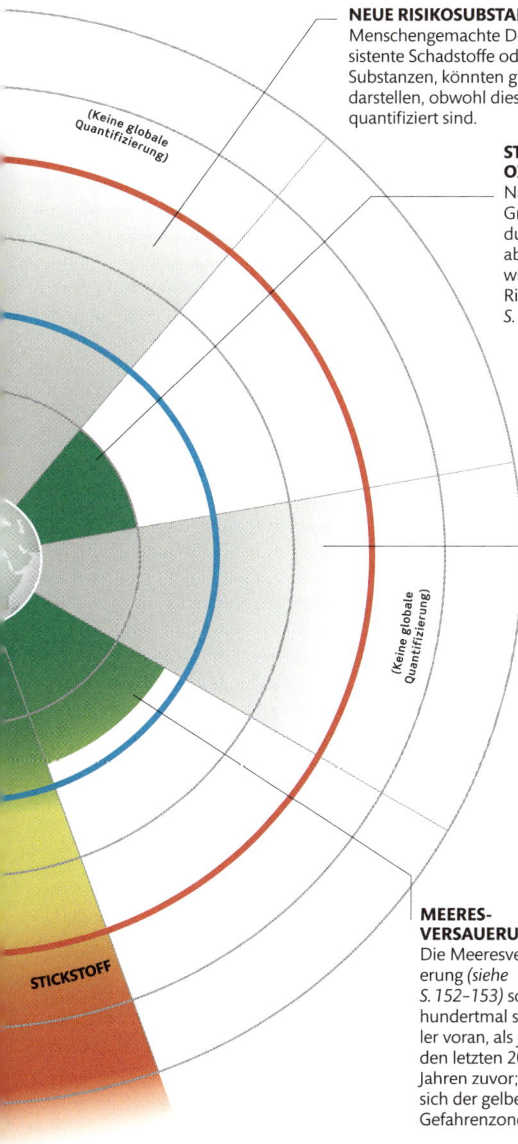

NEUE RISIKOSUBSTANZEN
Menschengemachte Dinge, wie persistente Schadstoffe oder radioaktive Substanzen, könnten globale Risiken darstellen, obwohl diese noch nicht quantifiziert sind.

STRATOSPHÄRISCHER OZONABBAU
Nach Überschreitung dieser Grenze hat die Menschheit durch Reduzierung ozonabbauender Chemikalien wieder die Zone geringen Risikos erreicht *(siehe S. 114–115)*.

AEROSOLE
Partikel in der Atmosphäre, die Auswirkungen auf das Klima und die menschliche Gesundheit haben; sie könnten globales Ausmaß annehmen, sind aber noch nicht quantifiziert.

MEERES-VERSAUERUNG
Die Meeresversauerung *(siehe S. 152–153)* schreitet hundertmal schneller voran, als je in den letzten 20 Mio. Jahren zuvor; nähert sich der gelben Gefahrenzone.

Genetische Vielfalt

Ökosysteme haben sich in den letzten 50 Jahren schneller geändert als zu jeder anderen Zeit in der Geschichte. Ein Indikator ist die steigende Zahl der vom Aussterben bedrohten Arten. Mehr als ein Viertel der bisher erfassten Arten sind gefährdet.

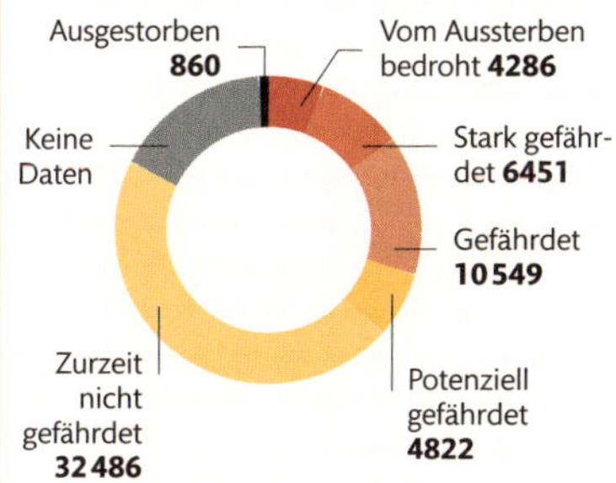

Düngemitteleinsatz

Der veränderte Stickstoffkreislauf und die Phosphatausbringung haben starke Umwälzungen für viele Gewässer gebracht, teils mit ökologischen Katastrophen. Die wichtigste Quelle für diese Nährstoffe ist die Düngung in der Landwirtschaft *(siehe S. 60–61)*. Diese Karte zeigt den Zusammenhang zwischen der hohen Stickstoffausbringung und landwirtschaftlichen Gebieten.

Gegenseitige Abhängigkeiten

Nahrung, Energie und Wasser stehen zueinander in einer wechselseitigen Abhängigkeit. Energie und Wasser produzieren Lebensmittel, Wasser erzeugt Energie und Energie reinigt und liefert Wasser.

Im Jahr 2008 steigen die Nahrungsmittelpreise deutlich und erhöhten die Zahl der Hungernden weltweit um etwa 100 Mio. Es folgten soziale Unruhen, und viele Länder beschränkten den Export von Nahrungsmitteln. Zwei der Hauptgründe waren die beispiellos hohen Preise für Öl und Gas und die Dürren, die große Lebensmittel produzierende Bereiche negativ beeinflussten.

Die künftige Sicherheit menschlicher Gesellschaften hängt davon ab, Lösungen zu finden, die klare Verbindungen zwischen Nahrung, Wasser und Energie aufzeigen. Abfallvermeidung und die effiziente Nutzung von Energie, Nahrung und Wasser sind von wesentlicher Bedeutung.

Wasser für Kraftwerke

Wasser ist unabdingbar für viele Arten der Stromerzeugung, vor allem aus Kohle und Uran, wo es für die Kühlung verwendet wird. Erneuerbare Energiequellen wie Photovoltaik brauchen kein Wasser.

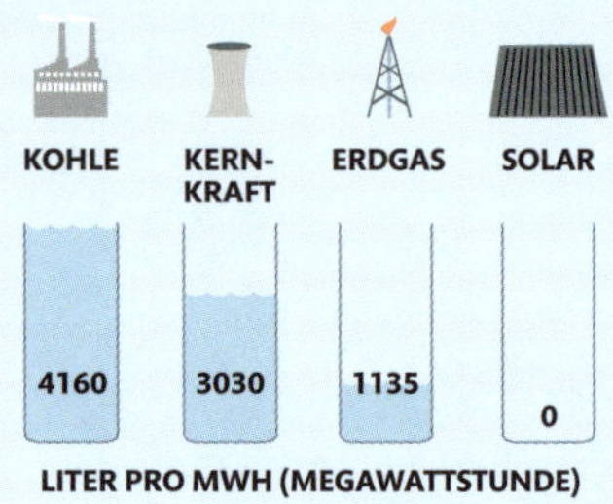

LEGENDE

- Erwartete Wassernutzung
- Erwartete Nahrungsproduktion
- Erwartete Energieproduktion

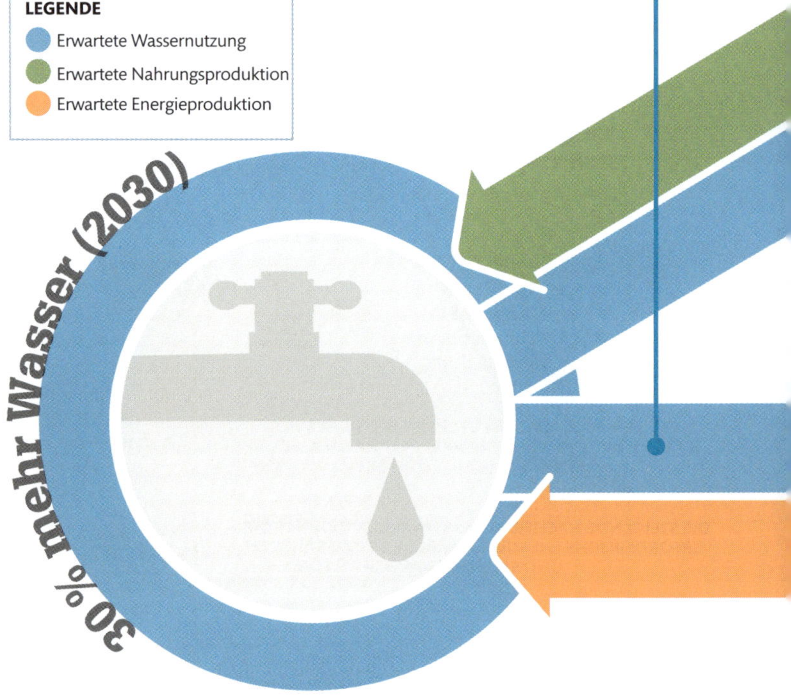

Verknüpfte Anforderungen

Im Jahr 2014 hat man geschätzt, dass die Welt bis 2030 rund 30 % mehr Wasser benötigt, 40 % mehr Energie und 50 % mehr Nahrung. Diesen wachsenden Anforderungen gerecht zu werden, wird im Einzelfall eine Herausforderung sein – sobald sich aber Druck zwischen ihnen aufbaut, setzt unmittelbar ein »perfekter Sturm« ein. Diese Grafik zeigt einige der Auswirkungen der steigenden Nachfrage nach Nahrungsmitteln, Energie und Wasser, und wie der erhöhte Verbrauch des einen stets Auswirkungen auf die anderen hat.

Druck auf das Land

Da der Verbrauch von flüssigen Biokraftstoffen und Biomasse zur Erzeugung von Wärme und Strom zunimmt, wächst der Bedarf an Flächen für diese Energieträger, die sonst Nahrungsmittel produzieren könnten.

Energie für Nahrungsmittel

Industrielle Nahrungsmittelproduktion benötigt große Mengen an fossiler Energie für Verarbeitung, Transport und Zubereitung. Energie, die in Lebensmitteln steckt, ist nur ein Bruchteil davon.

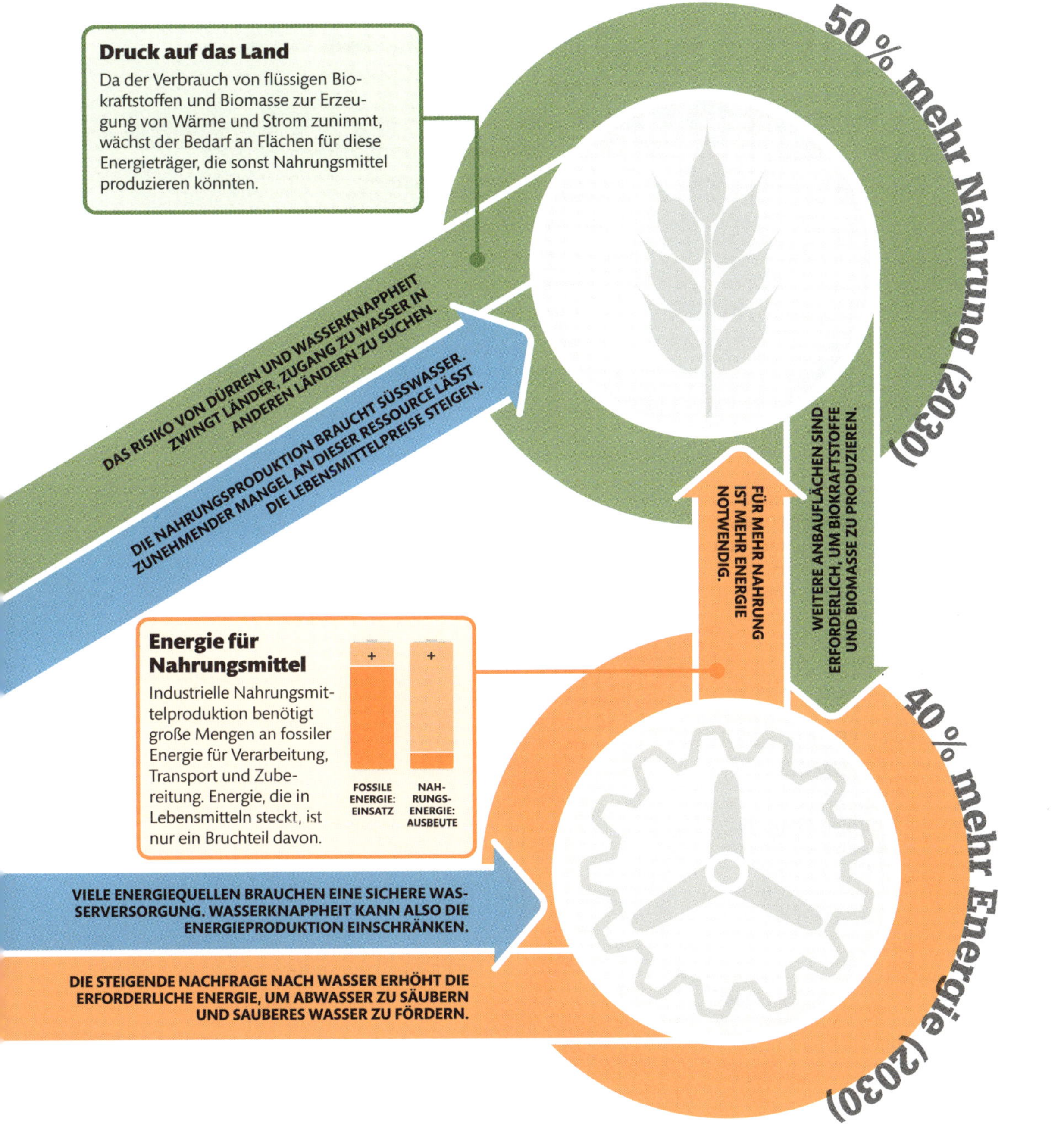

Wie sieht der globale Plan aus?

In Anbetracht der begrenzten Fähigkeit einzelner Länder, viele Umweltprobleme zu lösen, wurden intensive Anstrengungen zur Aushandlung und Durchführung von multilateralen Umweltabkommen (MUA) unternommen. Das sind formale Rechtsabkommen zwischen Nationen, um gemeinsam Herausforderungen zu begegnen, die kein Land alleine bewältigen könnte. Die Länder, die multilaterale Abkommen unterzeichnen, verpflichten sich, die gemeinsam vereinbarten Regeln anzuwenden und die mit unterschiedlichen ökologischen Herausforderungen verknüpften Ziele zu erfüllen.

Aufstieg der MUA

Während des letzten Jahrhunderts ist die Zahl der internationalen Umweltabkommen, Protokolle und anderer Vereinbarungen gewachsen, vor allem in den 1970er- bis 1990er-Jahren. Während einige Vereinbarungen sehr erfolgreich darin waren, koordinierte Aktivitäten anzustoßen, hatten viele damit zu kämpfen, ihre Ziele zu erreichen. Einige Abkommen haben erst im Laufe der Zeit Unterstützung gewonnen, andere sind sehr schnell unterzeichnet worden. Als beispielsweise Länder die ernsthaften Risiken und Gefahren durch den Verlust der natürlichen Vielfalt der Erde erkannt hatten, wuchs der Zuspruch für das Abkommen über die biologische Vielfalt sehr schnell.

LEGENDE

- **Welterbe-Konvention**
Angenommen auf der UNESCO-Generalkonferenz 1972, um Natur- und Kulturerbe-Stätten zu schützen.
- **CITES**
Abkommen, 1973 verabschiedet und 1975 in Kraft getreten, mit dem Ziel, Arten vor Handel zu schützen.
- **Wien-Montreal**
In Kraft getreten im Jahr 1988, um die Ozonschicht zu schützen.
- **Basel**
Angenommen 1989, in Kraft getreten 1992, um die internationale Verschiffung und Entsorgung gefährlicher Abfälle zu kontrollieren.
- **UNFCCC**
UN-Rahmenabkommen über Klimaveränderungen (UNFCCC) wurde 1992 vereinbart, darauf aufbauend das Kyoto-Protokoll 1997 und das Pariser Abkommen 2015.
- **CBD**
UN-Übereinkommen über die biologische Vielfalt (CBD). Angenommen in Rio de Janeiro 1992 beim Erdgipfel. USA verweigern Unterschrift.

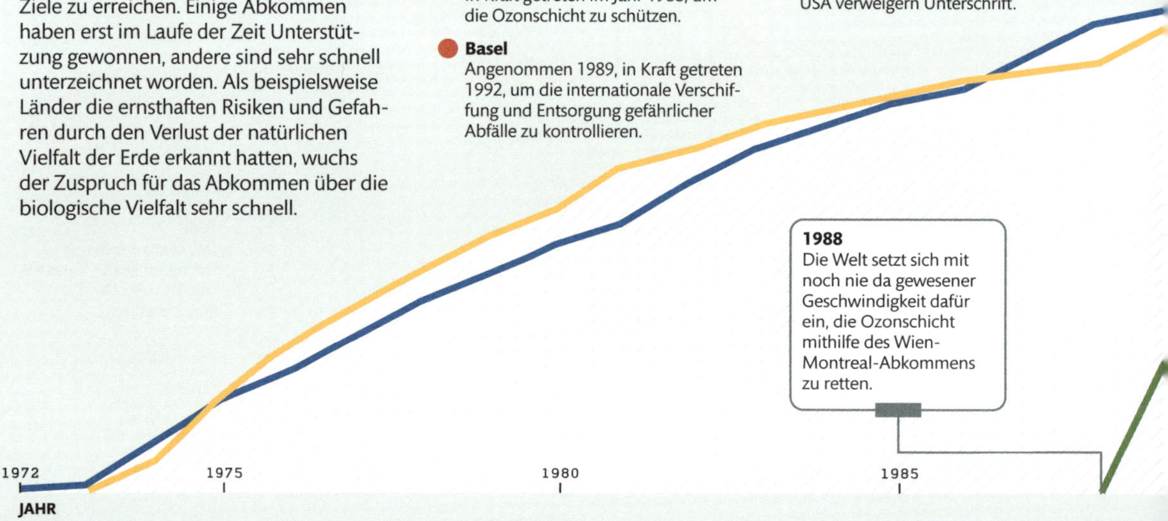

MULTILATERALE UMWELTABKOMMEN

Während des letzten Jahrhunderts sind Hunderte von neuen internationalen Umweltabkommen abgeschlossen worden. Die meisten waren technische Änderungen an bestehenden Plänen, andere waren wichtige neue Verträge. Im Laufe der Zeit sind mehr und mehr MUA angenommen worden, wobei die Rate an neuen Vereinbarungen nach unten gegangen ist. Es ist weniger der Mangel an neuen fortschrittlichen Vereinbarungen, um die die Welt kämpft, sondern die effektive Umsetzung dessen, was schon existiert.

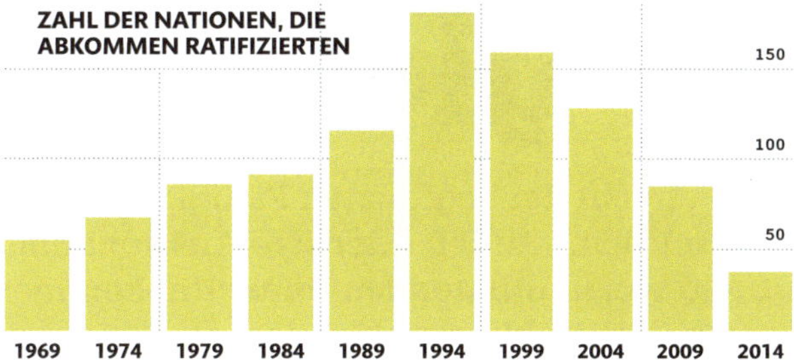

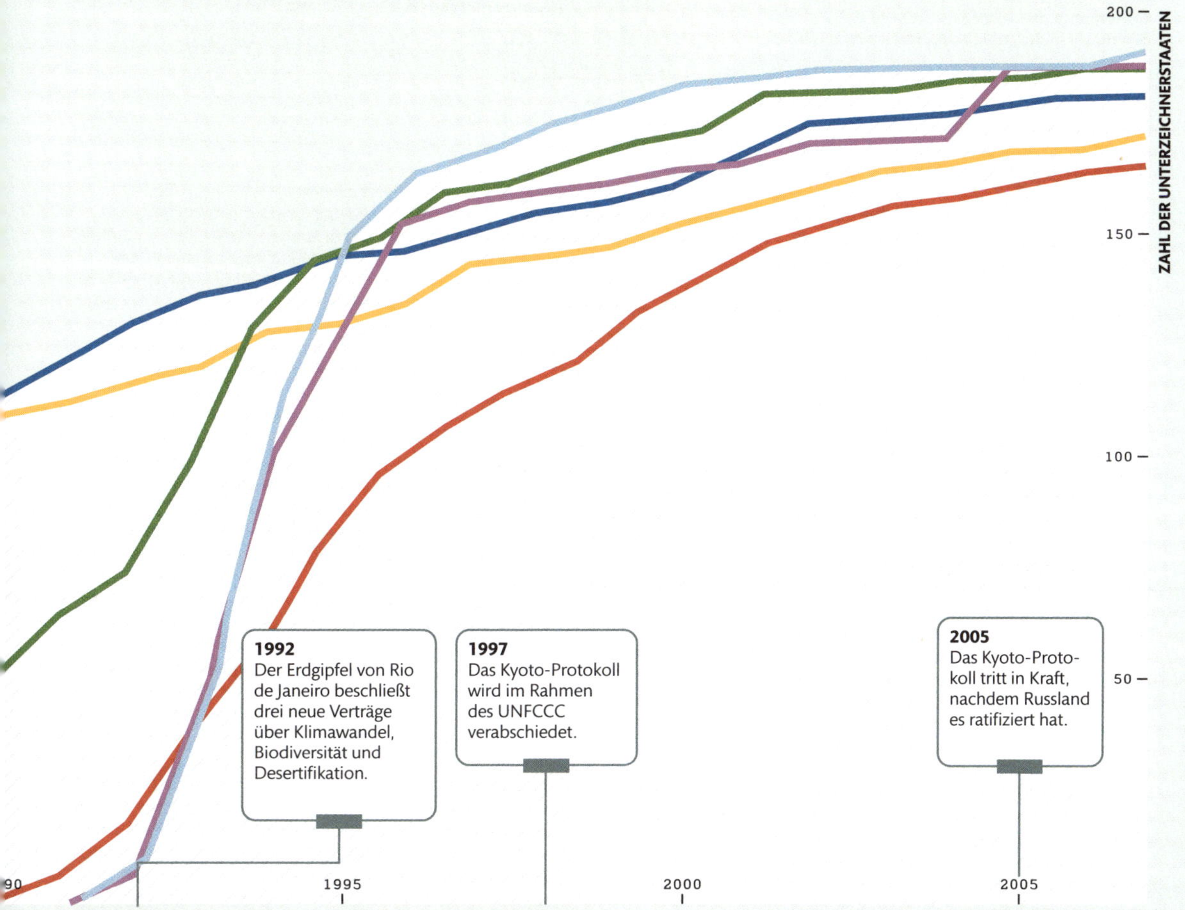

Ziele für nachhaltige Entwicklung

Die im Jahr 2000 gesteckten Millenniums-Entwicklungsziele liefen 2015 aus. Es war nun nötig, bis 2030 einen Rahmen festzulegen, um den Herausforderungen in Umwelt und Entwicklung zu begegnen und für eine sichere Zukunft zu sorgen.

Die Staaten verpflichteten sich dem Ziel einer nachhaltigen Entwicklung zuerst auf dem Erdgipfel 1992 in Rio, aber viele Gesellschaften fanden es schwierig, heutige Bedürfnisse zu erfüllen, ohne dabei die Bedürfnisse zukünftiger Generationen zu gefährden. Stattdessen standen Wirtschaftswachstum und soziale Ziele im Vordergrund – auf Kosten von Umwelt und Klima. Im Jahr 2012 vereinbarten die von Interessengruppen und großen internationalen Firmen unterstützten Regierungen, neue Ziele zu setzen. Nach intensiven Verhandlungen legte die UN-Vollversammlung die Ziele für nachhaltige Entwicklung (*Sustainable Development Goals*, SDGs) fest, die bis zum Jahr 2030 erreicht werden sollten. Allerdings war die Umsetzung bis zum Ende des Jahres 2019 im Hinblick auf viele wichtige Indikatoren lückenhaft. Insgesamt scheint die Welt eher soziale und ökonomische Ziele als auf die Umwelt bezogene erreichen zu können.

GESUNDHEIT UND WOHLERGEHEN
Hier gab es guten Fortschritt mit verbessertem Zugang zu ärztlicher Versorgung in vielen Teilen der Welt. Allerdings hat Subsahara-Afrika hier noch viel aufzuholen.

KEINE ARMUT
Die Strategien zur Verringerung der Armut sind in Süd- und Ostasien relativ erfolgreich gewesen, doch in Afrika und Lateinamerika besteht noch großer Handlungsbedarf.

HOCHWERTIGE BILDUNG
Außerhalb der Industrieländer gab es nur in Subsahara-Afrika wesentliche Fortschritte, wenn auch von einem niedrigeren Niveau ausgehend als in anderen Regionen.

NACHHALTIGE/R KONSUM UND PRODUKTION
Die Versuche, den Materialverbrauch vom Wirtschaftswachstum abzukoppeln, sind ins Stocken geraten, außer in den bereits reichen Ländern.

SAUBERES WASSER UND SANITÄREINRICHTUNGEN
Den Fortschritten in Zentral- und Südasien und den Industrieländern stehen begrenzte Fortschritte in Afrika und Lateinamerika gegenüber.

INDUSTRIE, INNOVATION UND INFRASTRUKTUR
Ost- und Südostasien haben gute Fortschritte gemacht, doch in Lateinamerika gab es seit 2015 eine Verschlechterung.

KEIN HUNGER
Die Welt hat sich schwer getan, Fortschritte bei der Verbesserung der Ernährung und der Ernährungssicherheit zu erzielen, und viele Millionen Menschen leiden immer noch Hunger.

NACHHALTIGE STÄDTE UND GEMEINDEN
Die Zahl der in städtischen Slums lebenden Menschen konnte in Industrieländern weiter verringert werden. Nordafrika und Westasien schnitten hier am schlechtesten ab.

LEGENDE
Erreichen der SDGs (Ende 2019)

- Entscheidender Fortschritt
- Begrenzter Fortschritt
- Guter Fortschritt, Beschleunigung nötig
- Rückschritt

BEZAHLBARE UND SAUBERE ENERGIE
Mit Ausnahme von Nordafrika und Westasien wurden bei der Stromversorgung große Fortschritte erzielt, meist jedoch erkauft durch die Nutzung fossiler Brennstoffe.

LEBEN UNTER WASSER
Bei der Errichtung von Küsten- und Meeresschutzgebieten wurden rasche und erhebliche Fortschritte erzielt. Bedenken bestehen jedoch weiterhin, wie stark der Schutz in der Realität ist.

FRIEDEN, GERECHTIGKEIT UND STARKE INSTITUTIONEN
Die positiven Fortschritte auf globaler Ebene stehen im Gegensatz zu der Verschlechterung seit 2015 in Nordafrika und Westasien.

MENSCHENWÜRDIGE ARBEIT, WACHSTUM
Das starke Wirtschaftswachstum hat sich seit 2015 in vielen Regionen fortgesetzt, aber in anderen hat sich die Lage verschlechtert, vor allem in Nordafrika und Westasien.

GESCHLECHTERGLEICHHEIT
In Lateinamerika und den Industrieländern gab es Fortschritte bei der Beteiligung von Frauen an der Politik. In Nordafrika sowie Süd- und Zentralasien gab es wenige Veränderungen.

PARTNERSCHAFTEN ZUR ERREICHUNG DER ZIELE
Nachhaltige Entwicklung setzt einen finanziellen Aufwand voraus, aber auf globaler Ebene gab es keine wirkliche Zunahme der verfügbaren Mittel.

WENIGER UNGLEICHHEITEN
Mit der Ausnahme von Ost- und Südostasien gab es keinen Gesamtfortschritt bei der Verringerung der Ungleichheit in und zwischen Ländern.

KLIMASCHUTZ
Die weltweiten Bemühungen, die Emissionen im Einklang mit dem Übereinkommen von Paris schnell zu reduzieren, sind bisher weitgehend gescheitert, auch wenn einige Länder Fortschritte machen.

LEBEN AN LAND
Die Entwicklung ist entweder negativ oder lässt keinen positiven Fortschritt erkennen. Das Massenaussterben von Tier- und Pflanzenarten auf dem Land schreitet weitgehend unvermindert fort.

Was sind die Ziele?

Die 17 SDGs konzentrieren sich auf einzelne Herausforderungen, sind aber alle miteinander verbunden. Sie befassen sich mit dem menschlichen Wohlergehen, einer an Armut und Hunger freien Welt, in der jeder Zugang zu Bildung und zum Gesundheitswesen hat, sozialen Schutz genießt sowie erschwingliche und nachhaltige Energieversorgung zur Verfügung steht. Sie haben auch die Menschenrechte und die Würde des Menschen im Blick. Die Ziele sind so konzipiert, dass eine gerechtere, tolerante und sozial integrative Welt möglich wird. Vor allem sind sie um Nachhaltigkeit und den Aufbau einer Welt bemüht, in der jedes Land inklusives und nachhaltiges Wirtschaftswachstum sowie menschenwürdige Arbeit für alle aufzuweisen hat, dabei aber die Umwelt schützt und die biologische Vielfalt bewahrt.

Was können wir tun?

› **Regierungen auffordern,** diese ehrgeizigen Pläne für die vollständige Umsetzung der neuen Ziele für nachhaltige Entwicklung zu übernehmen.

Was kann ich tun?

› **Beim Kauf von Produkten oder Dienstleistungen** von internationalen Unternehmen diejenigen wählen, die die Erreichung der Ziele unterstützen.

Herausforderung Klima

1992 verabschiedeten die Länder der Welt auf dem Erdgipfel von Rio de Janeiro die Klimarahmenkonvention der UN. Ihr Ziel war es, gefährliche Veränderungen des Klimasystems der Erde zu vermeiden.

Seit 1992 wurden Ziele zur Begrenzung der globalen Erwärmung festgelegt, vor allem im Übereinkommen von Paris (2015). Demnach soll der Gesamtanstieg der globalen Temperatur bis 2100 im Vergleich zu den vor 1850 herrschenden Temperaturen auf unter 2 °C begrenzt werden und möglichst nicht über 1,5 °C steigen. Dieses Ziel wird schwer zu erreichen sein. 2019 wurde mit 59 Mrd. Tonnen Kohlendioxidäquivalent, die in die Atmosphäre gelangten, der höchste Emissionswert aller Zeiten gemessen.

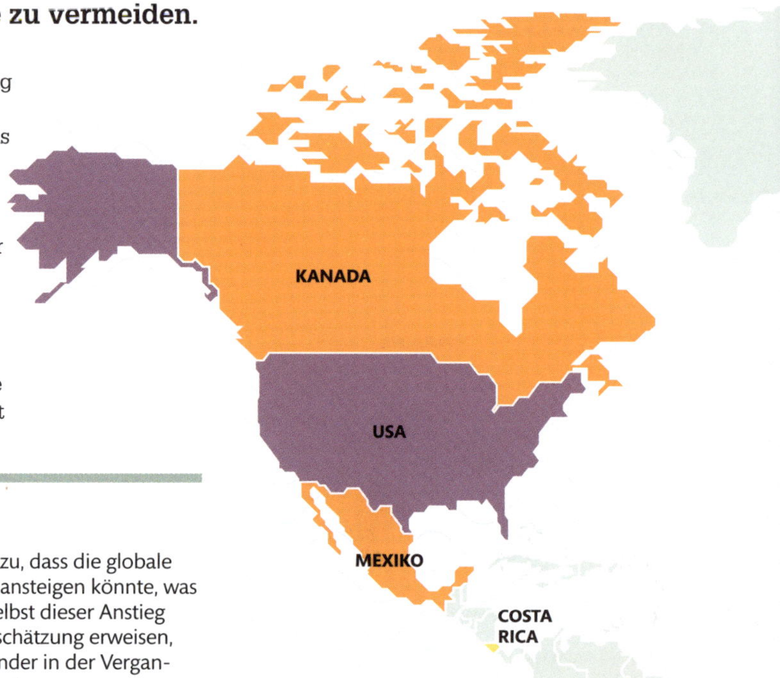

Gescheiterte Politik

Die derzeitige Politik führt vermutlich dazu, dass die globale Durchschnittstemperatur um bis zu 4 °C ansteigen könnte, was katastrophale Folgen mit sich brächte. Selbst dieser Anstieg könnte sich jedoch als optimistische Einschätzung erweisen, wenn man bedenkt, dass die meisten Länder in der Vergangenheit ihre Umweltziele nicht erreicht haben.

VERÄNDERUNGEN DER EMISSIONEN

Viele Länder haben sich verpflichtet, die Kohlenstoffemissionen zu reduzieren, aber in einigen sind sie gestiegen, oft infolge der Beschleunigung des Wirtschaftswachstums. Um ihre Ziele zu erreichen, müssen diese Länder drastische Einschnitte vornehmen.

LEGENDE

- Australien
- China*
- EU
- Indien *
- Japan
- Russland
- GB
- USA

* China und Indien haben keine in Prozenten festgelegten Reduktionsziele.

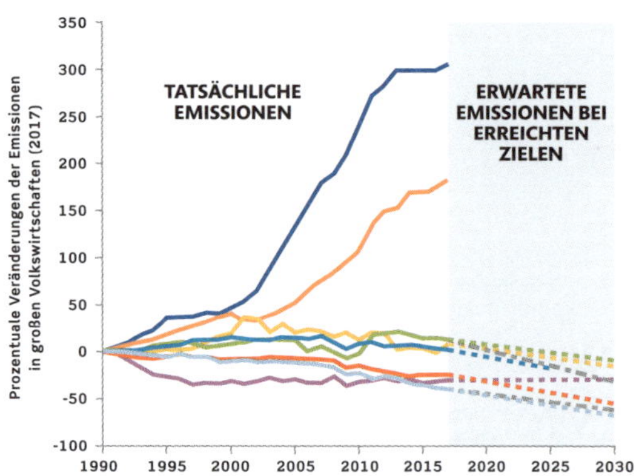

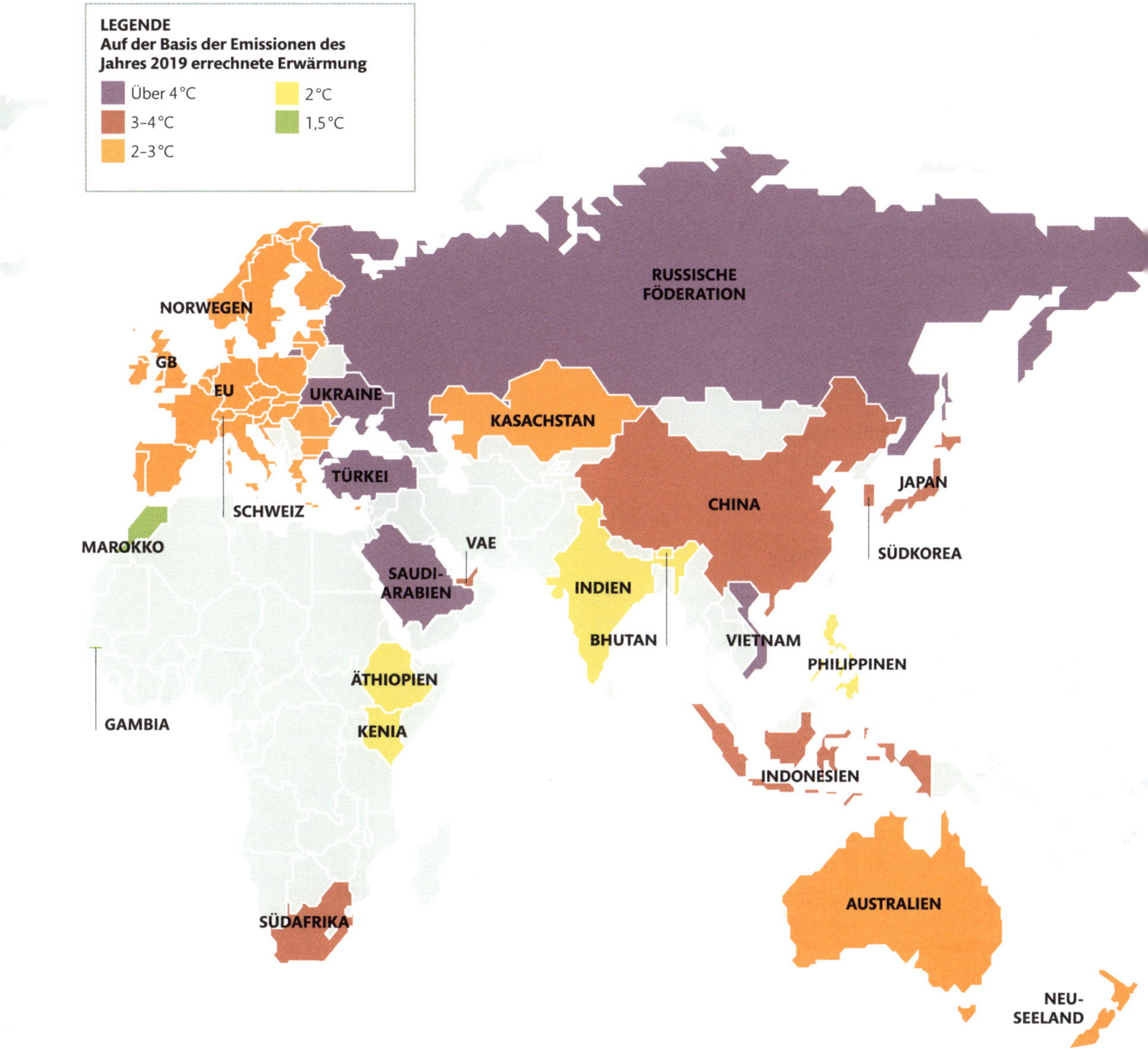

Die Staaten müssen zur Einhaltung ihrer Klimaziele die Werte des **Übereinkommens von Paris** um **80 % übertreffen.**

Biologische Vielfalt

Infolge von Warnungen vor dem raschen Verschwinden von Arten und Ökosystemen wurde auf dem Erdgipfel der Vereinten Nationen in Rio de Janeiro 1992 das Übereinkommen über die biologische Vielfalt vereinbart.

Das Übereinkommen zielt darauf ab, die biologische Vielfalt zu erhalten, ihre nachhaltige Nutzung zu erreichen und sicherzustellen, dass der aus der Natur generierte Nutzen gerecht verteilt wird. Im Jahr 2010 wurden 20 Ziele vereinbart, von denen man hoffte, dass es mit ihrer Hilfe bis 2020 möglich wäre, die komplizierten Lebensgemeinschaften zu retten, von denen die Menschen und die gesamte Natur abhängen. Nach der Verabschiedung der Ziele haben die Regierungen jedoch wenig für ihre Umsetzung getan, und im Jahr 2020 wurde festgestellt, dass global kein einziges erreicht worden ist.

Der Preis des Fortschritts
Die Zerstörung der Natur wird oft als »Preis des Fortschritts« angesehen. Tatsächlich ist jedoch das Gegenteil der Fall. Gesunde natürliche Systeme sind für die wirtschaftliche Entwicklung unerlässlich.

Portfolio wichtiger Maßnahmen

Der Verlust der Biodiversität ist das Ergebnis einer Kombination von Belastungen, die ein umfassenderes Handeln erfordern, als es bisher geleistet wurde. Während man früher davon ausging, dass die Ausweisung von Naturschutzgebieten ausreichen würde, wissen wir heute, dass diese Maßnahmen zwar wichtig sind, aber allein nicht ausreichen, um den Rückgang der biologischen Vielfalt aufzuhalten oder auszugleichen. Erforderlich sind insbesondere neue wirtschaftspolitische Maßnahmen, die den Wert der Natur für die nachhaltige Entwicklung und die menschliche Gesundheit in vollem Umfang widerspiegeln.

Andere Einflüsse verringern
Wohnungsbau und Infrastruktur müssen so geplant werden, dass sie die Naturräume aufwerten.

Konsum verringern
Die Verringerung der Nachfrage nach natürlichen Ressourcen trägt dazu bei, den Druck auf die Natur zu verringern.

Klimawandel
Die Verringerung der Treibhausgas-Emissionen ist für den Schutz der Natur und die Erhaltung der biologischen Vielfalt unerlässlich.

Schutz/Wiederherstellung
Neben dem Schutz natürlicher Gebiete muss ein Großteil der verlorenen Flächen wiederhergestellt werden.

Nachhaltige Produktion
Land- und Forstwirtschaft sowie Fischerei sollten so durchgeführt werden, dass die Artenvielfalt erhalten bleibt.

SIEHE AUCH …

- **Entwaldung** 142–143
- **Hotspots der Arten** 160–161
- **Der Wert der Natur** 168–169
- **Die Zukunft erneuern** 204–205

VERPASSTE AICHI-ZIELE

Die Verabschiedung der 20 sogenannten Aichi-Ziele auf der Tagung des Übereinkommens über die biologische Vielfalt im Jahr 2010 in Japan war ein wichtiger Meilenstein. Die Ziele umfassen Maßnahmen zur Verringerung des Verlusts der biologischen Vielfalt, zur Verhinderung des Aussterbens von Arten, zur Reduktion der Umweltverschmutzung, zur Wiederherstellung von Ökosystemen und zur finanziellen Unterstützung des Naturschutzes. Dass weltweit keines dieser Ziele erreicht wurde, stellt einen großen Rückschlag dar.

In letzter Minute
Wenn der Druck auf wild lebende Tiere und Pflanzen verringert wird, etwa durch die Verringerung der Umweltverschmutzung oder die Kontrolle der Jagd, dann können sich die Arten wieder erholen, so wie es der Wolf in Teilen Europas getan hat.

Am Scheideweg

Die Welt steht am Beginn eines Massenaussterbens von Arten und dem Verlust von Ökosystemen in globalem Maßstab. Es ist jedoch noch nicht zu spät, um den Verlust von Arten und Lebensräumen zu verhindern. Wenn die Staaten in den kommenden Jahrzehnten die notwendigen Maßnahmen ergreifen, unter anderem durch die Wiederherstellung schwer geschädigter Ökosysteme, könnten der Druck in wichtigen Bereichen verringert und eine Erholung der Natur ermöglicht werden.

Das **Tempo des Artensterbens** wird das **höchste sein,** seit vor Millionen von Jahren **die Dinosaurier verschwunden** sind.

Land und Wälder Erhaltung intakter und Wiederherstellung geschädigter Ökosysteme, Umkehrung der Verschlechterung und Vermeidung weiterer Schäden. Gute Lebensräume bewahren die Biodiversität und nützen den Menschen.

Süßwasser Gewährleistung der von der Natur und den Menschen benötigten Wassermengen, Verbesserung der Qualität, Schutz der Lebensräume, Bekämpfung invasiver Arten und Erhalt der Vernetzung, damit sich Süßwassersysteme erholen.

Fischerei und Meere Schutz und Wiederherstellung von Ökosystemen, Wiederaufbau der Fischerei und Management der Aquakultur zur Gewährleistung der Nachhaltigkeit und Ernährungssicherheit sowie der Lebensgrundlagen.

Nachhaltige Landwirtschaft Förderung innovativer Systeme, die die Produktivität steigern und die negativen Auswirkungen minimieren. Anerkennung der Rolle der biologischen Vielfalt bei der Sicherung der menschlichen Ernährung.

Nahrungserzeugung Förderung einer nachhaltigen und gesunden Ernährung bei geringerem Fleisch- und Fischkonsum. Die Reduzierung der Lebensmittelverschwendung verringert den Bedarf an Land, Wasser und Agrarchemikalien.

Städte und Infrastruktur Einrichtung einer grünen Infrastruktur, die der Natur in Städten Raum gibt, um die Lebensqualität der Bürger zu verbessern und den ökologischen Fußabdruck von Städten und Infrastruktur zu verringern.

Klimafolgen Nutzung der Natur, um Kohlenstoff aus der Atmosphäre zu binden und es gleichzeitig zu ermöglichen, sich an die Auswirkungen des Klimawandels wie Überschwemmungen, Dürren und den Anstieg des Meeresspiegels anzupassen.

Gesundheit Erhaltung und Wiederherstellung der Umwelt zur Förderung gesunder Ökosysteme. Bekämpfung der gemeinsamen Ursachen des Verlusts der biologischen Vielfalt, der Krankheitsrisiken (einschließlich Pandemien) und Krankheiten.

Naturschutzgebiete

In den letzten 50 Jahren ist die Zahl der Nationalparks, Naturparks und anderer Schutzgebiete enorm gestiegen. Trotz dieser erfreulichen Entwicklung gibt es noch viele Herausforderungen zu bewältigen.

Investitionen in qualitativ hochwertige und vernetzte natürliche Lebensräume auf dem Land, in Küsten- und Meeresgebieten ist wichtig, um das Aussterben von Wildformen zu mindern. Im Jahr 2010 verpflichteten sich viele Staaten, im Rahmen der Aichi-Biodiversitätsziele mehr Schutzgebiete zu schaffen. Weitere Schritte – z. B. nachhaltige Landwirtschaft, Durchsetzung von Gesetzen gegen Wilderei, Vermeidung von Umweltbelastung und Maßnahmen gegen den Klimawandel – sind entscheidend für die Pflege der Naturräume. Schutzgebiete müssen auch effektiv verwaltet werden. Nach Umfragen sind nur 24 % unter »solider Verwaltung«. Experten meinen auch, dass der aktuelle Schutz nicht ausreicht, das gesamte Spektrum der Arten und Ökosysteme zu bewahren. Vom offenen Ozean steht wenig unter Schutz. Besondere Aufmerksamkeit verdienen die tropischen Korallenriffe, Seegraswiesen und Moore.

SIEHE AUCH ...

› **Nützliche Natur** (164–165)
› **Der Wert der Natur** (168–169)

Zunahme von Schutzgebieten

Seit 1962 hat die Zahl der Schutzgebiete weltweit um mehr als das 20-Fache zugenommen. Zum Ende des Jahres 2020 wollten die Regierungen etwa 10 % der Fläche der Meere und 17 % des Festlands und der Binnengewässer unter Schutz gestellt haben. Die Zunahme der Schutzgebiete ist am schnellsten bei den Meeren fortgeschritten. Hier hat sich die Fläche im Jahr 2020 gegenüber der im Jahr 2000 verzehnfacht.

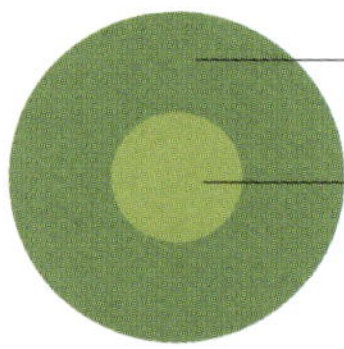

GESCHÜTZTE ANTEILE DES PLANETEN

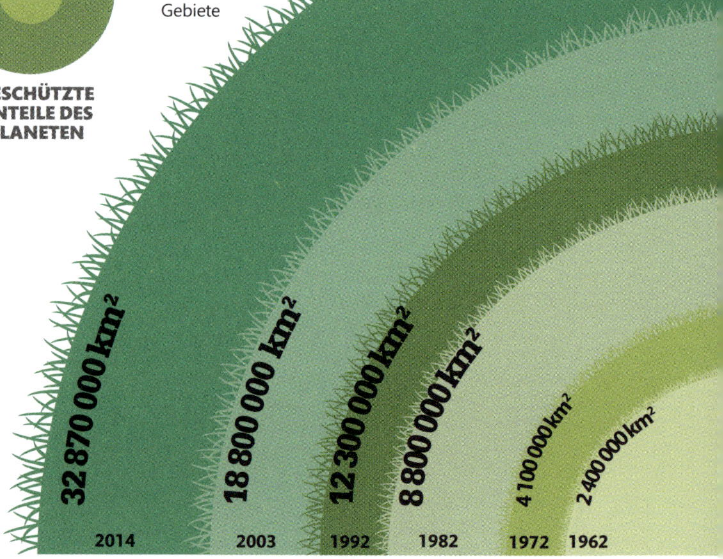

Zeitachse der Schutzgebiete
Der rechtliche Schutz des Landes für erste Schutzmaßnahmen begann in der Mitte des 19. Jahrhunderts. Die Länder haben auch zunehmend strengere Gesetze zum Schutz einzelner Arten in Kraft gesetzt.

1864 *Yosemite Grant Act* unter US-Präsident Abraham Lincoln schuf das erste große, moderne Schutzgebiet.

1872 Yellowstone-Nationalpark (USA), der erste Nationalpark der Welt, wird eingerichtet.

1948 Gründung der Internationalen Union zur Bewahrung der Natur (IUCN, (damals: IUPN).

1958 Die IUCN setzt eine vorläufige Nationalpark-Kommission ein.

17 %

der Landoberfläche der Erde besteht aus irgendeiner Form von Naturschutzgebiet oder Nationalpark.

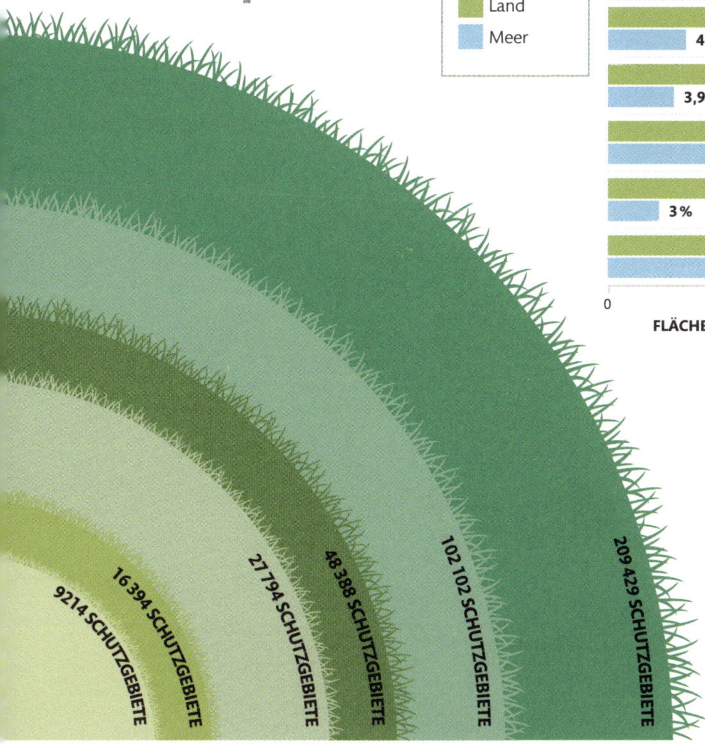

Das regionale Bild

Alle Regionen der Welt haben Schutzgebiete ausgewiesen, aber viele sind nicht ordnungsgemäß umgesetzt. Wissenschaftler haben festgestellt, dass es etwa 0,12 % des globalen BIP kosten würde, dies zu korrigieren und zudem weitere Erhaltungsmaßnahmen durchzusetzen. Gleichzeitig schätzt man die globalen Kosten von Umweltschäden auf etwa 11 % des weltweiten BIP.

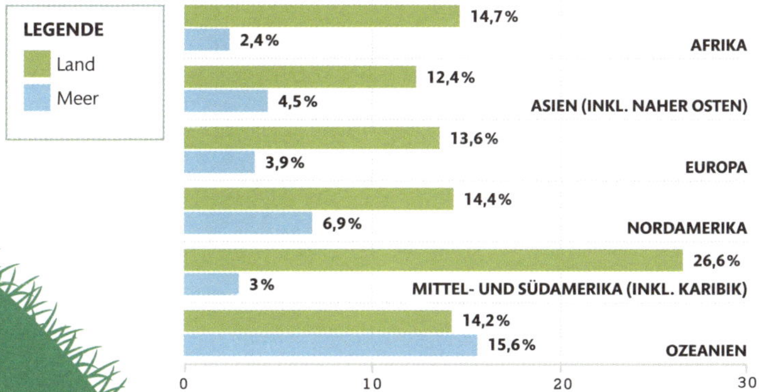

FLÄCHENANTEILE (%) VON SCHUTZGEBIETEN AUF DEM LAND UND IM MEER (2014)

Der Erste überhaupt
Der Yellowstone-Nationalpark mit seinem hohen Symbolcharakter wurde 1872 gegründet. Er ist heute eines der letzten intakten Ökosysteme der Erde in der gemäßigten Klimazone.

- **1962** Erster *World Parks Congress*, ein globales Forum über Schutzgebiete, abgehalten in Seattle.
- **1972** Umweltprogramm der UN und Welterbe-Konvention gegründet.
- **1982** Dritter *World Parks Congress* konzentriert sich auf Schutzgebiete und nachhaltige Entwicklung.
- **1992** UN-Konvention über die biologische Vielfalt (CBD), vereinbart in Rio de Janeiro beim Erdgipfel.
- **2010** CBD nimmt Aichi-Ziele für den Schutz der weltweiten Artenvielfalt an.
- **2015** Nachhaltige Entwicklungsziele der UN angenommen *(siehe S. 184–185)*, darunter Ziele zum Schutz der Natur.

Die Zukunft gestalten

Seit dem Beginn der ersten industriellen Revolution haben sukzessive Erfindungsschübe die wirtschaftliche Entwicklung angetrieben und die Lebensbedingungen für Milliarden Menschen verbessert. Innovationen beruhen auf vielen Faktoren. Dazu gehören der Zugang zu natürlichen Ressourcen, die Stärke der Gesellschaften, die neue Technologien entwickelten, die Rolle der Regierung bei der Förderung von Innovationen, das Bildungsniveau und wie bestehende Technologien neue Erfindungen fördern. Ein neuer Innovationsschub ist im Gang und kann eine Entwicklung ermöglichen, die den Planeten respektiert.

Innovationsschübe

Seit der Mitte des 18. Jahrhunderts gab es eine Reihe neuer industrieller Revolutionen. Jede von ihnen hat jeden Aspekt der Wirtschaft und der Gesellschaft neu definiert, und sie folgten alle einem ähnlichen Muster, wobei die Erfindung einen Boom auslöste und Wohlstand schuf. Dabei entstanden sekundäre Wirtschaftszweige, die auf einem zentralen Herzstück basierten, wie Kohle für Dampfmaschinen und Prozessorchips für Computer. Jedes Mal, wenn eine Technologie ausgereift war, folgte eine Periode der Konsolidierung, bis sie durch einen neuen Technologiesprung abgelöst wurde. Die Geschichte zeigt aufeinanderfolgende Schübe und Wellen des Fortschritts durch neue Technologien, die jeweils etwa 50 Jahre dauern. Wir könnten am Beginn einer neuen Welle stehen – der Nachhaltigkeits-Revolution.

Zweite Welle: Dampfkraft
Die Wasserkraft wird durch Dampfmaschinen mit Kohlefeuerung ersetzt. Sie treiben die Industrie und den Fernverkehr auf der Schiene und mit Schiffen an. Der Welthandel expandiert.

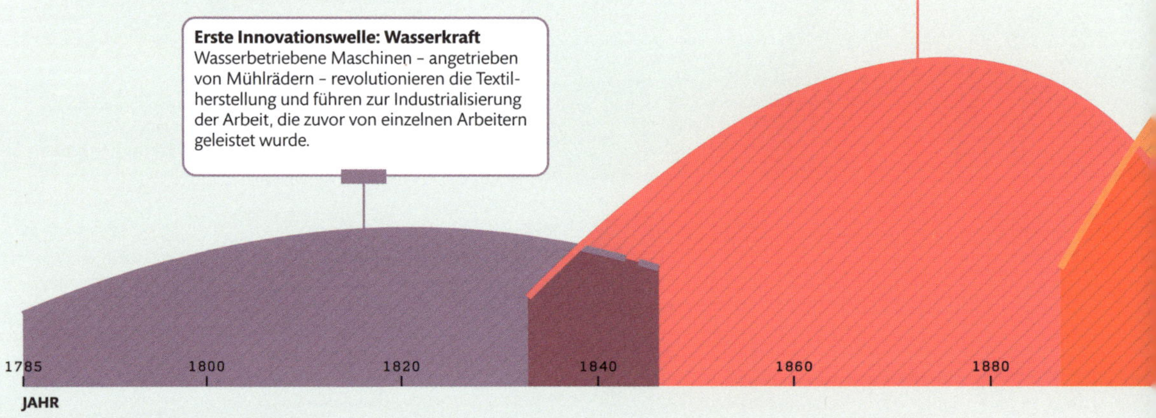

BIONIK

Bionik ahmt Prozesse und Strategien der Natur nach. Termiten kühlen zum Beispiel ihre Hügel mit zirkulierender Luft über Lüftungsöffnungen. Architekten verbauten im Eastgate Center (Simbabwe) eine Klimaanlage, die diesen Termitenhügel nachahmt. Sie verbraucht sehr wenig Strom, was zu drastisch reduzierten CO_2-Emissionen geführt hat.

90 % Energieeinsparung durch Bionik-Technik für die Lüftung im Eastgate Center in Simbabwe.

Sechste Welle: Nachhaltigkeit
Eine neue industrielle Revolution setzt auf Nachhaltigkeit. Sie nutzt erneuerbare Energien, die Renaturierung von Ökosystemen (die essenzielle Dienstleistungen erbringen), Null-Abfall-Kreislaufwirtschaft, nachhaltige Landwirtschaft, Bionik und Nanotechnologie.

Dritte Welle: Elektrifizierung
Elektrische Energie hebt die Welt auf eine neue Stufe, zusammen mit dem Verbrennungsmotor, der mit fossilem Öl den Verkehr revolutioniert.

Vierte Welle: Weltraumzeitalter
Die innovative Luft- und Raumfahrttechnik erlaubt massentauglichen Flugverkehr und trägt die ersten Menschen in den Weltraum. Elektronik und Petrochemie revolutionieren das Leben der Verbraucher.

Fünfte Welle: Digitale Welt
Computer werden Alltagsgeräte, in Wissenschaft, Wirtschaft, Verwaltung und Privatleben. Biotechnologie und andere Branchen entwickeln sich, die digitale Revolution gewinnt in allen Bereichen an Fahrt.

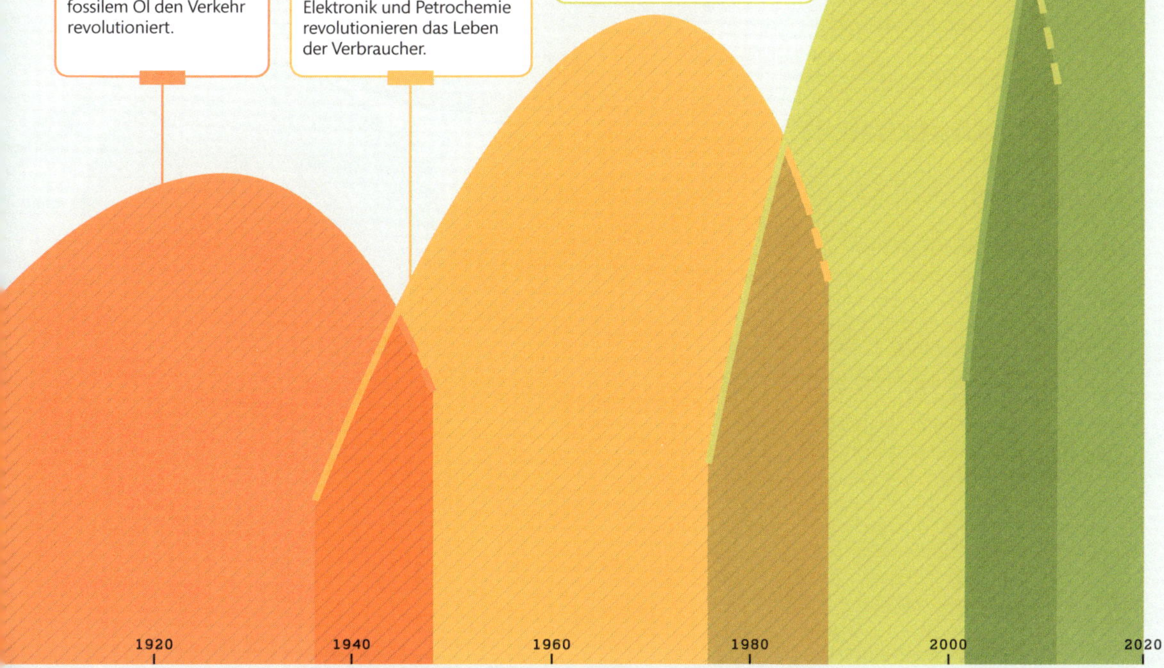

Weniger Kohlenstoff

Die Nachhaltigkeits-Revolution muss die Bedürfnisse von mehr Menschen erfüllen und dabei gleichzeitig die Umweltbelastungen drastisch reduzieren. Kohlendioxid-Emissionen liefern ein anschauliches Beispiel.

Die heutige wirtschaftliche Entwicklung ist sehr kohlenstoffintensiv, d. h. für jede Einheit Wirtschaftsleistung produzieren wir massenhaft Kohlendioxid (CO_2). Eine zukunftsfähige Strategie muss eine weniger kohlenstoffintensive Gesellschaft zum Ziel haben – die auch weiterhin den Wohlstand mehrt, aber weniger abhängig von Faktoren sind, die CO_2 freisetzen (z. B. fossile Energiequellen). Diese »Abkopplung« des Wirtschaftswachstums von Kohlenstoffemissionen ist essenziell, wenn wir eine vernünftige Chance haben wollen, den durchschnittlichen Temperaturanstieg in der Atmosphäre nicht über die 2 °C-Grenze zu heben.

Kohlenstoffintensität

Diese Grafik zeigt die Kohlenstoffintensität, also die CO_2-Emissionen, die beim Erwirtschaften eines Dollar des BIP entstehen, für Großbritannien, Japan sowie den weltweiten Durchschnitt (Stand 2007). Durch die relativ effiziente Energienutzung, den hohen Gasanteil und etwas Kernkraft liegt Großbritannien etwa auf der Hälfte des Weltdurchschnitts. Ohne eigene fossile Energieressourcen ist Japans Wirtschaft sehr effizient. Das Land nutzt viel Kernkraft und hat in der Regel eine geringe Menge an Emissionen pro BIP-Einheit verglichen mit dem Weltdurchschnitt. Allerdings sind beide Länder weit entfernt von dem viel niedrigeren, bis 2050 anvisierten globalen Kohlenstoffziel – zwischen 6 und 36 g CO_2 pro Dollar (siehe Szenarien gegenüber).

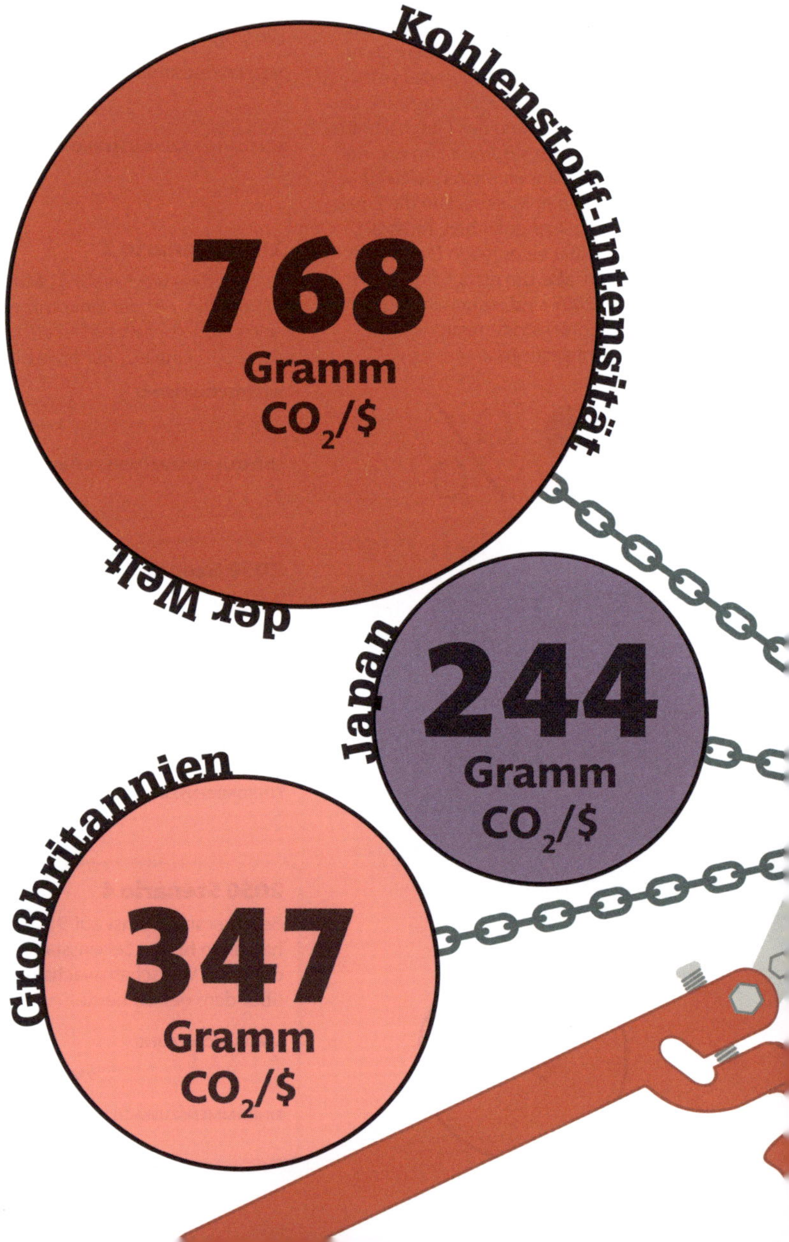

Zukunftsszenarien

2007 legte der Wirtschaftswissenschaftler Tim Jackson das nötige Ausmaß der erforderlichen Emissionsreduzierungen dar, um einen globalen Temperaturanstieg von 2 °C im Vergleich zur vorindustriellen Zeit zu vermeiden. Dazu hat er vier Szenarien entwickelt. Jedes verwendet Variationen der Bevölkerungszahl, des Grads der Ungleichheit und des Durchschnittseinkommens, um zu bestimmen, um wie viel die Kohlenstoffemissionen im Vergleich zu 2007 reduziert werden müssen. Um die Ergebnisse von Szenario 4 zu erreichen, muss die Kohlenstoffintensität eines jeden Dollars des BIP auf 6 g sinken, also um etwa 6 % jährlich. Im Vergleich zu 2007 sind jedoch im Jahr 2019 die weltweiten Kohlenstoffemissionen um etwa 16 % Prozent gestiegen.

6,2 %

Betrag, um den die **Weltwirtschaft** ihre Kohlenstoffintensität **jedes Jahr** reduzieren muss

2050: Szenario 1

Bevölkerung wächst auf 9 Mrd. Das Einkommenswachstum pro Kopf ist weiterhin auf dem Niveau von 2007, die Ungleichheiten bleiben.

WELTBEVÖLKERUNG
9 MRD.

EINKOMMENSZUWACHS PRO KOPF
$ ↑

2050 Szenario 2

Bevölkerung wächst auf 11 Mrd. Wie in Szenario 1 ist der Einkommenszuwachs pro Kopf weiterhin auf Niveau von 2007, Ungleichheiten bleiben.

WELTBEVÖLKERUNG
11 MRD.

EINKOMMENSZUWACHS PRO KOPF
$ ↑

2050 Szenario 3

Bevölkerung wächst auf 9 Mrd. (wie in Szenario 1). Jeder hat ein Pro-Kopf-Einkommen in Höhe des EU-Durchschnitts des Jahres 2007.

WELTBEVÖLKERUNG
9 MRD.

EINKOMMENSZUWACHS PRO KOPF
$ ↑ ↑

2050 Szenario 4

Bevölkerung wächst auf 9 Mrd. Jeder hat einen hohen Lebensstandard, denn das Wirtschaftswachstum liegt über dem der EU heute.

WELTBEVÖLKERUNG
9 MRD.

EINKOMMENSZUWACHS PRO KOPF
$ ↑ ↑ ↑

Saubere Technologien

Der vermehrte Einsatz sauberer Technologien durch erneuerbare Energien, die Förderung von Energieeffizienz, Recycling, sauberem Verkehr und die sparsamere Nutzung von Wasser hilft, den ökologischen Fußabdruck zu reduzieren.

Saubere Technologie beginnt zu wirken. Vor allem die Umstellung auf erneuerbare Energiequellen reduziert die Menge an Kohlenstoff, die durch Verbrennung fossiler Brennstoffe frei geworden wäre. Andere vielversprechende Entwicklungen umfassen Technologien, die aus Abfall Rohstoffe zurückgewinnen, eine effizientere Wasseraufbereitung, Nährstoffverwertungsanlagen und Computertechnik, um Gebäude umweltfreundlicher zu machen. Unternehmen in dieser Branche werden immer attraktiver für Investitionen, denn sie sind offensichtlich effizienter und wettbewerbsfähiger, was ihnen Wachstum verspricht. Von 2007 bis 2010 erweiterte sich der Sektor der sauberen Technologien um durchschnittlich 11,8 % pro Jahr, und 2011–2012 umfasste er einen Marktwert von rund 5,5 Bio. $.

Die Entwicklung einer sauberen Zukunft

Saubere Technologie treibt in den Entwicklungsländern das Wachstum an, auch unter kleinen und mittleren Unternehmen (KMU). Eine Studie der Weltbank schätzt, dass in Entwicklungsländern zwischen 2014 und 2024 etwa 6,4 Bio. $ in saubere Technologie investiert werden, davon 1,6 Bio. $ in KMU. In Südamerika und Afrika südlich der Sahara wird saubere Technologie voraussichtlich ein wichtiger Wachstumsmotor sein.

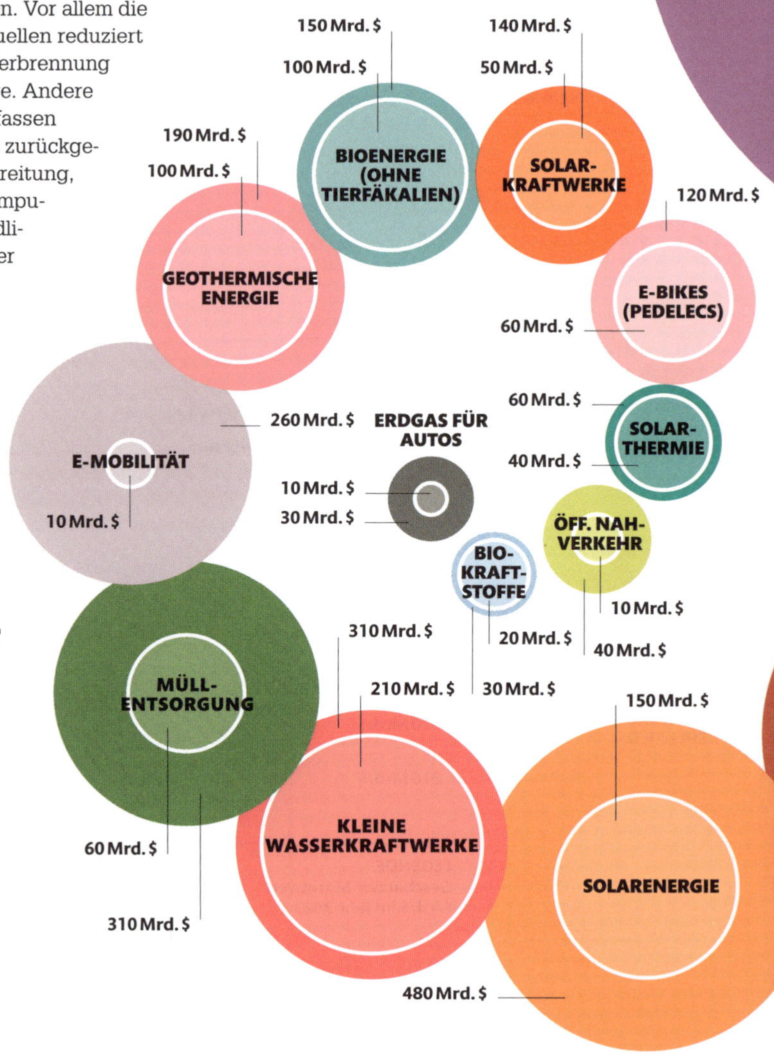

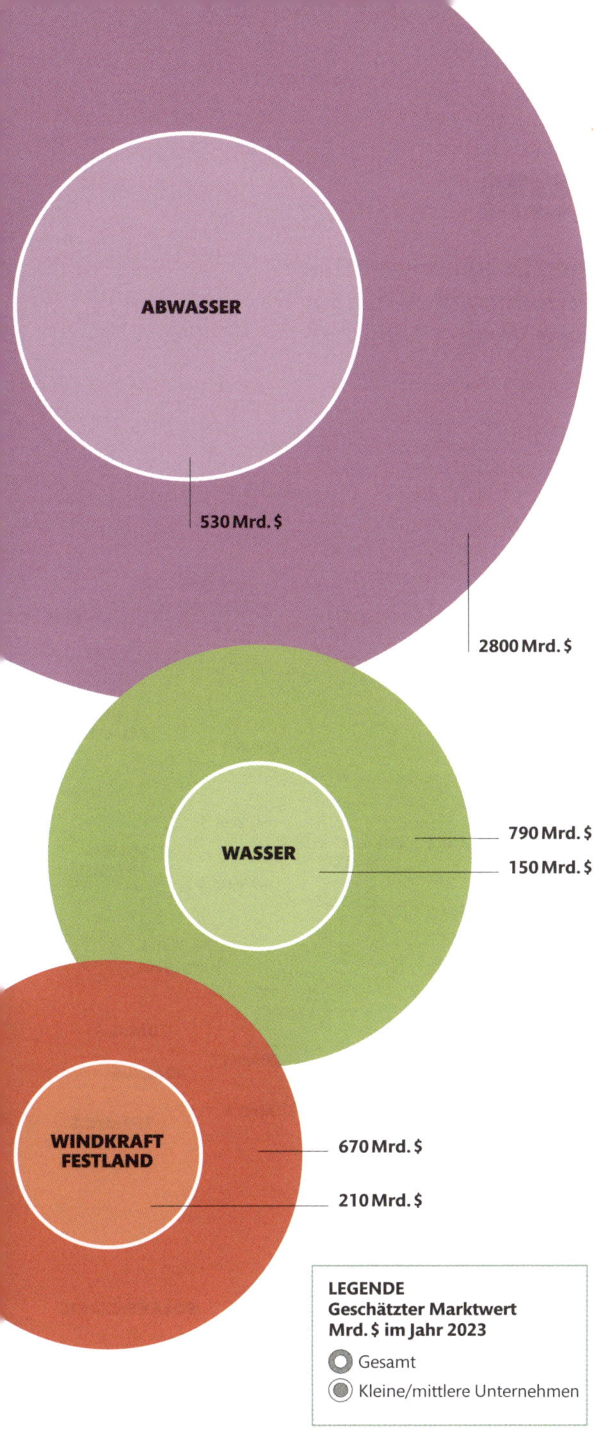

Ökologische Arbeitsplätze

Laut der Internationalen Agentur für erneuerbare Energien gab es 2019 etwa 11,5 Mio. ökologische Arbeitsplätze – nach ursprünglich 7,2 Mio. im Jahr 2012. Die meisten Arbeitsplätze gibt es in China, Brasilien, den USA, Indien und Deutschland. Solarenergie, Wasserkraft und Biokraftstoffe herrschen hier vor.

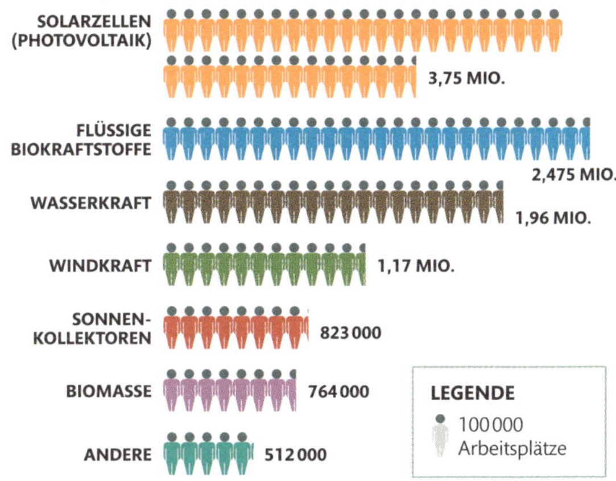

Sonnenfarm

Der Einsatz der Photovoltaik-Technologie nimmt in Asien schnell zu, wie hier in China. Im Jahr 2019 fanden sich in Asien 63 % aller weltweiten Arbeitsplätze im Bereich der erneuerbaren Energien.

Nachhaltiges Wirtschaften

Um nachhaltige Entwicklungsziele (siehe S. 184–185) zu erreichen, den Lebensstandard zu erhöhen und die schlimmsten Folgen von Klimawandel, Ressourcenverbrauch und Ökosystemschäden zu vermeiden, muss sich die Wirtschaft ändern.

Die Wirtschaft neu verkabeln

Im Jahr 2015 schlug das *University of Cambridge Institute for Sustainability Leadership* (CISL) in Großbritannien einen Plan vor, um die Wirtschaft »neu zu verkabeln«. Der Plan legt zehn Aufgaben für Regierungen, Unternehmen und Finanzinstitute vor, unser Wirtschaftssystem stärker in Einklang mit sozialen und ökologischen Prioritäten zu bringen. Die Aufgaben (rechts) beziehen sich auf Änderungen in der Regierungspolitik und der Wirtschaft, sich die massive Macht des Finanzwesens nutzbar zu machen. Die Änderungen werden bewusst auf die Zielsetzung einer nachhaltigen Entwicklung ausgerichtet, die nicht durch traditionelle Umwelt- und Entwicklungsprogramme allein erreicht werden kann. Ein grundlegender Wandel ist erforderlich, der das Herz unserer Wirtschaft betrifft.

»Für jeden Abfall oder Dreck **gibt es jemanden, der komplett für ihn bezahlt.**«

LEE SCOTT, EHEMALIGER CHEFMANAGER BEI WAL-MART

Regierung

- **Die richtigen Ziele und Maßnahmen formulieren**
  Offizielle Ziele zum Senken der Treibhausgase und zum Schutz der Ökosysteme müssen zu politischen Maßnahmen führen.
- **Einführung neuer Steuersysteme**
  Aufzeigen der wahren Kosten: z. B. Steuern auf Abfall und Umweltverschmutzung, um sauberere Produktion und Energie zu fördern.
- **Positiver Einfluss**
  Unterstützung des positiven Wandels durch öffentliche Ausgaben, Subventionen, Planungsregeln, Bildung und Forschung.

Finanzwesen

- **Sicherstellen, dass Kapital langfristig arbeitet**
  Zeitrahmen erweitern, über die finanziellen Risiken und Erträge modelliert werden, gleichzeitig kurzfristige Entscheidungen reduzieren, um die Anleger zu schützen.
- **Wahre Kosten der Geschäftstätigkeit bewerten**
  Strategien, die Unternehmen ermutigen, soziale und ökologische Ziele zu erfüllen, während sie finanzielle Rentabilität verfolgen.
- **Innovative Finanzstrukturen**
  Finanzen für den sozialen Nutzen einsetzen, einschließlich des Klimaschutzes und der Bewahrung der Ökosysteme.

Geschäftsleben

- **Starke Ambitionen vertreten**
  Unternehmensaktivitäten wandeln, um Ziele für kohlenstoffarme Energie, Null-Entwaldung und Null-Abfall zu formulieren.
- **Erweitere Bewertung und Offenlegung**
  Sicherstellen, dass Unternehmen über alle Aktivitäten berichten, die sie verantworten, auch der Sozial- und Umweltleistungen.
- **Fähigkeiten und Anreize mehren**
  Unternehmenstalente und Gelder nutzen, z. B. Boni für Manager nur bei reduzierten Kohlendioxidemissionen ausgeben.
- **Möglichkeiten der Kommunikation nutzen**
  Werbekampagnen ändern, um Botschaften zu vermeiden, die sozialen und ökologischen Fortschritt untergraben.

Trotz der vielen sozialen und umweltbezogenen Belastungen unserer heutigen Welt könnte das Erreichen der Ziele für nachhaltige Entwicklung *(siehe S. 192–193)* die Grundlage für eine sehr positive Zukunft legen. Dies erfordert jedoch eine Änderung der Geisteshaltung, vor allem auch der Ansicht, dass Umweltschutz unerschwingliche finanzielle Kosten mit sich bringt. In Wirklichkeit kann sozialer Fortschritt nicht erreicht werden, wenn sich die natürliche Umwelt weiterhin verschlechtert. Deshalb müssen Umweltschäden infolge einer negativen Wirtschaftsweise minimiert werden. Es gibt weltweit Hinweise, dass dieser Prozess zu wirken beginnt, denn Politik, Investitionen und Geschäftspraktiken beginnen sich zu ändern.

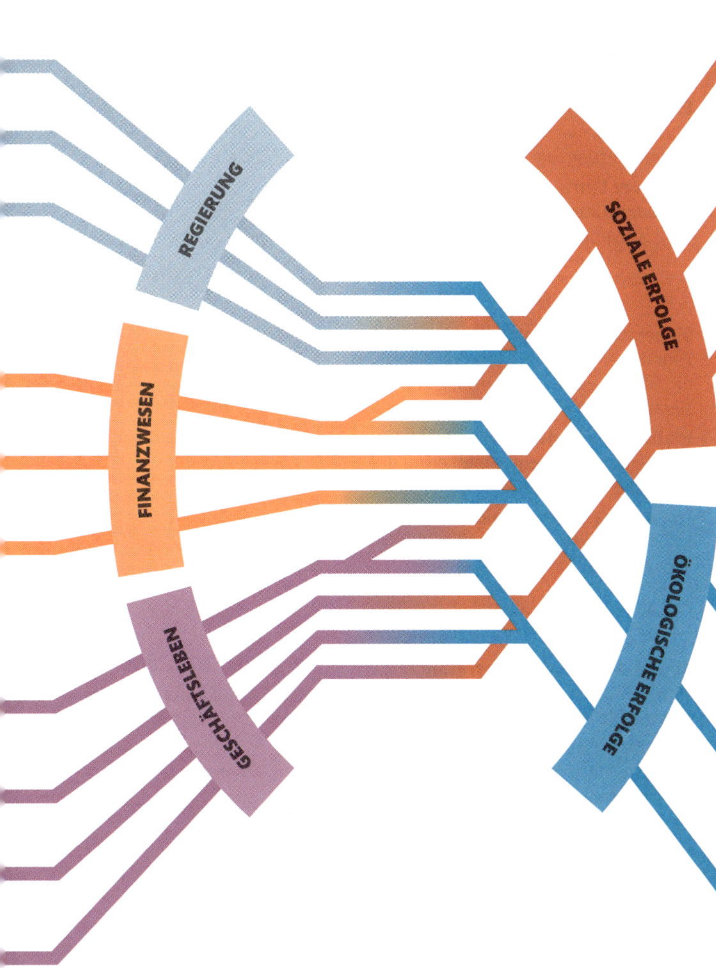

Soziale Erfolge

› Grundbedürfnisse
Führen zu einem stärkeren Antrieb für die Grundbedürfnisse, einschließlich Nahrung, Wasser, Unterkunft, sanitäre Einrichtungen, Sicherheit und Grundfreiheiten.

› Gesundheit und Wohlbefinden
Investitionen in Gesundheit und Bildung fördern das Wohlbefinden und tragen zu wirtschaftlicher Entwicklung und Umweltzielen bei.

› Anständige Arbeitsplätze
Wirtschaftliche Strategien erzeugen mehr sozial integrative Arbeitsplätze mit guten Arbeitsbedingungen.

Ökologische Erfolge

› Ressourcen schonen
Wirtschaftspläne führen zu saubererer und effizienterer Nutzung natürlicher Ressourcen und zur Entwicklung einer »Kreislaufwirtschaft« *(siehe S. 200–201)*.

› Ökologische Erhaltung
Planung führt zur Förderung gesünderer Ökosysteme, nicht zuletzt, weil dies für die zukünftige Wirtschaftsentwicklung entscheidend ist.

› Temperatur-Ziel
Wirtschaftliche Entwicklungsstrategien umfassen die Dekarbonisierung und Stabilisierung atmosphärischer Treibhausgase, um den durchschnittlichen Temperaturanstieg auf deutlich unter 2 °C zu begrenzen.

Kreislaufwirtschaft

Jahrhundertelang beruhten Entwicklung und Wirtschaftswachstum auf einer weitgehend linearen Wirtschaft. Dieses System nimmt Rohstoffe – fossile Brennstoffe, Metalle, Nährstoffe –, nutzt sie und hinterlässt dann Abfälle in Luft, Wasser und Land. Dies ermöglichte wachsende Bevölkerungszahlen und steigenden Lebensstandard, hatte aber auch viele Negativfolgen wie Klimawandel, Ressourcenverknappung, Umweltverschmutzung und geschädigte Ökosysteme. Eine Kreislaufwirtschaft reduziert diese Auswirkungen, indem sie Abfälle als neue Rohstofflager nutzt. Zwei anschauliche Beispiele – ein biologisches und ein materielles – zeigen, wie Kreislaufwirtschaft funktioniert. Die gleichen Grundideen können in der Wirtschaft mit einer Vielzahl von biologischen Nährstoffen und Materialien angewendet werden.

Kläranlage
Neue Technologien sind bereits an vielen Kläranlagen erprobt. Phosphor wird aus Fäkalien zurückgewonnen und zu hochwertigem Dünger verarbeitet.

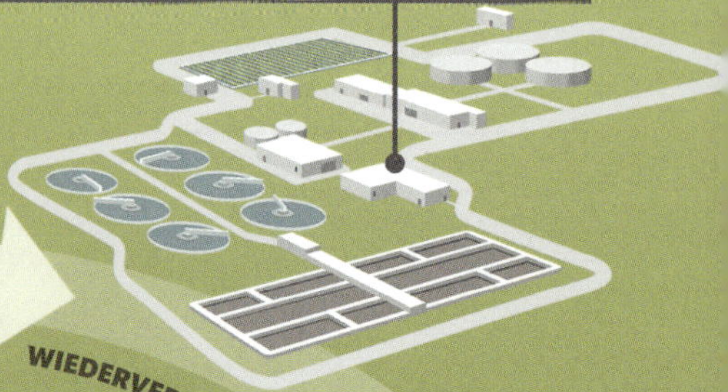

Biologischer Zyklus

Phosphor ist ein wichtiger Pflanzennährstoff. In unserer linearen Wirtschaft bauen wir Phosphate aus endlichen Lagerstätten ab. Sie werden dann in der Umwelt ausgebracht, wo Ökosysteme Schaden nehmen. In einer Kreislaufwirtschaft wird Phosphor recycelt, um neues Pflanzenwachstum zu generieren. Das spart Ressourcen und schont die Umwelt.

Verbrauch
Nahrung wird gegessen und durchläuft das Verdauungssystem. Die Fäkalien fließen über das Toilettenwasser in die Kläranlage.

Startpunkt
Nährstoffe wie die Phosphate stammen aus Gesteinen. Wenn ein Teil wiederverwendet wird, muss weniger abgebaut werden.

Anbau von Kulturpflanzen
Phosphat wird auf die Felder als Dünger ausgebracht, um die Ernteerträge zu erhöhen und eine wachsende Bevölkerung ernähren zu können.

Lebensmittelangebot und Verkauf
Lebensmittel werden in die Geschäfte und Märkte geliefert. Ein Teil der Herstellungskosten wird durch den Preis für Dünger, z. B. Phosphat, bestimmt.

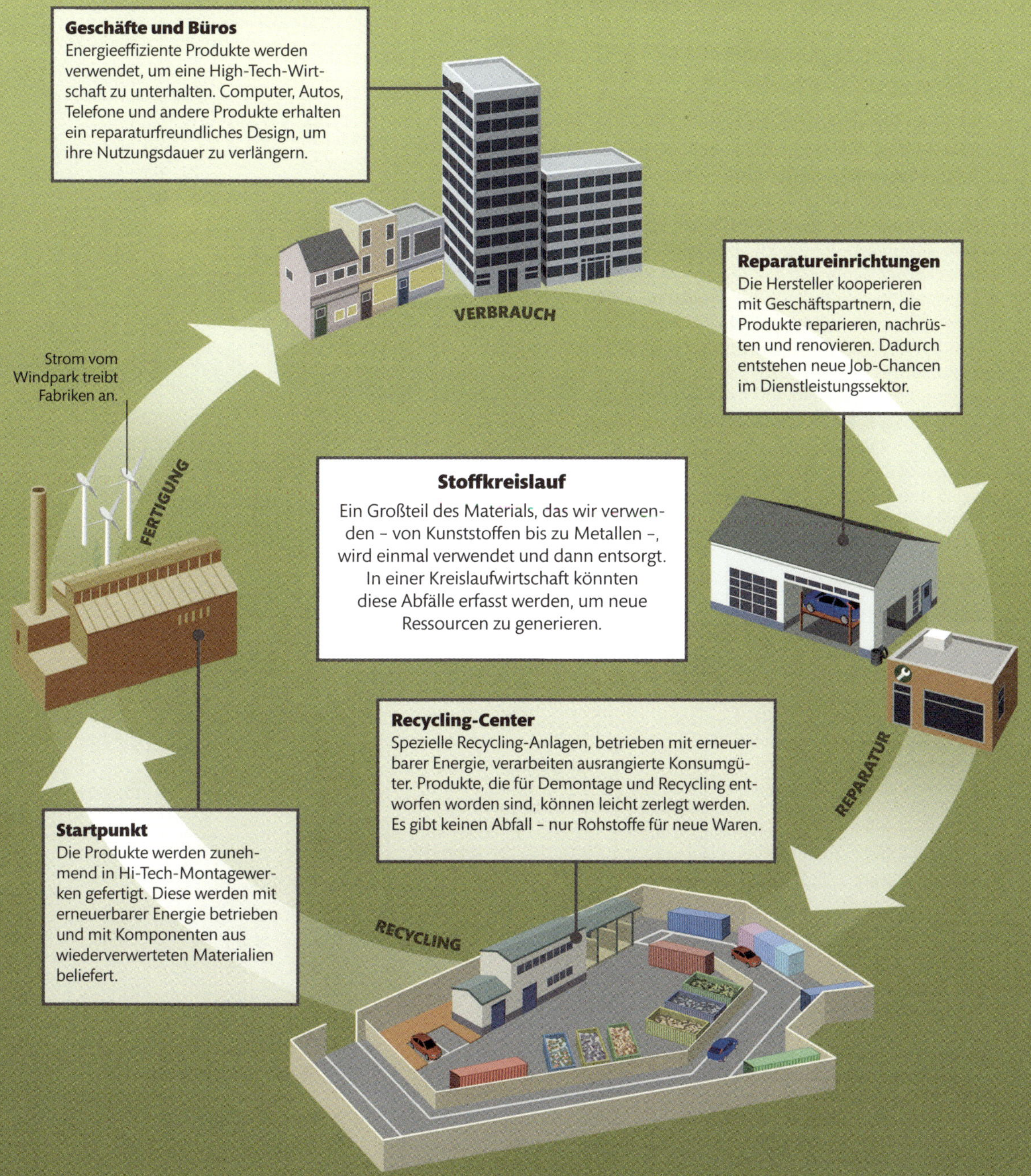
Geschäfte und Büros
Energieeffiziente Produkte werden verwendet, um eine High-Tech-Wirtschaft zu unterhalten. Computer, Autos, Telefone und andere Produkte erhalten ein reparaturfreundliches Design, um ihre Nutzungsdauer zu verlängern.
VERBRAUCH
Reparatureinrichtungen
Die Hersteller kooperieren mit Geschäftspartnern, die Produkte reparieren, nachrüsten und renovieren. Dadurch entstehen neue Job-Chancen im Dienstleistungssektor.
Strom vom Windpark treibt Fabriken an.
FERTIGUNG
Stoffkreislauf
Ein Großteil des Materials, das wir verwenden – von Kunststoffen bis zu Metallen –, wird einmal verwendet und dann entsorgt. In einer Kreislaufwirtschaft könnten diese Abfälle erfasst werden, um neue Ressourcen zu generieren.
Recycling-Center
Spezielle Recycling-Anlagen, betrieben mit erneuerbarer Energie, verarbeiten ausrangierte Konsumgüter. Produkte, die für Demontage und Recycling entworfen worden sind, können leicht zerlegt werden. Es gibt keinen Abfall – nur Rohstoffe für neue Waren.
REPARATUR
Startpunkt
Die Produkte werden zunehmend in Hi-Tech-Montagewerken gefertigt. Diese werden mit erneuerbarer Energie betrieben und mit Komponenten aus wiederverwerteten Materialien beliefert.
RECYCLING

Neue Denkweise

Die Entnahme von Rohstoffen aus der Natur und die Freisetzung von Abfällen in die Biosphäre verursachen Umweltbelastungen, die den Fortschritt bedrohen. Neue Modelle sind gefragt.

Unsere Anforderungen an die Natur haben tiefe Veränderungen in den Systemen verursacht, auf denen das Leben auf der Erde beruht. Diese Veränderungen haben enorme wirtschaftliche und humanitäre Auswirkungen erreicht. Dieser Ansatz trägt nicht mehr, denn eine steigende Nachfrage kann nicht mehr nur die Umwelt belasten, sondern muss stattdessen die Renaturierung und den Schutz der Ökosysteme beinhalten. Es muss ein neuer Ansatz her, der nachhaltiges Wirtschaften, eine Verbesserung des sozialen Umfelds und ökologische Grenzen garantiert.

Die sichere Zone

Kate Raworth, britische Ökonomin und Expertin für nachhaltige Entwicklung, bringt die Idee einer »Donut-Ökonomie« ins Spiel, die soziale und ökologische Faktoren gleichermaßen respektiert. Derzeit ist sozialer Fortschritt, z. B. verbesserte Gesundheitsvorsorge, Arbeitsplätze und Bildung, gegenüber den ökologischen Systemen bevorzugt. Diese Grafik zeigt das Donut-Konzept. Der äußere Ring sind die »Umwelt-Obergrenzen« der neun planetaren Grenzen *(siehe S. 178–179)*. Jenseits dieser Grenzen liegen inakzeptable Faktoren von Umweltschäden. Der innere Ring besteht aus zehn sozialen Faktoren, deren Unterschreitung inakzeptable menschliche Notlagen hervorruft. Zwischen den beiden Ringen ist ein »donutförmiger« Zwischenbereich, in dem sowohl eine heile Umwelt als auch sozial Gerechtigkeit herrscht: ein Raum, in dem die gesamte Menschheit gedeihen kann.

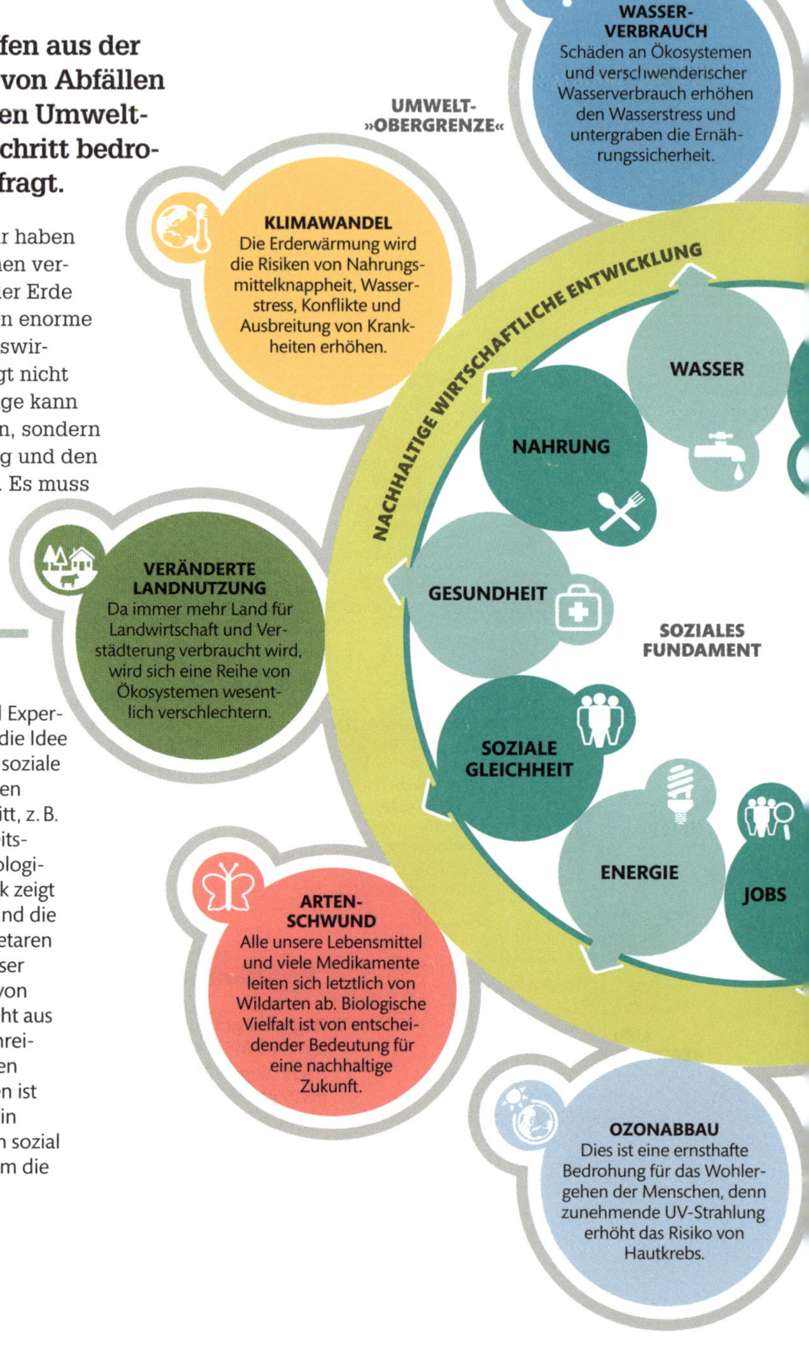

LEGENDE DER KREISE

- Umwelt-Obergrenze
- Nachhaltige wirtschaftliche Entwicklung
- Soziales Fundament

DIE ERDE UNTER STRESS

Die Hilfsorganisation Oxfam schätzt, dass ein Zehntel der Weltbevölkerung am meisten verantwortlich ist für Faktoren, die den Planeten unter Druck setzen, wie Treibhausgasemissionen und Energieverbrauch. Ihr Verbrauch und die Produktionsmethoden der Unternehmen, die Waren für den wohlhabenderen Teil der Welt herstellen, verursachen die meisten Umweltschäden und bedrohen die Zukunft der Menschheit.

EMISSIONEN
Die Hälfte der CO_2-Emissionen weltweit werden von 11 % der Weltbevölkerung erzeugt.

ENERGIE
In Ländern mit hohem Einkommen leben 16 % der Weltbevölkerung, aber sie nutzen 57 % der gesamten Elektrizität.

KAUFKRAFT
Die gleichen 16 % der Weltbevölkerung tragen auch 64 % aller Ausgaben für Konsumgüter bei.

STICKSTOFF (NAHRUNG)
Die EU umfasst 7 % der Weltbevölkerung, nutzt aber 33 % des nachhaltigen Stickstoffhaushalts des Planeten, um davon Tierfutter zu produzieren bzw. zu importieren.

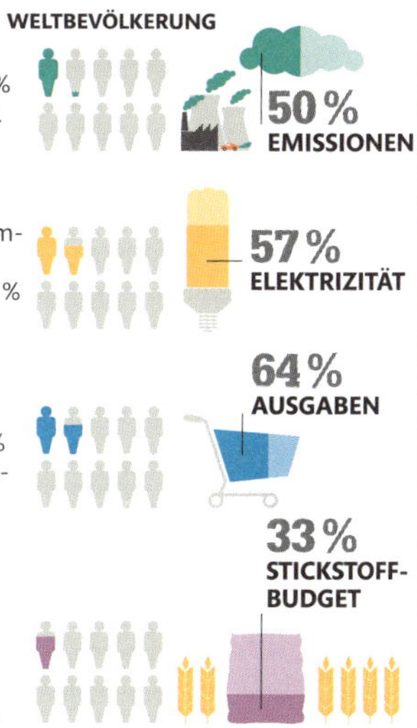

Was können wir tun?

- **Regierungen** weltweit müssen die 2015er-Ziele einer nachhaltigen Entwicklung ins Zentrum ihrer Wirtschaftstrategien stellen.
- **Unternehmen** müssen sich an langfristiger Nachhaltigkeit, an sozialen und ökologischen Werten ausrichten.

Was kann ich tun?

- **Politiker wählen,** die für die »Donut-Ökonomie« sind.
- **Firmen unterstützen,** die die »Donut-Ökonomie« ins Geschäftsmodell integrieren.
- **Kampagnen unterstützen,** die das Wohlergehen der Menschen innerhalb planetarer Grenzen fördern.

Die Zukunft erneuern

Wenn wir den Grundstein für eine sichere Zukunft legen möchten, dann müssen Jahrhunderte der Umweltzerstörung gestoppt und umgekehrt werden. Es ist sowohl eine wirtschaftlich vernünftige wie erreichbare Aufgabe.

Unser Ansatz für wirtschaftliche Entwicklung und Wachstum war bisher, dass als Preis des Fortschritts die Verschmutzung von Umwelt, Ökosystemen, Luft und Wasser als unvermeidlich angesehen wurde. Während dieses Wachstum Komfort, Bequemlichkeit und Sicherheit für Milliarden Menschen gebracht hat, ist inzwischen eine Zeit des abnehmenden Ertrags angebrochen.

Die Schäden, die durch Klimawandel, Luft- und Wasserverschmutzung, Ressourcenraubbau und Niedergang der Ökosysteme sichtbar sind, drohen alle Vorteile des Wachstums zu vernichten. Dennoch ist es immer noch möglich, Umwelt und Gesundheit durch nachhaltige Entwicklung wiederherzustellen.

Erneuerung voranbringen

Fortschreitende Umweltzerstörung ist nicht unvermeidlich – sie kann umgekehrt werden, wenn wir auf positive Beispiele aus der ganzen Welt aufbauen, die uns zeigen, was andernorts bereits möglich ist. Von Brasilien bis Dänemark, von Uruguay bis Bhutan gibt es Hunderte von inspirierenden Beispielen, welche Erfolge in Landwirtschaft, Verkehr, Naturschutz, Infrastruktur und Energieversorgung erreicht werden können. Staaten, Regierungen, Organisationen, Unternehmen und einzelne Bürger – alle sind dazu aufgerufen, ihre Rolle bei der Nachhaltigkeits-Transformation zu spielen, die das 21. Jahrhundert bestimmen wird.

Natürliche Umwelt

Der Schutz der Natur ist eine solide wirtschaftliche Investition; doch dies wird nicht erkannt und verursacht daher die Zerstörung von Ökosystemen und das Massensterben von Tieren und Pflanzen.

Landwirtschaft

Klimawandel, Wasserknappheit, geschädigte Böden und der Rückgang der Nützlinge, wie z. B. Bienen, sind große Bedrohungen für die Zukunft der Ernährungssicherheit.

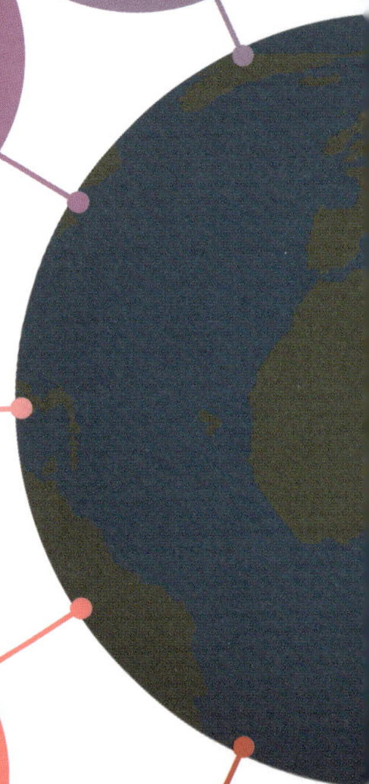

Infrastruktur

Die heutige Neigung zur Ausweitung von Baugebieten führt zu einem »Lock-In-Effekt«, der einen verschwenderischen, kohlenstoff- und ressourcenintensiven Lebensstil für lange Zeit festschreibt und ein Umsteigen erschwert.

Transport und Verkehr

Luftverschmutzung, Staus und der Klimawandel gehören zu den teuren Folgen unseres Verkehrssystems. Pendeln frisst Zeit und verursacht Stress, während die Straßen verstopfen.

Energieversorgung

Kohlenstoff-Emissionen und gesundheitsschädliche Luftverschmutzung verursachen große Schäden. Der verschwenderische Energieverbrauch steigt, mit negativen Auswirkungen auf die Umwelt.

Gegenwart

Natürliche Umwelt

Die Erkenntnis, dass das Gedeihen der Natur für die Gesundheit, eine starke Gesellschaft und auch eine prosperierende Wirtschaft wichtig ist, führt zum Ende von Umweltschäden und begünstigt renaturierte Ökosysteme.

Landwirtschaft

Nachhaltige Landwirtschaft, die Boden, Wasser, Tier- und Pflanzenwelt schützt, Veränderungen im Nahrungsmittelsystem bewirkt und Lebensmittelabfälle reduziert, führt zu einer sichereren Ernährung mit weniger Umweltschäden.

Infrastruktur

Die Städte der Zukunft werden so konzipiert, dass sie effiziente und angenehme Orte sein werden. Technik und Ökologie verbinden sich zu wirklich nachhaltigen, lebenswerten Städten.

Transport und Verkehr

Radfahren ist gesund und reduziert die Luftverschmutzung. Digitale Technologien ermöglichen es, zu Hause zu arbeiten, was das Pendeln vermindert. Elektrofahrzeuge bedeuten einen umweltfreundlicheren Verkehr.

Energieversorgung

Die Treibhausgasemissionen werden durch die effiziente Nutzung von regenerativ erzeugter Wärme und Strom reduziert. Sauberer Strom lädt die Batterien von elektrischen Fahrzeugen.

Zukunft

»Mit der Natur **Frieden zu schließen** ist die **entscheidende Aufgabe** des 21. Jahrhunderts.«

ANTÓNIO GUTERRES, UN-GENERALSEKRETÄR

Was können wir tun?

- **Anleger können Strategien wählen,** ihr Geld in positive Lösungen zu lenken, z. B. erneuerbare Energien und nachhaltige Landwirtschaft.
- **Regierungen können Anreize schaffen,** saubere Technologie zu installieren, oder den Schutz und die Renaturierung von Ökosystemen subventionieren.

Was kann ich tun?

- **Produkte und Leistungen** von Unternehmen wählen, die Lösungen für die Herausforderungen der Nachhaltigkeit bieten. Dies belohnt Marktführer, die Druck auf zögerliche Unternehmen ausüben.
- **Banken auffordern,** nur in Unternehmen zu investieren, die zu einer sicheren und nachhaltigen Zukunft beitragen.

Glossar

EINHEITEN

Einheitenvorsätze
Vorsilben bzw. Buchstaben, um Vielfache bzw. Teile von Maßeinheiten zu bilden, z. B. Kilogramm (kg) für Tausend Gramm (1000 g) oder Millimeter (mm) für ein Tausendstel Meter (0,001 m). Wichtige Vorsätze:
n – Nano-: Milliardstel, 10^{-9}
µ – Mikro-: Millionstel, 10^{-6}
m – Milli-: Tausendstel, 10^{-3}
k – Kilo-: Tausend, 10^{3}
M – Mega-: Million, 10^{6}
G – Giga-: Milliarde, 10^{9}
T – Tera-: Billion, 10^{12}
P – Peta-: Billiarde, 10^{15}
E – Exa-: Trillion, 10^{18}

Wh – Wattstunde
kWh – Kilowattstunde (1000 Wh)
MWh – Megawattstunde (Mrd. Wh)
TWh – Terawattstunden (Bio. Wh)
Maß für elektrische Energie (oder Arbeit). Eine Wattstunde entspricht der Energie, die ein System bei einer Leistung von einem Watt in einer Stunde aufnimmt. Stromrechnungen im Haushalt sind meist in kWh = 1000 Wh angegeben, der Stromverbrauch eines ganzen Landes in Terawattstunden (TWh), also Billionen Wattstunden. Eine Wattstunde entspricht 3,6 kJ (Kilojoule).

J – Joule
kJ – Kilojoule (1000 J)
EJ – Exajoule (Trillion Joule)
Einheit für Energie oder Arbeit. Ein Joule entspricht einer Wattsekunde, d. h. der Energie, die ein System mit einer Leistung von einem Watt in einer Sekunde aufnimmt. 3600 Joule (=Wattsekunden) entsprechen einer Wattstunde, oder ein Kilojoule ungefähr 0,278 Wattstunden.

Mtoe – Million Tonnen Öläquivalent
Menge an Energie, die beim Verbrennen von 1 Mio. t Öl frei wird; Maß für Energieerzeugung oder -verbrauch, entspricht:
1 Mtoe = 11,63 TWh = 41,9 PJ

$MtCO_2$ – Megatonnen CO_2
$GtCO_2$ – Gigatonnen CO_2
$GtCO_2e$ – Gigatonnen CO_2-Äquivalent
Maßeinheiten für Kohlendioxid- oder Kohlenstoffemissionen. Eine Gigatonne entspricht einer Milliarde Tonnen. Eine Tonne Kohlenstoff entspricht 3,67 Tonnen Kohlendioxid. Das liegt daran, dass CO_2 das Gewicht von zwei Sauerstoffatomen enthält. $GtCO_2$ wird zur Messung von Kohlenstoffemissionen verwendet. Die ähnliche Einheit $GtCO_2e$ kann verwendet werden, um andere Treibhausgase in der »gemeinsamen Währung« der durch Kohlendioxid verursachten Erwärmung zu messen. Um Kohlendioxid in Kohlenstoff umzurechnen, dividiert man durch 3,67. Zum Beispiel entspricht 1 $GtCO_2$ 272 Millionen Tonnen Kohlenstoff.

MtC – Megatonnen Kohlenstoff
GtC – Gigatonnen Kohlenstoff
Maßeinheit für die Menge von Kohlenstoff, die Kohlendioxidemissionen zugrunde liegen. Eine Gigatonne Kohlenstoff setzt 3,67 Gigatonnen Kohlendioxid frei, d. h. 1 GtC entspricht nach der Verbrennung 3,67 $GtCO_2$, und die Emission von 1 $GtCO_2$ entspricht etwa 272 MtC

DU – Dobson-Einheit
Eine Einheit zur Konzentrationsmessung von Spurengasen, speziell Ozon, in der Atmosphäre. Sie entspricht der hypothetischen Dicke (in Millimeter) der Schicht, wenn man alles Ozon der Atmosphäre als reines Ozon am Boden konzentrieren würde.

ppm – *parts per million* (Teile pro Million)
ppb – *parts per billion* (Teile pro Milliarde)
Einheiten zur Messung kleiner Konzentrationen eines Stoffes. Ein ppm (*parts per million*, Teile pro Million) bedeutet, dass von dem Stoff ein Molekül pro Million Moleküle des Grundstoffes (z.B. Luft oder Wasser) vorhanden sind, ppb (*parts per billion*, Teile pro Milliarde) entsprechend ein Molekül pro Milliarde Moleküle.

ALLGEMEINES GLOSSAR

Kursive Wörter verweisen auf andere Einträge.

Algenblüte Rasches Wachstum von Algen in einem See oder Meer, oft infolge von zu viel Nährstoffen wie Stickstoff- und Phosphorverbindungen. Algen können das Sonnenlicht abschwächen und Sauerstoff aufzehren. Manche Algenblüten erzeugen für Menschen und Tiere giftige Stoffe.

Alphabeten/Analphabeten Menschen, die des Lesens und Schreibens kundig/unkundig sind. Bildung, vor allem für Frauen und Kinder, ist der Schlüssel zu wirtschaftlicher und sozialer Entwicklung eines Landes.

Arid Gebiete sind arid (trocken), wenn der Niederschlag im Jahresdurchschnitt geringer ist als die Verdunstung.

Artenvielfalt *siehe Biodiversität.*

Atmosphäre Gasschicht, welche die Erde (oder andere Planeten) umhüllt. Die Erdatmosphäre besteht zu 78 % aus Stickstoff und 21 % aus Sauerstoff.

Aussterben Das Verschwinden einer Art (Pflanze, Tier) oder Unterart oder einer Gruppe von Lebewesen, gekennzeichnet durch den Tod des letzten Individuums.

Biodiversität Variabilität der Biosphäre. Artenvielfalt heißt die Biodiversität der Arten eines *Ökosystems*. Genetische Biodiversität ist die Variation von Genen innerhalb einer Art. Ökologische Diversität beschreibt die Bandbreite an *Ökosystemen* und *Habitaten*.

Bioenergie *Erneuerbare Energie* aus biologischen Substanzen wie Holz, Stroh, Mais und Klärschlamm.

Biogeochemischer Kreislauf Zyklus eines chemischen Stoffes, wie *Kohlenstoff* oder Stickstoff durch *Atmosphäre*, Boden, *Biosphäre* (Pflanzen und Tiere) und Wasser.

Biokraftstoffe Flüssige Brennstoffe aus Pflanzen und anderer organischer Materie, wie Küchenabfälle, Kompost; Ersatzstoffe für Benzin, Diesel und Kerosin. Biogas kann *Erdgas* ersetzen und wird ebenfalls aus organischer Substanz wie Tierexkrementen oder Lebensmittelabfällen erzeugt.

Biologische Abbaubarkeit Material, das auf natürliche Weise von (Mikro-)Organismen zu einfachen Molekülen oder Elementen abgebaut wird.

Biom Land- oder Wasserfläche mit typischem Pflanzenbewuchs, Tierbestand und Klima oder Wassertiefe.

Biomagnifikation Prozess, der eine Chemikalie (z. B. Pestizid) aufkonzentriert, wenn sie ein *Nahrungsnetz* durchwandert, z. B. wenn filtrierende Muscheln von Kraken gefressen werden und diese von Haien.

Biomasse Masse aller lebenden Organismen (Pflanzen, Tiere, Mikroorganismen) eines bestimmten *Ökosystems* oder *Habitats*.

Bionik Übertragung natürlicher Phänomene und Prozesse auf technische Anwendungen.

Bioproduktivität Produktionsrate von *Biomasse* eines bestimmten *Ökosystems* pro Zeiteinheit.

Biosphäre Zone auf der Erde, die alle lebenden Organismen enthält; umfasst Erdoberfläche, Meere, untere *Atmosphäre*, Boden, Oberflächen- und *Grundwasser*.

BIP (Bruttoinlandsprodukt) Der in Geld ausgedrückte Gegenwert aller hergestellten Waren und Dienstleistungen eines Landes pro Zeiteinheit (meist 1 Jahr).

BIP pro Kopf Maßeinheit für wirtschaftliche Leistung; man erhält es, wenn das *BIP* eines Landes durch die Anzahl seiner Einwohner geteilt wird.

BIP, reales Inflationsbereinigtes *BIP*.

CCS (Carbon Capture and Storage) Das Einfangen des bei der Verbrennung *fossiler Brennstoffe* freigesetzten CO_2, bevor es in die *Atmosphäre* entweicht, um es in tiefe unterirdische, dichte Kavernen einzulagern.

CO_2 *siehe Kohlendioxid.*

CO_2-Emissionen Freisetzung von *Kohlendioxid* infolge natürlicher (Waldbrände, Vulkanausbrüche) oder von Menschen betriebener Verbrennung (z. B. von Kohle, Erdöl).

CO_2-Preis Eine Steuer oder ein Marktpreis auf *CO_2-Emissionen*, um ein Umdenken in Richtung effizienterer Energienutzung oder Einsatz *erneuerbarer Energien* zu fördern.

CO_2-Sequestrierung *siehe CCS.*

Desertifikation Ausbreitung von Wüsten in die umgebenden, bisher bewachsenen Gebiete; begünstigt durch Überweidung und verringerter Jahresniederschlag.

Dioxine Gruppe langlebiger Chemikalien, die bei industriellen Prozessen entstehen können, z. B. bei der Papierbleichung oder in Müllverbrennungsanlagen. Dioxine sind hochgiftig und krebserregend und stellen für Lebewesen infolge Anreicherung in *Nahrungsketten* ein hohes Gesundheitsrisiko dar *(siehe auch Biomagnifikation)*.

Distickstoffoxid (»Lachgas«) Hochwirksames *Treibhausgas* (chemische Formel N_2O). In geringen Mengen natürlicher Bestandteil der Luft, steigt der Anteil durch menschliche Aktivität (vor allem durch Stickstoffdünger in der Landwirtschaft) an. Nicht zu verwechseln mit *Stickoxiden* (NO_x).

Diversität *siehe Biodiversität.*

E7-Länder Gruppe von 7 ökonomisch starken *Schwellenländern* mit dynamischen Marktwirtschaften: China, Indien, Brasilien, Mexiko, Türkei und Indonesien. Die E7-Staaten stellen 30 % des weltweit erzeugten *BIP*.

Eisschild Große Gletschermasse von mehr als 50 000 km^2; die beiden größten Eisschilde bedecken Grönland und die Antarktis.

El Niño Ausgedehntes klimatisches Passatwindphänomen, das alle 3 bis 7 Jahre im zentralen und östlichen äquatorialen Pazifik auftritt und die vorherrschenden Meeresströmungen umkehrt. El Niño beeinflusst das *Wetter* weltweit, aber besonders die Küsten Perus, Kaliforniens, Australiens und Indonesiens. Siehe auch *La Niña*.

Emissionen Eintrag von Abgasen, Dampf und Kleinstpartikeln in die *Atmosphäre*; meist sind Emissionen aus Autos, Kraftwerken, Öfen oder anderweitigen Verbrennungen (Waldbrände) gemeint.

Energiespeicherung Speicherung von elektrischer oder mechanischer Energie zur Überbrückung von Zeiten energetischen Mangels, entweder kleinmaßstäblich in Akkus oder in großem Maßstab in Speicherseen mit Pumpspeicherkraftwerk.

Entsalzung Entzug von Salz und anderen Mineralen aus dem Wasser, um es als Trinkwasser oder zur Bewässerung zu nutzen.

Entwaldung Weitflächige Abholzung von Bäumen in Waldgebieten (Kahlschlag). Ziel ist neben dem Holzverkauf die Landgewinnung für Weide- oder Anbauflächen. Entwaldung kann zu Boden*erosion* und Artenschwund führen.

Entwickelte Länder Länder mit stabilen Marktwirtschaften, politisch verlässlicher Regierung, hohem technologischem Standard und allgemein hohem Lebensstandard.

Entwicklungsländer Länder mit schlechter Infrastruktur, unterentwickeltem öffentlichem Dienst, Einwohner mit niedrigem Einkommen, niedriger Lebenserwartung und schlechtem Zugang zu moderner Medizin und Bildungseinrichtungen.

Erderwärmung Anstieg der mittleren Temperatur in der *Atmosphäre* und in den Ozeanen, was wiederum das Ausmaß der Eisbedeckung auf der Erde, den Meeresspiegel und das *Wetter* (u. a. Niederschlag) beeinflusst. Die Aktivitäten des Menschen spielen dabei eine wichtige Rolle.

Erdgas *Fossiler Energieträger*, überwiegend *Methan*, wird aus Speichergesteinen mittels Tiefbohrungen oder *Fracking* herausgepumpt; kommt oft zusammen mit Erdöl vor.

Erneuerbare Energien Energiequellen zur Erzeugung von Strom, die nahezu unbegrenzt zur Verfügung stehen bzw. sich rasch wieder regenerieren. Beispiele sind Solarenergie, Windkraft, *Wasserkraft*, Biogas.

Ernährungssicherheit Zugang der Bevölkerung zu genügend Lebensmitteln für ein gesundes und zufriedenes Leben.

Erosion Prozess des Zerfalls von Mineralen, Boden und Gesteinen sowie des Abtransports der Produkte durch Eis, Wasser und Wind. Erosion kann durch mechanische Zerkleinerung oder chemisch durch Lösungsvorgänge stattfinden.

Eutrophierung Übermäßiger Eintrag der Pflanzennährstoffe Nitrat und Phosphat in Oberflächen- und *Grundwasser*, was zu *Algenblüte* und *Todeszonen* führen kann.

Fluorchlorkohlenwasserstoffe (FCKW) Chemische Verbindungen aus Fluor, Chlor und Kohlenstoff. FCKW sind beliebt als Kühlmittel, als Treibgase in Spraydosen und als Lösemittel. Allerdings zerstören sie die *Ozonschicht* und wurden deshalb verboten.

Fossile Energieträger, Brennstoffe Rohstoffe aus den Resten abgestorbener Pflanzen und Tiere, die vor Millionen Jahren lebten: Kohle, Erdöl und *Erdgas*. Da sie viel Kohlenstoff aus der ehemaligen *Atmosphäre* enthalten, setzen sie beim Verbrennen das *Treibhausgas* CO_2 frei.

Fracking (hydraulic fracturing) Einbringen von Wasser, Sand und Chemikalien unter hohem Druck über ein Bohrloch in *Erdgas* oder Erdöl enthaltendes Gestein, um darin Risse zu erzeugen und das Gas und Öl zu fördern. Fracking kann aber das *Grundwasser* gefährden und kleine Erdbeben auslösen.

G7-Länder Gruppe aus den 7 stärksten Volkswirtschaften – USA, Kanada, Großbritannien, Frankreich, Deutschland, Italien und Japan –, deren Regierungschefs und Finanzminister sich jährlich treffen, um über Politik, Wirtschaft und Sicherheit zu diskutieren.

Geothermische Energie Energie aus dem Innern der Erde, z. B. heiße Quellen.

Grundwasser Wasser in den unterirdischen Hohlräumen von Gesteinen, die man Grundwasserleiter nennt.

Grundwasserspiegel Oberfläche des *Grundwassers*, unter der das Gestein mit *Grundwasser* gesättigt ist.

Grüne Revolution Abfolge von Fortschritten in der Landwirtschaft ab 1940, welche die Nahrungsmittelproduktion in die Höhe trieben, vor allem in den Industrieländern.

Haber-Bosch-Verfahren Chemisches Prozessverfahren zur synthetischen Herstellung von Ammonium aus Luftstickstoff und Wasserstoff als Grundstoff zur Düngerproduktion.

Habitat Ein *Ökosystem* wie etwa Wald oder Prärie, das einer bestimmten Pflanzen- und Tiergesellschaft als Lebensraum dient.

HANPP – Human Appropriation of Net Primary Production Maß für die menschliche Nutzung photosynthetischer Produktivität. Die Netto*primärproduktion* ist die Nettomenge an Solarenergie, umgewandelt in Pflanzenmasse. HANPP wird z.B. als Nutzung der Netto*primärproduktion* (Nahrung, Holz, Papier, Pflanzenfasern) angesehen.

Infrarot(strahlung) Strahlung im elektromagnetischen Spektrum, deren Wellen länger sind als die des sichtbaren Lichts. Beispiele sind ein Teil der Sonnenstrahlung und die Wärmestrahlung der Erdoberfläche.

Invasive Art Art, die von außen in ein bestehendes *Ökosystem* einwandert und dort Schaden anrichten kann.

Klima Die durchschnittlichen *Wetter*bedingungen eines Gebiets über die Zeit betrachtet. Sie hängen ab von geografischer Breite und der Höhe des Gebiets sowie von Niederschlag und Temperatur.

Kohlendioxid Molekulares Gas (Formel CO_2) aus einem *Kohlenstoff*- (C) und zwei Sauerstoffatomen (O). Abgas bei Verbrennungs- (Holz, Kohle, Öl, Gas), Fermentationsprozessen (Alkoholgärung) sowie ausgeatmetes Gas von Organismen.

Kohlendioxidemission *siehe* CO_2*-Emission.*

Kohlenstoff Häufiges chemisches Element (Symbol: C [von Carbon]), verbindet sich oft mit Wasserstoff (H) und Sauerstoff (O), z. B. zu Eiweiß oder *Kohlendioxid* (CO_2). Bestandteil aller Organismen.

Kohlenstoffintensität Maß für *Treibhausgas-Emissionen*, gemessen als *Kohlenstoff*masse pro Energieeinheit, z. B.: CO_2-Äquivalent in Gramm pro Megajoule Energie (gCO_2e/MJ). Die Kohlenstoffintensität kann auch in Relation zu den *Emissionen* pro Einheit an *BIP* berechnet werden. In diesem Fall kann das Konzept auch *Emissionen* von *Entwaldungen* umfassen.

Kohlenstoffsenke Ökologisches System, das CO_2 absorbiert und der *Atmosphäre* entzieht. Ozeane, Moore und Wälder sind gute Kohlenstoffsenken.

Konsum Kauf und Nutzung von Gütern und Dienstleistungen durch Personen.

Konvektion Der Transfer von Wärme in einem strömungsfähigen Medium (Gas, Wasser). In Konvektionszellen der *Atmosphäre (S. 128–129)* dehnt sich warme Luft aus, steigt auf, kühlt ab und sinkt (weil schwerer) wieder zu Boden – ein Strömungskreislauf entsteht.

La Niña Gegenspieler von *El Niño;* Wetterphänomen im äquatorialen Zentral- und Ostpazifik, mit kühlerer Meeresoberfläche als normal. Alle 3 bis 7 Jahre bringt La Niña Wärme in den Westpazifik, das westliche Nord-, Mittel- und Südamerika vertrocknet, Nord-Australien bekommt Regen.

Lateinamerika Die Länder Mittel- und Südamerikas mit vorwiegend spanisch und portugiesisch sprechender Bevölkerung.

Least Developed Countries (LDC) Länder mit sehr niedrigem Pro-Kopf-Einkommen; LDC sind die ärmsten der *Entwicklungsländer.*

Lebensmittelkilometer Strecke, die ein Lebensmittel vom Ort seiner Produktion zu den Verbrauchern zurücklegt. Längere Distanzen bedeuten mehr Kraftstoffverbrauch, sodass das Einsparen von Lebensmittelkilometern auch die *Emissionen* verringert.

Mangelernährung Ernährung, die nicht das richtige Gleichgewicht an Nährstoffen liefert, etwa zu wenig Vitamin C oder zu wenig Proteine. Siehe auch *Unterernährung.*

Megastadt Eine Stadt und ihre Umgebung mit mehr als 10 Mio. Einwohnern, z.B. Tokio, New York oder São Paulo.

Methan Farbloses, brennbares Kohlenwasserstoffgas (Formel CH_4). Hauptbestandteil von *Erdgas* und sehr wirksames *Treibhausgas.* Die wichtigsten menschlichen Methanquellen sind Gaslecks in der Energiewirtschaft, Tierhaltung, Mülldeponien und Reisanbau.

Milleniums-Entwicklungsziele Gruppe von acht Entwicklungszielen (eines davon die Umwelt), die von den Vereinten Nationen (UN) im Jahr 2000 formuliert wurden, die bis 2015 erreicht werden sollten. Ersetzt durch die 17 Ziele für nachhaltige Entwicklung der UN von 2015.

Monokultur Anbau einer einzigen Art, Sorte oder Varietät von Nutzpflanzen auf einer Fläche, mehrere Jahre aufeinander folgend. Höhere Anfälligkeit für Schädlinge.

Monsun Jahreszeitlicher Wechsel des Wetters im Indischen Ozean; Windrichtungsänderungen und Luftdruckwechsel bringen vom Ozean her Sturzregen (Sommermonsun) und vom Himalaja her Trockenheit (Wintermonsun).

Multilaterale Umweltabkommen Verbindliche Abmachung zwischen drei oder mehr Staaten für Umweltbelange. Zurzeit sind über 250 solcher Abkommen in Kraft.

Nachhaltigkeit Begriff zur Beschreibung künftiger menschlicher Aktivitäten, Ressourcen dauerhaft zu nutzen, ohne deren Regenerierungsfähigkeit einzuschränken, z. B. in der Boden-, Wasser-, Pflanzen-, Rohstoff- und Energienutzung.

Nahrungskette, -netz Miteinander über die Nahrungsaufnahme in Beziehung stehende Organismen. Beispiel: Raubvogel (an der Spitze stehend) frisst Spitzmaus, diese frisst Würmer, diese fressen Pflanzenreste.

Nährstoffkreislauf Kreislauf von Nährstoffen (*Kohlenstoff*, Phosphor, Stickstoff u. a.) innerhalb chemisch-biologischer Systeme, z. B. zwischen *Ökosystem* und Lebewesen.

OECD-Länder Länder, die zur »Organisation für Wirtschaftliche Zusammenarbeit und Entwicklung (OECD)« gehören. Es sind meist Industrieländer, die für wirtschaftliche Entwicklung und sozialen Fortschritt einstehen. Die OECD wurde 1968 gegründet und hat heute 34 Mitgliedsstaaten.

Ökologie Wissenschaft der Beziehungen der Organismen untereinander und zu ihrer Umwelt aus Luft, Boden, Gestein und Wasser.

Ökologischer Landbau Landbewirtschaftung ohne Einsatz von Mineraldüngern und Pflanzenschutzmitteln, sondern mit mechanischen und biologischen Mitteln (z. B. organische Dünger, Stickstoff bindende Pflanzen), um die Bodenfruchtbarkeit zu erhalten.

Ökosystem Sich selbst tragende Gemeinschaft aus miteinander interagierenden Lebewesen, im Austausch mit Luft, Wasser und Boden ihres Lebensraums.

Ozeanwirbel Riesiges, spiralförmig rotierendes Meeresstromsystem.

Ozon Farbloses Gas, wirkt in Bodennähe bzw. in der Atemluft auf Pflanzen und Tiere schädlich *(siehe auch photochemischer Smog)*. In der unteren Stratosphäre schützt Ozon allerdings die Erde vor zu hoher UV-Strahlung, mit der es reagiert *(siehe Ozonschicht)*.

Ozonschicht Anreicherung von *Ozon* in der unteren Stratosphäre (20–50 km Höhe). Eine Ausdünnung des *Ozons* in dieser Schicht birgt die Gefahr zunehmender, die Erde erreichender *UV-Strahlung*, wo sie die Gesundheit von Organismen bedroht.

Permafrost Boden oder Gestein, das für mindestens 2 Jahre durchgehend gefroren bleibt. In Gebieten in Alaska oder Sibirien ist der Permafrost Jahrtausende alt.

Persistente organische Schadstoffe (POP) Chemische Verbindungen mit extrem langer Lebensdauer in der Umwelt. Manche POP, wie das DDT, sind gesundheitsschädlich für Mensch und Tier.

Petrochemikalien Chemische Verbindungen aus Erdöl- oder *Erdgas*derivaten. Verwendung in Tausenden von Produkten wie Lösemitteln, Waschmitteln, Kunststoffen oder Medikamenten.

Photochemischer Smog Form der Luftverschmutzung, wenn das Sonnenlicht auf Luftschadstoffe (*Stickoxide, VOC*) trifft und mit ihnen reagiert. Es entsteht sogenannter Los-Angeles-Smog mit hohen gesundheitsschädlichen *Ozon*gehalten.

Photosynthese Die Fähigkeit von Pflanzen und einiger Mikroorganismen, aus Wasser und *Kohlendioxid* durch die Energie des Sonnenlichts Sauerstoff und Zucker zu erzeugen.

Photovoltaik Technologie, die mithilfe von Solarzellen aus dem Sonnenlicht auf direktem Weg Strom erzeugt. Sie wird zu den *erneuerbaren Energieträgern* gerechnet.

Phytoplankton Algen und Cyanobakterien, die als *Primärproduzenten Photosynthese* betreiben; sie leben in den oberen, lichtdurchfluteten Schichten von Meeren und Seen und nehmen einen bedeutenden Platz im *Kohlenstoff*kreislauf ein.

Plankton Winzig kleine Organismen, beginnend bei Einzelleralgen und Bakterien bis hin zu Quallen, die ihr Leben treibend im Wasser verbringen. Plankton steht am Beginn aquatischer *Nahrungsketten*. Siehe *Phytoplankton* und *Zooplankton*.

Polychlorierte Biphenyle (PCB) Gruppe synthetischer Chemikalien, die in elektrischen Kondensatoren, Lösemitteln, Klebstoffen und Farben verwendet wurden. PCB zählen zu den gesundheitsgefährdenden *POP* und sind heute in vielen Ländern verboten.

POP *siehe persistente organische Schadstoffe.*

Primärproduktion Die innerhalb eines Jahres von Pflanzen mithilfe der *Photosynthese* erzeugte Menge *Biomasse*.

Pteropoden Freischwimmende Meeresschnecken (Thecosomata, auch »Flügelschnecken«); reagieren empfindlich auf *Versauerung* des Meerwassers durch verminderte Dicke ihrer Gehäuse.

Recycling Wiederverwertung von Abfallstoffen aus Haushalt, Landwirtschaft und Industrie für neue Produkte. Es reduziert Umweltbelastung und spart Energie.

Regenwald Dichter, ursprünglicher Wald in den Tropen und gemäßigten Breiten mit hohen Jahresniederschlägen. Regenwälder sind Sauerstoffproduzenten, *Kohlenstoffsenken* und bergen eine hohe *Artenvielfalt*.

Rote Liste (IUCN-Liste) Liste von weltweit auftretenden Tieren, Pflanzen und Pilzen, deren Fortbestand gefährdet ist.

Saurer Regen Regen und Niederschläge, die mit säurebildenden Luftschadstoffen belastet sind (*Stickoxide, Schwefeloxide*). Saurer Regen erhöht den Säuregrad in Gewässern und Böden und verätzt Gebäudefassaden.

Savanne Vegetationszone der Tropen aus offenem Grasland mit eingestreuten Büschen und Bäumen.

Schwefeldioxid Abgas aus der Verbrennung von *fossilen Brennstoffen* (v.a. Kohle). Es ist unmittelbar gesundheitsschädlich und verbindet sich zudem mit Wasserdampf zu Schwefelsäure, dies führt zu *saurem Regen*.

Schwellenländer Länder, die traditionell als *Entwicklungsland* galten, aber inzwischen wirtschaftlich erstarkt sind, ohne ganz als Industriestaat gelten zu können.

Stickoxide Luftschadstoffe (Formel NO_x), die vor allem durch Verbrennungsprozesse (u.a. Autoabgase) entstehen und zum *photochemischen Smog* führen. Nicht zu verwechseln mit dem *Treibhausgas Distickstoffoxid*.

Städtische Verdichtung Maß für die Intensität der Landnutzung in städtischen Umgebungen, z.B. Anzahl der Bewohner oder überbaute Fläche pro km^2.

Todeszone Wasserbereich in Meeren oder Seen mit Sauerstoffmangel, wo Tiere nicht mehr leben können. Todeszonen sind oft die Folge von *Eutrophierung* und *Algenblüten*.

Tragfähigkeit Maximale Bevölkerungsdichte oder Individuenzahl einer biologischen Art, die ein *Ökosystem* oder *Habitat* dauerhaft ernähren kann.

Treibhauseffekt Prozess, durch den *Treibhausgase* die von der Erde abgegebene Wärmestrahlung einfangen und die untere *Atmosphäre* aufwärmen.

Treibhausgas Ein Gas, das Wärmestrahlung absorbiert. Wichtigste Treibhausgase sind Wasserdampf, *Kohlendioxid*, *Methan* und *Distickstoffoxid*. Sie entstehen u.a. durch Verbrennung, Vergärung, Nutztierhaltung und Reisanbau und verursachen die Erwärmung der Erdatmosphäre.

Überschwemmung Übermäßig hoher Wasserstand (Hochwasser) natürlicher Gewässer infolge hoher Niederschläge an Land oder Sturmflut an der Küste.

Überschwemmungsgebiet Auenlandschaft entlang von Flüssen, die bei Hochwasser überflutet wird.

Ultraviolettstrahlung (UV) Teil des Spektrums der elektromagnetischen Sonnenstrahlung, die UV-Strahlung ist kürzer als das sichtbare Licht. Ein großer Anteil wird durch die *Ozonschicht*, ein weiterer durch die Troposphäre absorbiert. UV-Strahlung ist gesundheitsschädigend für Hautzellen.

Umsatz Gesamteinnahmen durch Verkauf von Produkten oder Dienstleistungen eines Unternehmens vor Steuern und anderen Kosten pro Zeitraum (z.B. ein Jahr).

Unterernährung Folge von Fehlernährung aus Mangel an Nährstoffen und Vitaminen, oder weil schneller ausgeschieden als gegessen wird. Siehe auch *Mangelernährung*.

Urbanisierung *siehe Verstädterung*.

Versauerung Prozess, der durch die Zufuhr von Säure oder Säurebildnern den Säuregrad eines Gewässers erhöht; bei Seen und Flüssen ist die Ursache *saurer Regen*, in den Meeren der erhöhte CO_2-Gehalt der Luft.

Verstädterung Zunehmende Bevorzugung von Städten und Großstädten als Wohnort.

Verwitterung Zerfall von Gesteinen an Ort und Stelle durch physikalisch, chemisch und biologisch wirkende Einflüsse, wie Wind, Wasser, Temperatur, Schwerkraft, Wurzellockerung und Säurelösung.

Volatile Organische Verbindungen (VOC) *Kohlenstoff*haltige chemische Verbindungen, die leicht verdampfen und in Kraftstoffen, Pestiziden, Lösemitteln u.a. vorkommen. VOC sind Luftschadstoffe, die *photochemischen Smog* verursachen können.

Vorindustrielle Welt Zustand der Welt vor Beginn der Industrialisierung (oft als 1850 oder 1750 definiert). Man lebte vor allem von Landwirtschaft und Handwerk mit viel geringerem Einfluss auf die Umwelt als heute.

Wachstumsmärkte Volkswirtschaften, die sich ziemlich rasant entwickeln und industrialisieren, bei noch geringen Einkommen im Vergleich mit bereits entwickelten Ländern. Viele dieser Länder haben ein beschleunigtes Wachstum in ihren Industrie-, Handels- und Technologiemärkten. Siehe auch *Schwellenländer*.

Wasserkraft Energieerzeugung durch die kinetische Energie fließender oder stürzender Wassermassen, z.B. durch eine Turbine in einer Staumauer.

Wetter Die tageweise und ortsgebunden sich ändernden atmosphärischen Bedingungen wie Temperatur, Luftdruck, Feuchte, Sonnenscheindauer, Windstärke, Wolkenbedeckung, Niederschlag.

Wirbellose Tiere ohne Wirbelsäule wie Insekten, Weichtiere, Krustentiere, Würmer.

Wirbeltiere Tiere mit Wirbelsäule und Innenskelett. Dazu zählen Fische, Amphibien, Reptilien, Vögel und Säugetiere.

Zooplankton Winzige Tiere, die teilweise oder ganz als *Plankton* leben, wie Amöben, Larven von Fischen und Muscheln, Krebse und Quallen. Zooplankton-Tiere fressen *Phytoplankton* und sind ihrerseits »Futter« für größere Fleischfresser.

Register

Seitenzahlen im **Fettdruck** verweisen auf Hauptartikel

A

B

C

D

E

F

G

H

Literaturquellen und Dank

Dorling Kindersley dankt folgenden Personen:
Hugh Schermuly und Cathy Meeus für die Mitarbeit am ursprünglichen Buchkonzept; Peter Bull für Illustrationen; Andrea Mills, Nathan Joyce und Martyn Page für zusätzliche Redaktionsarbeit; Katherine Raj und Alex Lloyd für Grafikassistenz; Katie John für das Glossar; Hilary Bird für das Register; Vicky Richards für redaktionelle Recherche; Myriam Megharbi für Bildrecherche und Bildrechte.

Literatur

S. 16–17: UN, Department of Economic and Social Affairs, Population Division (2013), World Population Prospects: »Most populous countries, 2014 and 2050«, 2014 World Population Data Sheet, Population Reference Bureau, http://www.prb.org; aktualisierte Daten: World Bank: https://data.worldbank.org/indicator/SP.POP.TOTL?locations=BR-CN-IN-ID-US; Zitat von Al Gore: in O, The Oprah Magazine, Februar 2013; **S. 18–19:** UN, Department of Economic and Social Affairs, Population Division (2013), World Population Prospects; »Africa will be home to 2 in 5 children by 2050: UNICEF Report«, UNICEF Pressemitteilung, 12. Aug. 2014, http://www.unicef.org; **S. 20–21:** UN, Department of Economics and Social Affairs, Population Division. World Population Prospects, 2015 Revision; »Correlation between fertility and female education«, European Environment Agency, 2010, http://www.eea.europa.eu; aktuelle Schätzung der Bevölkerung https://www.worldometers.info/world-population/; **S. 22–23**: Zusammenhang zwischen Fruchtbarkeit und weiblicher Bildung, Daten der Europäischen Umweltagentur, 2010. http://www.eea.europa.eu/data-and-maps/figures/correlation-between-fertility-and-female-education **S. 24–25:** Globales BIP https://ourworldindata.org/economic-growth; Pro-Kopf-Einkommen https://ourworldindata.org/grapher/gdp-per-capita-worldbank?tab=chart&region=World; The World Economy – 50 Years of Near Continuous Growth, Dariana Tani, World Economics, März 2015, http://www.worldeconomics.com; Zitat von Kenneth Boulding in: United States. Congress. House (1973) Energy reorganization act of 1973: Hearings; **S. 28–29:** Pro-Kopf-BIP, World Development Indicators, World Bank national accounts data, and OECD National Accounts data files, The World Bank, 2015, http://www.worldbank.org; 2019 Daten von https://data.worldbank.org/indicator/NY.GDP.PCAP.CD 2011; **S. 30–31:** The World in 2015: Will the shift in global economic power continue?, PricewaterhouseCoopers LLP, Februar 2015; Exponat von »Urban economic clout moves east«, März 2011, McKinsey Global Institute, www.mckinsey.com/mgi. © 2011 McKinsey & Company. Alle Rechte vorbehalten. Genehmigter Nachdruck; **S. 32–33:** Exporte von Gütern und Dienstleistungen (Währung US$), World Bank national accounts data, and OECD National Accounts data files, The World Bank http://www.worldbank.org; Top US Trade Partners, US Department of Commerce International Trade Administration, http://www.trade.gov; **S. 34–35:** Weltweite Urbanisierungsperspektiven 2014, Hauptabteilung Wirtschaftliche und Soziale Angelegenheiten der UN, Sekretariat, Highlights 2014; Hauptgrafik – World Bank: https://data.worldbank.org/indicator/SP.URB.TOTL.IN.ZS; Zitat von George Monbiot, veröffentlicht auf der Website des Guardian, 30. Juni 2011 http://www.monbiot.com/2011/06/30/atro-city/; **S. 36–37:** Weltweite Urbanisierungsperspektiven 2014, Hauptabteilung Wirtschaftliche und Soziale Angelegenheiten der UN, Sekretariat, Highlights 2014; http://www.un.org/en/development/desa/population/publications/pdf/urbanization/the_worlds_cities_in_2016_data_booklet.pdf; **S. 38–39:** City Limits: A resource flow and ecological footprint analysis of Greater London (2002), commissioned by IWM (EB) Chartered Institute of Wastes Management Environmental Body, 12. September 2002, http://www.citylimitslondon.com; »If the world's population lived like ...«, Per Square Mile, Tim de Chant, 8. August 2012, http://persquaremile.com; **S. 40–41:** Hauptgrafik aus https://ourworldindata.org/energy; China's coal consumption from https://www.iea.org/reports/coal-information-overview; Zitat von Desmond Tutu aus The Guardian, 10. September 2015; **S. 42–43:** Energy and Climate Change, World Energy Outlook Special Report, International Energy Agency, 2015;

S. 44–45: The Rough Guide to Green Living, Duncan Clark, Rough Guides, 2009, S. 26; **S. 46–47:** Weltweite Stromerzeugung aus erneuerbaren Energien nach Regionen und insgesamt https://www.iea.org/articles/renewables-2020-data-explorer?mode=market&region=World&product=Total »Not a toy: Plummeting prices are boosting renewables, even as subsidies fall«, The Economist, 9. April 2015; **S. 50–51:** Hauptgrafik https://www.statista.com/statistics/217522/cumulative-installed-capacity-of-wind-power-worldwide/ Zitat von Arnold Schwarzenegger, BBC news, April 2012; **S. 56–57:** FAO http://www.fao.org/worldfoodsituation/csdb/en/#:~:text=Nonetheless%2C%20global%20cereal%20production%20is%20still%20expected%20to,cut%20by%206.8%20million%20tonnes%20month%20on%20month and World Bank https://data.worldbank.org/indicator/AG.PRD.CREL.MT?locations=CN-1W; globale Getreideproduktion 1950–2012, zusammengestellt vom Earth Policy Institute aus Daten des U.S. Department of Agriculture (USDA), http://www.earth-policy.org; Global Grain Stocks Drop Dangerously Low as 2012, Consumption Exceeded Production, J. Larson, Earth Policy Institute, 17. Januar 2013; World Agriculture Towards 2015/2030: An FAO Perspective, herausgegeben von J. Bruinsma, Earthscan Publications, Food and Agriculture Organization, 2003; Zitat von Norman Borlaug, Nobelvorlesung 11. Dezember 1970; **S. 58–59:** World Bank https://data.worldbank.org/indicator/AG.PRD.CREL.MT?locations=CN-1W; The State of the World's Land and Water Resources for Food and Agriculture: Managing systems at risk, Ernährungs- und Landwirtschaftsorganisation der Vereinten Nationen und Earthscan, 2011; The importance of three centuries of land-use change for the global and regional terrestrial carbon cycle, Climate Change, 97, 2. Juli 2009, S. 123–144; Utilisation of World Cereal Production, Hunger in Times of Plenty, Global Agriculture, http://www.globalagriculture.org; **S. 60–61:** Quelle: https://ourworldindata.org/fertilizer-and-pesticides#fertilizer-consumption Max Roser (2015) - Fertilizer and Pesticides. Online veröffentlicht bei OurWorldInData.org. Abgerufen von: http://ourworldindata.org/data/food-agriculture/fertilizer-and-pesticides/; **S. 62–63:** Wirkstoffe der Pestizide von https://croplife.org/wp-content/uploads/2018/ 11/Phillips-McDougall-Evolution-of-the-Crop-Protection-Industry-since-1960-FINAL.pdf; »We've covered the world in pesticides. Is that a problem?«, Brad Plumer, The Washington Post, 18. Aug. 2013; Max Roser (2015) »Fertilizer and Pesticides« Veröffentlicht online bei OurWorldInData.org. http://ourworldindata.org/data/food-agriculture/fertilizer-and-pesticides/; Popular Pesticides Linked to Drops in Bird Populations, von Helen Thompson, Smithsonian Magazine, Juli 2014, http://www.smithsonianmag.com/; **S. 64–65:** http://www.fao.org/save-food/resources/keyfindings/infographics/fish/en/ SAVE FOOD: Global Initiative on Food Loss and Waste Reduction, Food and Agriculture Organization of the UN, http://www.fao.org; **S. 66–67:** Prevalence of undernourishment Daten der Food and Agriculture Organization http://www.fao.org/sustainable-development-goals/indicators/2.1.1/en/; America Spends Less on Food Than Any Other Country, Alyssa Battistoni, Mother Jones, 1. Feb. 2012, http://www.motherjones.com/; Zitat von John F. Kennedy, American Presidency Project; **S. 68–69:** Restoring the land, Dimensions of need – An atlas of food and agriculture, FAO, Rom, Italien, 1995, http://www.fao.org; Natural Resources and Environment, FAO, 2015; **S. 70–71:** »Great Acceleration«, International Geosphere-Biosphere Programme, 2015, http://www.igbp.net; Trends in global water use by sector, Vital Water Graphics: An Overview of the State of the World's Fresh and Marine Waters, UN Environment Programme/GRID-Arendal, 2008, http://www.unep.org; Water withdrawal and consumption: the big gap, Vital Water Graphics: An Overview of the State of the World's Fresh and Marine Waters, UN Environment Programme/GRID-Arendal, 2008; Zitat von Lyndon B. Johnson, aus einem Brief des Präsident des Senats an den Sprecher des Repräsentantenhauses, November 1968; **S. 72–73:** Total Renewable Freshwater Supply by Country (2013 Update), http://worldwater.org; **S. 76–77:** National Water Footprint Accounts: The Green, Blue, and Grey Water Footprint of Production and Consumption, M. M. Mekonnen and A.Y. Hoekstra, Value of Water Research Report Series No. 50, UNESCO-IHE Institute for Water Education, Mai 2011; »Product Gallery«, Interactive Tools, Water Footprint Network, http://waterfootprint.org; Living Planet Report 2010, Global Footprint Network, Zoological Society London, World Wildlife Fund, http://wwf.panda.org; **S. 78–79:** »Addicted to resources«, Global Change, International Geosphere-Biosphere Programme, 10. April 2012, http://www.igbp.net; Consumption and Consumerism, Anup Shah, 5. Januar 2014, http://www.globalissues.org; »Waste from Consumption and Production – Our increasing appetite for natural resources«, Vital Waste Graphics, GRID-Arendal 2014, http://www.grida.no; Zitat von Pope Francis, aus einem Brief an den Premierminister Australiens Tony Abbott, Vorsitzender der Konferenz der G20-Staaten, November 2014; World consumes 100 billion tonnes of resources https://www.theguardian.com/environment/2020/jan/22/worldsconsumption-of-materials-hits-record-100bn-tonnes-a-year; **S. 80–81:** »Bottled Water«, zusammengestellt von Stefanie Kaiser, Dorothee Spuhler, Sustainable Sanitation and Water Management, http://www.sswm.info/; Growth in consumption von Statista; »New NIST Research Center Helps the Auto Industry ›Lighten Up‹«, Mark Bello, Centre for Automotive Lightweighting (NCAL), National Institute of Standards and Technology (NIST), 26. August 2014, http://www.nist.gov/; »Passenger Car Fleet Per Capita«, European Automobile Manufacturers Association, 2015. http://www.acea.be/statistics/tag/category/passenger-car-fleet-per-capita; **S. 82–83:** »When Will We Hit Peak Garbage?«, Joseph Stromberg, Smithsonian Magazine, 30. Oktober 2013, http://www.smithsonianmag.com; Status of Waste Management, Dennis Iyeke Igbinomwanhia, Integrated Waste Management – Volume II, herausgegeben von Sunil Kumar, 23. August 2011; »Solid Waste Composition and Characterization: MSW Materials Composition in New York State«, New York State Department of Environmental Conservation, 2015, http://www.dec.ny.gov; 9 Million Tons of E-Waste Were Generated in 2012, Felix Richter, Statista, 22. Mai 2014, http://www.statista.com/; **S. 84–85:** Municipal waste by treatment operation https://www.oecd-ilibrary.org/sites/f5670a8d-en/index.html?itemId=/content/component/f5670a8d-en; **S. 86–87:** CAS Assigns the 100 Millionth CAS Registry Number to a Substance Designed to Treat Acute Myeloid Leukemia, Chemical Abstracts Service (CAS): A division of the American Chemical Society, 29. Juni 2015, https://www.cas.org; **S. 88–89:** Zitat von Sir David Attenborough bei der Einweihung der ersten Webcam des World Land Trust (WLT), Jan. 2008. http://www.worldlandtrust.org/; **S. 96–97:** World internet use https://data.worldbank.org/indicator/IT.NET.USER.ZS, connectivity: Economic and social benefits of expanding internet access, Deloitte, 2014, http://www2.deloitte.com; Zitat von Kofi Annan bei der Eröffnung der 53. jährlichen DPI/NGO-Konferenz, 2006; **S. 92–93:** https://www.itu.int/en/ITU-D/Statistics/Documents/facts/ICTFactsFigures2017.pdf; The Rise of Mobile Phones: 20 Years of Global Adoption, SooIn Yoon, Cartesian, 29. Juni 2015, http://www.cartesian.com; Smartphone usage https://leftronic.com/blog/smartphone-usage-statistics ; Social media globally https://datareportal.com/reports/digital-2020-global-digital-overview; **S. 94–95:** Hauptgrafik: https://data.worldbank.org/indicator/IS.AIR.PSGR; Top Flight Routes: http://www.iata.org/pressroom/pr/Pages/2016-07-05-01.aspx; http://www.panynj.gov/airports/pdf-traffic/ATR2016.pdf; Air transport, passengers carried, World Development Indicators, International Civil Aviation Organization, Civil Aviation Statistics of the World and ICAO staff estimates, The World Bank, http://www.worldbank.org; »300 world ›super routes‹ attract 20% of all air travel«, Amadeus, 16. April 2013, http://www.amadeus.com; 2019 flight figures https://www.icao.int/annual-report-2019/Pages/the-world-of-air-transport-in-2019.aspx; **S. 96–97:** Source: https://data.worldbank.org/topic/poverty; Max Roser (2016) – »World Poverty«. Online veröffentlicht bei OurWorldInData.org. Abgerufen von: http://ourworldindata.org/data/growth-and-distribution-of-prosperity/world-poverty; 5 Reasons Why 2013 Was The Best Year In Human History, Zack Beauchamp, ThinkProgress, 11. Dezember 2013, http://thinkprogress.org; World Development Indicators 2015 maps, The World Bank, 2015, http://data.worldbank.org/maps2015; Zitat von Ban Ki-moon, »Sustainable energy for all a priority for UN secretary-general's second term,« New York, 21. September 2011; **S. 98–99:** Proportion of population using improved drinking-water sources, Rural: 2012, WHO, 2014. http://www.who.int/en; proportion of population using improved sanitation facilities, WHO, Total: 2012, WHO, 2014; **S. 100–101:** Education: Literacy rate, UNESCO Institute of Statistics, UN Educational, Scientific and Cultural Organization, 23. Nov. 2015, http://data.uis.unesco.org; **S. 102–103:** Maternal mortality statistics von https://data.unicef.org/topic/maternal-health/maternal-mortality/; Hauptgrafik: http://www.who.int/healthinfo/global_burden_disease/estimates/en/index1.html; Causes of death, by WHO region, Global Health Observatory, WHO, http://www.who.int; The 10 leading causes of death by country income group (2012), Media Centre, WHO; **S. 104–105:** GDP per capita (current US$), World Development Indicators, World Bank national accounts data, and OECD National Accounts data files, http://www.worldbank.org; Country Comparison: Distribution of Family Income - GINI Index, The World Factbook, Central Intelligence Agency, https://www.cia.gov; 2015 Billionaire Net Worth as Percent of Gross Domestic Product (GDP) by Nation, Areppim, 24. April 2015, http://stats.areppim.com/stats/stats_richxgdp.htm; **S. 108–109:** UNHCR https://www.unhcr.org/figures-at-a-glance.html; **S. 110–111:** Main carbon dioxide graphic www.esrl.noass.gov/gmd/ccgg/trends/ Methane and nitrous oxide from same source; Zitat von Leonardo di Caprio: adressiert an UN Climate Summit, New York, Sept. 2014 S. 120–121: Sources of greenhouse gases detailed in ›IPCC, 2014: Summary for Policymakers‹, Contribution of Working Group III to the Fifth Assessment Report of the Intergovernmental Panel on Climate Change. Verfügbar bei http://www.ipcc.ch/pdf/assessment-report/ar5/wg3/

ipcc_wg3_ar5_summary-for-policymakers.pdf S. 122-23: Ozone depletion maps based on images compiled by NASA. Abgerufen bei http://earthobservatory.nasa.gov/Features/WorldOfChange/ozone.php?all=y 2020 ozone hole source from https://svs.gsfc.nasa.gov/4882 S. 124–125: Hauptgrafik der Temperatursteigerung auf Basis der Daten aus ›IPCC Fifth Assessment Report – Climate Change 2013: The Physical Science Basis‹, Intergovernmental Panel on Climate Change (IPCC), 2013. Abgerufen bei https://www.ipcc.ch/pdf/assessment-report/ar5/wg1/WGIAR5_SPM_brochure_en.pdf »Rising waters« Grafik verwendet Daten von ›Impact of sea level rise in Bangladesh‹, United Nations Environment Programme, 2008. Abgerufen bei http://www.unep.org/dewa/vitalwater/article146.html; **S. 112–113:** Quellen der Treibhausgase aus ›IPCC, 2014: Summary for Policymakers‹, Contribution of Working Group III to the Fifth Assessment Report of the Intergovernmental Panel on Climate Change. Verfügbar bei http://www.ipcc.ch/pdf/assessment-report/ar5/wg3/ipcc_wg3_ar5_summary-for-policymakers.pdf; **S. 114–115** Ozonabbaukarten auf der Basis von Bildern, die die NASA zusammengetragen hat. Abgerufen bei http://earthobservatory.nasa.gov/Features/WorldOfChange/ozone.php?all=y; **S. 116–117:** Hauptgrafik der Temperaturerhöhung auf der Basis von Daten aus ›IPCC Fifth Assessment Report – Climate Change 2013: The Physical Science Basis‹, Intergovernmental Panel on Climate Change (IPCC), 2013. Abgerufen bei https://www.ipcc.ch/pdf/assessment-report/ar5/wg1/WGIAR5_SPM_brochure_en.pdf‹ »Rising waters« Grafik auf der Basis von Daten aus ›Impact of sea level rise in Bangladesh‹, United Nations Environment Programme, 2008. Abgerufen von http://www.unep.org/dewa/vitalwater/article146.html. the map of seasonal ice melt in the Arctic uses information from ›The Future of Arctic Shipping‹, Malte Humpert and Andreas Raspotnik, The Arctic Institute, 2012. Abgerufen von http://www.thearcticinstitute.org/the-future-of-arctic-shipping/; **S. 120–121:** Summer flounder stirs north-south climate change battle, Marianne Lavelle, The Daily Climate, 3. Juni 2014; Top scientists agree climate has changed for good, Sarah Clarke, ABC news, 3. April 2013, http://www.abc.net.au; Spring is Coming Earlier, Climate Central, 18. März 2015, http://www.climatecentral.org; **S. 124–125:** Data for 1.5 degrees from IPCC https://www.ipcc.ch/sr15/chapter/spm/; **S. 126–127:** The 2010 Amazon Drought, Science, 4. Feb. 2011, Vol.331, Issue 6017, S. 554, http://science.sciencemag.org; **S. 128–129:** The Unburnable Carbon Concept Data 2013, Carbon Tracker Initiative, 17. September 2014, http://www.carbontracker.org; carbon budget for 1.5 degrees https://www.ipcc.ch/sr15/chapter/spm/; China carbon emissions 28 per cent of global total https://www.bbc.co.uk/news/science-environment-54256826; **S. 130–131:** IPCC, 2014: Climate Change 2014: Synthesis Report. Contribution of Working Groups I, II and III to the 5th Assessment Report of the Intergovernmental Panel on Climate Change; Zitat von Papst Franziskus bei einem Treffen mit Führungskräften aus der Politik und der Wirtschaft, Quito, Ekuador, 7. Juli 2015; **S. 132–133:** »Deforestation Estimates: Macro-scale deforestation estimates (FAO 2010),« Monga Bay, http://www.mongabay.com; **S. 134–135:** »6 Graphs Explain the World's Top 10 Emitters«, Mengpin Ge, Johannes Friedrich and Thomas Damassa, World Resources Institute, 25. November 2014; Zitat von Barack Obama, aus einer Ansprache bei der GLACIER Conference, Anchorage, Alaska, 1. September 2015; **S. 136–37:** »Desolation of smog: Tackling China's air quality crisis«, David Shukman, BBC News: Science and Environment, 7. Januar 2014, http://www.bbc.co.uk; Burden of disease from Ambient Air Pollution for 2012, WHO, 2014, http://www.who.int; **S. 140–141:** Global human appropriation of net primary production doubled in the 20th century, Proceedings of the National Academy of Sciences of the United States of America, 2013, http://www.pnas.org; »Of Fossil Fuels and Human Destiny,« Peak Oil Barrel, http://peakoilbarrel.com; Zitat von the HRH The Prince of Wales aus einer Rede im Präsidentenpalast, Jakarta, Indonesien, November 2008; **S. 142–143:** Forest Resources Assessment, Food and Agriculture Organization of the UN, 2020 http://www.fao.org/forest-resources-assessment/2020/en/; **S. 144–145:** Lake Chad – decrease in area 1963, 1973, 1987, 1997 and 2001, Philippe Rekacewiz, UNEP/GRID-Arendal 2005 , http://www.grida.no; **S. 146–147:** IFPRI (International Food Policy Research Institute). 2012. »Land Rush« map. Insights 2 (3). Washington, DC: International Food Policy Research Institute. http://insights.ifpri.info/2012/10/land-rush/; **148–149:** State of the world's Fisheries and Aquaculture, Food and Agriculture Organization of the UN, 2020, : http://www.fao.org/state-of-fisheries-aquaculture; Collapse of Atlantic cod stocks off the East Coast of Newfoundland in 1992, Millennium Ecosystem Assessment, 2007, Philippe Rekacewicz, Emmanuelle Bournay, UNEP-GRID-Arendal, http://www.grida.no; Good Fish Guide, Marine Conservation Society, 2015, http://www.fishonline.org; Zitat von Ted Danson, zitiert in New York Times, »What's worse than an oil spill?«, 20. April 2011; **S. 150–151:** Good Fish Guide, Marine Conservation Society, 2015, http://www.fishonline.org; **S. 154–155:** »Top Sources of Nutrient Pollution« and »The Eutrophication

Process,« Ocean Health Index 2015, http://www.oceanhealthindex.org; N. N. Rabalais, Louisiana Universities Marine Consortium and R. E. Turner, Louisiana State University, http://www.noaanews.noaa.gov/stories2013/2013029_deadzone.html; **S. 156–157:** 22 Facts About Plastic Pollution (And 10 Things We Can Do About It), Lynn Hasselberger, The Green Divas, EcoWatch, 7. April 2014, http://ecowatch.com; »When The Mermaids Cry: The Great Plastic Tide«, Claire Le Guern Lytle, Plastic Pollution, Coastal Care, http://plastic-pollution.org; **S. 158–159:** GLOBIO3: A Framework to Investigate Options for Reducing Global Terrestrial Biodiversity Loss, Ecosystems (2009), 12, S. 374–390, Rob Alkenmade, Mark van Oorschot, Lera Miles, Christian Nellemann, Michel Bakkenes, and Ben ten Brink, http://www.globio.info; Accelerated modern human–induced species losses: Entering the sixth mass extinction, Gerardo Ceballos, Paul R. Ehrlich, Anthony D. Barnosky, Andrés García, Robert M. Pringle and Todd M. Palmer, Science Advances, 19. Juni 2015, http://advances.sciencemag.org; Defaunation in the Anthropocene, Science, 25. Juli 2014, Vol. 345. Ossie 6195, S. 401–406, http://science.sciencemag.org; Zitat von Sir David Attenborough während eines Interviews auf der Social Media Site Reddit, 8. Januar 2014; **S. 160–161:** »Where we work«, Critical Ecosystem Partnership Fund, http://www.cepf.net; **S. 168–169:** Changes in the global value of ecosystem services, Robert Costanza et al., Global Environmental Change, 26, Elsevier, 1. April 2001; Zitat von Satish Kumar, wiedergegeben in Resurgence and Ecologist, 29. August 2008; **S. 170–171:** ›This pandemic is an environmental issue‹ https://www.tonyjuniper.com/content/pandemic-environmental-issue; **S. 172–173:** Daten der Todesfälle bei COVID-19, John Hopkins University https://coronavirus.jhu.edu/data/mortality Economic impact of pandemic, University of Cambridge https://www.jbs.cam.ac.uk/insight/2020/economic-impact/Impact on carbon emissions, Carbon Brief https://www.carbonbrief.org/daily-brief/global-emissions-plunged-an-unprecedented-17-percent-during-the-coronavirus-pandemic; **S. 174–175:** Zitat von Sir Jonathon Porritt, in »Capitalism as if the world matters«, veröffentlicht 2005; **S. 176–177:** »The Age of Humans: Evolutionary Perspectives on the Anthropocene«, Human Evolution Research, Smithsonian National Museum of Natural History, 16. November 2015; »The Anthropocene is functionally and stratigraphically distinct from the Holocene«, Science, Vol. 351, Issue 6269, http://science.sciencemag.org; Zitat von Will Steffen aus einem Report der IGBP, Januar 2015; **S. 178–179:** »The Nine Planetary Boundaries«, 2015, Stockholm Resilience Centre Sustainability Science for Biosphere Stewardship, http://www.stockholmresilience.org; »How many Chinas does it take to support China?«, Infographics, Earth Overshoot Day 2015, http://www.overshootday.org; **S. 180–181:** Water Consumption for Operational Use by Energy Type, Climate Reality Project, 5. Oktober 2015, https://www.climaterealityproject.org; **S. 182–183:** Ratification of multilateral environmental agreements, Riccardo Pravettoni, UNEP/GRID-Arendal, http://www.grida.no; 100 Years of Multilateral Environmental Agreements, Plotly, 2015, https://plot.ly/~caluchko/39/_100-years-of-multilateral-environmental-agreements; **S. 184–185:** »Sustainable Development Goals: 17 Goals to Transform Our World«, UN, 2015, http://www.un.org; Global Biodiversity Outlook 5 https://www.cbd.int/gbo/gbo5/publication/gbo-5-spm-en.pdf; **S. 186–187:** Measuring Progress: Environmental Goals & Gaps, UN Environment Programme (UNEP), 2012, Nairobi, http://www.unep.org; The Millennium Development Goals Report 2015, UN, New York, 2015, http://www.un.org; **S. 188–189:** Global Biodiversity Outlook 5 https://www.cbd.int/gbo/gbo5/publication/gbo-5-spm-en.pdf; **S. 190–191:** Deguignet M., Juffe-Bignoli D., Harrison J., MacSharry B., Burgess N., Kingston N., (2014) 2014 UN List of Protected Areas, UNEP-WCMC: Cambridge, UK, http://www.unep-wcmc.org; **S. 192–193:** Abbildung 2, »Waves of Innovation of the First Industrial Revolution«, TNEP International Keynote Speaker Tours, The Natural Edge Project, 2003–2011, http://www.naturaledgeproject.net; »Biomimicry Examples«, The Biomimicry Institute, 2015, http://biomimicry.org; **S. 194–195:** Prosperity without Growth?, The Sustainable Development Commission, Professor Tim Jackson, März 2009, http://www.sd-commission.org.uk; Two degrees of separation: ambition and reality. Low Carbon Economy Index 2014, Pricewaterhouse-Coopers LLP, September 2014, http://www.pwc.co.uk; **S. 196–197:** Clean green jobs Daten von https://www.irena.org/-/media/Files/IRENA/Agency/Publication/2020/Sep/IRENA_RE_Jobs_2020.pdf »Small and Medium-sized Enterprises can Unlock $1.6 trillion Clean Tech Market in next 10 years«, The Climate Group, 25. September 2014, http://www.theclimategroup.org; infoDev. 2014. Building Competitive Green Industries: The Climate and Clean Technology Opportunity for Developing Countries. Washington, DC: World Bank. License: Creative Commons Attribution CC BY 3.0, http://www.infodev.org; IRENA (2014), Renewable Energy and Jobs – Annual Review 2014, International Renewable Energy Agency, http://www.irena.org; **S. 198–199:** Rewiring the Economy, Cambridge Institute for Sustainability Leadership, 2015, http://www.cisl.cam.ac.uk;

S. 202–203: »Circular Economy«, The Ellen MacArthur Foundation, http://www.ellenmacarthurfoundation.org; »Phosphorus Recycling«, Friends of the Earth Sheffield, 2013, http://planetfriendlysolutions.blogspot.co.uk; **S. 200–201:** »A Safe and Just Space for Humanity: Can we live within the doughnut?«, Kate Raworth, Oxfam Discussion Papers, Oxfam International, February 2012, https://www.oxfam.org; **S. 204–205:** Zitat von Ban Ki-moon, Anmerkungen vor der Generalversammlung zu seinem Fünfjahres-Aktionsplan: »The Future We Want« 25. Januar 2012.

Datenquellen

24–25 Daten von: Max Roser (2013) »Economic Growth«. Online veröffentlicht bei OurWorldInData.org. Abgerufen von: https://ourworldindata.org/economic-growth [Online Resource], CC BY 4.0. **28–29** Daten von: Max Roser (2013) »Economic Growth«. Online veröffentlicht bei OurWorldInData.org. Abgerufen von: https://ourworldindata.org/economic-growth [Online Resource], CC BY 4.0. **40–41** Daten von: https://ourworldindata.org/energy-production-consumption. **41 IEA:** Daten von: IEA (2020), Coal Information: Overview, IEA, Paris https://www.iea.org/reports/coal-information-overview. Alle Rechte vorbehalten (bearbeitet von DK). **47 IEA:** Daten von: IEA (2020), Renewables 2020 Data Explorer, IEA, Paris https://www.iea.org/articles/renewables-2020-data-explorer. Alle Rechte vorbehalten (bearbeitet von DK) (gor). **50 Statista:** Daten von: »Cumulative installed capacity of wind power worldwide in 2019, by country« https://www.statista.com/statistics/217522/cumulative-installed-capacity-of-wind-power-worldwide/ (r). **56–57 Food and Agriculture Organization of the United Nations:** Daten von: © FAO 2021, »World cereal markets heading towards a record production in 2021/22 but only a marginal increase foreseen for stocks« – http://www.fao.org/worldfoodsituation. **67 Food and Agriculture Organization of the United Nations:** Daten von: © FAO, »Percentage of undernourished people by region in 2000 and 2019« http://www.fao.org/sustainable-development-goals/indicators/2.1.1/en/ abgerufen 2021. **70–71** Daten von: Hannah Ritchie and Max Roser (2017) »Water Use and Stress«. Online veröffentlicht bei OurWorldInData.org. Abgerufen von: https://ourworldindata.org/water-use-stress [Online Resource]. **78–79** Daten von F. Krausmann et al., Growth in global materials use, GDP and population during the 20th century, Ecological Economics, Vol. 68, Issue 10, 2009, S. 2696-2705, ISSN 0921-8009, https://doi.org/10.1016/j.ecolecon.2009.05.007. **80** Daten von: The Business Research Company (um). **Statista:** Daten von: »Bottled water consumption worldwide from 2007 to 2017« https://www.statista.com/statistics/387255/global-bottled-water-consumption/. **83** Daten von the E-Waste Monitor, United Nations University via OECD (r). **84–85** Daten von: OECD (2021), »Circular economy – waste and materials«, in Environment at a Glance Indicators, OECD Publishing, Paris, https://doi.org/10.1787/f5670a8d-en. **90–91 World Bank:** Daten von: »Individuals using the Internet (% of population). Source: International Telecommunication Union (ITU) World Telecommunication/ICT Indicators Database, CC BY-4.0 (Global internet usage). **93** Daten von: »A summary of global social media users around the world« https://www.smartinsights.com/social-media-marketing/social-media-strategy/new-global-social-media-research/ (u). **96–97 World Bank:** Daten von: »Poverty headcount ratio at $1.90 a day (2011 PPP) (% of population)«, World Bank, Development Research Group, CC BY-4.0. **108** Daten von UNHCR Global Trends 2014 (um). **110–111 NOAA:** Daten von: »Trends in Atmospheric Carbon Dioxide«, Dr. Pieter Tans, NOAA/GML (gml.noaa.gov/ccgg/trends/) und Dr. Ralph Keeling, Scripps Institution of Oceanography (scrippsco2.ucsd.edu/). **114–115 NASA's Earth Observatory:** (ozone). **143 Food and Agriculture Organization of the United Nations:** Daten von: FAO. 2020. Global Forest Resources Assessment 2020 – Key findings. Rome. https://doi.org/10.4060/ca8753en. **148–149 Food and Agriculture Organization of the United Nations:** Daten von: FAO. 2020. The State of World Fisheries and Aquaculture 2020. Sustainability in action. Rome.; https://doi.org/10.4060/ca9229en. **186 Carbon Brief:** Adapted from »Change in emissions in major economies since 1990«, source: Climate Watch https://www.carbonbrief.org/analysis-which-countries-met-the-uns-2020-deadline-to-raise-climate-ambition (um/Grafik). **187** Daten von: Climate Action Tracker (2020). Global Map. Update November 2020. Verfügbar bei: https://climateactiontracker.org/countries/. Copyright © 2021 by Climate Analytics and New Climate Institute. Alle Rechte vorbehalten. **188–189** Daten von: Secretariat of the Convention on Biological Diversity (2020) Global Biodiversity Outlook 5 – Summary for; Policy Makers. Montréal. **197** Daten von: IRENA (2020), Renewable Energy and Jobs – Annual Review 2020, International Renewable; Energy Agency, Abu Dhabi (Source: IRENA jobs database) (gor).

Dank

Worte des Autors

Ich danke den vielen Menschen, die dieses Buchprojekt möglich gemacht haben. Peter Kindersley kam zuerst auf die Idee, die große Bandbreite an Informationen in einem Werk zusammenzufassen, das den tiefgreifenden Wandel auf dem Planeten Erde erklärt. Er stellte die nötigen Ressourcen zur Verfügung, einen Vorschlag auszuarbeiten, bei dem ich gerne mit Hugh Schermuly und Cathy Meeus zusammenarbeitete, die unter anderem professionelle Unterstützung bei der Erstellung hochwertiger Grafiken leisteten. Nach dieser Anfangsphase war ich sehr erfreut über die Bitte, die Führung bei der Recherche und dem Schreiben des Buches zu übernehmen. Meine Agentin Caroline Michel bei Peters Fraser and Dunlop sprach mit Kollegen bei Dorling Kindersley und arrangierte mit dem Verlagsdirektor Jonathan Metcalf und seinem Team, darunter Liz Wheeler, Janet Mohun und Kaiya Shang, das Buch zu produzieren. Jonathan und seine Kollegen bei Dorling Kindersley entwickelten die ursprüngliche Konzeptidee weiter und starteten den schwierigen Prozess der Herstellung hochwertiger Grafiken, um die Fülle an Daten zu visualisieren. Es war ein Vergnügen, mit dem Design- und Redaktionsteam zusammenzuarbeiten, dem Duncan Turner, Clare Joyce, Ruth O'Rourke und Jamie Ambrose angehörten.

Ich schätzte die Beiträge schon in frühen Phasen des Buches von Freunden und Kollegen der Prince of Wales International Sustainability Unit (ISU), die mich in den letzten Jahren inspirierten, viele der Ideen in diesem Buch zu entwickeln. Besonders möchte ich Edward Davey erwähnen, der so freundlich war, einen ersten Überblick zu lesen und zu kommentieren. Michael Whitehead und Clare Bradbury im Büro des Prince of Wales waren sehr hilfreich dabei, das ausgezeichnete Vorwort aus der Feder Seiner Königlichen Hoheit zu realisieren. Seiner Bereitschaft, sich die Zeit zum Schreiben einer hervorragenden Einführung zu nehmen, kann nur herzlich gedankt werden.

Meine Kollegen am Institut für Sustainability Leadership der Universität von Cambridge (CISL) gaben mir im Laufe der Jahre viel Inspiration und Einsicht bezüglich der in dem Buch gezeigten Trends, und so möchte ich ihnen meine Anerkennung aussprechen, einschließlich ihrer Arbeit »Neuverkabelung der Wirtschaft«. Ich bedanke mich herzlich bei Madeleine Juniper für ihren harten Einsatz bei der Beschaffung und Verarbeitung von Daten und der Erstellung vieler Texte.

Prof. Neil Burgess, wissenschaftlicher Leiter der UNEP-WCMC in Cambridge, gab viele wertvolle Hinweise über Datenquellen und war auch so freundlich, einen erweiterten Entwurf durchzulesen und zu kommentieren. Rishi Modha beriet mich über Datenquellen über die digitale Globalisierung, Philip Lymbery über Lebensmittel und Landwirtschaft, und Jordan Walsh bot allgemeine Recherchehilfe an.

Owen Gaffney, ehemaliger Mitarbeiter des Internationalen Biosphären- und Geosphären-Programms (IGBP) in Stockholm und jetzt beim Stockholm Resilience Center in Schweden, war hilfreich bei der Konzeptentwicklung und gab beratende Unterstützung bei Datenquellen. Will Steffen, ebenfalls vom Stockholm Resilience Center, verdanke ich Inspiration für das Konzept der großen Beschleunigung und für die Zeit, die er sich nahm, um einige der Seitenentwürfe zu kommentieren.

Dr. Emily Shuckburgh OBE des British Antarctic Survey übernahm freundlicherweise eine fachkundige Überprüfung und Beratung in Bezug auf die Themen Klimawandel und Atmosphäre in diesem Buch, für das ich ihr sehr dankbar bin.

Schließlich möchte ich meine Anerkennung und Bewunderung an die vielen Tausende von Wissenschaftlern, Forschern, Datenbeschaffern und Zahlenfressern richten, deren Arbeit uns mitteilt, was wirklich auf unserem Planeten geschieht. Sie arbeiten in Organisationen, die von der Weltbank bis Oxfam und von UN-Fachbehörden bis hin zu Naturschutzgruppen reichen. Ohne ihre harte Arbeit wäre es nicht möglich, ein solches Buch zu produzieren. Gleiches gilt für die Unterstützung seitens meiner Frau Sue Sparkes. Wir haben alles versucht, Fehler zu vermeiden; sollten sich aber welche an der Kontrolle vorbeigeschlichen haben, dann übernehme ich die Verantwortung.

Dr. Tony Juniper, Cambridge, Januar 2021

Bildnachweis

Der Verlag dankt folgenden Personen und Organisationen für die freundliche Genehmigung zum Abdruck von Fotos:

(Abk.: o = oben; u = unten; m = Mitte; l = links; r = rechts ; go = ganz oben)

22 Dreamstime.com: Digitalpress (um). **29 Getty Images:** Frederic J. Brown / AFP (ur). **30 Exponat aus »Urban economic clout moves east«, März 2011, McKinsey Global Institute, www.mckinsey.com/mgi. Copyright © 2011 McKinsey & Company. Alle Rechte vorbehalten.** Genehmigter Nachdruck (u). **38 Tim De Chant:** (ul). **50 123RF.com:** tebnad (ul). **63 Dreamstime.com:** Comzeal (gor). **73 Dreamstime.com:** Phillip Gray (ur). **85 123RF.com:** jaggat (gor). **92 Getty Images:** Joseph Van Os / The Image Bank (mro). **99 Dreamstime.com:** Aji Jayachandran – Ajijchan (mo). **100 Corbis:** Liba Taylor (u). **102 Dreamstime.com:** Sjors737 (ul). **108 123RF.com:** hikrcn (mu). **116 Corbis:** Dinodia (gor). **117 The Arctic Institute:** Andreas Raspotnik und Malte Humpert (ur). **118 Climate Central:** http://www.climatecentral.org/gallery/maps/spring-is-coming-earlier (ur). **122 123RF.com:** Meghan Pusey Diaz – playalife2006 (ul). **146 IFPRI (International Food Policy Research Institute). 2012:** »Land Rush« Karte. Insights 2 (3). Washington, DC: International Food Policy Research Institute. http://insights.ifpri.info/2012/10/land-rush/. Genehmigter Nachdruck. **154 Datenquelle: N. N. Rabalais, Louisiana Universities Marine Consortium and R. E. Turner, Louisiana State University:** (ul). **161 Dreamstime.com:** Eric Gevaert (gor). **167 Dreamstime.com:** Viesturs Kalvans (um). **172 Getty Images**: Miguel Medina / AFP (ul). **178 Quelle: Global Footprint Network, www.footprintnetwork.org:** (ul). **189 Dreamstime.com:** Alexandrebes (gom). **191 123RF.com:** snehit (mru). **192–193 The Natural Edge Project. 197 Getty Images:** Yang Yanmin / China News Service (mru).

Cover: *Vorn:* **Getty Images / iStock:** Enis Aksoy mugl, mlu, mugr und AlexeyBlogoodf mru; *Rücken:* **Getty Images / iStock:** Enis Aksoy u, o.

Weitere Informationen unter: **www.dkimages.com**